"十三五"江苏省高等学校重点教材

全国部分理工类地方本科院校联盟应用型教材

电力电子技术

主　编　刘　燕

副主编　杨浩东　鲁明丽

参　编　吕　庭　黄　欢　刘　辉　Alexander Lampe
　　　　　唐科峰　高　荣　夏　伟

机械工业出版社

本书是"十三五"江苏省高等学校重点教材，也是全国部分理工类地方本科院校联盟规划的应用型教材之一。全书贯彻"理论与应用相统一、教学与实际相结合、工程应用特点明显"的思想，介绍了电力电子器件、基本变换电路、主要控制技术及典型应用案例。

全书共分九章。第 1 章绪论，讲述电力电子技术的基本概念、开关变流原理、电力电子技术的主要应用等。第 2 章电力电子器件，对各种器件的结构进行简要介绍，着重介绍其外特性、工作原理和主要参数，并结合一些品牌器件的参数样本，给出器件参数查阅和选择的方法。第 3 章讲述应用电力电子器件时涉及的驱动、保护及串/并联问题。第 4～7 章讲述四大类变换电路（AC-DC、DC-AC、DC-DC、AC-AC）的基本理论，并在每一章后给出典型应用案例，介绍其在工程中的具体应用。第 8 章讲述PSIM 仿真软件的使用方法。第 9 章为电力变换电路综合应用案例，讲述双 PWM 变频器主电路、控制电路设计的基本方法和思路；分析了典型不间断电源 UPS 的应用电路。

本书可作为工程应用型高等院校电气工程及其自动化、自动化专业本科生教材，也可作为从事电力电子技术工作的工程技术人员的参考用书。

图书在版编目(CIP)数据

电力电子技术 / 刘燕主编. —北京：机械工业出版社，2020.9(2025.6 重印)
"十三五"江苏省高等学校重点教材
ISBN 978-7-111-66315-7

Ⅰ.①电…　Ⅱ.①刘…　Ⅲ.①电力电子技术-高等学校-教材
Ⅳ.①TM76

中国版本图书馆 CIP 数据核字(2020)第 146980 号

机械工业出版社(北京市百万庄大街 22 号　邮政编码 100037)
策划编辑：王雅新　　　责任编辑：王雅新
责任校对：张晓蓉　　　封面设计：严娅萍
责任印制：刘　媛
北京富资园科技发展有限公司印刷
2025 年 6 月第 1 版第 5 次印刷
184mm×260mm · 16 印张 · 396 千字
标准书号：ISBN 978-7-111-66315-7
定价：45.00 元

电话服务　　　　　　　　　　网络服务
客服电话：010-88361066　　机 工 官 网：www.cmpbook.com
　　　　　010-88379833　　机 工 官 博：weibo.com/cmp1952
　　　　　010-68326294　　金 书 网：www.golden-book.com
封底无防伪标均为盗版　　机工教育服务网：www.cmpedu.com

前　言

在新经济背景下，电力行业新技术、新业态不断涌现，新能源开发利用规模逐年扩大，电力电子技术发展迅速，应用范围不断拓宽。现代社会几乎所有领域都需要利用电力电子技术对电能进行处理，工业生产、交通运输、电力系统、新能源利用及家用产品等领域中电力电子技术已成为重要的支撑技术，未来将会有更多的电能通过电力电子技术处理后再加以利用。

近几年，电力电子器件的迅速发展及部分新电路拓扑的研究及实用化，使电力电子技术的内容得到了极大的丰富，也为高等工程教育教学内容的更新提供了契机。应用型本科院校培养的学生不仅要有一定的理论水平，也要了解和掌握行业的基本技术。以应用为主旨和特征，构建具有专业适应性、应用性、先进性的教材和教学内容，是教学改革不断深化的基础。本书在编写上具有以下特点：

（1）强化全控型器件及其驱动电路的应用

功率场效应晶体管（MOSFET）、绝缘栅双极晶体管（IGBT）等全控型器件已成为电力电子技术的核心器件。本书在编写上强化全控型器件 MOSFET、IGBT 的工作原理、静态与动态特性；器件参数的物理含义、应用特点结合产品样本进行阐述；增加了电力电子技术功率集成模块；驱动电路以实际使用的实用电路为主，并给出工程上常用驱动电路的设计案例。

（2）调整变换电路的内容，体现技术发展

AC-DC、DC-AC、DC-DC、AC-AC 四种变换电路的拓扑结构、工作原理、波形分析与不同负载对电路工作特性的影响依然是教材的核心内容。编写中简化整流电路的内容与公式推导过程，增加了基于高频化 PWM 控制的整流电路的内容；逆变电路中在方波输出电路的基础上，重点介绍了 SPWM 逆变电路的生成方法和控制原理；斩波电路以 PWM 控制方式给出了隔离型、非隔离型 DC-DC 变换电路的结构、工作原理及其特性；AC-AC 变换电路分析了以晶闸管为基础的交流调压、调功、变频及交流开关电路。

（3）结合案例，体现工程应用的特征

本书遵循面向行业、面向系统、面向应用的理念，将电力电子器件、电路与工程应用有机结合。在每章内容中增加典型工程案例，选取的内容与最新的电力电子应用技术结合，通过真实工程案例介绍变换电路的应用环境，将所学内容与应用紧密结合起来。最后一章给出电力变换电路综合应用案例，介绍电力变换电路、控制、保护等内容的综合应用，增加对问题深入的原理分析过程，契合工程认证提出的"综合运用专业知识解决复杂工程问题"的要求。

（4）增加仿真教学的内容

本书加入了 PSIM 仿真技术，介绍仿真电路图构建界面的创建流程，以及仿真结果输出界面的使用等内容。形象、直观地展示电力电子技术电路类型多、波形变化多、波形分析比较复杂的特征。

刘燕担任本书的主编，并编写第 1、4、5 章；杨浩东编写第 2 章的 2.1～2.9 节；刘辉编写第 3 章的 3.1～3.5 节；鲁明丽编写第 6 章的 6.1～6.4 节；Alexander Lampe 教授编写第 7

章的 7.1～7.4 节；吕庭编写第 8 章。书中部分典型应用案例，即 2.10 节、3.6 节、6.5 节、7.5 节以及第 9 章的内容由常熟理工学院与常熟瑞特电气股份有限公司合作完成，多名工程技术人员参与了编写。其中唐科峰编写 2.10 节、3.6 节；高荣、夏伟编写第 9 章；黄欢编写 6.5 节、7.5 节，并对上述应用案例进行审核。

本书在编写时参考了众多国内外同行的著作、文献，在此表示衷心的感谢。

由于编者水平有限，书中难免有疏漏和不妥之处，恳请读者批评指正。

编　者

目　　录

第 1 章 绪 论

【内容提要】 能源是人类永恒的话题，电能是最优质的能源。当今世界电力能源的使用约占总能源的 40%。随着科技的发展，电气产品、设备、装置等对电源提出了更高的要求，迫切需要高质量、高效率的精细电源。电力电子技术能将各种一次电能高效率地转换为人们所需的电能。本章阐述了电力电子技术的概念、研究内容与发展，讲述了电力电子技术在工业与民用领域中的应用以及电力电子技术的课程性质及要求。

【本章内容导入】 随着现代工业技术的快速发展，电子产品、电气装备的智能化、自动化、数字化技术得到广泛实现，这些设备在应用中对自身电源提出了更高的要求。直接从公共电网获得的交流电或从蓄电池或干电池获得的直流电往往不能满足产品设备电源类型和大小的要求，需要对原有的交流或直流电源进行变换。电力电子技术正是解决电源变换的技术。据统计在我国现有电气产品中有 40% 的设备要求电源经过变换后才可使用。因此电力电子技术得到广泛应用。

1.1 电力电子技术的概念与发展

1.1.1 电力电子技术的概念

国际电气和电子工程师协会(IEEE)对电力电子技术的定义是："有效地使用电力半导体器件，应用电路和设计理论以及分析开发工具实现电能的高效能变换和控制的一门技术"。从定义可知，电力电子技术就是使用电力电子器件对电能进行变换和控制的技术。

电力电子技术是应用于电力领域的电子技术，电源变换可以理解为在输入与输出之间，将电压、电流、频率(含直流)、相位、相数中的一项以上加以改变，达到负载所需电源的要求，其基本工作框图如图 1-1 所示。

通俗地理解电力电子技术是将电网或其他电源提供的"粗电"变成适合电气设备电源使用的"精电"的技术。

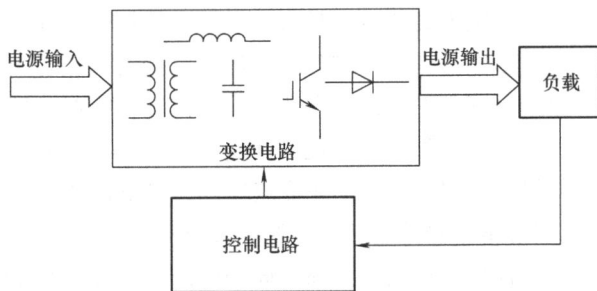

图 1-1 电源变换的基本工作框图

电力电子技术是电子工程、电力工程和控制工程相结合的一门技术。图 1-2 是描述电力电子技术的倒三角形关系。电力电子器件是电力电子技术的基础,它的制造技术和用于信息变换的电子器件制造技术的理论是一样的,都是基于半导体理论基础,但它与信息处理用的器件不同,电力电子器件一方面承受高电压、大电流,另一方面是以开关模式工作,因此通常称为电力电子开关器件,它一般需要用信息电子电路来控制和驱动。电能变换是电力电子技术的核心和主体,它所构成的变换装置广泛应用于电气工程中作为能源而不是作为信息传感的载体,因此人们关注的是所能转换的电功率。控制理论应用于电力电子技术中，它使电力电子装置和系统的性能不断满足人们日益增长的各种需求。电力电子技术可以看成是弱电控制强电的技术，也是弱电和强电之间的接口。而控制理论则是实现这种接口的一条强有力的纽带。

电力电子技术借助于数学、软件等各种分析工具，通过合理选择使用电力电子元器件和相关变换电路，应用各种控制理论和专门的设计技术，高效、实用、可靠地把得到的电源变换为所需要的电源，以满足不同的负载要求，同时以追求电源变换装置的体积小、重量轻和成本低为目标。通过电力电子技术对电能的处理，使电能的使用更合理、高效和节约，实现电能使用最佳化。

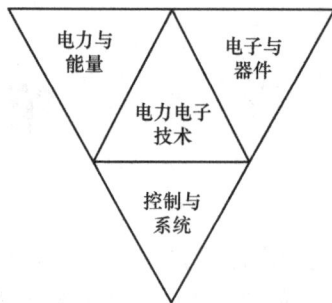

图 1-2　描述电力电子技术的倒三角形

1.1.2　电力电子技术的研究内容

电力电子技术分为电力电子器件制造技术和变流技术两个分支。

1. 电力电子器件制造技术

电力电子器件以半导体为基本材料，最常用的材料为单晶硅；它的理论基础为半导体物理学；它的工艺技术为半导体器件工艺。现代电力电子技术器件的制造大都使用集成电路工艺，采用微电子制造技术，因此微电子领域的发展对电力半导体器件的材料、加工、制造、封装、建模和仿真等方面产生了巨大的影响。所有电力电子系统的可靠性和效率都依赖于功率半导体开关器件的质量，以及如何使用这些半导体开关。电力电子器件由于制造工艺的不同，分类方法很多。

(1) 根据器件被控制信号所控制的程度分类

不可控器件：不能用控制信号来控制通断，不需要驱动电路。对外有两个接线端子，器件通断由主电路决定，具有单向导电特性。其典型器件有功率二极管。

半控型器件：可控制开通但不能控制关断，器件导通后控制端失去控制能力，器件关断决定于外部条件，是三端器件。典型器件有晶闸管及派生器件。

全控型器件：既能控制开通，又能控制关断，又叫自关断器件。常用的有：功率场效应晶体管(MOSFET)、绝缘栅双极晶体管 IGBT 等。

(2) 根据器件驱动信号的类型分类

电流控制型器件：通过向控制端注入或从控制端抽出电流实现器件的开通、关断。

电压控制型器件：器件的开通、关断控制是通过加在控制端与公共端之间的电压来实现的，又叫场控型器件或场效应器件。电压控制型器件需要的控制极驱动功率要小得多。

(3) 按照器件内部载流子的类型分类

单极型：只有多子导电，无少子存储效应，开通关断时间短，典型值为 20ns。输入阻抗很高，通常大于 40MΩ。

双极型：两种载流子都参与导电，通态压降较低。阻断电压高。电压和电流额定值较高，适用于大中容量的变流设备。

混合型：由单极型器件和双极型器件组合而成。既有晶闸管、门极可关断晶闸管 GTO 等双极型器件的电流密度高、导通压降低等优点，又具有功率场效应晶体管等单极型器件的输入阻抗高、响应速度快的特点，是一类综合性能较好、具有发展前途的电力电子器件。

应用于电力电子技术的电子器件同处理信息的电子器件相比的一般特征为：

1）能处理电功率的能力一般远大于处理信息的电子器件。

2）电力电子器件一般都工作在开关状态。

3）电力电子器件往往需要由信息电子电路来控制。

4）电力电子器件自身的功率损耗远大于信息电子器件，一般都要安装散热器。

2. 变流技术

变流技术也称为电力电子器件的应用技术，它包括用各种电力电子器件构成的变换电路和对这些电路进行控制的电路，以及由这些电路构成的电力电子装置和电力电子系统的技术。变换的电路分为四类，即交流变直流（AC-DC）、直流变交流（DC-AC）、直流变直流（DC-DC）和交流变交流（AC-AC）。交流变直流称为整流；直流变交流称为逆变；直流变直流是指一种电压的直流变换为另一种电压的直流，用斩波电路实现；交流变交流是电压大小的变换或是频率和相数的变换。表 1-1 给出电能变换的种类。电能由一种形式变换为另一种形式是由开关的通断控制来完成的。组成电力电子电路的电力电子器件就是一种电气开关，当器件导通时接通电路，当器件断开时断开电路。开关变换电路就是通过控制开关的通断，选择输入直流电或交流电的片段，重新组合为希望的直流电或交流电，输出到负载上，完成电能形式的变换。表 1-2 为电能变换电路的拓扑及基本原理。

表 1-1 电能变换的种类

输出 ＼ 输入	交 流	直 流
直流	整流（AC-DC）	直流斩波（DC-DC）
交流	交流电力控制变频、变相（AC-AC）	逆变（DC-AC）

表 1-2 电能变换电路的拓扑及基本原理

变换类型	变换电路拓扑及波形	基本原理
AC-DC	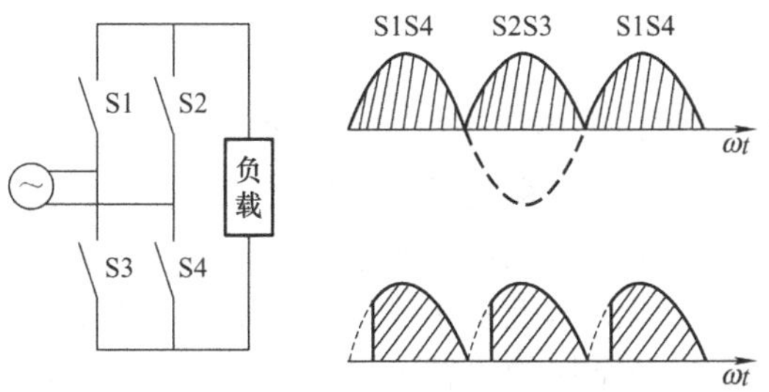	利用 S1～S4 的导通与关断的组合，可由交流形成直流。同时，控制开关导通的时间，可控制直流电压大小

4

（续）

变 换 类 型	变换电路拓扑及波形	基 本 原 理
DC-DC	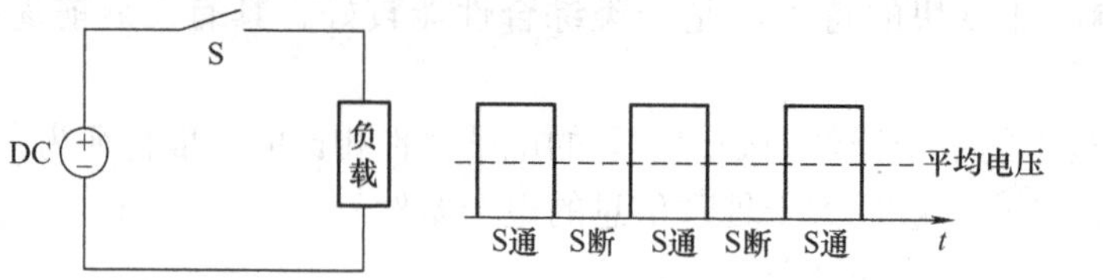	利用 S 的导通和关断，控制负载上的直流电压大小
DC-AC	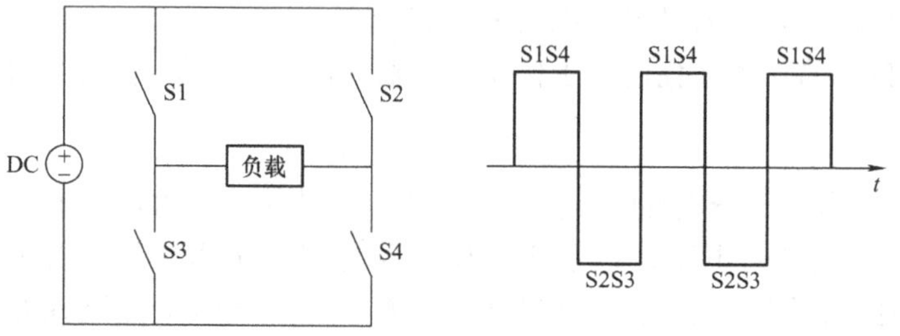	利用 S1～S4 的导通与关断的组合，将负载电压值控制在正负范围。同时，可控制负载上交流电压的频率
AC-AC	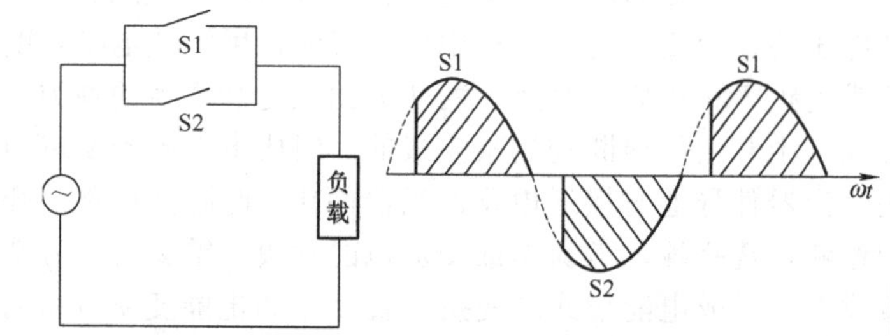	控制 S1、S2 开关导通的时间，可控制交流电压大小

要实现电能高效率地变换和控制，上述电路图中的开关 S 均应采用功率半导体器件，即电力电子器件，且希望工作在理想状态，即当处于关断状态时能承受高的端电压，并且泄漏电流为零；当处于导通状态时能流过大电流，而且这时的端电压为零；导通、关断切换时所需开关时间为零，长期反复地开关也不损坏(寿命长)。实际的开关并非理想开关，对开关的控制也较复杂。

1.1.3　电力电子技术的发展

电力电子技术的发展可以简单划为三个阶段：晶闸管的整流器时代、电力电子技术的逆变器时代和现代电力电子的变频器时代。这个过程中电力电子器件的发展对电力电子技术的发展起着决定性的作用，而微处理器技术的进步也极大地推动了电力电子技术的发展。

1. 晶闸管的整流器时代

晶闸管又称为可控硅，1957 年，美国通用电气公司研发制造了第一个工业用的晶闸管，从此使工业中半导体器件的功率控制范围得到了大大扩展，电能的转换也进入到由电力半导体器件组成的变流器时代，电力电子技术也逐渐成形，可以说，晶闸管在电力电子技术的诞生上有着不容忽视的意义。在上个世纪六七十年代，工业用电基本上都是工频 50Hz 的交流发电机提供，但是像化工原料和有色金属的电解、电力机车和城市无轨电车、电传动的内燃机、轧钢造纸等是需要直流电来提供动力的，因此，基于晶闸管而研制的硅整流器就应运而生了，它能够把工频交流电高效率地转化为直流电。

2. 电力电子的逆变器时代

20 世纪 70 年代，世界范围内都出现了能源危机，使得整流器时代的交流电转变为直流电已经不再适应企业的用电需求，以交流电为主的逆变器时代自然就出现了。随着可控制关断型电力电子器件（即自关断的全控型器件）的出现，如巨型功率晶体管（GTR）、门极可关断晶闸管（GTO）等，变频调速技术因为节能的效果明显而迅速发展，而这些自关断的全控型器件也得到了普及。然而由于技术的限制，变频调速技术还处在低频阶段，因此使用中效率偏低。

3. 现代电力电子的变频器时代

20 世纪 80 年代，在大规模和超大规模集成电路技术的不断发展下，将集成电路技术的精细加工技术和高压大电流技术有机结合，出现了一批新型的全控型器件，其中以 MOSFET（金属-氧化物半导体场效应晶体管）和 IGBT（绝缘栅双极晶体管）为代表，直接导致了电力电子技术由低频向高频转变，标志着现代电力电子技术的变频器时代的到来。这些新型器件的出现和发展，不仅在使用中提升了变频调速的使用频率，还使设备逐步向轻、小方面发展。

为了使电力电子装置的结构紧凑，体积减小，常常把若干个电力电子器件及必要的辅助器件做成模块的形式，后来又把驱动、控制、保护电路和功率器件集成在一起，构成电力电子集成电路（PIC）。目前 PIC 的功率都还较小但这代表了电力电子技术发展的一个重要方向。

20 世纪 90 年代以后各种全控型器件有了极大的发展，各种结构的全控型器件大量涌现，种类繁多，如场控晶体管、集成门极换流晶闸管等代表了新一代全控型器件的复合型器件，它们综合了其他器件的优点，在电压、电流容量上有了较大的突破。

4. 现代电力电子技术的发展趋势

现代电力电子技术已进入高频化、标准模块化、集成化和智能化时代。理论与实践证明：电气产品体积与重量与供电频率的二次方根成反比，也就是说，当我们把 50Hz 的标准工频进行大幅度提高以后，使用这一工频的电子仪器的体积与重量将会大幅度缩小，这将使用于制造电子设备的材料大幅度缩减，运行过程中的电能节约也会日趋明显，电气设备系统的各项性能将会大幅度改善。因此，电力电子器件的高频化已经成为未来电力电子技术发展的主导方向，硬件结构的标准模块是器件发展的必然趋势。功率集成电路和智能模块（IPM），集电力电子器件、驱动电路、传感器和诊断、保护、控制电路于一身，奠定了电力电子装置结构小型化的基础。智能化功率集成电路的应用预示着电力电子技术与计算机控制技术已密不可分，自然结合在一起，走向一体化的时机已逐渐成熟。

近年来，新型半导体材料的研究正在取得不断地突破，碳化硅（SiC）、金刚石等材料已用于电力电子器件的研制。利用碳化硅制作的电力电子器件能使电力转换器实现更高的开关速度、更低的损耗和更高的工作温度。金刚石器件与硅器件相比，功率极大提高，频率可提高 50 倍，导通压降降低一个数量级，最高结温可达到 600℃。

进入 21 世纪后，随着电力能源结构的变化，电力电子技术进入一个崭新的发展阶段。现在经过变换处理后再提供用户使用的电能占全国总发电量百分比的高低，已成为衡量一个国家技术进步的主要标志之一。据有关资料显示，20 世纪末发达国家中有 75%左右的电能是经过电力电子技术变换或控制后再使用的。而美国预计到 21 世纪二三十年代，由发电站产生的全部电能都将经过变换处理后再供负载使用。目前我国经过变换或控制后使用的电能仅占40%，60%的电能仍采用传统的传输方式。作为节能降耗的主力军，电力电子行业每年的高增长还可以维持相当长的时间。

1.2 电力电子技术的应用

电力电子技术作为一门新兴的高技术学科,已被广泛地应用于高品质交直流电源、电力系统、变频调速、新能源发电及各种工业与民用等领域,成为现代高科技领域的支撑技术。电力电子技术所变换"电能"的功率可大到数百兆瓦甚至吉瓦,也可以小到数瓦甚至 1W 以下。

1.2.1 电源设计中的电力电子技术

各种电子装置一般都需要不同电压等级的直流电源供电。通信设备中的程控交换机所用的直流电源以前用晶闸管整流电源,现在已改为采用全控型器件的高频开关电源。大型计算机所需的工作电源、微型计算机内部的电源现在也都采用高频开关电源。在各种电子装置中,以前大量采用线性稳压电源供电,由于高频开关电源体积小、重量轻、效率高,现在已逐渐取代了线性电源,因为各种信息技术装置都需要电力电子装置提供电源,所以可以说信息电子技术离不开电力电子技术。

不间断电源(UPS)是计算机、通信系统,以及要求提供不能中断电能场所必需的一种高可靠、高性能的电源。现代不间断电源普遍采用电力电子技术以降低电源噪声,提高电源效率和可靠性。

高频逆变式整流焊机电源是一种高性能、高效、省材的新型焊机电源,代表了当今焊机电源的发展方向。逆变焊机电源大都采用交流-直流-交流-直流(AC-DC-AC-DC)变换的方法,经高频变压器耦合,整流滤波后成为稳定的直流,供电弧使用。

大功率开关型高压直流电源广泛应用于静电除尘、水质改良、医用 X 光机和 CT 机等大型设备。电压高达 50~159kV,直流达到 0.5A 以上,功率可达 100kW。

分布式开关电源供电系统为大型计算机、通信设备、航天航空、工业控制等系统提供理想电源。它采用小功率模块和大规模控制集成电路作基本器件,利用最新理论和技术成果,组成积木式、智能化的大功率供电电源,从而使强电与弱电紧密结合,降低大功率元器件、大功率装置的研制压力,提高生产效率,具有节能、可靠、高效、经济和维护方便等优点。在大功率场合,如电镀、电解电源、电力机车牵引电源、中频感应加热电源等领域,分布式开关电源供电系统也有广阔的应用前景。图 1-3 为中小功率开关电源的外形。

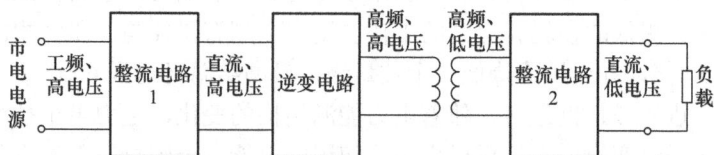

开关电源的基本电路框图如图 1-4 所示。交流电压经整流电路及滤波电路整流滤波后,变成含有一定脉动成分的直流电压,该电压进入高频变换器被转换成所需电压值的方波,最后再将这个方波电压经整流滤波变为所需要的直流电压。

图 1-3　中小功率开关电源的外形　　　　图 1-4　开关电源的基本电路框图

1.2.2 一般工业中的电力电子技术

工业中大量应用各种交直流电动机。直流电动机有良好的调速性能,给其供电的可控整流电源或直流斩波电源都是电力电子装置。交流电机变频调速技术是电气节能的关键技术。对于传统的直接拖动的风机、水泵、压缩机等大型机器，当电力电子变频器在交流调速系统中作为电动机驱动电源时，节能高达30%。近年来，由于电力电子变频技术的迅速发展，使得交流电动机的调速性能可与直流电动机相媲美。因此，交流调速技术得到了广泛的应用，并且占据主导地位。大至数千千瓦的各种轧钢机、小到几百瓦的数控机床的伺服电动机，以及矿山牵引等场合都广泛采用电力电子交直流调速技术。一些对调速性能要求不高的大型鼓风机等近年来也采用了变频装置，以达到节能的目的。还有些不调速的电动机为了避免起动时的电流冲击而采用软起动装置，这种软起动装置也是电力电子装置。电化学工业大量使用直流电源，电解铝、电解食盐水等都需要大容量整流电源。电镀装置也需要整流电源。电力电子技术还大量用于冶金工业中的高频、中频感应加热电源、淬火电源及直流电弧炉电源等场合。

图1-5为工业变频器实物图，图1-6为变频器工作原理框图，从中可以看出，变频器实现变频调速的原理是电能的变换过程，即交流-直流-交流的过程。

图1-5 工业变频器实物图

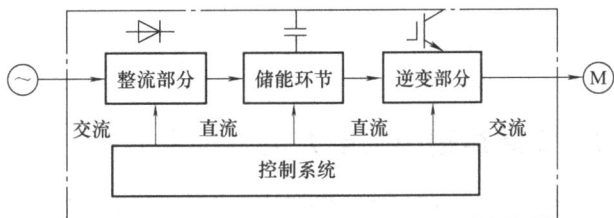

图1-6 变频器工作原理框图

1.2.3 电力系统中的电力电子技术

电力系统通向现代化进程中电力电子技术起着非常重要的作用。离开电力电子技术，电力系统的现代化是不可能实现的。直流电在长距离、大容量输电时有很大的优势，其送电端的整流阀和受电端的逆变阀都采用晶闸管变流装置，由此解决了直流输电系统无功损耗问题，为输电系统的输送过程提供了良好的保障。近年发展起来的柔性交流输电也是依靠电力电子装置才得以实现的。无功补偿和谐波抑制对电力系统有重要的意义。晶闸管控制电抗器、晶闸管投切电容器都是重要的无功补偿装置。近年来出现的静止无功发生器、有源电力滤波器等新型电力电子装置具有更为优越的无功功率和谐波补偿的性能。在配电网系统中，电力电子装置还可用于防止电网瞬时停电、瞬时电压跌落、闪变等，以进行电能质量控制，改善供电质量。在变电所中为操作系统提供可靠的交直流操作电源，为蓄电池充电等都需要电力电子装置。

柔性直流输电是一种新型直流输电技术，采用了基于可关断电力电子器件IGBT的电压源型换流器及先进的控制策略，不仅能够实现功率的高效传输，而且能够对交流系统提供动态无功功率支持。图1-7为柔性多端直流输电工程图，图1-8为两端柔性直流输电系统解决方案。

图1-7 柔性多端直流输电工程图

8

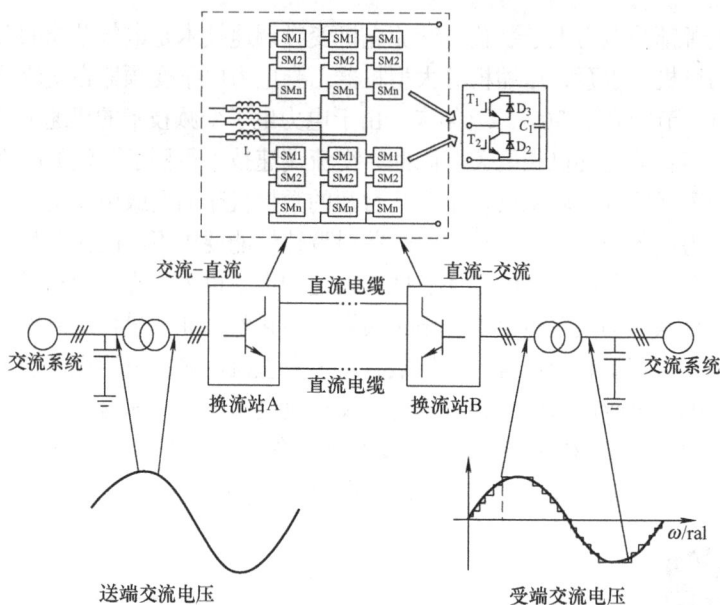

图 1-8　两端柔性直流输电系统解决方案

1.2.4　交通运输中的电力电子技术

　　电力电子技术在电气化铁道中广泛使用。DC-DC 变换技术被广泛应用于地铁列车、无轨电车、电动车的无级变速和控制。这主要表现在电力机车中的直流机车采用整流装置来供电，但是交流机车则采用变频装置来进行供电。电动车的电机同样要靠电力电子装置进行电力变换和驱动控制。如直流斩波器广泛应用于铁道车辆，磁悬浮列车中电力电子技术更是一项关键的技术。其中，电动汽车的电机用蓄电池为能源，靠电力电子装置来进行电力变换与驱动控制，其蓄电池的充电也是离不开电力电子技术的。轮船、飞机也需要许多不同要求的电源，所以航海、航空也离不开电力电子技术。图 1-9 为高铁外观图。

　　图 1-10 为高铁驱动原理框图，高速列车通过受电弓与接触网接触将高压交流电取回车内，然后通过变压器降压和四象限整流器转换成直流，再经过逆变器转换成可调幅调频的三相交流电，输入三相异步/同步牵引电机，通过传动系统带动车轮运行。

图 1-9　高铁外观图

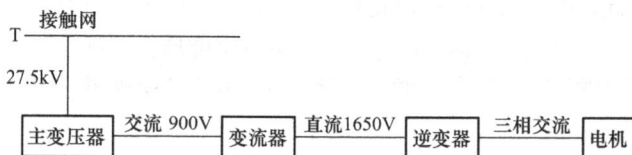

图 1-10　高铁驱动原理框图

1.2.5　家用电器中的电力电子技术

　　照明在家用电器中占有十分突出的地位。由于电力电子照明电源体积小、发光效率高、可节省大量能源，通常被称为"节能灯"，它能够使高频荧光灯的效率比白炽灯提高 2～3 倍，同时还能够节约 30%的电力能源。电力电子照明电源正在逐步取代传统的白炽灯和日光灯。变频空调是家用电器中应用电力电子技术的典型例子。电视机、音响设备、家用计算机等电子设备的电源部分也都需要电力电子技术。此外，有些洗衣机、电冰箱、微波炉等电器也应用了电力电子技术。

图 1-11 为家用 LED 照明灯，图 1-12 给出了一种高功率 LED 照明系统的驱动方案。AC 输入电源经过整流，供给一个功率因数校正(PFC)升压电路，产生一个 400V 的高压，从而为下游隔离 DC-DC 转换器提供输入。之后，该 DC-DC 转换器输出产生一个 12V 或 24V 的直流电压，向经过降压调节的 LED 供电。

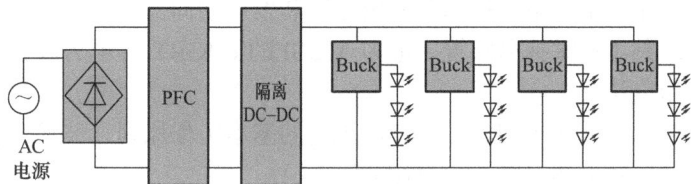

图 1-11　家用 LED 照明灯　　　　图 1-12　一种高功率 LED 照明系统的驱动方案

1.2.6　新能源发电中的电力电子技术

大容量电力电子技术在新能源发电方面得到广泛的应用。目前应用比较多的新能源主要有风能、太阳能、地热能、生物能和燃料电池等。通过电力电子变换技术将新能源转化成电能进行变换和调整，以达到最大利用率及与电网或负载合适匹配。

图 1-13 为太阳能和风电场，图 1-14 为太阳能和风能发电原理框图。太阳能、风能发电系统由太阳能电池组、风机、控制器、蓄电池(组)及逆变器等部分组成。其中光伏发电系统主要由太阳能光伏组件和逆变器两部分组成。白天有日照时，太阳能光伏发出的直流电经过并网逆变器变换后将电能输送到交流电网上，或将太阳能所发出的直流电经过并网逆变器逆变后直接为交流负载供电。风力发电是利用风力带动风车叶片旋转，再通过风机控制器将旋转的速度提升来促使发电机发电。风力发电机输出的交流电须经整流后再对蓄电池组充电，使风力发电机产生的电能变成化学能，然后采用逆变电源将蓄电池组里的化学能转变成交流电，才能保证稳定使用。由此可见，电力电子技术在太阳能发电和风力发电上都有着重要的作用，其中逆变器完成 DC-AC 变换，而风力发电机组发出的交流电要经过 AC-DC 的变换。另外，太阳能发电技术具有的无公害、无枯竭和不受地域限制的特点使其已经应用到生活中的方方面面。例如，太阳能路灯、太阳能草坪灯和电子产品，这更加证明了电力电子技术对于能源利用的重要性。

图 1-13　太阳能和风电场　　　　图 1-14　太阳能和风能发电原理框图

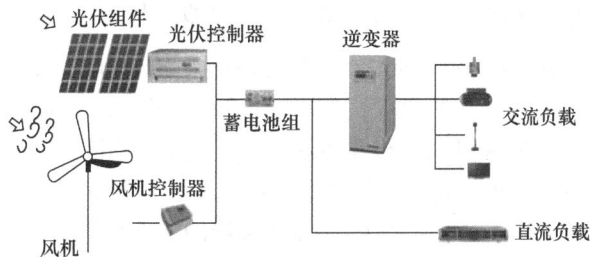

1.3 电力电子技术课程的基本要求及仿真软件

电力电子技术是电气工程及其自动化、自动化等专业的专业基础课，是一门理论与应用相结合的课程，具有很强的实践性。它主要研究各种电力电子器件的工作原理、基本特性、技术参数和组成各种变换装置的基本原理、控制技术、运行过程、工作波形，以及理论计算方法、分析方法、电路设计方法、经济技术指标、应用领域和使用场合。

1.3.1 电力电子技术课程的基本要求

1) 了解电力电子技术的应用范围和发展动向。

2) 熟悉和掌握晶闸管、电力 MOSFET、IGBT 等电力电子器件的结构、工作原理、特性和使用方法。

3) 熟练掌握单相、三相整流电路的基本工作原理、波形分析和各种负载对电路工作的影响，并能对上述电路进行设计计算。

4) 掌握直流斩波器 DC-DC 变换电路，DC-AC 逆变电路，AC-AC 交流变换电路。

5) 掌握基本变流装置的调试试验方法；掌握基本电力电子产品的制作、调试、故障分析及处理方法。

6) 具有借助工具书和设备铭牌、产品说明书、产品目录(手册)等资料，查阅电子元器件及产品的有关数据、功能和使用方法的能力。

7) 能正确选用电力电子器件并组成常用电路。

本课程涉及高等数学、电工基础、电子技术、电机与拖动等课程的内容，学习时要综合应用所学知识。在学习中要注意物理概念与基本分析方法的学习，电路波形和相位分析，从波形分析中进一步理解电路的工作过程，掌握器件计算、测量、调整和故障分析等方面的实践能力。

本课程的教学学时为 48~64 学时。在学习本课程前，学生应该学过"电路"和"电子技术"两门课程。

1.3.2 电力电子技术常用的仿真软件

在电力电子技术课程学习过程中，由于电路类型多、波形变化多，学生往往感到波形分析比较复杂，学习效果不理想。又由于电力电子技术所涉及的都是功率器件，硬件实验费时、费用高且危险性大，因此，有必要利用仿真技术进行形象、直观的教学，激发学生的学习兴趣，提高课程教学质量。其中 PSIM 软件、MATLAB 软件均在电力电子技术仿真教学中得到广泛应用。

1. PSIM 软件在电力电子技术中的应用

PSIM 是 Powersim 公司专门为电力电子和电机控制而设计的一款仿真软件。它具有快速仿真和便利交互的特点。PSIM 仿真软件由 PSIM 电路程序、PSIM 仿真器、SIMVIEW 波形形成过程项目组成。与其他通用性仿真软件相比，PSIM 占用资源少，仿真速度快。该软件主要应用于电力电子电路设计、电气传动系统设计、电机设计、新能源发电系统设计等领域，基本覆盖了电力电子与电气传动领域的主要内容。

PSIM 软件在电力电子应用系统设计课程教学中有以下特点：

1) PSIM 软件的基本操作简单，学生能够较快掌握并进行简单的电路设计，易于入门。

与其他软件的复杂操作配置相比，通过简短的功能介绍后，学生即可自主使用 PSIM 软件。

2）PSIM 软件包含了电力电子技术课程中涉及的全部元器件，能够实现模拟控制和数字控制，且便于将控制理论的基本方法应用于电力电子系统设计，能实现学科交叉，培养学生解决复杂控制问题的能力。

3）对于复杂的电力电子应用系统，PSIM 可以通过编写动态链接库（DLL）的方法实现控制算法，同时能够与其他仿真软件配合使用，增强了仿真系统的扩展性，为希望深入学习的学生提供了有力的工具支持。

4）针对可再生能源领域，PSIM 具有光伏电池模块和风机模块，通过配置参数得到设计所需的仿真模型，提高了仿真效率。

图 1-15 为单相桥式可控整流电路故障仿真模型及仿真波形。

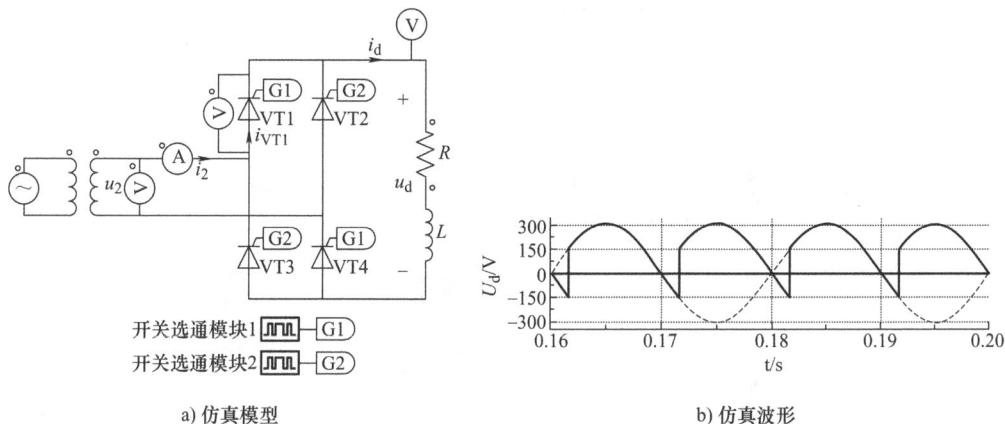

a) 仿真模型   b) 仿真波形

图 1-15   单相桥式可控整流电路故障仿真模型及仿真波形

本书第 8 章将详细介绍 PSIM 仿真软件的应用。

2. MATLAB 软件在电力电子技术中的应用

MATLAB 是矩阵实验室（Matrix Laboratory）的简称，MATLAB 软件在数值计算方面首屈一指。Simulink 是 MATLAB 中的一种可视化仿真工具，是一种基于 MATLAB 的框图设计环境，是实现动态系统建模、仿真和分析的一个软件包，被广泛应用于线性系统、非线性系统、数字控制及数字信号处理的建模和仿真中。所提供的仿真环境具有建模资源丰富、设计过程简单、输出形式多元和感受直观深刻等优点。采用 Simulink 可以搭建电力电子四种变换电路的仿真模型，通过模型可以很清晰地了解电路的基本组成部分和它们之间的相互关系，以及其自身的开环动、静态特性。其仿真图形直观逼真、器件参数可在大范围内调节。

MATLAB/Simulink 包含了专用于电力系统和电力电子变换电路建模仿真的 Sim-power systems 模块库，具体包括电源（Electrical resources）、元件（Elements）、连接器 （Connectors）、电机 （Machines）、测量仪表（Measurements）、电力电子器件（Power electronics）等功能模块子集。基于 Simulink 环境的电力电子电路建模主要包括以下三个步骤：

1）搭建仿真电路模型。用户利用专用的 Sim-power systems 模块库，根据仿真对象组成结构进行功能模块的选择、拖曳和连接即可完成仿真电路搭建。该过程本身就是对电力电子功能电路组成、结构及特点的再次深入认知。

2)设置系统仿真参数。主要包括仿真电路各功能子模块参数和仿真运行参数的设置。需指出的是,系统仿真参数可结合用户需求和实际输出情况进行反复修正,以达到最佳的观察与分析效果。

3)运行仿真,输出结果。仿真电路工作波形既可通过示波器(Scope)进行观察;还可将重要变量导出至工作空间(Workspace),实现数据的定量化分析;另外,利用电力图形用户界面(PowerGUI)可对系统变量进行更加深入的解析,了解电路的频域、暂态特征信息等。图 1-16 为电压型单相全桥逆变电路仿真模型,图 1-17 为电压型单相全桥逆变电路模型的输出波形仿真结果。

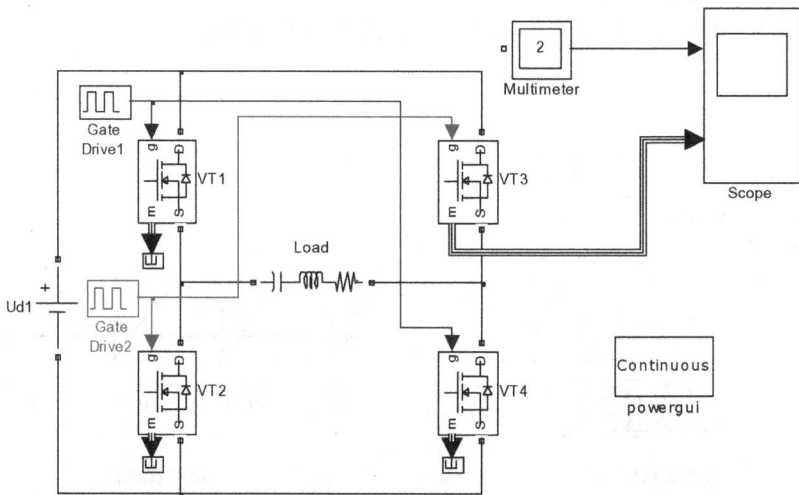

图 1-16　电压型单相全桥逆变电路仿真模型

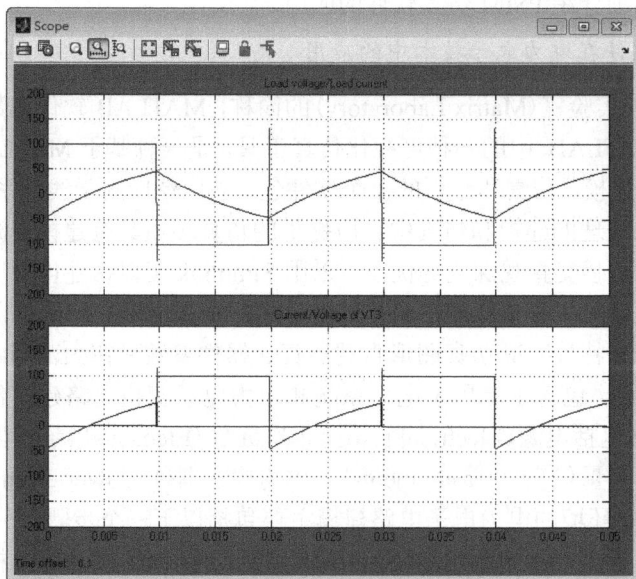

图 1-17　电压型单相全桥逆变电路仿真模型的输出波形

第2章　电力电子器件

【内容提要】 电力电子器件是构成电力电子装置的基本元件，是电力变换技术应用的基础。电力电子器件的性能关系着变换电路的结构和性能，正确选择与使用电力电子器件是完成一个电力电子装置设计、制造最关键的一步。本章将分别介绍常用电力电子器件的工作原理、基本特性、主要参数以及选择和使用中应注意的一些问题。其中电力电子器件的性能参数、动态特性是本章学习的重点和难点之一。

【本章内容导入】 电能变换电路有 AC-DC、DC-DC、DC-AC、AC-AC 四种类型，电力电子器件是构成这些变换电路的核心器件，它们以开关阵列的形式实现电能变换和控制作用。目前电力电子器件是最接近理想开关的器件，利用电力电子器件构成的变换电路应用广泛。图 2-1 为变频器电路的硬件框图，电路由整流器和逆变器组成。整流器的作用是将交流变换为直流，逆变器是将直流再变换为交流，通过变换实现对频率或电压的改变，达到电机调速的目的。这里构成整流器的电路一般用功率二极管或晶闸管器件，而构成逆变器的电路则会用到 MOSFET 或 IGBT 器件。作为变换电路的主要元件，电力电子器件的性能关系着变换电路的性能或结构。因此，掌握各种电力电子器件的特性、特点及使用方法是分析和设计电力变换电路的基础。

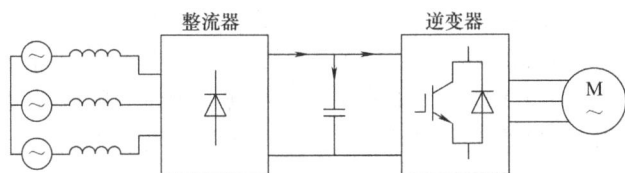

图 2-1　变频器电路硬件框图

2.1　概述

电力电子器件被用于实现电能变换与控制的主电路中。区别于信息处理的普通半导体器件，电力电子器件一般工作在开关状态，以开关阵列的形式将相同频率或不同频率的电能进行变换。这种开关模式的变换具有较高的效率，不足之处是这些开关并不是理想的，它们有导通和关断的损耗，同时由于开关的非线性将在电源端和负载端产生谐波。

从 20 世纪 50 年代开始，电力电子器件的发展非常迅速，迄今为止，已经开发出很多类型。目前应用的电力电子器件可以归为以下几种：① 功率二极管；② 晶闸管（SCR）及派生器件；③ 电力晶体管（GTR）；④ 门极关断晶闸管（GTO）；⑤ 场效应晶体管（MOSFET）；⑥ 绝缘栅双极型晶体管（IGBT）；⑦ 集成门极换流晶闸管（IGCT）；⑧ 其他功率半导体器件等。表 2-1 给出典型电力电子器件的名称和用途。

表 2-1　典型电力电子器件的名称和用途

器件名称	英文名	用途	说明
功率二极管	Diode	整流、能量回馈、续流	分为整流二极管和快速二极管
电力晶体管	GTR	—	已被 IGBT 替代
晶闸管	Thyristor，SCR	整流、逆变	高压大容量
门极关断晶闸管	GTO	大容量逆变	已被 IGCT 替代
场效应晶体管	MOSFET	DC-DC 变换	小功率，但适合高功率密度的应用
绝缘栅双极晶体管	IGBT	逆变、DC-DC 变换、整流	应用十分广泛
集成门极换流晶闸管	IGCT	大容量逆变	GTO 的进化

下面就电力电子器件的开关特性进行阐述。

2.1.1　理想开关特性

在模拟和数字电子电路当中，电子器件主要关注的是其信号传输的质量，而在电力电子技术当中，由于电力电子技术主要是进行电能的变换，因此更关注电力电子器件的能量或功率传输特性。在模拟电子电路当中，几乎所有的器件都需要工作在线性区，信号用连续的电压或电流来表示；而在数字电子电路当中，器件都工作在开关状态，用 0 和 1 来表示开和关；在电力电子电路中，器件也必须工作于开或关两个状态，与数字电路中的器件状态类似，但电力电子电路中器件的开通或关断并不用信号 1 或者 0 来表示，而是用来改变能量的流动路径。图 2-2a 为利用电力电子开关进行直流电动机调压调速的原理示意图，当开关 S 合上时，100V 直流电源接到直流电动机电枢绕组上，二极管 VD 反偏截止，这时直流电动机在直流电压的作用下，电流增加，能量由直流电源通过开关 S 流向负载，等效电路如图 2-2b 所示。当 S 打开时，能量传输通道关闭，直流电动机电流通过二极管 VD 续流，电动机电枢绕组两端电压为零，电流降低，等效电路如图 2-2c 所示。从这个例子可以看出，直流电源的直流电压，通过电力电子开关 S 和二级管 VD 的开通和关断，被转换为负载的脉冲电压，直流电源的能量被转换为脉冲形式的能量供给直流电动机。从平均效果来看，相当于加到直流电动机的电枢电压降低了，从而实现了调压调速。

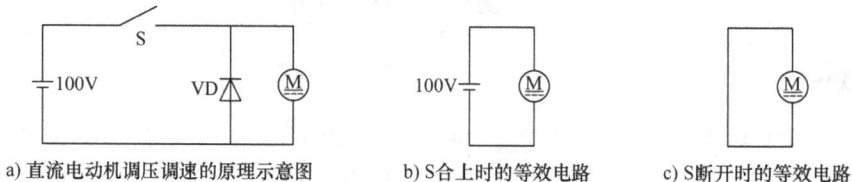

a) 直流电动机调压调速的原理示意图　　b) S合上时的等效电路　　c) S断开时的等效电路

图 2-2　直流电动机调压调速示意图

对图 2-2 中的开关 S 进一步分析，当开关 S 闭合时，电能从 S 流过，这时希望开关 S 上的损耗为零，即开关 S 两端的电压降为零，这样在 S 导通的时间段内，直流电压中的能量全部传输到电动机当中，电动机电枢两端的电压为直流电源电压 100V，电枢绕组在直流电压作用下，电流增加，转矩(与电枢电流成正比)上升；当开关断开时，希望开关的电阻为无穷大，即流过开关的电流为零，这时电枢绕组电流流过二极管，其两端电压约为零，电流下降，电动机输出转矩变小。在电动机开和关两个状态中，电动机电枢电流经历增加和减小两个阶段，电动机转矩也跟随经历了一个上升和下降的过程。若开通和关断的周期较长，则电动机的转矩波动会增加，这在实际当中是不希望的，若要降低转矩波动，可以增加开通和关断的频率，该频率越高，转矩波动越小。总结上面对开关 S 的分析，首先，开关 S 工作于开关状态，并且是一种理想开关，即导通时电阻为零，或电压降为零，关断时电阻为无穷大，或流过开关电流为零，这样就保证在能量传输过程中在开关上损耗为零。如开关工作于线性状态(如晶体管的放大区)，开关有压降，开关上会消耗一定的能量。其次，开关 S 的开和关的频率尽量高，就能够保证电流波动较小。如果开关 S 用电力电子器件来替代的话，希望其特性与上面分析的理想开关 S 尽量接近。

理想开关具有如下特点：

1) 从关断状态到导通状态，能在瞬间完成，即不需要花费任何时间；
2) 开关导通后，其上电阻为 0，电压为 0；
3) 导通后，可以流过无穷大电流；
4) 从导通状态到关断状态，能在瞬间完成，即不需要花费任何时间；
5) 关断后，其上电阻为无穷大，电流为 0；
6) 关断后，开关两端可以承受无穷大电压。

图 2-3 为理想开关的工作特性，U_g 为开关的控制信号，低电平表示开关关断，高电平时开关导通，U 为开关两端电压，I 为流过开关的电流，P 为其上损耗的功率。在 t_1 时刻，开关由关断转为开通，开关上承受的电压瞬间变为零，电流在此时刻由零突然变为一个恒定电流(由外电路决定)，因此在这个过程中开关上的损耗 $P=UI$ 为零。当开关导通后，由于其上的电压为零，功率 P 仍然为零。同理在开关关断过程

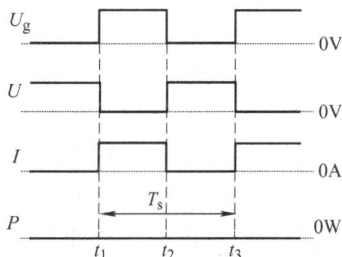

图 2-3 理想开关工作特性

和关断后，开关上的损耗仍然为零。因此，理想开关在功率变换过程中，开关本身是不损耗任何能量的。并且由于理想开关开通和关断都不需要花费任何时间，一个开关周期 $T_s=t_3-t_1$ 可以无限小，即开关频率 $f_s=1/T_s$ 可以无限大。

2.1.2 实际开关与损耗

电力电子技术中，由于所有的电力电子器件都必须工作于开关状态，上述的理想开关是最佳选择，但在实际当中，理想开关并不存在，没有任何一个电力电子开关能够达到上面给出的理想开关的 6 个特性。根据上述理想开关的 6 个特性，可以对照得到实际中一个电力电子器件的开关特性，具体如下：

1) 从关断状态到导通状态，不能在瞬间完成，即需要花费一定的时间；
2) 开关导通后，其上导通电阻并不为 0，当有电流流过时，电压降并不为 0；
3) 导通后，流过的电流不能任意大，有一个最大值；
4) 从导通状态到关断状态，不能在瞬间完成，即需要经历一定时间；
5) 关断后，其上关断电阻并不为无穷大，其承受电压时会有一定漏电流流过；
6) 关断后，开关两端并不能承受无穷大电压，有一个最大值。

图 2-4 给出了一个实际电力电子器件的开关特性。在时刻 t_1 以前，开关处于关断状态，当其上承受电压 U 时，会有一定漏电流流过，与上述特性 5 对应，该漏电流一般较小，但当开关两端承受的电压较高时，会产生一定的损耗，该损耗一般称为器件的断态损耗。此外，当器件承受的电压高于器件能承受的最高电压时，会发生击穿现象，导致器件烧毁。在时刻

t_1，U_g 变为高电平，器件开通，根据实际电力电子器件开关的特性 1，开通过程不能够在瞬间完成，即电压不能马上下降到开通时的电压，电流也不能立刻上升到开通时的稳态电流，开通过程需要花费一定的时间，如图 2-4 中 $t_1 \sim t_2$ 时间段中的电压电流波形，电压下降和电流上升到稳态值，都需要花费一定的时间，这样导致器件产生一定的功率损耗，该损耗一般称为电力电子器件的开通损耗。此外，当器件流过的电流超出器件的最大电流后，工作点不在器件的安全工作区，器件有可能会烧毁；在时刻 t_2 与 t_3 之间，器件完全开通，根据实际电力电子器件开关特性 2，器件开通后，其上电阻并不为零，当流过电流时，会有一定损耗，该损耗称为电力电子器件的通态损耗。在时刻 t_3，U_g 变为低电平，器件关断，根据实际电力电子器件开关特性 4，器件关断不能瞬间完成，需要经历一定的时间，即电压需要一定的时间上升到断态稳定电压，电流需要一定时间下降到断态电流，在此过程中，电压与电流相乘，会产生功率损耗，该损耗称为电力电子器件的关断损耗。t_4 时刻以后，器件关断，与 t_1 时刻以前开关的关断状态相同。

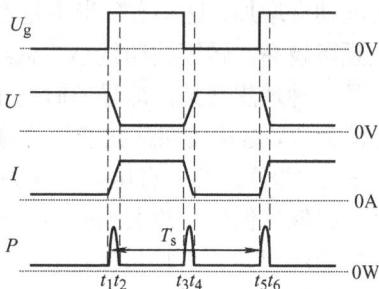

图 2-4　实际电力电子器件开关特性

器件经历一个开关周期 T_s，会产生四种类型的损耗，即开通损耗、通态损耗、关断损耗和断态损耗，开通和关断损耗合成为动态损耗，通态和断态损耗称为静态损耗。工作于较高开关频率的电力电子器件，其动态损耗一般较静态损耗大，尤其是工作频率较高时，每次开和关都会产生损耗，即图 2-4 中功率 P 的开关时的脉冲波形越密集，这些损耗往往远大于器件完全导通和关断时的损耗，是电力电子器件的主要发热来源，因此在高频电力电子设备中，如器件发热严重，可以降低器件的开关频率，一般能够有效降低器件的发热。

2.1.3　电力电子器件工作在高频开关状态下的优势

电力电子器件工作于高频开关状态时，能够有效降低电路中无源器件，如电容、电感、变压器的体积，节约成本。这是由于当设备工作频率较高时，对电容而言，容抗与频率成反比，工作频率越高，电容的容抗越低，电容滤波就更容易滤掉高频信号。当电源的开关频率较高时，如电路中采用电容滤波，可以使用容量较小的电容就能达到预期的滤波效果，电容的体积和成本直接与其容量值直接相关。对于电感或变压器，由电机学知识可知，电感两端电压 $U=4.44f\Phi N$，f 为电感工作频率，N 为匝数，Φ 为磁通，$\Phi=BS$，B 为电感中材料的磁感应强度，S 为面积。对于在一定电压下的电感或变压器，匝数 N 不变，当工作频率 f 变大时，Φ 会变小，一般电感或变压器内部磁感应强度 B 与选用的磁路材料相关，因此工作频率 f 变高时，B 不变，这样可以使磁路的面积 S 减小，从而电感或变压器的体积变小，这样就能够达到降低电感或变压器体积的目的。基于上述原因，电力电子器件一般都尽量工作在高频开关状态。电力电子器件的发展，是一个不断向理想开关逼近的过程。

2.2　功率二极管

在电力电子设备中，功率二极管(Power Diode)是最常用的一种器件，几乎所有的电力电子电路中都需要用到功率二极管。功率二极管是在普通二极管的基础上发展而来，其基本结构为一个单 PN 结结构，但由于功率二极管耐压一般较高，内部结构与低压二极管有所不同。

2.2.1 功率二极管的结构及工作原理

(1) 功率二极管的内部结构

功率二极管和普通二极管一样,具有单向导电性,当加正向电压时,二极管导通,正向管压降很小;当加反向电压时,二极管截止,仅有极小的漏电流流过。由于功率二极管耐压较高,其内部结构与 PN 结结构有所不同。功率二极管是在高掺杂浓度的 P_+ 和 N_+ 半导体之间再加入一层低掺杂浓度的 N 型半导体 N_-,如图 2-5 所示。

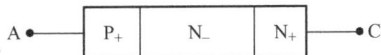

图 2-5 功率二极管的结构

由于功率二极管采用了在 PN 结中间加入掺杂浓度较低的 N 型半导体,形成较宽的 N-区,该区域自由电子浓度较低,当与 P 区结合后,会与 P 区浓度较高的空穴形成相互扩散,形成空间电荷区。由于 P 区空穴浓度高,而 N-区电子浓度低,因此形成的空间电荷区主要集中在 N-区,而且较传统的二极管该空间电荷区要宽很多,如图 2-6 所示。由于空间电荷区较宽,二极管承受的反偏电压要比传统二极管大很多。

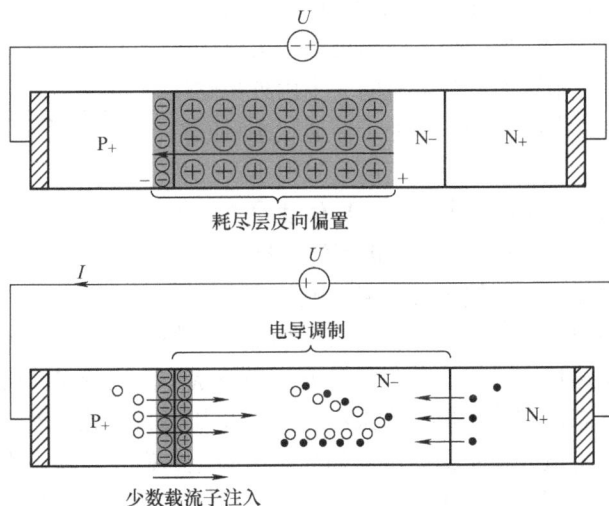

图 2-6 承受正向和反向电压时功率二极管的空间电荷区

当二极管承受正向电压时,在外电场的作用下,空间电荷区变窄,P 区中的大量空穴会扩散到 N-区,从而在 N-区中大量的空穴和电子进行复合。虽然 N-区的宽度较大,但由于此时在 N-区中载流子的浓度较高,对外表现出的导通电阻很小,此时二极管依然具有较强的导通能力。把这个特性称为二极管的电导调制效应。电导调制效应的存在,可允许器件流过较大电流而压降仍然很低,一般维持在 1V 左右。

(2) 功率二极管的电气符号和外形

功率二极管是由一个面积较大的 PN 结结合两端的电极及引线封装而成。在 PN 结的 P 端引出的电极称为阳极,用 A 表示;在 PN 结的 N 端引出的电极称为阴极,用 K 表示,电气图形符号如图 2-7 所示。功率二极管主要有螺栓型和平板型两种类型。一般而言 200A 以下的器件多采用螺栓型,200A 以上的器件多采用平板型。若将几个功率二极管封装在一起还可组成模块式结构。

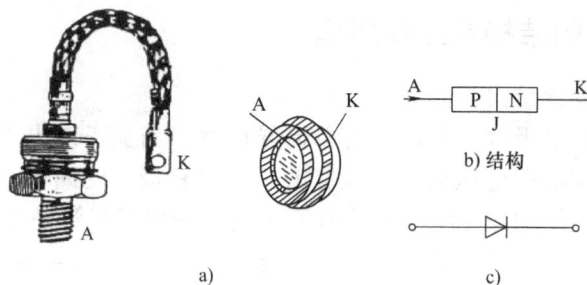

图 2-7　功率二极管外形、结构和符号

2.2.2　功率二极管的静态特性

静态特性是指功率二极管处于稳定工作状态时阳-阴极间所加的电压与流过电流的关系特性。二极管的静态伏安特性如图 2-8 所示，曲线位于第 I、III 象限。

当二极管所加正向阳极电压 U_F 小于门槛电压 U_{th} 时，二极管只流过很小的正向电流；当所加正向阳极电压大于门槛电压 U_{th} 时，正向电流急剧增加，其电流的大小由外电路决定。这时的二极管在电路中相当于一个处于导通状态（通态）的开关。二极管导电时，其 PN 结等效正向电阻很小，二极管两端正向电压降仅 1V 左右（大电流硅半导体功率二极管超过 1V，小电流硅二极管仅 0.7V，锗二极管约 0.3V）

当二极管加反向电压时，开始时反向漏电流极小，管子呈现高阻态。随着反向电压的增加，漏电流有所增加。当外加反向电压超过 U_{BR} 后，二极管被电击穿，反向电流迅速增加。击穿后二极管若为开路状态，则管子两端电压为电源电压；若二极管击穿成短路状态，则管子电压将很小，而电流却很大。此时若无特殊的限流保护措施，二极管被电击穿后将造成 PN 结的永久损坏。为防止二极管出现电击穿，使用中通常只允许最高反向工作电压为其击穿电压 U_{BR} 的 1/2。图 2-8 给出了反向饱和电流 I_R 的大小。

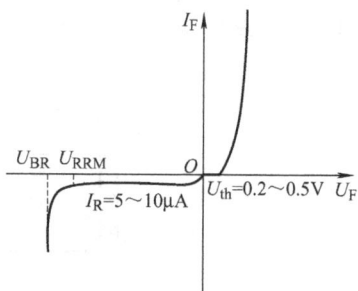

图 2-8　二极管静态伏安特性

2.2.3　功率二极管的动态特性

实际的二极管的开通和关断都不能瞬间完成，在开通和关断过程中，电压和电流都有一个短暂的变化过程。由于该过程极短，功率二极管一般流过的电流较大，从而形成较大的 di/dt。由于电路中不可避免有寄生电感存在，如导线电感、器件内部的引线电感，从而会在电路中产生较大的电压尖峰，严重时可能会击穿回路中的电力电子器件。一般电力电子器件的动态特性关系到整个电路能否安全可靠工作，无论在设计阶段还是调试阶段，都必须对器件在开通和关断过程中的特性重点分析和对待。

功率二极管的动态特性可以利用图 2-9 的原理来进行测试。图 2-9 中 VT 为开关管（IGBT），其开通和关断由 u_G 控制信号来控制，这里可以认为当 u_G 为高电平，VT 开通，其两端电压为零，u_G 为低电平，VT 关断，通过控制 u_G 信号，可以控制开关管 VT 开通和关断过渡过程的速度。U_{dc} 为直流电源，VD 为待测试功率二极管，L 为电感负载。当开关 VT 开通时，其上两端电压接近于零，母线电压全部降到二极管 VD 和电感负载 L 上，二极管承受反压 U_{dc} 关断，电感

电流会在电压 U_{dc} 的作用下，有所增加，电流流通路径如图 2-9 中的I。当开关管 VT 在开通一段时间后关断，这时开关管近似于开路，电感电流不能突变，只能沿功率二极管 VD 流通，即图 2-9 的路径 II，这时二极管正向导通，为电感电流提供一个续流的通道。

图 2-10 为 u_G 控制信号波形、电感电流波形、功率二极管 VD 的电压 u_d 以及电流 i_d 的相关波形。

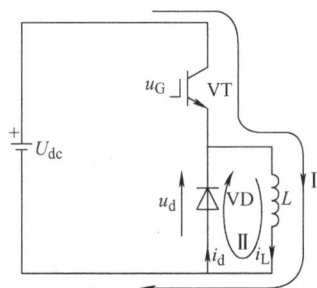

图 2-9 功率二极管动态特性测试

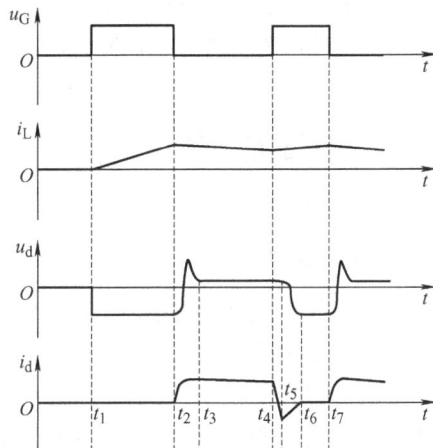

图 2-10 功率二极管的开关特性

在时刻 t_1 以前，开关管 VT 关断，负载电感 L 与电源断开，电路中无电流流过，仅有较小的漏电流流过开关管 VT。

在 t_1 时刻，开关管 VT 的控制信号 u_G 变为高电平，开关管 VT 导通，这时电感中电流为零。由于电感电流不能突变，电感电流 i_L 在 U_{dc} 的作用下，线性上升，上升的斜率决定于 U_{dc}/L。由于 VT 导通，U_{dc} 电压全部反向加在二极管 VD 上，二极管反偏截止，流过其上的电流为反偏时的漏电流。

在时刻 t_2，u_G 变为低电平，开关管 VT 关断，这时由于电感中存储了能量，其上的电流不能突变，因此电感电流只能流过二级管 VD，VD 转为正向导通，其上的电压和电流都将经历一个渐变的过程，如图 2-10 中 $t_2 \sim t_3$ 时段，电流从零增大到电感电流，但二极管电压在变为稳态导通电压之前，有一个正向过冲电压，主要是由于功率二极管的 N-区较长，在导通时电阻较大的缘故。在时刻 t_3 以后，由于 N-区载流子浓度上升，电阻下降，进入稳态导通阶段，压降为二极管正向导通压降，此时电感电流通过二极管续流。

在时刻 t_4，u_G 变为高电平，开关管 VT 导通，由于实际的开关管 VT 在开通时也需要一定的时间，其上电流也不能从零突然增加到一个稳态电流，因此在经过时刻 t_4 后，电流以一定斜率下降。但当下降到零时，从图 2-10 可以看出，会出现一个反向增大的电流，该电流的存在主要是因为二极管中 N-区在正向导通时空穴浓度较高，当关断时需要一定的时间把这些空穴从 N-区中排出才能恢复到反向截止状态。到达时刻 t_5 后，N-区中的空穴基本都被排挤出去，在 $t_5 \sim t_6$ 时段，二极管会快速建立反偏的空间电荷区。到达 t_6 时刻，二极管才真正反偏关断。

在 t_7 时刻，开关管 VT 关断，二极管上电流和电压变化过程与 t_2 时刻后相同。

$t_2 \sim t_3$ 和 $t_4 \sim t_6$ 时段为功率二极管的开通过程和关断过程，即功率二极管的动态过程。二极管在动态过程中，电压和电流同时在变化，会引起一定的功率损耗，该损耗为二极管的开关损耗。当电路的工作频率较高时，该损耗将是二极管发热的主要原因。从图 2-10 可以看出，在开通过程中，二极管上会产生一尖峰电压；在关断时，会产生反向电流。这将对二极管产生负面效应，在使用时需要特别注意。功率二极管在关断时，由于反向电流变化较快，很快衰减到零，di/dt 较大。由于线路上不可避免总是存在电感，能够引起较大的电压尖峰，严重时如不加以处理，该尖峰电压会超过电路中器件的最大工作电压，导致器件击穿。一般描述功率二极管的反向恢复特性，主要用反向恢复时间、反向存储电荷、反向峰值电流以及二极管的软度系数来表示。

2.2.4 功率二极管的参数

功率二极管的重要参数有：

1. 反向重复峰值电压 U_{RRM}

U_{RRM} 指二极管能重复施加的反向最大峰值电压，该电压一般也作为二极管的额定电压。显然 U_{RRM} 应小于二极管的反向击穿电压 U_{BR}。在实际使用时，二极管承受的最大反向电压应远远小于 U_{RRM}，应该按照功率二极管在电路中可能承受的反向最高峰值电压的两倍来选定此参数。如图 2-11⊖所示数据手册中给出的 MURHS160T3G 二极管，其反向重复峰值电压为 600V，实际使用时如留 2 倍裕量，其上最大反向电压一般为 300V 左右。

2. 正向平均电流 $I_{F(AV)}$

二极管的正向平均电流被定义为其额定发热所允许的正弦半波电流的平均值。当二极管采用规定的散热器，在规定的环境温度和散热条件下工作，通过正弦半波电流平均值 $I_{F(AV)}$ 时，其 PN 结温升不超过允许值。将此电流值取规定系列的电流等级值，即为元件的额定电流。

这里需注意，$I_{F(AV)}$ 参数给出的是二极管能够流过的正弦半波电流的平均值，而实际当中二极管流过的电流一般都不可能是正弦半波电流，有可能是方波，也有可能是三角波或其他波形，使用时应按电流有效值相等原则选取，并留有一定的裕量。通过计算可知，正弦半波电流的有效值是平均值的 1.57 倍。若平均值为 $I_{F(AV)}$，则对应的有效值为 $1.57I_{F(AV)}$。如图 2-11 中二极管的 $I_{F(AV)}$ 为 1A，则该二极管可以流过的有效值电流为 1.57A。如选择二极管时留有 2 倍裕量，则在实际应用时二极管流过的有效值电流应小于 0.785A。在设计电路时，应清楚二极管流过的电流是何种波形，该波形最大可能的有效值为多大，该值应小于 1.57 $I_{F(AV)}/(1.5\sim 2)$，1.5～2 为考虑的裕量，如系统可靠性要求高，该值可以取得更大些。

3. 浪涌电流 I_{FSM}

I_{FSM} 指二极管所允许的正弦半周期峰值浪涌电流。该值比二极管的额定电流要大得多。实际上它体现了二极管抗短路冲击电流的能力。如 MURHS160T3G 二极管的 I_{FSM} 为 15A，其一般只能通过几个正弦半周期的 15A 电流。

4. 最高工作结温 T_{jM}

结温是指管芯 PN 结的平均温度，用 T_j 来表示。最高工作结温是指在 PN 结不致损坏的前提下所能承受的最高平均温度，如 MURHS160T3G 二极管的最高结温为 175℃。

⊖ 该图为厂家的数据手册，有些内容未采用我国相关标准。为方便读者使用未做修改，请注意。后面此种情况不再一一注出。

MURHS160T3G, SURHS8160T3G

Power Rectifier

ON Semiconductor®

http://onsemi.com

Features and Benefits

* Ultrafast 35 Nanosecond Recovery Times
* 175°C Operating Junction Temperature
* High Temperature Glass Passivated Junction
* High Voltage Capability to 600 V
* AEC-Q101 Qualified and PPAP Capable
* SURHS8 Prefix for Automotive and Other Applications Requiring Unique Site and Control Change Requirements
* This is a Pb-Free Device*

Applications

* Power Supplies
* Inverters
* Free Wheeling Diodes

Mechanical Characteristics

* Case: Epoxy, Molded
* Epoxy Meets UL 94 V-0 @ 0.125 in
* Weight: 95 mg (Approximately)
* Finish: All External Surfaces Corrosion Resistant and Terminal Leads are Readily Solderable
* Lead Temperature for Soldering Purposes: 260°C Max. for 10 Seconds
* Cathode Polarity Band

**ULTRAFAST RECTIFIER
1.0 AMPERES
600 VOLTS**

SMB
CASE 403A
PLASTIC

1 ○—▶|—○ 2

MARKING DIAGRAM

ALYWW
UH16■

UH16 – Specific Device Code
AL = Assembly Location
Y = Year
WW = Work Week
■ = Pb-Free Package
(Note: Microdot may be in either location)

MAXIMUM RATINGS

Rating	Symbol	Value	Unit
Peak Repetitive Reverse Voltage Working Peak Reverse Voltage DC Blocking Voltage	V_{RRM} V_{RWM} V_R	600	V
Average Rectified Forward Current (Rated V_R, T_L = 145°C)	$I_{F(AV)}$	1.0	A
Nonrepetitive Peak Surge Current (Surge Applied at Rated Load Conditions Halfwave, Single Phase, 60 Hz)	I_{FSM}	15	A
Operating Junction and Storage Temperature Range	T_J, T_{stg}	−65 to +175	°C
ESD Ratings: Machine Model = C Human Body Model = 3B		> 400 > 8000	V

Stresses exceeding Maximum Ratings may damage the device. Maximum Ratings are stress ratings only. Functional operation above the Recommended Operating Conditions is not implied. Extended exposure to stresses above the Recommended Operating Conditions may affect device reliability.

*For additional information on our Pb-Free strategy and soldering details, please download the ON Semiconductor Soldering and Mounting Techniques Reference Manual, SOLDERRM/D.

ORDERING INFORMATION

Device	Package	Shipping†
MURHS160T3G	SMB (Pb–Free)	2,500 / Tape & Reel
SURHS8160T3G	SMB (Pb–Free)	2,500 / Tape & Reel

†For information on tape and reel specifications, including part orientation and tape sizes, please refer to our Tape and Reel Packaging Specification Brochure, BRD8011/D.

ELECTRICAL CHARACTERISTICS

Rating	Symbol	Typ	Max	Unit
Maximum Instantaneous Forward Voltage (Note 3) (I_F = 1.0 A, T_C = 25°C) (I_F = 1.0 A, T_C = 125°C)	V_F	1.5 1.2	2.4 1.7	V
Maximum Instantaneous Reverse Current (Note 3) (Rated dc Voltage, T_C = 25°C) (Rated dc Voltage, T_C = 125°C)	I_R	0.18 5.0	20 200	μA
Maximum Reverse Recovery Time (I_F = 1.0 A, di/dt = 50 A/μs) (I_F = 0.5 A, I_R = 1.0 A, I_{REC} = 0.25 A)	t_{rr}	25 16	35 30	ns

图 2-11 二极管数据手册示例

21

5. 正向压降 U_F

U_F 指当二极管导通时，在指定的温度和电流下，对应二极管正向压降。二极管的正向压降与二极管的管壳温度和流过其上的电流有关。

6. 反向电流 I_R

I_R 指在一定的温度和反向电压下，二极管流过的漏电流。

7. 反向恢复时间 t_{rr}

t_{rr} 是指正向电流降为零起到恢复反向阻断能力为止的时间。

2.2.5 功率二极管的主要类型

1. 普通二极管

普通二极管多用于 1kHz 以下的整流电路中。由于工作频率低，反向恢复时间并不重要，一般为 25μs 左右。电流定额由小于 1A 到数百安，电压等级从 50V 到高达 5kV。

2. 快恢复二极管

快恢复二极管也称为开关二极管，这类二极管的反向恢复时间通常小于 5μs，适用于高频下的斩波和逆变电路。高于 400V 的快恢复二极管常用扩散法制造，用掺金或铂控制反向恢复时间 t_{rr} 的大小。用外延法制造的二极管具有更快的开关速度，使恢复时间可低于 50ns，叫作超快恢复二极管。

3. 肖特基二极管

肖特基二极管是肖特基势垒二极管的简称，常用 SBD 表示。SBD 是通过金属与半导体接触形成的势垒为基础的二极管而构成的。在外电压的作用下，SBD 也表现出单向导电的特性。恢复时间仅是势垒电容的充放电时间。其反向恢复时间远小于相同定额的结型二极管，而且反向恢复时间与反向 di/dt 无关，正向压降较小，漏电流较大，电压定额较低。目前由于 SiC 材料技术和工艺的成熟，市场上已经有成熟的采用 SiC 材料制作的 SiC-SBD，这种器件不仅正向压降低、开关速度快，而且也能够承受很高的电压。

4. SiC 二极管

SiC 二极管是采用 SiC 材料制作的二极管，近几年已有较多的商业化产品。由于 SiC 为宽禁带材料，采用其制作的二极管不仅耐高温，而且几乎没有反向恢复过程，所以开关速度较快，不会产生反向恢复过程中关断损耗，从而为电力电子设备更大程度地提高开关速度及效率、减小体积成为可能。可以预见，随着 SiC 二极管成本的不断降低，该器件将很快进入大规模的应用阶段。

2.3 晶闸管

晶闸管(Thyristor)的全称为晶体闸流管，又称为可控硅整流器(Silicon Controlld Rectifier, SCR)，也称为可控硅。晶闸管是一个典型的半控型器件，只能通过控制信号控制其开通，而无法控制其关断，目前在一些中小功率领域应用已经较少，但在高压大电流大容量领域，晶闸管仍然有比较重要的地位。

2.3.1 晶闸管的结构及工作原理

1. 基本结构

图 2-12 为常见的几种大功率晶闸管的封装,前两种为 Semikron(赛米控)公司生产的螺栓型及圆盘型晶闸管。后一种为 Infenion(英飞凌)生产的晶闸管模块,内部封装了两只同样的晶闸管。对于晶闸管模块,不同公司往往采用的封装结构不同,在使用时需要在公司的官网上查阅相关的数据手册,可以得到详细的机械结构数据。

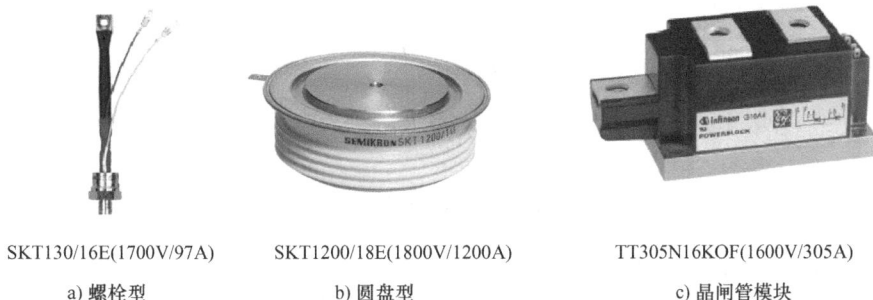

| SKT130/16E(1700V/97A) | SKT1200/18E(1800V/1200A) | TT305N16KOF(1600V/305A) |
| a) 螺栓型 | b) 圆盘型 | c) 晶闸管模块 |

图 2-12 晶闸管封装

晶闸管是一个 PNPN 的四层半导体结构,分别命名为 P1、N1、P2、N2 四个区,四个区形成三个 PN 结 J1、J2、J3。对外引出三个极,即从 P1 区引出阳极 A,N2 区引出阴极 K,P2 区引出门极 G,图 2-13 为晶闸管的内部结构及电气符号。

2. 晶闸管导通和关断原理

晶闸管可以用两个晶体管来等效。靠近阴极的 J3 和 J2 PN 结形成晶体管 VT2,靠近阳极的 J1 和 J2 PN 结构成晶体管 VT1,如此将晶闸管等效为一个 PNP 晶体管 VT1 和一个 NPN 晶体管 VT2 的复合双晶体管模型,如图 2-14 所示。

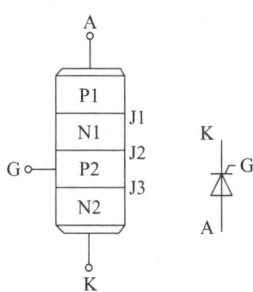

图 2-13 晶闸管的内部结构及电气符号

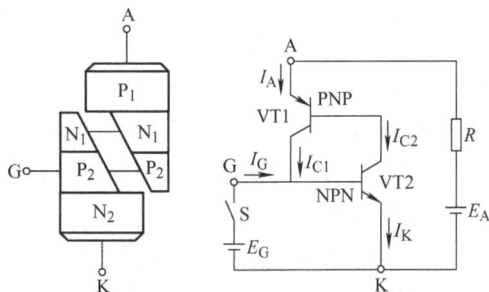

图 2-14 晶闸管导通、关断的等效电路

工作原理可以用双晶体管模型来定性解释。如图 2-14 所示电路中当晶闸管阳极承受正向电压,门极也加正向电压时,晶体管 VT2 处于正向偏置,在 VT2 基极注入门极电流 I_G,则 VT2 导通产生集电极电流 I_{C2}。I_{C2} 又为 VT1 提供了基极电流 I_{B1},再由 VT1 的放大作用使 I_{C1} 增加,这时 VT2 的基极电流由 I_G 和 I_{C1} 共同提供,VT2 的基极电流 I_{B2} 增加,形成强烈的正反馈,使 VT1 和 VT2 很快进入饱和导通,即晶闸管导通。其正反馈的过程

如下：$I_G\uparrow\rightarrow I_{B2}\uparrow\rightarrow I_{C2}(I_{B1})\uparrow\rightarrow I_{C1}\uparrow\rightarrow I_{B2}\uparrow$。导通后晶闸管上压降很小，电源电压几乎全部加在负载上，晶闸管中流过的电流即为负载电流。导通后完全依靠管子本身的正反馈作用来维持，此时即使将 I_G 调整为 0 也不能解除正反馈，晶闸管会继续导通，即 G 极失去控制作用。

晶闸管导通过程也可以定量分析得到。在图 2-14 中，α_1 和 α_2 分别为 VT1 和 VT2 的共基极放大倍数，I_G 为晶闸管的门极电流，I_K 为阴极电流，I_A 为阳极电流，因此可以得到如下方程：

$$I_K = I_A + I_G \tag{2-1}$$

$$I_A = I_{C1} + I_{C2} \tag{2-2}$$

$$I_{C1} = a_1 I_A + I_{CB01} \tag{2-3}$$

$$I_{C2} = a_2 I_K + I_{CB02} \tag{2-4}$$

联立式(2-1)～式(2-4)，可得：

$$I_A = \frac{+\alpha_2 I_G}{1-(\alpha_1+\alpha_2)} \tag{2-5}$$

根据晶体管的特性，当发射极电流较小时，共基极放大倍数 α 很小，当发射极电流建立起来后，α 会快速增加。因此，当晶闸管阻断时，$I_G=0$，$\alpha_1+\alpha_2$ 也很小，接近于零，从式(2-5)可以看出，这时 I_A 也基本为零，晶闸管不导通。当采用外电路使 I_G 增大到一定程度时，晶体管发射极电流增加，α 快速增加，从而使得 $\alpha_1+\alpha_2$ 接近于 1。从式(2-5)可以看出，这时即使较小的 I_G 电流，也会产生理论上无穷大的阳极电流 I_A，从而使得两个晶体管都进入饱和导通状态，实现晶闸管的导通。实际阳极电流 I_A 会受到外电路的限制，不会无穷大。一旦晶闸管导通后，可以发现，这时如果撤掉门极电流 I_G，晶闸管内部两个晶体管的基极仍然有电流流过，不会退出原来的饱和状态，若要使晶闸管关断，需要把阳极电流降低到一定数值，这时 $\alpha_1+\alpha_2$ 会重新变小为零，晶闸管才会关断。

通过上述分析可以看出，晶闸管开通和关断具有以下特点：

1)只有同时承受正向阳极电压和正向门极电压时晶闸管才能导通，二者缺一不可。

2)一旦稳定导通后，门极失去控制作用，故门极控制电压只要是有一定宽度的正向脉冲电压即可，这个脉冲称为触发脉冲。

3)要使已经导通的晶闸管关断，必须使阳极电流降低到维持电流以下。

【例 2-1】 如图 2-15 所示，晶闸管阳极加正弦交流电压 u_2，门极开关 S 在 $t=0$ 时闭合，试画出负载 R_d 上的电压波形 u_d(不考虑管子的导通压降)。

解：分析 u_2、u_g 波形可得 u_d 波形。在 $t=0\sim t_1$ 区间，晶闸管 VT 承受正向阳极电压，但门极电压为零，晶闸管处于阻断状态，$u_d=0$；在 $t=t_1\sim t_2$ 区间，阳极电压为正，门极有触发电压，晶闸管处于 VT 导通状态，$u_d=u_2$；在 $t=t_2\sim t_3$ 区间，阳极电压过零反向，I_a 减少至 $I_a<I_H$，晶闸管处于恢复阻断状态，$u_d=0$；在 $t=t_3\sim t_4$ 区间，晶闸管又符合导通条件，$u_d=u_2$；在 $t=t_4\sim t_5$ 区间，晶闸管已导通，尽管 $u_g=0$，晶闸管仍然继续导通，$u_d=u_2$。

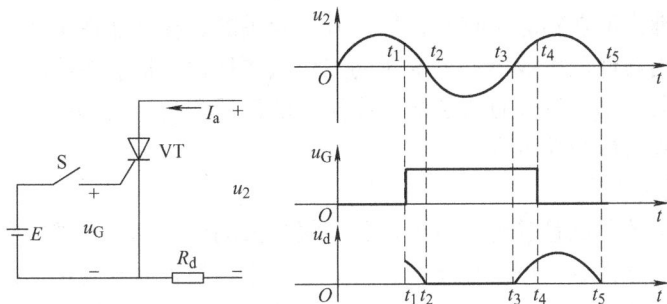

图 2-15　【例 2-1】电路及波形

2.3.2　晶闸管的静态伏安特性

晶闸管的静态伏安特性如图 2-16 所示，下面分正向特性与反向特性分别介绍。

（1）正向特性

由于晶闸管具有正向可控导通的特性，所以其正向特性与二极管不同。晶闸管在门极开路的情况下，在阳极与阴极间施加一定的正向阳极电压，器件也仍处于正向阻断状态，只有很小的正向漏电流经过。随着正向阳极电压的升高，正向漏电流随之加大。当正向阳极电压升高到器件允许的最高临界极限电压，即正向转折电压 U_{BO} 时，内部 PN 结 J2 被击穿，则电流急剧增大，特性由高阻区经负阻区到低阻区，器件进入导通状态，这是一种非正常状态。

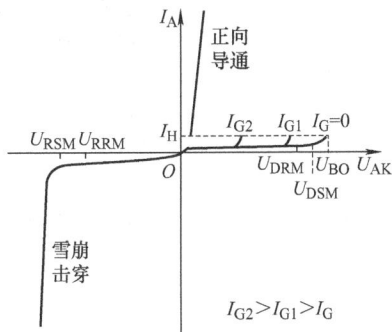

图 2-16　晶闸管的伏安特性

当外加的阳极正向电压 U_{AK} 在其转折电压 U_{BO} 以下时，只要在门极注入适当的电流 I_G（一般为毫安级），器件也会立即进入正向导通状态。导通状态的晶闸管的伏安特性与二极管特性类似，虽有较大的阳极电流流过，但却只有很小的正向压降，称其为通态压降，一般在 1V 左右。随着门极电流幅值的增大，正向转折电压降低。导通后，如果使门极电流为零，并且逐步减小阳极电流，当减小到接近于零的某一数值 I_H 以下时，则晶闸管又由导通状态恢复为阻断状态。I_H 是维持晶闸管导通所需的最小阳极电流，称为维持电流。

（2）反向特性

晶闸管承受反向阳极电压时，只有极小的反向漏电流通过，这就是器件的反向阻断状态。随着反向电压的增加，反向漏电流逐渐增大。当阳极反向电压超过允许值时，晶闸管将被反向击穿，反向漏电流增加较快，如外电路无限制措施，则造成晶闸管的永久性损坏。

当阳极施加反向电压时，门极一般不起作用，其反向特性与二极管反向特性相似。但此时若在门极施加足够高的正向电压，将使 J3 结由反向偏置变为正向偏置，引起内部载流子浓度增加，反向电流增加，从而造成器件功耗增大，结温上升，阻断能力降低，对器件工作十分不利，必须避免。

2.3.3　晶闸管的动态特性

在大多数电力电子电路中，晶闸管都作为开关器件使用。在对电路分析时，一般也都将其当作理想开关处理。但在实际运行时，器件开通及关断过程并非在瞬间完成，其中内部载流子的变化，以及当器件电压或电流突变时的工作状态往往直接影响线路工作的稳定性、可靠性。因此，应对器件动态特性有所了解。晶闸管的开通和关断的动态过程的物理机理是很复杂的，这里只对其过程做简单介绍。

(1) 晶闸管开通过程

正向阻断状态下的晶闸管受到触发后，其阳极电流的增长不可能瞬间完成。从外施门极信号上升沿开始，到器件进入正向导通状态为止，由于晶闸管内部的正反馈过程，以及外电路电感的影响，电流的建立要经历一个内部晶体管正反馈最终达到饱和导通的过程，称之为晶闸管开通过程。开通过程可分为延迟、上升、扩散三个阶段，如图 2-17 所示。

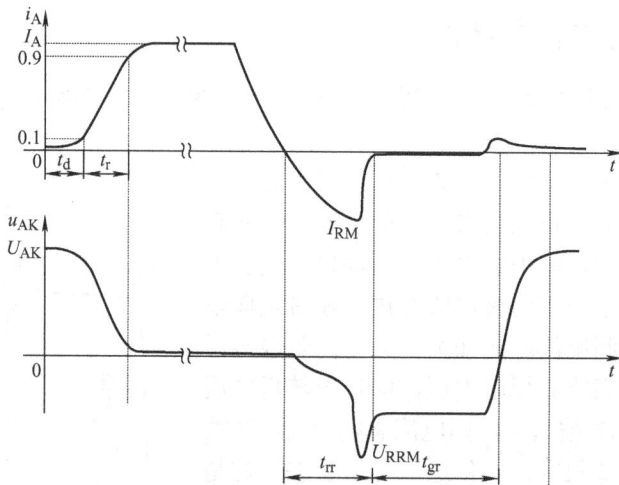

图 2-17   晶闸管的开通和关断过程

第一阶段：延迟阶段。所需时间为延迟时间 t_d。从门极电流 i_G 阶跃时刻开始，到阳极电流 I_A 上升到稳态电流的 10% 所需的时间。在这期间，晶闸管的正向压降略有减小。

第二阶段：上升阶段。此阶段所需时间为上升时间 t_r。阳极电流从稳态值的 10% 上升到 90% 所需的时间。在该阶段，伴随着阳极电流迅速增加，器件两端的压降 U_{AK} 也迅速下降。

第三阶段：扩散阶段。所需时间为扩散时间 t_{ex}。它是阳极电流上升到 90% 之后载流子在整个芯片面积上分布的过程，最终使 i_A 上升到 100% 稳态值；器件压降达到稳定值。

晶闸管的开通时间 t_{gt} 定义为延迟时间 t_d 与上升时间 t_r 两者之和，即

$$t_{gt} = t_d + t_r \tag{2-6}$$

普通晶闸管延迟时间 t_d 为 0.5～1.5μs。

(2) 晶闸管关断过程

晶闸管的关断有三种情况：一种是晶闸管处在正向阳极电压下，设法使流过它的电流减小到零，使其关断；另一种是使晶闸管的阳极电压减小到零，迫使流过它的电流减小到零使其关断；第三种情况是给原来处于导通状态的晶闸管两端加一强制反偏电压，使其阳极电压突然由正向变为反向，迫使电流迅速减小到零而关断。下面以第三种情况为例，说明晶闸管的关断过程。

由于外电路一般都有电感存在，其阳极电流必然要经过一过渡过程逐步衰减到零。然而由于晶闸管内部的J1、J3结附近积累了大量的少数载流子，这些载流子在反向电压的作用下

被抽取出晶闸管，形成反向恢复电流，经过最大值 I_{RM} 后，再反方向快速衰减。在恢复电流快速衰减时，由于外电路电感的作用，会在晶闸管两端出现反向的尖峰电压 U_{RRM}。最终反向恢复电流衰减至接近于零，晶闸管恢复其对反向电压的阻断能力。晶闸管强迫关断过程中的电压、电流波形如图 2-17 所示。由此可见，关断过程是晶闸管内累计的非平衡载流子消失的过程。这一过程需要一定的时间，称为关断时间 t_q。从正向电流降为零，到反向恢复电流衰减至接近于零的时间，就是晶闸管的反向阻断恢复时间 t_{rr}。反向恢复过程结束后，由于载流子复合过程比较慢，晶闸管要恢复其对正向电压的阻断能力还需要一段时间，这段时间称为正向阻断恢复时间（也称门极恢复时间）t_{gr}。在正向阻断能力尚未完全恢复期间，若重新对晶闸管施加正向电压，晶闸管在无门极信号的情况下又会重新正向导通。所以实际应用中，给晶闸管施加的反向电压时间应足够长，以保证晶闸管充分恢复对正向电压的阻断能力，电路能正常、可靠地工作。

晶闸管的关断时间 t_q 定义为 t_{rr} 与 t_{gr} 之和，即 $t_q=t_{rr}+t_{gr}$。

2.3.4　晶闸管的参数

晶闸管的主要参数是其性能指标的反映，表明晶闸管所具有的性能。要想正确使用晶闸管就必须掌握其主要参数，这样才能取得满意的技术及经济效果。以下根据电压参数、电流参数以及动态参数进行介绍。需要注意，器件的参数都是在一定的条件下（如温度）测得的，在使用时应与器件的实际使用工况对比。

1. 电压定额

1）非重复反向电压峰值 U_{RSM}。该参数为器件在额定结温下，其上施加的最高非周期性的反向电压脉冲，脉冲宽度小于 1ms。假如器件上承受的反向电压脉冲超过该参数的数值，器件会造成永久性损坏。图 2-18 示例的德国 SEMIKRON 公司生产的 SKT1200/18E 晶闸管的非重复反向电压峰值为 1800V，如有超过 1800V 的反向电压脉冲出现在器件两端，会击穿晶闸管，造成反向导通，从而损坏器件。

2）周期性反向电压峰值 U_{RRM}。该参数为器件在额定结温下，允许器件可以重复施加的反向电压。图 2-18 中晶闸管的周期性反向电压峰值为 1800V。

3）周期性正向电压峰值 U_{DRM}。该参数为器件在断态和额定结温下，允许器件可以重复施加的正向电压峰值。图 2-18 中晶闸管的周期性正向电压峰值为 1800V。

晶闸管铭牌标出的额定电压 U_{TN} 通常是根据元器件实测 U_{DRM} 与 U_{RRM} 中较小的值，取相应整数标准电压级别而得。由于晶闸管元器件属于半导体器件，其耐受过电压、过电流能力都较差，所以在选用元器件的额定电压时必须留有 2～3 倍的安全裕量，即晶闸管的额定电压 U_{TN} 应为其在电路中承受最大峰值电压的 2～3 倍，即 $U_{TN} \geqslant (2-3)U_{TM}$。

4）通态压降 U_T。该参数是指在一定结温下，晶闸管流过额定电流时在其两端产生的电压。一般厂家都会给出在不同温度下 U_T 和流过的电流函数关系的曲线。从图 2-18 可以看出，SKT1200/18E 晶闸管的通态压降在结温为 25℃、电流为 3600A 的情况下，通态压降为 1.65V。管压降越小，表明晶闸管耗散功率越小，管子的质量就越好。

2. 电流定额

1）通态平均电流 $I_{T(AV)}$。该参数指晶闸管在一定的管壳温度下，结温不超过额定结温时所允许流过的最大工频正弦半波电流的平均值。将此电流按晶闸管标准系列取相应的电流等级后的值又称为晶闸管的额定电流。图 2-18 中 Fig.2L 和 Fig.2R 给出了在不同电流波形条件下，$I_{T(AV)}$ 与壳体温度的关系，DSC 和 SSC 指的是对于该特定器件(SKT1200/18E)的封装，可采用单面冷却和双面冷却。从图中可以看出，在不同电流波形条件下，器件能够流过的最大平均电流是不同的，手册上给出的都指的是 180°正弦波对应的平均值，即正弦半波对应的平均值。

图 2-18　晶闸管数据手册示例

实际中，器件流过电流的波形形式多样，并不都为正弦半波电流，这就需要根据实际的电流波形，确定出器件流过的最大电流的有效值。根据有效值相等的原则，把该有效值换算为正弦半波电流的平均值，以此来选择晶闸管的额定电流。

晶闸管流过正弦半波电流，波形如图 2-19 所示。若正弦波为 $i = I_m \sin \omega t$,则正弦半波电流的平均值为

$$I_{T(AV)} = \frac{1}{2\pi} \int_0^\pi I_m \sin \omega t \mathrm{d}(\omega t) = \frac{1}{\pi} I_m \qquad (2\text{-}7)$$

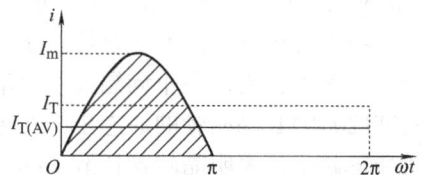

则正弦半波电流的有效值为

$$I_T = \sqrt{\frac{1}{2\pi} \int_0^\pi \left(I_m \sin \omega t \right)^2 \mathrm{d}(\omega t)} = \frac{1}{2} I_m \qquad (2\text{-}8)$$

图 2-19　晶闸管流过正弦半波电流波形

因此可以得到正弦半波电流有效值和平均值的关系为

$$K_f = \frac{I_T}{I_{T(AV)}} = 1.57 \qquad (2-9)$$

式中，K_f 为波形系数。

如图 2-18 额定电流为 $I_{T(AV)}=1200A$ 的晶闸管，可以通过任意波形、有效值为 $1.57\times 1200A=1884A$ 的电流。

2）浪涌电流 I_{TSM}。该参数为晶闸管发生短路或其他故障时，瞬间流过晶闸管电流超过该值就会引起永久性的损坏。器件手册上一般会给出在一定温度和一定周期下的正弦波电流的最高电流峰值。如图 2-18 中给出了 25℃和 125℃两种情况下，周期为 10ms 的正弦波电流的峰值，分别为 30000A 和 25500A。

3）维持电流 I_H。该参数为晶闸管导通后，不撤去门极驱动信号的情况下，维持其导通的最小电流，一般为几十到几百毫安。I_H 与结温有关，结温越高，I_H 越小。

4）擎住电流 I_L。该参数为晶闸管导通后，如撤去门极驱动信号，晶闸管仍维持导通，当流过晶闸管电流降到擎住电流 I_L 以下，晶闸管会恢复关断能力，I_L 比维持电流 I_H 大。如图 2-18 中的晶闸管，I_H 的典型值为 250mA，而 I_L 为 500mA。

3. 动态参数

晶闸管的动态参数除了开通时间 t_{gt} 及关断时间 t_q 外，还有：

1）断态电压临界上升率 du/dt。在额定结温和门极开路条件下，使晶闸管从断态转入误导通的最低电压上升率称为断态电压临界上升率。晶闸管使用中要求断态下阳极电压的上升速度要低于此值。为了限制断态电压上升率，可以在晶闸管阳极与阴极间并联一个 RC 阻容缓冲支路，利用电容两端电压不能突变的特点来限制晶闸管 A、K 两端电压上升率。电阻 R 的作用是防止并联电容与阳极主回路电感产生串联谐振，此外，晶闸管从断态转到通态时，电阻 R 又可限制电容 C 的放电电流。

2）通态电流临界上升率 di/dt。指在规定的条件下，晶闸管由门极进行触发导通时，晶闸管能够承受而不致损坏的通态电流的最大上升率。当门极输入触发电流后，如果电流上升过快，可能引起局部过大的电流密度，使门极附近区域过热而烧毁晶闸管。为此规定了通态电流上升率的极限值，实际应用中晶闸管的最大电流上升率要小于这个数值。为了限制电路的电流上升率，可以在阳极主回路中串入较小的电感，限制电流上升率。

4. 国产普通晶闸管的型号和选择

国产普通晶闸管型号中各部分的含义如下：

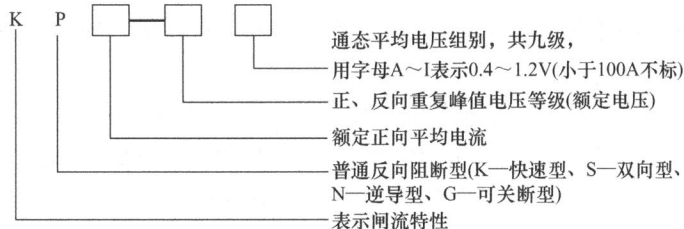

```
K  P  □ □ □──通态平均电压组别，共九级，
                用字母A～I表示0.4～1.2V（小于100A不标）
            └──正、反向重复峰值电压等级（额定电压）
         └──额定正向平均电流
      └──普通反向阻断型（K—快速型、S—双向型、
            N—逆导型、G—可关断型）
   └──表示闸流特性
```

例如，KP100-12G 表示额定电流为 100A、额定电压为 1200V、管压降为 1V 的普通晶闸管。晶闸管的各项额定参数在晶闸管生产后，由厂家经过严格测试而确定。表 2-2 列出了国产晶闸管的一些主要参数。

表 2-2　国产晶闸管的主要参数

系列	参　数							
	通态平均电流	重复峰值电压	额定结温	触发电流	触发电压	断态电压临界上升率	通态电流临界上升率	浪涌电流
	$I_{T(AV)}$/A	U_{DRM}/N, U_{RRM}/N	T_{IM}/℃	I_{GT}/mA	U_{GT}/V	du/dt/(V/μs)	di/dt/(A/μs)	I_{TSM}/A
KP1	1	100～3000	100	3～30	≤2.5	25～1000	25～500	20
KP5	5	100～3000	100	5～70	≤3.5			90
KP10	10	100～3000	100	5～100	≤3.5			190
KP20	20	100～3000	100	5～100	≤3.5			380
KP30	30	100～3000	100	8～150	≤3.5			560
KP50	50	100～3000	115	8～150	≤4			940
KP100	100	100～3000	115	10～250	≤4			1880
KP200	200	100～3000	115	10～250	≤5			3770
KP300	300	100～3000	115	20～300	≤5			5650
KP400	400	100～3000	115	20～300	≤5			7540
KP500	500	100～3000	115	20～300	≤5			9420
KP600	600	100～3000	115	30～350	≤5			11160
KP800	800	100～3000	115	30～350	≤5			14920
KP1000	1000	100～3000	115	40～400	≤5			18600

【例 2-2】　某晶闸管接在 220V 交流电路中，实际通过晶闸管的电流有效值为 50A，问如何选择晶闸管的额定电压和额定电流。

解：晶闸管额定电压 $U_{TN} \geq (2 \sim 3)U_{TM} = (2 \sim 3) \times \sqrt{2} \times 220V = (622 \sim 933)V$。

按晶闸管额定电压参数系列取 800V，即 8 级。

晶闸管额定电流 $I_{T(AV)} \geq (1.5 \sim 2)\dfrac{I_T}{1.57} = (1.5 \sim 2) \times \dfrac{50}{1.57}A = (48 \sim 64)A$，按晶闸管参数系列选 50A。选择晶闸管为 KP50-8。

2.3.5　晶闸管的派生器件

(1) 快速晶闸管

快速晶闸管的关断时间≤50μs，常在较高频率(400Hz)的整流、逆变和变频等电路中使用，它的基本结构和伏安特性与普通晶闸管相同。目前国内已能提供最大平均电流 1200A、最高断态电压 1500V 的快速晶闸管系列，关断时间与电压有关，约为 25～50μs。

(2) 双向晶闸管

双向晶闸管不论从结构还是从特性方面来说，都可以看成是一对反向并联的普通晶闸管。在主电极的正、反两个方向均可用交流或直流电流触发导通。双向晶闸管在第Ⅰ和第Ⅲ象限有对称的伏安特性。电气符号及伏安特性如图 2-20 所示。

(3) 逆导晶闸管

逆导晶闸管是将晶闸管和整流管制作在同一管芯上的集成器件。由于逆导晶闸管等效于反并联的普通晶闸管和整流管，因此在使用时，使器件的数目减少、装置体积缩小、重量减轻、价格降低和配线简单，特别是消除了整流管的配线电感，使晶闸管承受的反向偏置时间增加。其电气符号及伏安特性如图 2-21 所示。

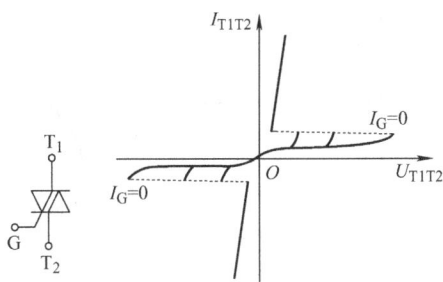

图 2-20 双向晶闸管的电气符号及伏安特性

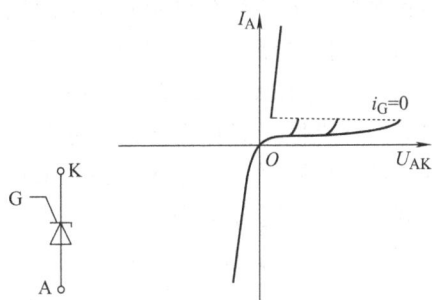

图 2-21 逆导晶闸管的符号及伏安特性

(4)光控晶闸管

光控晶闸管(Light Activated Thyristor)是利用一定波长的光照信号控制的开关器件。光控晶闸管的电气符号及伏安特性如图 2-22 所示,光照强度不同,其转折电压亦不同,转折电压随光照强度的增大而降低。光控晶闸管的参数与普通晶闸管类同,只是触发的参数与光功率和光谱范围有关。光触发保证主电路与控制电路之间绝缘,避免电磁干扰,因此光控晶闸管在高压大功率场合占据重要的地位。

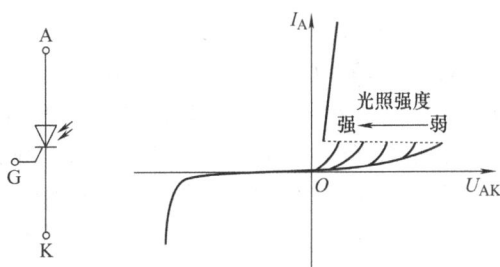

图 2-22 光控晶闸管的符号及伏安特性

2.4 门极关断晶闸管

门极关断晶闸管(Gate-Turn-Off Thyristor,GTO)是晶闸管的一种派生器件,该器件可以通过在门极施加负的脉冲电流,从而使得管子关断,是一种全控型器件,该器件可以控制的功率比晶闸管略小,典型的开关频率范围为 200~500Hz,在一些大功率领域仍有一定的地位。

GTO 内部是一种多单元集成器件,内部并联了数十甚至数百个小的晶闸管单元,每个小的晶闸管单元与普通晶闸管的内部结构类似,都为 PNPN 的四层半导体三个 PN 结结构。图 2-23a、b 为 GTO 的断面图和内部结构,图 2-23c 为 GTO 的电气符号图。

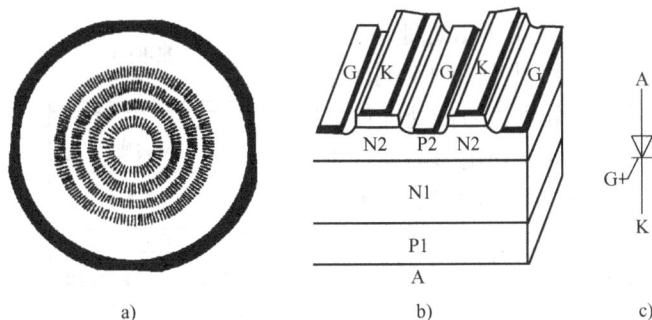

图 2-23 GTO 的内部结构和电气图形符号

GTO 的工作原理与普通晶闸管类似,只是在设计内部两个晶体管的放大倍数时,从工艺上保证$\alpha_1+\alpha_2$更接近于1，使得两个晶体管在导通时工作于临界饱和状态。而且GTO与普通晶闸管类似，内部每个单元的阴极面积很小，从而使得GTO可以控制门极电流实现开通和关断。

图2-24为GTO的典型开通和关断过程，基本与普通晶闸管类似。需要注意的是对应驱动脉冲i_G，在开通和关断瞬间，电路应能够提供较大的驱动电流，这样能够加速GTO的开通和关断过程。开通过程中需要经过延迟时间t_d和上升时间t_r。GTO关断过程与晶闸管有所不同，主要分为存储时间t_s、下降时间t_f，一般这两个时间为GTO的关断时间。GTO会有一个尾部时间t_t，这主要是由于GTO的多单元结构使得内部各小GTO不可能做到完全同步关断，

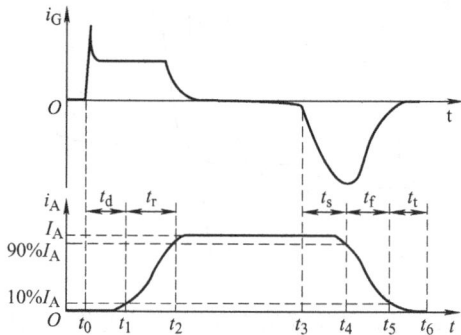

图2-24 GTO的开通和关断过程

若增加门极电流在关断时的前边沿陡度，能够有效地减小GTO的拖尾时间。

GTO的参数定义大部分与晶闸管类似，其中比较关键的参数有电流关断增益β_{off}，其定义为最大可关断阳极电流与门极负脉冲电流最大值之比，但该参数一般数字较小，只有5左右，这是GTO的一个主要缺点。一只1000A电流的GTO，关断时需要的门极负脉冲的峰值达到200A，这为驱动装置的设计带来了很大的不便，从而限制了该器件的应用。集成门极换流晶闸管（IGCT）是在GTO的基础上，在内部集成了MOSFET的换流电路，简化了外部电路设计，在高压大功率领域得到一定应用。

2.5 电力晶体管

电力晶体管（Giant Transistor，GTR），在一些场合也称为双极结型晶体管，（Bipolar Junction Transisitor，BJT），有些英文文献中称为Power BJT，或功率晶体管。电力晶体管的基本工作原理与小功率晶体管类似，但其可以承受更大的电压和电流。虽然控制的功率较晶闸管和GTO小一些，但电力晶体管属于全控型器件，而且控制其关断也比GTO容易，开关速度也较晶闸管和GTO快了很多，因此曾经一段时间内，GTR在中小功率的电力电子设备当中应用是比较广泛的。但由于新型器件的出现，目前GTR在电力电子领域已经较少使用。

2.5.1 GTR的结构和工作原理

普通的小功率晶体管一般用于信息处理，主要关注晶体管的电流放大倍数、线性度、频率响应、温漂等参数。在使用时更关注对处理信号或处理信息的影响，并不特别关注器件的功率。而电力晶体管主要是用来处理或变换电能，更关注器件能够承受多高电压或流过多大电流，因此与传统的晶体管相比，虽然工作原理类似，但为了承受高压，在结构上做了一定改进。采用类似于功率二极管的方法，在传统晶体管的集电结N区，增加了一层低掺杂浓度的N型半导体，如图2-25a所示。N-表示低掺杂浓度的N型半导体，N+表示高掺杂浓度的半导体，正是由于N-区的加入，

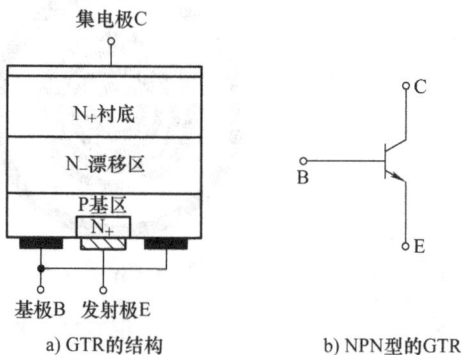

图2-25 GTR的内部结构、电气图形符号

在结构上半导体的集电结变长，从而使得电力晶体管能够承受较高的耐压。图 2-25b 为电力晶体管的电气图形符号，与普通晶体管完全相同，三个极的名称也与普通晶体管一样，分别为基极(B)、集电极(C)和发射极(E)。

电力晶体管的基本工作原理与小功率晶体管类似，这里不再展开讨论。

2.5.2　GTR 的静态特性

电力晶体管的静态特性与传统小功率晶体管基本相同，GTR 共射电路的输出特性如图 2-26 所示，GTR 的工作状态分为三个区域：

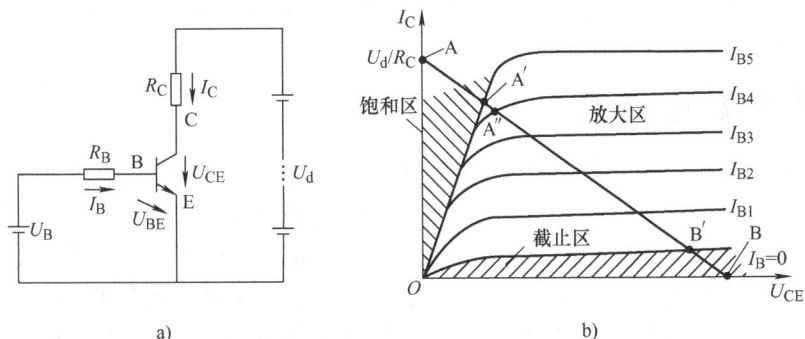

图 2-26　GTR 的输出特性

1)截止区，特点是 GTR 的 E 结和 C 结均承受高反偏电压，仅有极少的漏电流存在，相当于开关断开(阻断)。

2)放大区，特点是 $I_C = \beta I_B$，E 结正偏、C 结反偏，此时 GTR 功耗很大。

3)饱和区，特点是 E 结和 C 结均正偏。GTR 饱和导通，导通压降很小但通过电流却很大。相当于开关闭合(导通)。

显然，GTR 作为电力开关使用时，其断态工作点必须在截止区，通态工作点必须在饱和区。

2.5.3　GTR 的动态特性

动态特性主要用来描述 GTR 开关过程的瞬态性能，常用开关时间来表示其优劣。GTR 由断态过渡到通态所需时间称为开通时间 t_{on}。它对应于从 $i_B = 0.1 I_B$ 时起，到 i_C 上升到 $i_C = 0.9 I_{CS}$ 时止所需的时间，GTR 由通态过渡到断态所需的时间称为关断时间 t_{off}，它对应于从 i_B 下降到 $i_B = 0.9 I_B$ 时起，到 i_C 下降到 $i_C = 0.1 I_{CS}$ 时止所需的时间。图 2-27 给出了开关过程中 GTR 的 i_B 和 i_C 波形的关系。

一般开通时间为纳秒数量级，比关断时间要小得多，关断时间的数值在微秒数量级。

由于 GTR 在放大区中的 i_C 和 u_{CE} 均较大，功耗也大，在 GTR 的导通与关断过程中都要经过放大区，因此，应尽可能缩短开关时间，以减少其开关损耗。

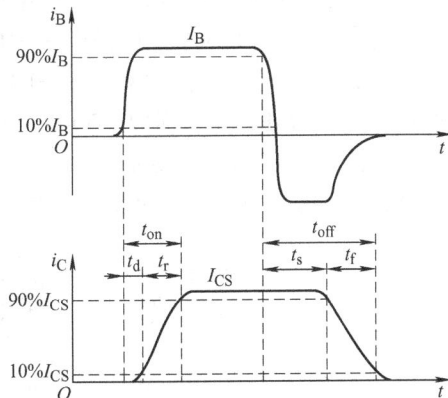

图 2-27　GTR 的开通和关断过程

2.5.4 GTR 的主要参数

GTR 的具体参数有电流放大倍数、直流电流增益、集电极与发射极间漏电流、集电极与发射极间饱和压降、开通时间、关断时间、最高工作电压、集电极最大允许电流、集电极最大耗散功率等，在使用时应关注器件最高工作电压、最大的集电极电流以及最大耗散功率确定的安全工作区。由于 GTR 在实际工程中已经使用较少，具体参数的意义也与普通晶体管相同，本书不做详细介绍。GTR 在所有的功率器件当中，当其饱和导通后集电极与发射极间饱和压降较低，因此开通损耗会变得较小，并且 GTR 的开关速度也比较快，能够控制较大的功率，因此在 GTR 的基础上，又发展出 IGBT 功率器件。随着 IGBT 在工业上得到广泛应用，GTR 基本处于淘汰的状态。

2.6 功率场效应晶体管

通过控制电力晶体管的基极电流能够快速开关功率晶体管。功率晶体管属于典型的电流控制型器件，当其处于导通阶段时，必须保持一定的基极电流；当关断时，需要施加一反向电压脉冲来形成一个反向尖峰电流，达到快速关断功率晶体管的目的。可见，要控制这种电流型器件，无论是在导通阶段还是关断阶段，都需要一定的电流，因此需要的控制(驱动)功率一般较大。功率场效应晶体管(MOSFET)是在小功率 MOSFET 基础上发展出来的一种电压型控制器件，控制信号只需要在器件导通和关断瞬间提供一定的电压，而在处于导通和关断的稳态阶段，则几乎不需要控制电流，因而需要的控制功率较少，控制电路简单。另外，功率 MOSFET 属于单极性器件，只有一种载流子参与导电，开关速度比 GTR 要快很多，可以达到 20~100kHz，在一些软开关电路中甚至可以达到 1MHz 以上，是目前全控型器件当中开关速度最快的。但传统碳基的 MOSFET 的耐压和电流等级较低，这使得 MOSFET 只能在一些中小功率领域使用。目前电压等级不高的中小功率领域，基本都采用 MOSFET 作为主开关器件。近年来，随着碳化硅 MOSFET 技术的不断成熟，商业化的碳化硅 MOSFET 已经逐渐进入实用阶段。该种 MOSFET 不仅耐压高、通流能力强，而且开关速度快、开关损耗小、耐高温，相信在今后的十几年当中，这种器件会在大功率领域得到广泛应用。

2.6.1 功率 MOSFET 的结构和工作原理

对于普通碳基 MOSFET，一般电流等级较大的，耐压都不高，如在 200V 以下。也有一些公司有 600V、1200V、1800V 的 MOSFET，但这些高电压的 MOSFET 流过的电流一般较小。图 2-28 给出了几款功率 MOSFET 的封装，图 2-28a、b 为德国英飞凌公司生产的两种典型封装的 MOSFET，分别为 TO-200 和 TO-247。图 2-28c 为日本三菱公司生产的 MOSFET 模块，图 2-28d 为德国 Semikron 公司生产的 MOSFET 模块，这两种模块内部封装了 6 只 MOSFET，非常适合在一些低压大电流驱动中使用，如电动叉车等低压变频电路。

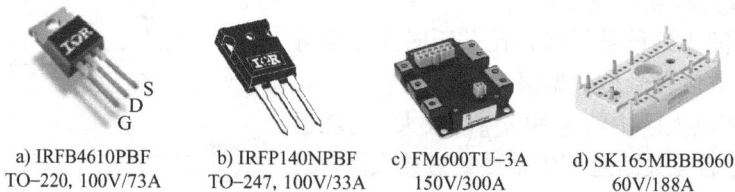

a) IRFB4610PBF
TO-220, 100V/73A

b) IRFP140NPBF
TO-247, 100V/33A

c) FM600TU-3A
150V/300A

d) SK165MBBB060
60V/188A

图 2-28 功率 MOSFET 封装结构

图 2-29 为功率 MOSFET 的内部结构和电气图形符号。传统的小功率 MOSFET 一般采用平面结构，而大功率 MOSFET 一般采用垂直结构。图 2-29a、b、c 为三种常用的功率 MOSFET 结构。图 2-29d 为功率 MOSFET 的电气图形符号，该符号为 N 沟道型 MOSFET，实际当中由于 N 沟道的性能较 P 沟道的好，大多数功率 MOSFET 都为 N 沟道型，三个极的命名与传统小功率 MOSFET 的命名完全相同，分别为栅极或门极 G(Gate)、漏极 D(Drain)、源极 S(Source)，功率 MOSFET 的源极和漏极在垂直方向上布置，并且在漏极上增加了低掺杂浓度的 N-层，从而有效提高了 MOSFET 的耐压。

a) VMOSFET结构　　　　　　b) DMOSFET结构

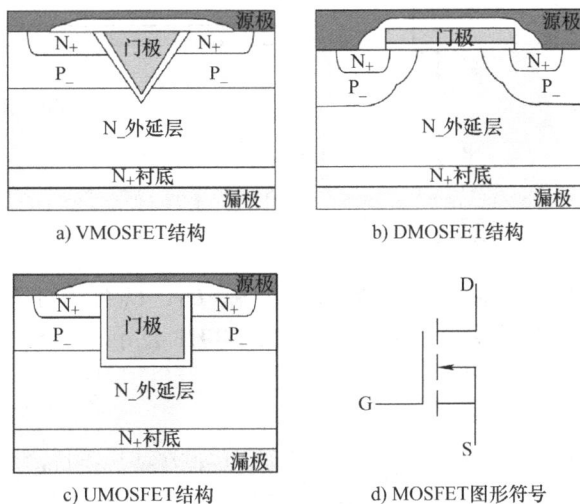

c) UMOSFET结构　　　　　　d) MOSFET图形符号

图 2-29　功率 MOSFET 内部结构与电气图形符号

MOSFET 是一个典型的电压控制型器件，通过控制栅极(G)和源极(S)之间的电压，控制器件的开通和关断。从图 2-29 所示 MOSFET 的结构可以看出，漏极为 N 型半导体，源极与 N 型和 P 型半导体相连，形成了二个 PN 结 J1、J2，如图 2-30a 所示。当施加从源极到漏极的正电压时，J2 结不起作用，而 J1 结正偏，MOSFET 导通。由于 MOSFET 固有的内部结构，决定了该种器件一定是可以反向导通的。在不给栅极施加控制信号的情况下，当施加从漏极到源极的正电压时，J1 反偏，MOSFET 一定是截止的。MOSFET 的栅极一般采用金属材料制作，并用二氧化硅材料与栅极下半导体绝缘。绝缘的栅极会跨越漏极和源极的 N 型半导体区以及中间的 P 型半导体区，这里类似于晶体管的 NPN 结构。但 MOSFET 的 P 区并没有和栅极相连，而是连接到了一个金属绝缘栅。当在栅极和源极之间施加电压 U_{GS} 时，PN 结 J2 正偏，但由于栅极与 P 区之间有二氧化硅材料绝缘，因此也不可能导通。当 U_{GS} 不断增大时，由于金属栅极带正电荷，P 区的多数载流子为带正电的空穴，这时绝缘栅会排斥 P 区的空穴而吸引 P 区中的少子电子。当在绝缘栅极下吸引的电子越来越多时，如达到了 N 型半导体中电子的浓度，这时本质上在绝缘栅下形成了一个 N 型半导体区，如图 2-30a 所示，该区称为反型层。形成反型层时的 U_{GS} 电压称为阈值电压 U_T。从图中也可以看出，这时反型层的区域把漏极和源极连在了一起，漏极、反型层和源极本质上都为 N 型半导体，形成了一个完整的导电通道。如在漏极和源极之间加一正向电压，MOSFET 就会导通，从而形成 I_D 电流，如图 2-30b 所示。

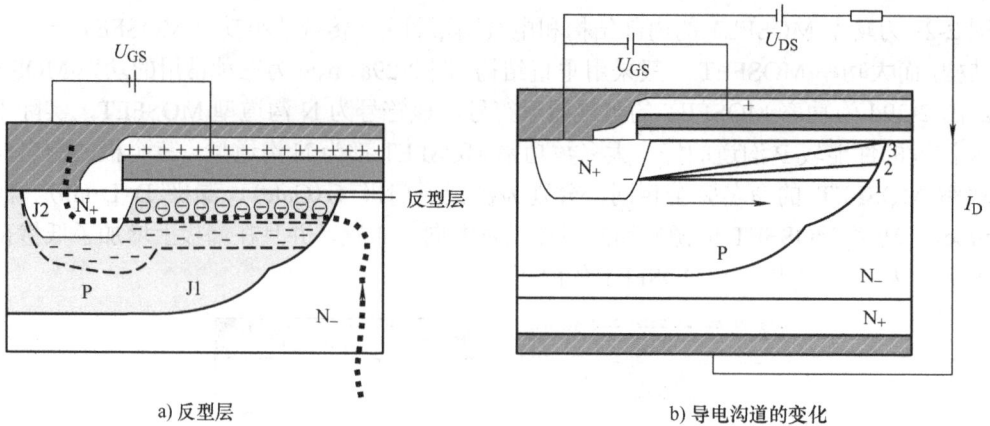

a) 反型层　　　　　　　　　b) 导电沟道的变化

图 2-30　功率 MOSFET 工作原理

2.6.2　功率 MOSFET 的静态特性

当栅极和源极之间电压 $U_{GS}>U_T$ 时，定义 $U_o=U_{GS}-U_T$，U_o 称为过驱电压，当存在过驱电压时，会在 P 区靠近栅极下形成一个导电沟道，MOSFET 会导通。下面分几种情况分别来讨论 MOSFET 的静态特性。

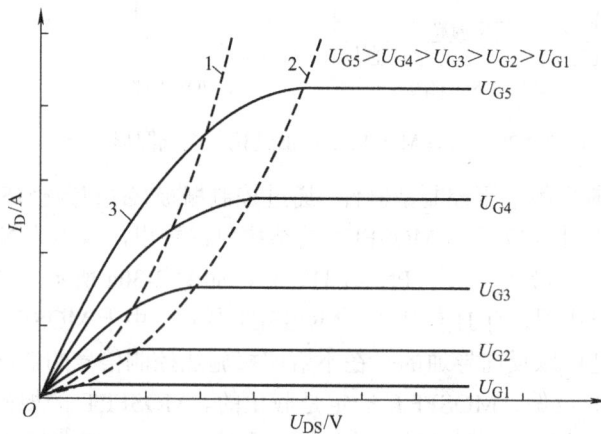

图 2-31　MOSFET 的输出特性曲线

1）当 $U_{GS}<U_T$，栅极下无导电沟道形成，器件截止。

2）当 $U_{GS}>U_T$，在漏极和源极之间施加一个较小的 U_{DS} 电压，即 $U_{DS}<<U_o$。此时若 U_{GS} 不变，栅极下形成的导电沟道也基本维持恒定，形成漏极、反型层和源极的导电通路，整个导电通路表现得像一个电阻。此时 U_{DS} 越大，I_D 也越大。图 2-31 为 MOSFET 的输出特性曲线，当在给定的 $U_{GS}>U_T$ 电压下，在虚线 1 或 2 左方，即 U_{DS} 小于过驱电压 U_o 时，特性曲线基本为一过原点的直线，并且 U_{GS} 越大，特性曲线越陡，即整个电流通路上的电阻越小，即当 U_{GS} 的电压越高，过驱电压 U_o 越高，形成的反型层导电沟道也越宽，内部的载流子浓度越高，使得整个导电通道的电阻也就越小。在该区域，反型层导电沟道形状基本为方形，如图 2-30b 中标记 1 所示，特性曲线上该区域一般称为 MOSFET 的非饱和区。

3）当 $U_{GS}>U_T$，在漏极和源极之间施加的 U_{DS} 电压接近于 U_o 时，即 $U_{DS}<U_o$。此时由于

U_{DS} 的电压已经变大，因此形成的 I_D 电流也较大。由于反型层导电沟道此时表现的像一个电阻，因此在整个导电沟道的长度范围内，也就是导电沟道上从 N+到 N-区之间，如图 2-30b 箭头所示。导电沟道上的电位是在逐渐增大的，因此在导电沟道的末端电位是最大的。由于 U_{GS} 电压不变，而导电沟道上电阻平衡掉一部分 U_{GS} 的电压，则在沟道末端，用来产生反型层的电压降低，因此在沟道末端，反型层的厚度将会随着 U_{DS} 的不断增加导致 I_D 的增加。用于产生反型层的电压也不断下降，从而形成的反型层沟道的厚度也将不断变薄，如图 2-30b 所示，反型层形状会由原来的标记 1 不断向 2、3 移动。最终当 $U_{GD}>U_T$ 时，在沟道末端用来产生反型层的电压小于阈值电压 U_T，导电沟道将消失，从而出现了沟道的夹断，如图 2-30b 标记 3 所示。该过程即为图 2-31 虚线 1 到虚线 2 之间的部分，这时导电通道电阻由于反型层形状的变化而有所增加，漏极电流 I_D 不再随着 U_{DS} 电压增加而线性增加，而是逐渐趋于饱和。

4）当 $U_{GS}>U_T$，$U_{DS}>>U_0$ 时，这时出现了导电沟道夹断的情况，漏极电流趋于饱和。图 2-31 虚线 2 右方曲线所示，这时 U_{DS} 增加，而漏极电流却基本保持不变，该区域一般称为 MOSFET 的饱和区或线性区。该区域器件上的电流和电压都比较大，损耗较大，因而电力电子设备中 MOSFET 应尽可能快地通过该区域。

5）当 $U_{DS}<0$ 时，由于源极与 P 区相连，源极与漏极直接通过 PN 节 J1 节连在一起，从而 J1 正偏导通，因此 MOSFET 都是逆向导通的，特性与二极管一样。

从上面分析可以看到，通过控制 U_{GS} 电压，能够控制漏极电流 I_D 大小，这种控制能力一般 MOSFET 用参数跨导 G_{fs} 表示。与图 2-31 对应，该参数可定义为

$$G_{fs} = \frac{I_{D4} - I_{D3}}{U_{G4} - U_{G3}} = \frac{\Delta I_d}{\Delta U_{GS}} \tag{2-10}$$

G_{fs} 越大，U_{GS} 对漏极电流的控制作用越强，器件的开关速度也会越快。

在电力电子设备中，当 MOSFET 导通后，工作于非饱和区，特性表现为电阻特性，因此实际当中一般用导通电阻来表示 MOSFET 的压降大小，该导通电阻随温度升高而增大，具有正温度系数，从而方便了 MOSFET 的并联。

2.6.3　功率 MOSFET 的动态特性

从 MOSFET 的结构可以看出，控制电压加在栅极和源极之间，栅极和源极之间在导通后并不会有电流流过，只需要维持一定的栅源电压即可，并且在导通后，导电通道中只有电子参与导电，能够实现较快的开关速度。通过分析 MOSFET 的结构，其内部不同区域之间会存在耦合电容，在栅源之间施加电压，本质上是在给这几部分电容充电。MOSFET 关断是相当于对这几个电容放电，由于电容的充放电会经历一定的时间，因而会影响器件的开通和关断时间。由于 MOSFET 在电力电子设备中的开关速度极快，这些寄生电容虽然数值上较少，但会对开关过程产生较大的影响。图 2-32 为电力 MOSFET 极间电路的等效电路，用电容 C_{GS}、C_{GD} 以及 C_{DS} 来等效极间电容。

下面以功率 MOSFET 开关感性负载为例，分析其开关过程中的相关波形。图 2-33 为功率 MOSFET 开关特性测试电路，其工作原理与图 2-9 功率二极管的动态特性测试方法类

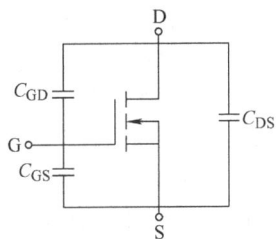

图 2-32　电力 MOSFET 极间电路
的等效电路

似。图 2-33 中 U_{dc} 为恒定直流电源，VT1 和 VT2 为两只同样的功率 MOSFET 管，图中每只 MOSFET 的反向寄生二极管 VD1 和 VD2 也表示了出来，表示这两只 MOSFET 管都能够反向导通。VT1 管栅极和源极短路，表示在测试过程中一直是关断的，只有其反并联的二极管 VD1 能够工作。VT2 为待测动态特性的 MOSFET 管，其栅极通过栅极电阻 R_G 接于控制电源 u_G 上，L 为感性负载，i_d 表示 VT2 的漏极电流，u_{GS} 表示 VT2 的栅源电压，u_{DS} 为 VT2 的漏源电压。

图 2-34 电感电流的建立过程与图 2-9 中电感电流的建立过程类似，基本原理是首先控制电源 u_G 发出一个窄脉冲，VT2 导通，这时感性负载 L 相当于直接接于直流电源上，因此电感电流会以斜率 U_{dc}/L 线性上升。控制脉冲的宽度，就可以控制电感在关断时的电流大小。此时电流路径如图 2-33 路径 II。当 VT2 关断时，电感中的电流只能通过 VD1 进行续流，从而形成电流路径 I。电感电流续流这段时间内，由于线路中基本无耗能元件，电感电流基本维持不变，因此基本可以认为在第一个窄脉冲结束时电感电流即是被测开关管 VT2 开通瞬间的电流，这里标记为 I_L。接着控制电源发出第二个窄脉冲，第二个脉冲才为真正的测试脉冲，图 2-34 给出了施加第二个测试脉冲后，被测器件 VT2 的栅-源极电压 u_{GS}、漏-源极电压 u_{DS} 和漏极电流 i_d。

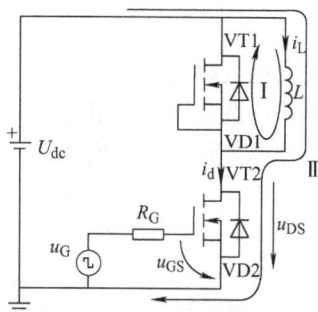

图 2-33　功率 MOSFET 开关特性测试电路

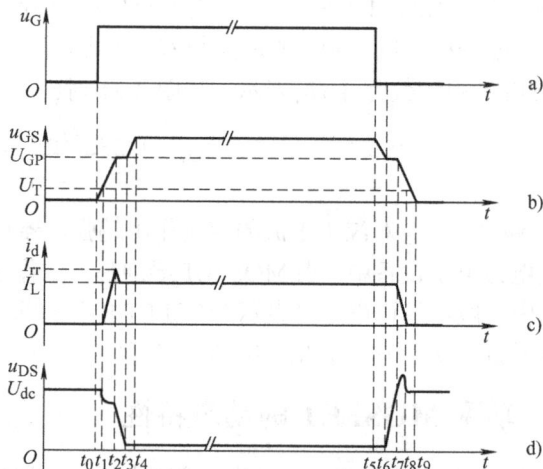

图 2-34　功率 MOSFET 开关过程

（1）导通特性

在 $t=t_0$ 时，加栅极电压信号 u_G，通过 R_G 对栅源电容 C_{GS} 充电，栅极电流 i_G 呈指数曲线下降，栅-源极电压 u_{GS} 呈指数曲线上升。

当 $t>t_1$ 时，$u_{GS}>U_{G(th)}$，器件开始导通。随着 u_{GS} 增加，i_d 按指数曲线上升。当 $t=t_2$ 时，漏极电流上升到 $i_d=I_o$，此时，栅极电压达到恒定值，$u_{GS}\approx u_G$，i_G 下降到接近 0。

当 $t>t_2$ 时，栅极电流 i_G 全部流入栅漏电容 C_{GD}，漏极电流 i_d 使漏源极电容放电，直到 $t=t_3$，漏-源极电压达到由其通态电阻决定的最小值 $U_{DS(ON)}$。

当 $t>t_3$ 时，漏-源极电压保持通态最小值 $U_{DS(ON)}$，此时栅极电流 i_G 继续对 C_{GD} 充电，栅-源极电压 u_{GS} 按指数曲线上升，直到 t_4 时刻，u_{GS} 达到 u_G，$i_G=0$，器件进入完全导通状态。

从脉冲电压的前沿到 i_d 出现，这段时间用 $\Delta t_{10}=t_1-t_0$ 表示，也称为导通延迟时间 t_d，从 i_d 开始上升到 i_d 达到稳态值所用时间用 $\Delta t_{21}=t_2-t_1$ 表示，也称为上升时间 t_r。导通时间 t_{on} 可表示

为 $t_{on}=t_d+t_r$。

R_G 会影响导通时间，显然，R_G 越小，导通时间越短。

(2) 关断特性

在 $t=t_5$ 时，栅极电压信号 u_G 降到零，此时 C_{GS} 和 C_{GD} 通过 R_G 放电，栅极电压 u_{GS} 呈指数曲线下降，栅极电流 i_G 突变到负最大值后呈指数曲线下降，

在 $t=t_6$ 时，栅-源极电压 u_{GS} 达到恒定值并保持，此时栅极电流 i_G 全部从 C_{GD} 中吸取，漏源电压 u_{DS} 线性变化，当 $t=t_7$ 时，$u_{DS}=u_d$。

在 $t_6 \sim t_7$ 时间段，栅极电流 i_G、栅极电压 u_{GS} 和漏极电流 i_d 均呈指数曲线下降。当 $t=t_7$ 时，$u_{GS}=U_{G(th)}$，漏极电流 i_D 接近为零，MOSFET 关断。

当 $t > t_7$ 时，栅-源极电压 u_{GS} 继续按指数曲线下降到零，此时栅极电流 i_G 为零。当 $t=t_8$ 时，漏极电流 $i_d=0$，MOSFET 关断。当 $t > t_8$ 时，栅-源极电压 u_{GS} 继续按指数曲线下降，当 $t=t_9$ 时，栅极电流为零。

从脉冲电压下降到零到漏极电流开始减小，这段时间用 $\Delta t_{75}=t_7-t_5$ 表示，也称为关断延迟时间 t_s，U_{GS} 下降，i_d 减小，到 $u_{GS}<U_{G(th)}$，沟道关断，i_d 下降到零。这段时间用 $\Delta t_{87}=t_8-t_7$ 表示，也称为下降时间 t_f。关断时间 t_{off} 可表示为 $t_{off}= t_s+t_f$。

由于 MOSFET 只靠多数载流子导电，不存在储存效应，因此开关过程比较快，开关时间在 $10 \sim 100ns$，是常用电力电子器件中开关频率最高的。

2.6.4 功率 MOSFET 的主要参数

功率 MOSFET 的参数较多，理解其物理意义是正确选型和使用 MOSFET 的关键，本书以 IR 公司(已被英飞凌公司收购)生产的 IRFB4610PbF 为例，如图 2-35 所示，对 MOSFET 的关键参数进行解释。

(1) 最大漏源电压 U_{DSS}

一般用 U_{DSS} 来标称 MOSFET 的电压定额。从图 2-35 可以看出，IRFB4610PbF 的最大漏源电压为 100V。在使用该参数时需要注意，该参数是在一定温度下测得的，一般为室温 25℃。当器件结温升高后，该参数值会显著下降。在实际使用时，一般器件上的温度会高于室温，因此在实际使用时必须留有足够的裕量。此外，大多数厂家的数据手册中也会给出 U_{DSS} 随温度的变化关系曲线或系数，如 IRFB4610PbF 器件可从数据手册得到，$\Delta U_{DSS}/\Delta T_J$ 为 0.085，表示在 25℃的基础上，每上升 1℃，U_{DSS} 会下降 0.085V。

(2) 最大栅源电压 U_{GSS}

U_{GSS} 是功率 MOSFET 允许施加的最大栅源电压。从图 2-35 可以看出，IRFB4610PbF 的最大栅源电压为 ±20V，功率 MOSFET 一般开通时加 15V，关断时加 0V 电压或-5V 左右的电压。在工程当中，一般都需要在栅源之间直接加入稳压二极管钳位电路，保证在任何情况下，栅源之间电压都不超过 20V。

(3) 最大漏极电流 I_D

一般用 I_D 来标称 MOSFET 的电流定额。注意手册当中给出的该参数值也是在特定温度下的，从图 2-35 可以看出，IRFB4610PbF 器件在 25℃时最大电流为 73A，而当 100℃时为 52A，因此在实际使用该参数时，应考虑器件散热条件和温度，合理选择器件的电流定额。

International
IØR Rectifier

PD - 95936C

IRFB4610PbF
IRFS4610PbF
IRFSL4610PbF

HEXFET® Power MOSFET

V_{DSS}			100V	
$R_{DS(on)}$	typ.	11mΩ		
	max.	14mΩ		
I_D			73A	

Applications
- High Efficiency Synchronous Rectification in SMPS
- Uninterruptible Power Supply
- High Speed Power Switching
- Hard Switched and High Frequency Circuits

Benefits
- Improved Gate, Avalanche and Dynamic dV/dt Ruggedness
- Fully Characterized Capacitance and Avalanche SOA
- Enhanced body diode dV/dt and dI/dt Capability
- Lead-Free

TO-220AB
IRFB4610PbF

D²Pak
IRFS4610PbF

TO-252
IRFSL4610PbF

Absolute Maximum Ratings

Symbol	Parameter	Max.	Units
I_D @ T_C = 25°C	Continuous Drain Current, V_{GS} @ 10V	73	A
I_D @ T_C = 100°C	Continuous Drain Current, V_{GS} @ 10V	52	
I_{DM}	Pulsed Drain Current ①	290	
P_D @ T_C = 25°C	Maximum Power Dissipation	190	W
	Linear Derating Factor	1.3	W/°C
V_{GS}	Gate-to-Source Voltage	± 20	V
dV/dt	Peak Diode Recovery ②	7.6	V/ns
T_J	Operating Junction and	-55 to + 175	°C
T_{STG}	Storage Temperature Range		
	Soldering Temperature, for 10 seconds	300	
	(1.6mm from case)		
	Mounting torque, 6-32 or M3 screw	10lbf·in (1.1N·m)	

Avalanche Characteristics

Symbol	Parameter		Max.	Units
E_{AS} (Thermally limited)	Single Pulse Avalanche Energy ⑤		370	mJ
I_{AR}	Avalanche Current ①	See Fig. 14, 15, 16a, 16b,	A	
E_{AR}	Repetitive Avalanche Energy ①			mJ

Thermal Resistance

Symbol	Parameter	Typ.	Max.	Units
$R_{θJC}$	Junction-to-Case ⑥	—	0.77	°C/W
$R_{θCS}$	Case-to-Sink, Flat Greased Surface ,TO-220	0.50	—	
$R_{θJA}$	Junction-to-Ambient, TO-220 ⑥	—	62	
$R_{θJA}$	Junction-to-Ambient (PCB Mount) , D²Pak ⑥ ⑧	—	40	

IRF/B/S/SL4610PbF

Static @ T_J = 25°C (unless otherwise specified)

Symbol	Parameter	Min.	Typ.	Max.	Units	Conditions
$V_{(BR)DSS}$	Drain-to-Source Breakdown Voltage	100	—	—	V	V_{GS} = 0V, I_D = 250µA
$ΔV_{(BR)DSS}/ΔT_J$	Breakdown Voltage Temp. Coefficient	—	0.065	—	V/°C	Reference to 25°C, I_D = 1mA①
$R_{DS(on)}$	Static Drain-to-Source On-Resistance	—	11	14	mΩ	V_{GS} = 10V, I_D = 44A ④
$V_{GS(th)}$	Gate Threshold Voltage	2.0	—	4.0	V	V_{DS} = V_{GS}, I_D = 100µA
I_{DSS}	Drain-to-Source Leakage Current	—	—	20	µA	V_{DS} = 100V, V_{GS} = 0V
		—	—	250		V_{DS} = 100V, V_{GS} = 0V, T_J = 125°C
I_{GSS}	Gate-to-Source Forward Leakage	—	—	200	nA	V_{GS} = 20V
	Gate-to-Source Reverse Leakage	—	—	-200		V_{GS} = -20V
R_g	Gate Input Resistance	—	1.5	—	Ω	f = 1MHz, open drain

Dynamic @ T_J = 25°C (unless otherwise specified)

Symbol	Parameter	Min.	Typ.	Max.	Units	Conditions
g_{fs}	Forward Transconductance	73	—	—	S	V_{DS} = 50V, I_D = 44A
Q_g	Total Gate Charge	—	90	140	nC	I_D = 44A
Q_{gs}	Gate-to-Source Charge	—	20	—		V_{DS} = 80V
Q_{gd}	Gate-to-Drain ("Miller") Charge	—	36	—		V_{GS} = 10V ③
$t_{d(on)}$	Turn-On Delay Time	—	18	—	ns	V_{DD} = 65V
t_r	Rise Time	—	87	—		I_D = 44A
$t_{d(off)}$	Turn-Off Delay Time	—	53	—		R_g = 5.6Ω
t_f	Fall Time	—	70	—		V_{GS} = 10V ③
C_{iss}	Input Capacitance	—	3550	—	pF	V_{GS} = 0V
C_{oss}	Output Capacitance	—	260	—		V_{DS} = 50V
C_{rss}	Reverse Transfer Capacitance	—	150	—		f = 1.0MHz
C_{oss} eff. (ER)	Effective Output Capacitance (Energy Related)	—	330	—		V_{GS} = 0V, V_{DS} = 0V to 80V ⑨, See Fig.11
C_{oss} eff. (TR)	Effective Output Capacitance (Time Related)	—	380	—		V_{GS} = 0V, V_{DS} = 0V to 80V ⑩, See Fig. 5

Diode Characteristics

Symbol	Parameter	Min.	Typ.	Max.	Units	Conditions
I_S	Continuous Source Current (Body Diode)	—	—	73	A	MOSFET symbol showing the integral reverse p-n junction diode
I_{SM}	Pulsed Source Current (Body Diode) ①	—	—	290		
V_{SD}	Diode Forward Voltage	—	—	1.3	V	T_J = 25°C, I_S = 44A, V_{GS} = 0V ④
t_{rr}	Reverse Recovery Time	—	35	53	ns	T_J = 25°C, V_R = 85V,
		—	42	63		T_J = 125°C, I_F = 44A,
Q_{rr}	Reverse Recovery Charge	—	44	66	nC	T_J = 25°C, dI/dt = 100A/µs ④
		—	65	98		T_J = 125°C
t_{on}	Forward Turn-On Time	2.1	—	—	A	Intrinsic turn-on time is negligible (turn-on is dominated by LS+LD)

Notes:

① Repetitive rating; pulse width limited by max. junction temperature.

② Limited by T_{Jmax}, starting T_J = 25°C, L = 0.35mH, R_G = 25Ω, I_{AS} = 44A, V_{GS} =10V. Part not recommended for use above this value.

④ I_{SD} ≤ 44A, dI/dt ≤ 950A/µs, V_{DD} ≤ $V_{(BR)DSS}$, T_J ≤ 175°C.

⑤ Pulse width ≤ 400µs; duty cycle ≤ 2%.

⑥ C_{oss} eff. (TR) is a fixed capacitance that gives the same charging time as C_{oss} while V_{DS} is rising from 0 to 80% V_{DSS}.

⑦ C_{oss} eff. (ER) is a fixed capacitance that gives the same energy as C_{oss} while V_{DS} is rising from 0 to 80% V_{DSS}.

⑧ When mounted on 1" square PCB (FR-4 or G-10 Material). For recommended footprint and soldering technique refer to application note #AN-994.

⑨ $R_θ$ is measured at T_J approximately 90°C.

图 2-35 MOSFET数据手册示例

（4）漏源通态电阻 $R_{DS(on)}$

$R_{DS(on)}$ 指在确定的栅源电压和漏极电流下，MOSFET 的通态电阻，可以用来计算通态压降以及导通损耗，IRFB4610PbF 器件的导通电阻典型值为 11mΩ。

（5）漏极脉冲电流幅值 I_{DM}

该参数是在脉冲工作模式时，最大允许的漏极电流峰值，手册上一般会给出脉冲周期和宽度。从图 2-35 可以看出，IRFB4610PbF 器件该参数为 290A。

（6）结温 T_J 和存储温度 T_{STG}

T_J 指器件正常连续工作时最大的结温。T_{STG} 指没有加电的情况下，存储和运输时的温度。一些器件手册也会给出器件焊接时的温度。

（7）跨导 G_{fs}

前面已经给出定义，IRFB4610PbF 器件的跨导最小值为 73S。

2.7 绝缘栅双极晶体管（IGBT）

功率 MOSFET 是电压型器件，比 GTR 和 GTO 电流型器件的开关速度快，但传统的功率 MOSFET 电压和电流等级相对较小，而 GRT 和 GTO 由于导通后实际进入了晶体管的饱和区，导通压降较 MOSFET 低，将 MOSFET 和 GTR 相结合，用 MOSFET 来控制 GTR 器件，就形成了绝缘栅双极晶体管（Insulated-Gate Bipolar Transistor，IGBT）。该器件由于结合了 MOSFET 和 GTR 的优点，前级为 MOSFET 控制，后级开关电压和电流为 GTR 控制，因此其不仅开关速度比 GTR 快，开关的功率和 GTR 相当，导通压降小，因此其开发成功后，很快就替代了 GTR，在中大功率的各个领域得到了十分广泛的应用，如工业驱动、风力发电、轨道交通、电动汽车，目前基本都采用 IGBT 器件。由于 IGBT 的成功开发和大规模使用，目前 GTR 基本已被淘汰。

2.7.1 IGBT 的结构和工作原理

IGBT 是在 MOSFET 和 GTR 的基础上复合而成的一种器件，电压和电流等级较高，工业上常用的电压等级有 600V、1200V、1700V 以及 3300V 几个等级，单管电流可以达到上千安培，图 2-36 给出了几种不同电压和电流等级的 IGBT 器件的封装，IGW40N60TP 和 FF1200R12KE3 为德国英飞凌生产，SKM600GA176D 和 SKM450GB33F 为 Semikron 公司生产。

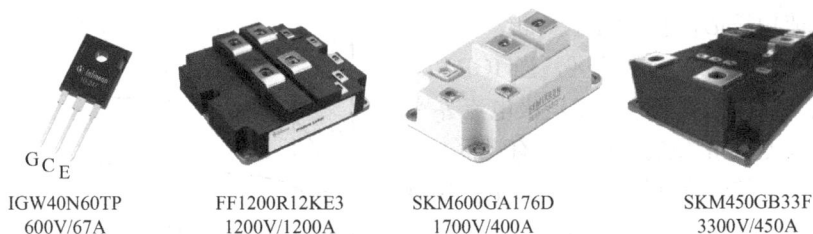

IGW40N60TP FF1200R12KE3 SKM600GA176D SKM450GB33F
600V/67A   1200V/1200A   1700V/400A   3300V/450A

图 2-36 几种 IGBT 封装示例

IGBT 的内部结构如图 2-37a 所示，与图 2-29MOSFET 内部结构相比，IGBT 在 MOSFET 的漏极增加了一个 P+区，由于该 P+区的加入，IGBT 内部比 MOSFET 增加了一个 PN 结 J1，J1 与 J2 形成了一个 PNP 晶体管，N-区相当于晶体管的基极，当栅极和源极之间电压超过 MOSFET 的阈值电压 U_T 时，在栅极下形成导电沟道，若此时 PN 结 J1 由于外加电压正偏，在 N-区会形成一个小的电流，电流路径为 PN 结 J1、N-区、导电沟道、源极，如图 2-37a 的路径 I，该电流相当于 J1 与 J2 形成的 PNP 晶体管的基极电流，因此该晶体管会导通，形成图 2-37a 路径 II 的电流。从上面的分析可以看出，IGBT 内部集成了一个 MOSFET 和一个 PNP 晶体管，可以等效为图 2-37b，PNP 晶体管的前级为 MOSFET，MOSFET 为电压型器件，控制方便，而后级的 PNP 晶体管用来开关高电压和大电流，一方面由于 N-区里的电导调制效应，PNP 饱和导通后管压降比较小，另一方面通过增加 N-区的长度，能够调节 IGBT 的耐压，而对于功率 MOSFET，由于 N-没有电导调制效应，当 N-区为了提高 MOSFET 耐压而增加长度时，其上的电阻也会相应增加，导致 MOSFET 的导通电阻增加，因此对于 MOSFET 提高耐压和降低导通电阻是相互矛盾的，实际当中需折中处理，这也是大电流的功率 MOSFET 耐压较低的主要原因。由于 IGBT 为 MOSFET 和 PNP 晶体管的复合器件，因此其电气符号是结合了 MOSFET 的前级和晶体管的后级，如图 2-37c，三个极分别为栅极（G）、集电极（C）、发射极（E）。

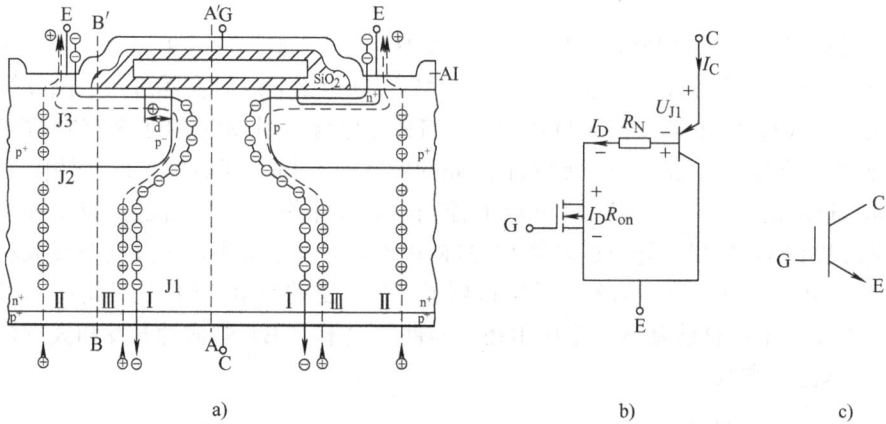

图 2-37　IGBT 内部结构和等效电路以及电气符号

2.7.2　IGBT 的静态特性

IGBT 是 MOSFET 和 GTR 的复合管，其输出特性与 GTR 类似。图 2-38 为 IGBT 输出特性，横轴为集电极和发射极之间电压 U_{CE}，纵轴为集电极电流 I_C，从图可以看出，当栅极电压 U_{GE} 小于阈值电压 U_T 时，IGBT 关断，仅有很小的漏电流流过，位于正向阻断区，当 IGBT 关断时就位于该区域。在有源区，集电极电流 I_C 受 U_{GE} 控制，IGBT 应尽量短的时间通过有源区，该区域 IGBT 上电压和电流都比较大。IGBT 正常导通后，工作点位于饱和区，此时 IGBT 中 GTR 饱和导通，IGBT 一般导通压降较低。正常工作的 IGBT 在饱和区和正向阻断区之间切换，在切换过程中会经过有源区。从图 2-37a 的 IGBT 内部结构可以看出，IGBT 在集电极和发射极之间是 PNP 结构，不可能反向导通，但在实际当中一般

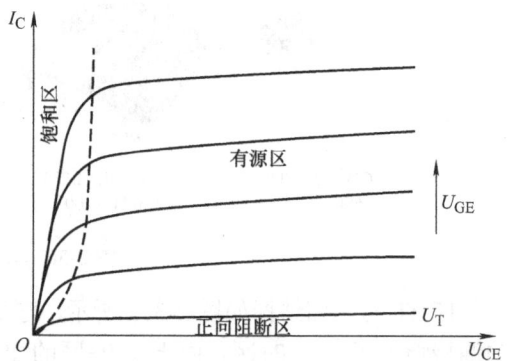

图 2-38　IGBT 的输出特性

IGBT 芯片都会内部集成一个反向二极管,因此实际中的 IGBT 大多都是可逆向导通的。

2.7.3 IGBT 的动态特性

IGBT 的动态特性与功率 MOSFET 非常相似,工程当中一般 IGBT 驱动感性负载,其动态测试电路与图 2-33 类似,只需要把 MOSFET 替换为 IGBT,图 2-39 给出了 IGBT 的开关过程中栅极电压 u_G、集电极电流 i_C、集电极和发射极电压 u_{CE} 的波形,开通和关断过程各阶段波形与 MOSFET 基本类似,不同之处在于 IGBT 在关断时,由于 N-区的电荷存储效应,关断时有一定的拖尾电流,如图 2-39c 中 t_8-t_9 时间段的波形,也导致 IGBT 的开关时间一般比 MOSFET 长,从而 IGBT 的开关频率较 MOSFET 低。此外需要注意,IGBT 由于开关的电压和电流等级较高,若在关断时 di/dt 较大,由于线路的寄生电感的存在,会引起较大的过程电压,如图 2-39d 中 t_7-t_8 时间段的波形,若该过冲电压较高,需要在电路中加入关断缓冲电路。

图 2-40 为某一 IGBT 带感性负载实测的 i_C 和 u_{CE} 波形,从图中可以看出,在开通时,由于二极管的反向恢复特性,集电极电流 i_C 会有一定

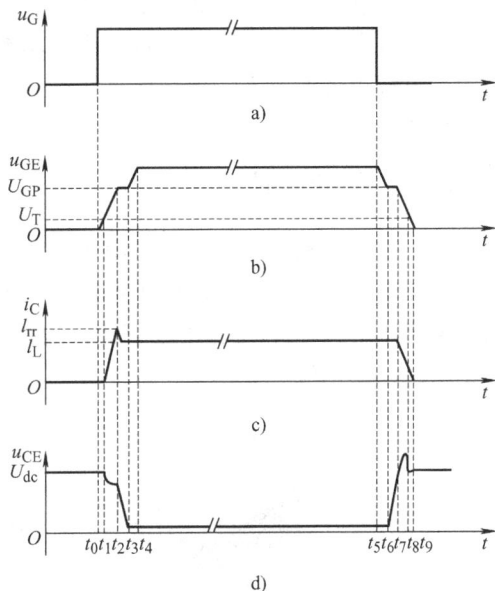

图 2-39 IGBT 的开关过程

的过冲,在开关过程中,电压 u_{CE} 由于漏感的存在,有一定下降,该电压降可以用来测量线路的漏感大小。在关断过程中,当 i_C 快速下降时,由于漏感的存在,在本来承受的电压的基础上,会叠加一个电压过程,与图 2-39 分析结果类似,该电压过程实际调试当中必须特别重视。

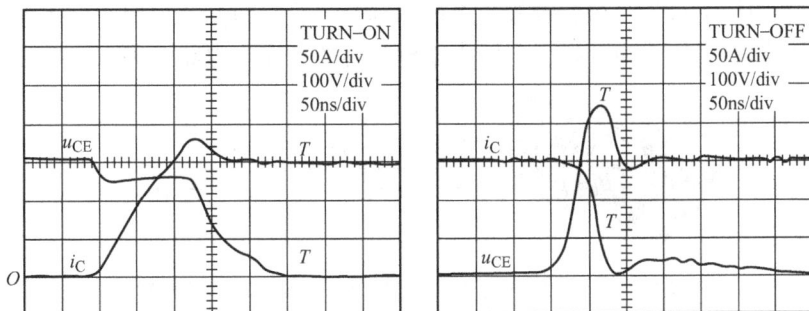

图 2-40 实测某一 IGBT 的开关过程

2.7.4 IGBT 的主要参数

IGBT 的主要参数的物理意义基本与 MOSFET 类似,只是在命名时,MOSFET 的漏极与 IGBT 的集电极对应,源极与发射极对应,具体可以参见 2.6 节关于 MOSFET 参数的介绍。IGBT 由于其特有的内部结构,能够承受很短一段时间的短路,IGBT 数据手册中会给出该参数 t_{sc},如图 2-36 中 IGW40N60TP 器件为 5us,一些 IGBT 可以经受 10us 时间的短路,如驱

动电路能在短路后 t_{sc} 时间内，检测出电路短路并做出合理保护，IGBT 仍然能正常工作，这能够大大提高 IGBT 电路的可靠性。

2.8 功率集成模块

将多个功率开关组合成一个拓扑电路，或在功率开关的基础上外加一定的控制电路或驱动电路集成在一个模块当中，就组成了功率集成模块，这样有利于缩小模块体积，减小线路之间的连线，降低成本，提高可靠性，在工程当中被大量使用。下面将简要介绍几种常用的功率集成模块。

2.8.1 二极管模块

不控整流电路在工程当中应用十分普遍，如开关电源前级、变频器前级都需要把单相或三相交流电转化为直流电，单相不控整流需要 4 个二极管，三相不控整流需要 6 个二极管，图 2-41 给出了单相和三相不控整流桥的外形和内部连接。实际当中也有两个二极管串联组成的模块，一般电流等级较大。

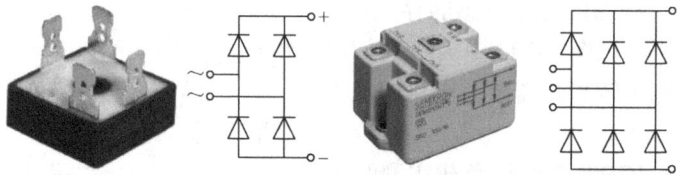

图 2-41　二极管模块示例

2.8.2 晶闸管模块

在相控桥式整流当中，一般需要两个晶闸管串联组成一个桥臂，图 2-42 给出了一个晶闸管模块，该封装下器件可以选择内部两个都为晶闸管，也可以选择上管为晶闸管，下管为二极管。在工程当中，下管为二极管的模块上面晶闸管一般作为开关使用，可作为大功率变频器中前级整流电路，用来作为开始上电时大电解电容的预充电电路开关。

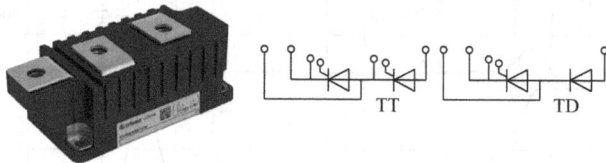

图 2-42　晶闸管模块示例（eTT580N16P60，1600V/586A）

2.8.3 MOSFET 和 IGBT 模块

MOSFET 和 IGBT 模块应用十分普遍，电压低的场合一般采用 MOSFET 模块，如图 2-28d 为一种 6 只 MOSFET 集成的模块，内部连接如图 2-43 所示，6 只 MOSFET 集成于一块电路当中后，芯片之间的引线能够有效缩短，降低了引线带来的漏电感，从而可以减小器件上的电压过冲，提高可靠性，可以用作 MOSFET 的温度监控。IGBT 模块一般有两个 IGBT 串联组成的一个桥臂的模块，也有 6 只 IGBT 的模块结构，一般中小功率可以 6 只集成在一起，而大功率场合一般采用双 IGBT 模块。

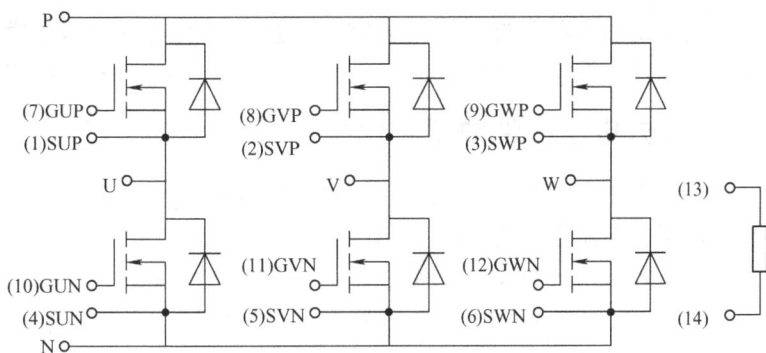

图 2-43 MOSFET 模块示例(FM600TU-3A)

2.8.4 智能功率模块(IPM)

工业当中要控制 IGBT 模块必须在外部设计相应的驱动电路以及保护电路,才能正常工作。智能功率模块(Intelligent Power Module,IPM)内部不仅集成了 6 只 IGBT,而且把相应的 IGBT 的驱动电路以及保护电路也都集成在一个芯片当中,如图 2-44 所示。IPM 模块在中小功率领域应用十分普遍,如家用电器、小功率变频器、伺服驱动器等,由于其内部集成了驱动电路,大大简化了功率电路的设计,能够有效缩短产品的开发周期,提高产品的可靠性。

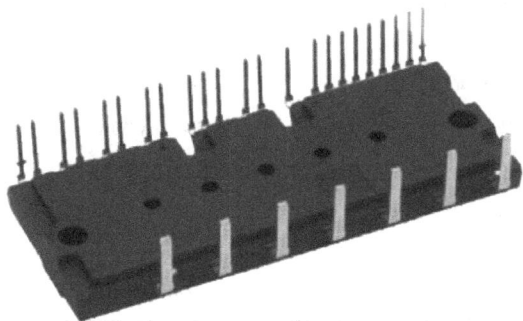

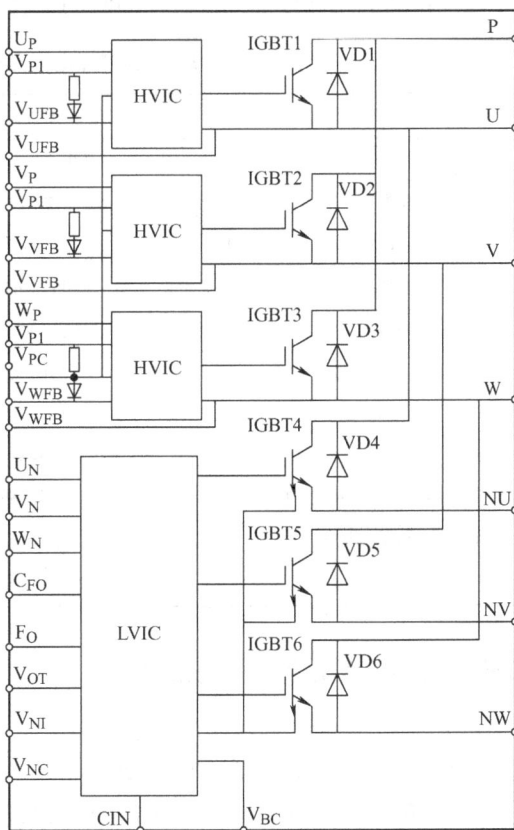

图 2-44 IPM 模块示例(PSS35SA2FT,1200V/35A)

模块化是功率器件的一个发展趋势，随着技术的不断进步，模块化的功率器件成本将不断降低，而且功能也将越来越丰富，在工程当中将会应用越来越普遍。

2.8.5 电力电子器件的研制水平

电力电子器件的电压、电流、开关频率是影响它们使用的关键参数。下面将电力电子器件按照电压、电流频率的大小进行排序。

1）电压容量从低到高的顺序依次为：功率场效应晶体管、绝缘栅双极型晶体管、双极型功率晶体管、可关断晶闸管、晶闸管。其中绝缘栅双极型晶体管、双极型功率晶体管电压容量接近，可关断晶闸管、晶闸管电压容量接近。

2）电流容量从低到高的顺序依次为：功率场效应晶体管、绝缘栅双极型晶体管、双极型功率晶体管、可关断晶闸管、晶闸管。其中绝缘栅双极型晶体管、双极型功率晶体管电流容量接近。

3）开关频率从低到高的顺序依次为：晶闸管、可关断晶闸管、双极型功率晶体管、绝缘栅双极型晶体管、功率场效应晶体管。其中绝缘栅双极型晶体管、双极型功率晶体管的开关频率接近。

电力电子新器件的诞生或器件特性的新进展，都带动了电力电子应用技术的新突破，或导致出现新的电路拓扑。电力电子应用技术的发展又对电力电子器件提出了更新、更高的要求，进一步推动了高性能、新器件的研制。表 2-3 给出国内外电力电子器件最新的研制水平。

表 2-3　国内外电力电子器件最新的研制水平

器件名称	国外研制水平	国内研制水平
普通晶闸管(SCH)	12kV/1kA，8kV/6kA	6.5kV/3.5kA
快速晶闸管	2.5kV/16kA	2kV/1.5kA
光控晶闸管	6kV/6kA，8kV/4kA	4.5kV/2kA
GTO 晶闸管	9kV/2.5kA，6kV/6kA(400Hz)	4.5kV/2.5kA
GTR	模块：1.8kV/1kA(2kHz)	模块：1.2kV/400A
功率 MOSFET	60A/200V(2MHz),500V/50A(400MHz)	1kV/35A
IGBT	单管：4.5kV/1kA 模块：3.5kV/1.2kA(50kHz)	单管：1kV/50A 模块：1.2kV/200A
集成门极换流晶闸管(IGCT)	单管：6kV/1.6kA	—
MOS 控制晶闸管(MCT)	1kV/100A(T_d=1μs)	1kV/75A
功率集成电路	IPM：1.8kV/1.2kA	600V/75A

2.9 晶闸管的典型测试方法

在实践中，根据元器件的封装形式，一般就可以判别出普通晶闸管的引脚极性。对于螺栓型普通晶闸管来说，带有螺纹的一端为阳极，线径较细的引线端为门极，较粗的引线端为阴极。对于平板式普通晶闸管来说，引线端为门极，平面端为阳极，另一端为阴极。对于塑封式普通晶闸管来说，中间引脚常为阳极。另外采用万用表或发光测试法可以鉴别元器件的引脚极性、初步判断元器件是否损坏。下面介绍用万用表及发光法测试晶闸管的方法。

2.9.1 万用表测试法

使用万用表的欧姆档，通过测试晶闸管 3 个引脚之间的阻值，就可以鉴别元器件的引脚极性、初步判断元器件是否损坏。下面以型号为 KP20-8 的螺栓型晶闸管为测量对象，介绍普通晶闸管的万用表测试法。

（1）测量阳极与阴极之间的正向电阻 R_{AK}

选用×10kΩ 档，测量阳极与阴极之间的正向电阻 R_{AK}，将万用表的黑表笔接晶闸管的阳极，万用表的红表笔接晶闸管的阴极。阳极与阴极之间的正向电阻 R_{AK} 很大，阻值范围一般为几十至几百千欧，如图 2-45 所示，被测晶闸管阳极与阴极之间的正向电阻 R_{AK} 在正常范围内。

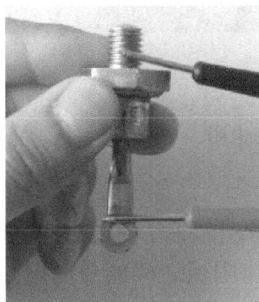

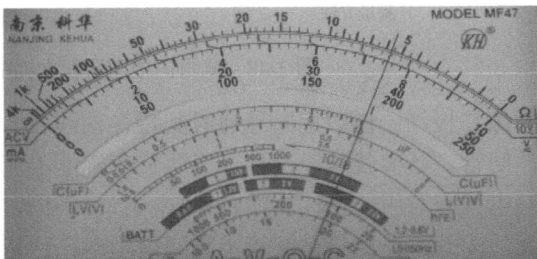

a) 测量方法   b) 万用表测量示数

图 2-45 测量阳极与阴极之间的正向电阻

（2）测量阳极与阴极之间的反向电阻 R_{KA}

选用×10kΩ 档，测量阳极与阴极之间的反向电阻 R_{KA}，将万用表的黑表笔接晶闸管的阴极，万用表的红表笔接晶闸管的阳极。阳极与阴极之间的反向电阻 R_{KA} 很大，阻值范围一般为几十至几百千欧，如图 2-46 所示。被测晶闸管阳极与阴极之间的反向电阻 R_{KA} 在正常范围内。

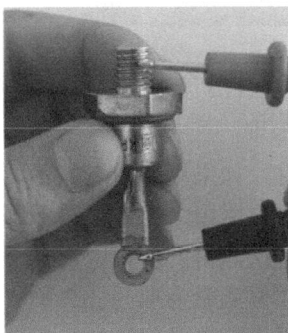

a) 测量方法   b) 万用表测量示数

图 2-46 测量阳极与阴极之间的反向电阻

(3)测量门极与阴极之间的正向电阻 R_{GK}

选用万用表×10Ω 档，测量阳极与阴极之间的正向电阻 R_{GK}，将万用表的黑表笔接晶闸管的门极，万用表的红表笔接晶闸管的阴极。被测晶闸管门极与阴极之间的正向电阻 R_{GK} 很小，一般为几十至几百欧，如图 2-47 所示。被测晶闸管门极与阴极之间的正向电阻 R_{GK} 在正常范围内。

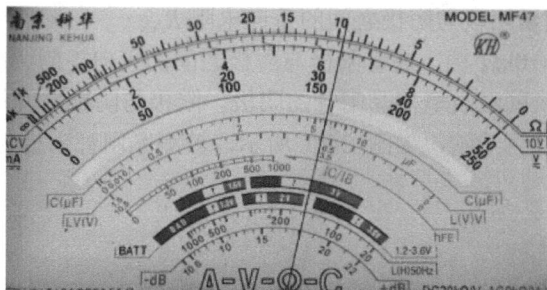

| a) 测量方法 | b) 万用表测量示数 |

图 2-47　测量门极与阴极之间的正向电阻

(4)测量门极与阴极之间的反向电阻 R_{KG}

选用万用表×10Ω 档，测量门极与阴极之间的反向电阻 R_{KG}，将万用表的红表笔接晶闸管的门极，万用表的黑表笔接晶闸管的阴极。被测晶闸管门极与阴极之间的反向电阻 R_{KG} 很小，一般为几十至几百欧，如图 2-48 所示。被测晶闸管门极与阴极之间的反向电阻 R_{KG} 在正常范围内。

| a) 测量方法 | b) 万用表测量示数 |

图 2-48　测量门极与阴极之间的反向电阻

晶闸管像二极管一样，正向导通时其特性曲线具有非线性，如果用万用表的不同档位去分别测量晶闸管，其实就是通过红、黑两只表笔给晶闸管阳极与阴极之间施加了不同的阳极电压，这些电压点对应的特性曲线斜率(电阻值)不同，所以每次测得的值肯定都不一样，甚至差别很大。因此，在测量晶闸管引脚间电阻时，应以同一档位测量为准。

在实践中，怎样快速判定晶闸管的好坏呢？将万用表的黑表笔接晶闸管的阳极，红表笔接晶闸管的阴极，此时表针应偏转很小，用镊子快速短接一下阳极与门极，表针偏转角度明显变大且能一直保持，说明管子正常，可以使用。

2.9.2　发光测试法

在图 2-49 所示的电路中，电源 E 由两节 1.5V 干电池串联而成，LED 为发光二极管，VT 为被测晶闸管。当开关 S 为断开状态时，如图 2-50a 所示，发光管应不亮。否则，表明晶闸管阳极、阴极之间已短路。当开关 S 在闭合状态，如图 2-50b 所示，发光管应亮。再次断开开关 S，发光管仍然亮，表明管子正常；否则，表明门极已损坏或阳极、阴极间已击穿而断路。

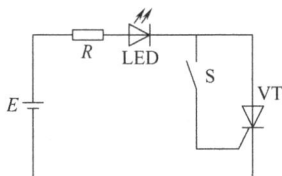

图 2-49　发光测试电路

a) 开关S断开状态　　　　b) 开关S闭合状态

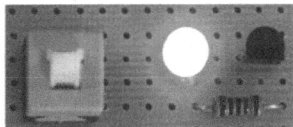

图 2-50　发光测试法

2.10　IGBT 的双脉冲测试法

通常人们是通过阅读制造商给出的手册来评估 IGBT 的运行性能，但数据手册中所描述的参数一般是基于已给定的外部参数测试得来的，在实际应用中外部参数往往会有所不同，这就导致实际的 IGBT 动态特性与手册上的有所不同。了解 IGBT 在不同工况下的参数变化，学会 IGBT 在具体应用电路中主要参数的测试方法和参数解读很有必要。

双脉冲测试法是目前工程上 IGBT 性能测试的通用方法，通过测试可获取 IGBT 稳态和暂态过程中的主要参数，用以评估 IGBT 模块的性能。双脉冲测试法能够实现的功能有：① 评估 IGBT 驱动板的功能和性能；② 获取 IGBT 模块在开通、关断过程的主要参数，以评估开通电阻 R_{Gon} 和关断电阻 R_{Goff} 的数值是否合适；③ 对比不同 IGBT 模块的参数；④ 开通、关断过程中是否有不合适的震荡；⑤ 测量母排杂散电感 L。本部分仅对 IGBT 开关波形、开关损耗以及安全工作区域参数等的测试做简单介绍。

2.10.1　双脉冲实验的电路及设备

1. 双脉冲测试基本电路

如图 2-51 所示为双脉冲测试法中测试 IGBT 开关特性的电路。以英飞凌型号为 FS150R12KT3、参数为 150A/1200V 的 IGBT 模块为被测对象，IGBT 模块中的 VT1 和 VT2 组成半桥电路。用示波器分别测试 IGBT 的电压 u_{CE}、u_{GE} 以及电流 i_C，其中高压差分探头用于测量集电极-发射极电压 u_{CE}，低压差分探头测量栅极-发射极电压 u_{GE}，罗氏线圈测试发射极电流 i_C。驱动电路给 VT2 加双脉冲驱动信号。在测试过程中，首先用直流高压电源对电容进行充电，至电压为 500V。然后对 VT1 的门极给定电压-12V，使 VT1 保持关断状态；对 VT2 的门极施加+15V 双脉冲信号，使整个半桥电路实现开通 1、关断 1、开通 2、关断 2 过程。对比测试 IGBT 模块的数据手册，分析出 IGBT 模块及其驱动电路的开关特性。

2. 双脉冲试验设备

由图 2-52 可以看出，双脉冲测试实验需要如下设备：

① 直流源；② 电容组；③ 叠层直流母排；④ 负载电感；⑤ 被测 IGBT 及驱动电路；⑥ 示波器（最好是 4 通道，高带宽，注意探棒的耐压等级和系统接地关系）；⑦ 高压差分电压探头；⑧ 罗氏线圈电流探头（电流探头不方便测试）；⑨ 可编程信号发生器或简易信号发生装置（可发出一组双脉冲信号）。

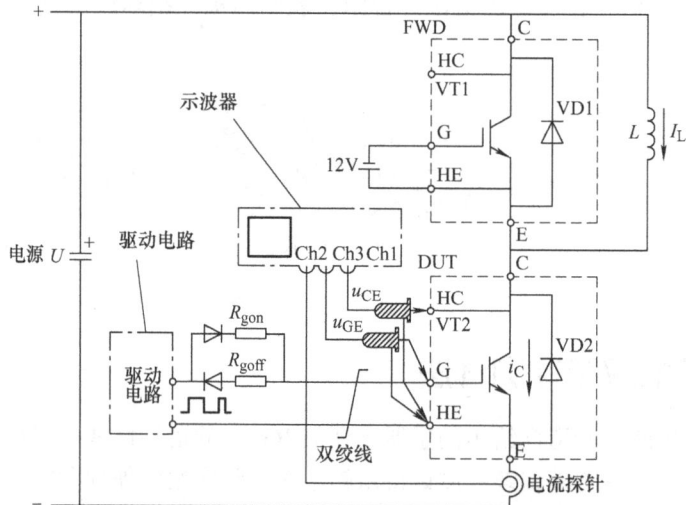

图 2-51 IGBT 开关特性双脉冲测试电路

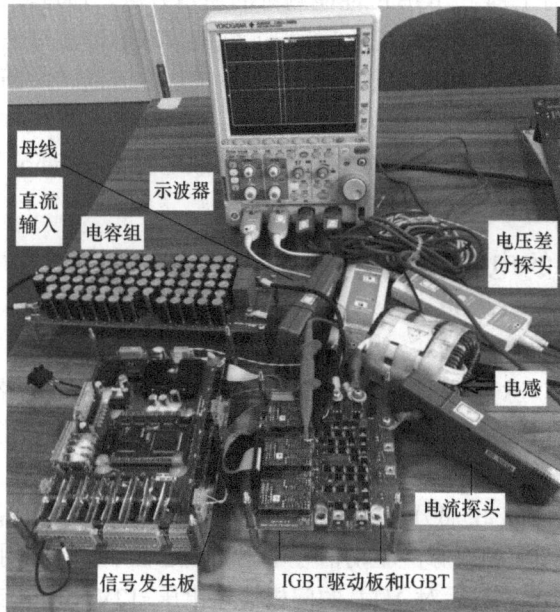

图 2-52 双脉冲测试实验设备

2.10.2 双脉冲实验的基本过程

由驱动电路对 IGBT 的 u_{GE} 加双脉冲信号，通过测试获得如图 2-53 所示的波形。图中 i_L

为流过电感 L 的负载电流；i_C 为 IGBT 的集电极电流。

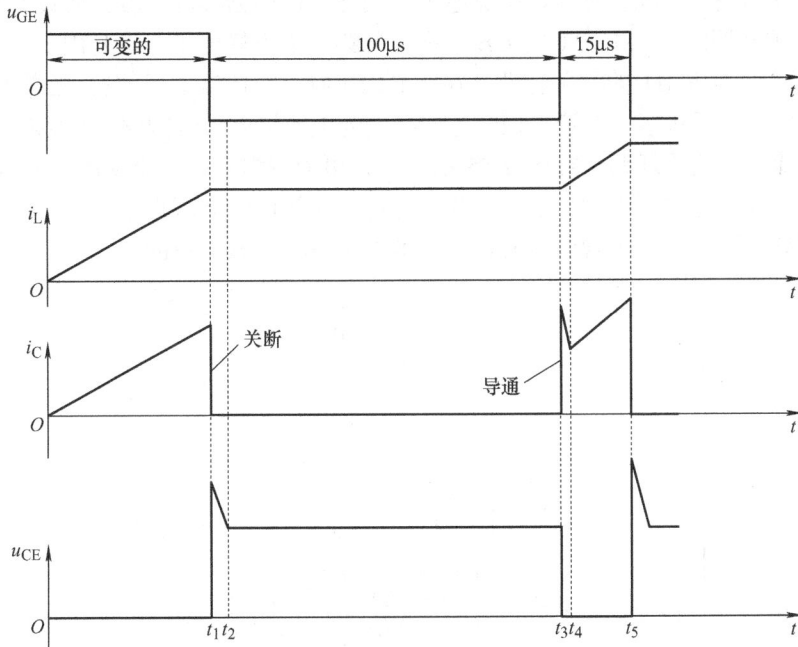

图 2-53　双脉冲测试波形

　　下面针对上述电路的工作状态及相关波形做简要说明：

　　在 t_0 时刻，置驱动脉冲高，被测 IGBT 第一次饱和导通，电动势 U 加在负载 L 上，电感电流根据伏秒定律线性上升，电流流通路径如图 2-54 所示。此时电流的表达式为：$i_L = \dfrac{Ut}{L}$，当 U 和 L 确定时，电流与时间成线性关系，为了控制输出电流 $I_c < I_{crm}$，所以要严格控制脉冲的时间。

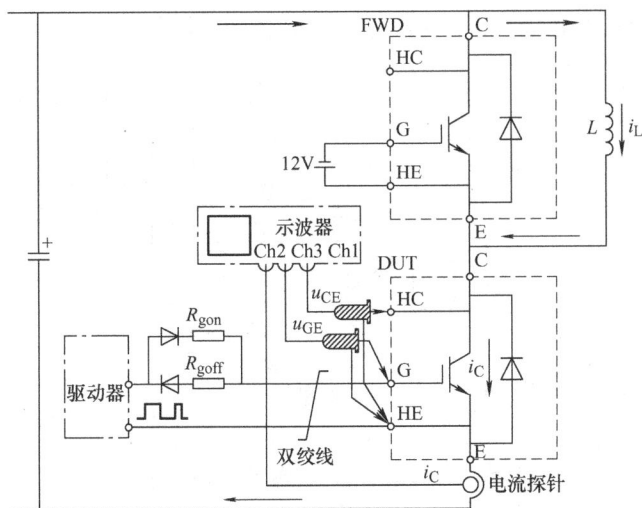

图 2-54　t_0-t_1 导通时电流回路

在 t_1 时刻，置驱动脉冲低，被测 IGBT 第一次关断，关断时刻电感电流的数值由 U、L 和脉冲宽度 t_1 共同决定，脉宽越大，电流越大，因此可以根据实际工程需要设计测试相应电流值。在 t_1-t_2 关断期间，在 IGBT 的 CE 两端出现第一个尖峰电压。这是由于换流通路中杂散电感 L_0 的存在，对 IGBT 的开关特性存在明显的影响，会使集电极-发射极电压出现过冲。

在 IGBT 处于关断状态，上管二极管正向导通为电流提供续流回路，负载的 L 上电流由上管二极管续流，电流流通路径如图 2-55 所示，该电流缓慢衰减，衰减的斜率 $\mathrm{d}i/\mathrm{d}t$ 同实际电路参数相关，在上述波形中体现的不明显，是由于实际电流衰减很小。由于电流探头放在下管的发射极处，因此在二极管续流时，示波器上是看不见该电流的。

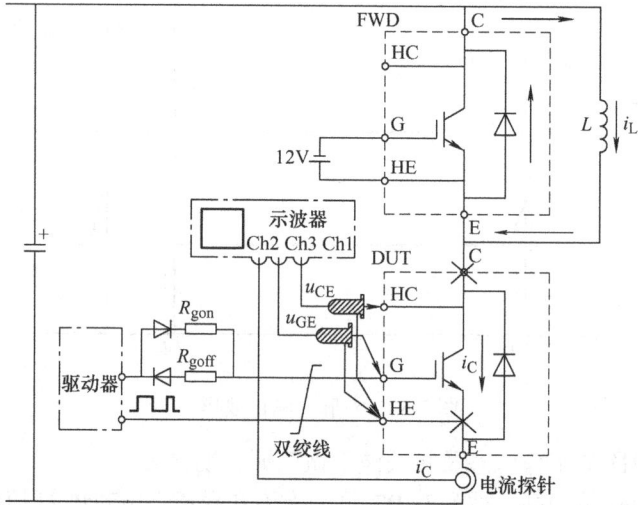

图 2-55 t_1-t_3 关断时二极管续流回路

在 t_3 时刻，置驱动脉冲高，被测 IGBT 第二次导通，续流二极管进入反向恢复，反向恢复电流会穿过 IGBT，在电流探头上能捕捉到这个电流，如图 2-56 所示。反向恢复电流的大小同多个因素相关，如 IGBT 的开通电阻 R_{Gon}，母线电压 U，开通时刻的电流 I 等。该电流的形态直接影响到换流过程的许多重要指标。t_4-t_5 导通时电流如图 2-57 所示。

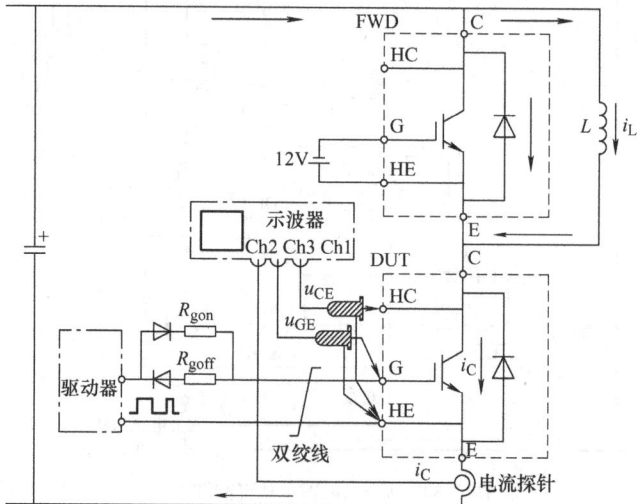

图 2-56 t_3-t_4 导通时二极管反向恢复电流回路

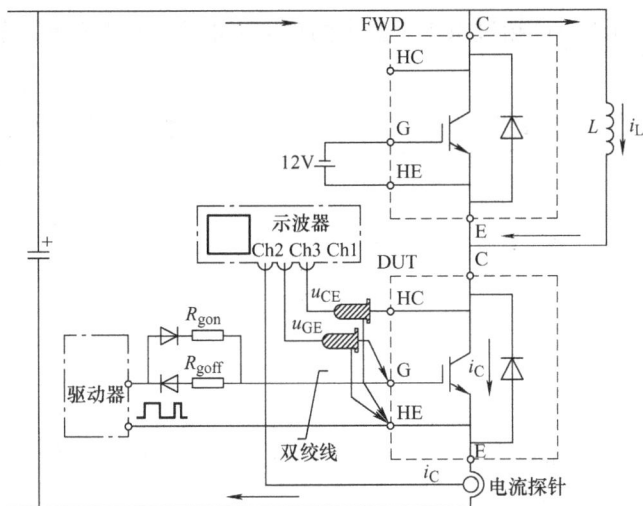

图 2-57　t_4-t_5 导通时电流回路

在 t_5 时刻，置驱动脉冲低，被测 IGBT 第二次关断，此时电流较大，因为母线杂散电感 L_s 的存在，会产生第二个电压尖峰，此时刻的电压尖峰大于第一个电压尖峰。在该时刻，电压尖峰是重要的监控对象，同时关断之后电压和电流是否存在不合适的震荡也是需要注意的对象。图 2-58 和图 2-59 为实测的 IGBT 模块的波形。

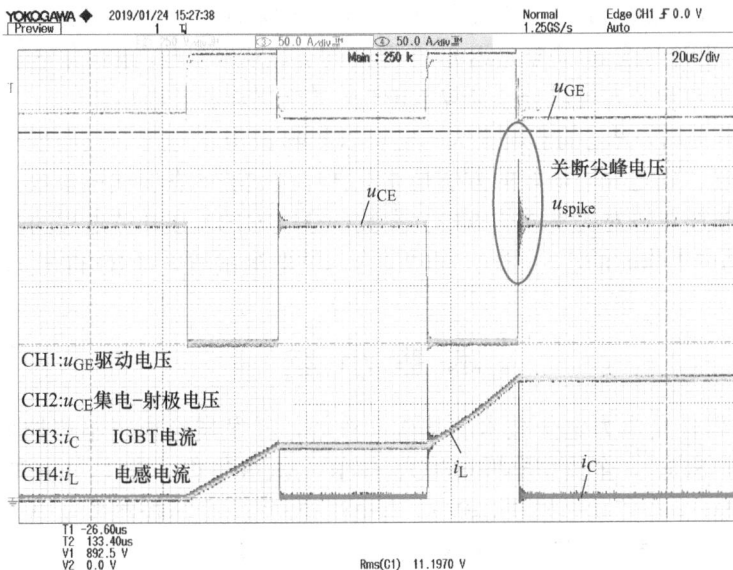

图 2-58　实测 t_5 时刻 IGBT 的电压尖峰值

双脉冲实验中开通和关断过程需要关注的是：

1) IGBT 的集-射极电压(u_{CE})是否会引起系统故障，图 2-58 中母线电压为 500V 的情况下，实测 U_{CE} 的尖峰电压达到了 892.5V，此值不能超过 IGBT 最大的集-射极电压 U_{CES}。通过观察这个值可以评估 IGBT 在关断时的安全程度。

2) IGBT 的集电极重复峰值电流(I_{crm})的确定。I_{crm} 定义为单位时间内可重复脉冲电流值，图 2-59 所示在 IGBT 第 2 次开通瞬间，由于二极管反向恢复的原因，流过 IGBT 的电流远超出了电感电流值，此电流不可超过 IGBT 最大的集电极电流，用此值可以评估 IGBT 在开通时的安全程度。

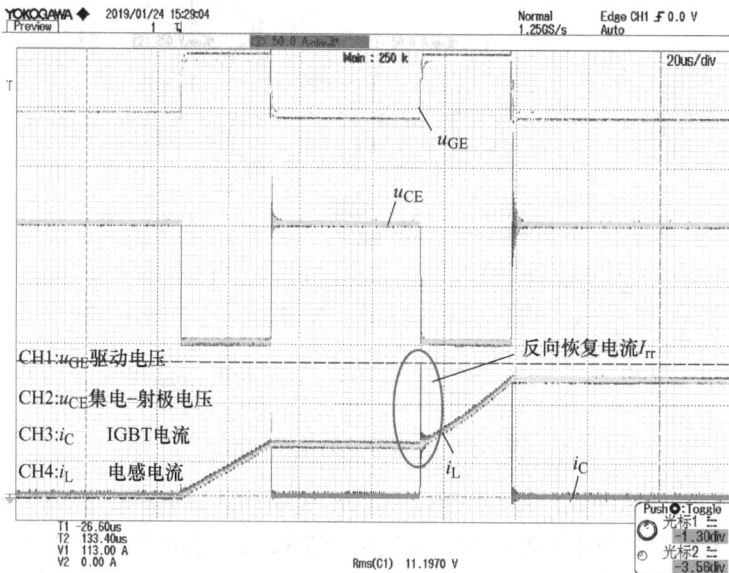

图 2-59 实测 t_3 时刻二极管反向恢复电流值

3) 结合双脉冲测试波形开通、关断数据，通过示波器测出 IGBT 模块在 t_1 关断和 t_3 开通时刻开通延迟 t_d、上升时间 t_r、关断延迟 t_s、下降时间 t_f 等基本参数，跟踪并记录 $u_{CE}(t)$ 和 $i_C(t)$ 的数值，利用相关数学公式可以分别计算 IGBT 的关断损耗和开通损耗。

4) 在 IGBT 开通时，R_{gon} 的影响很大，它可以影响 di/dt 的速度、反向恢复电流的值，进而决定开通的损耗。确定 R_{gon} 最好的方法是靠双脉冲测试法动态调试该参数。

通过双脉冲试验可以对比不同的 IGBT 参数；获取 IGBT 在开关过程的主要参数；考量 IGBT 在变换电路中工作时的实际表现。同时结合示波器测试结果对 IGBT 模块开关过程进行原理分析。

本 章 小 结

1) 电力电子器件是电力电子技术的基础和核心，其发展经历了不可控器件（电力二极管）、半控型器件（SCR）、全控型器件（GTO、GTR、MOSFET、IGBT、IGCT、IEGT 等）、功率集成模块（PIM）、智能功率模块（IPM）。有电流控制型、电压控制型及电压-电流混合型，这些器件特性各异，在电力变换电路中均作为开关器件应用。

2) 双极型器件主要包括大功率二极管、GTR、GTO 及 SCR 及其派生器件，这些器件在高电压、大电流的场合应用较多。

3) 场控器件（MOSFET、IGBT 等）的出现提高了开关器件的工作频率，简化了驱动电路。特别是 IGBT 兼有 MOSFET 和 GTR 的优点，综合性能得到提高。目前在中小功率场合应用的变换电路基本基于 IGBT 或 MOSFET 构成。

4) 硅材料器件发展的同时，由氮化镓、碳化硅、金刚石等材料制作的宽禁带半导体器件也在研究之中，并且表现出优异的性能。未来电力电子器件的主宰或许就是这些材料制成的器件。

本章重点：掌握各类电力电子器件的工作原理、伏安特性、开关特点、主要参数。在后续章节的学习中，能根据电力电子变换电路的功能特点，确定使用哪一种电力电子器件，其额定电压、电流如何选择，适于工作频率范围是多少等。

思考题与习题

2-1　电力电子器件的损耗有哪些，当器件工作于高频开关时，什么损耗起主导作用？

2-2　为什么电力电子设备中，器件的开关频率提高后，可以减小电路中滤波电容、电感以及变压器的体积？

2-3　描述二极管的反向恢复特性主要有哪几个参数，各代表什么意义？

2-4　图 2-60 中画斜线部分为一个 2π 周期中晶闸管的电流波形，若各波形的最大值为 $I_M=100A$，试计算各波形电流的平均值 I_{d1}、I_{d2}、I_{d3} 和电流有效值 I_1、I_2、I_3。若考虑两倍的电流安全裕量，选择额定电流为 100A 的晶闸管能否满足要求？

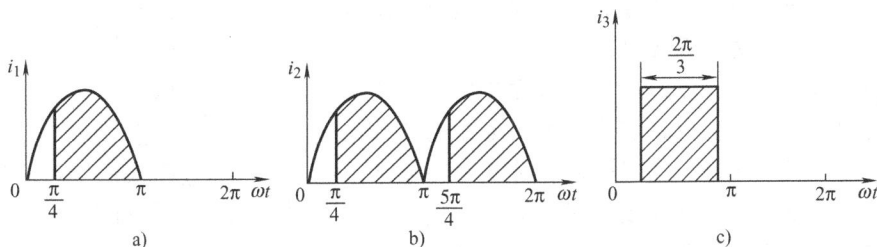

图 2-60　晶闸管的电流波形

2-5　晶闸管的开通和关断条件是什么？

2-6　通过网络查阅功率二极管产品参数，找出 3 个不同厂家的额定电流 10～20A，反向耐压为 100～200V 等级的器件各一款，并比较反向恢复特性参数。

2-7　通过网络查阅功率 MOSFET 和 IGBT 产品参数，找出额定电流 10A，额定电压 600V 器件各一款，并比较主要动态参数。

2-8　分析图 2-40 中 IGBT 的开通和关断过程。

2-9　从耐压、电流等级、开关速度、导通压降、是否易于控制几个方面，对比晶闸管、GTO、GTR、MOSFET、IGBT 几种器件的优缺点。

2-10　如手册上某电力二极管的额定电流为 100A，说明该二极管允许通过平均值为 100A 的正弦半波电流。说出该二极管允许通过正弦半波电流的幅值为多少？允许通过任意波形的有效值电流为多少？

第3章　电力电子器件应用基础

【内容提要】　电力电子器件种类繁多，各种器件具有自身的特点并对驱动、保护和缓冲电路有一定的要求。一个完善的驱动、保护和缓冲电路是保证器件安全、成功使用的关键。本章将介绍电力电子器件应用于电路中所需要面对的驱动、保护、缓冲等共性问题。

【本章内容导入】　电力电子器件种类繁多，性能各异，其性能除与器件内部结构有关外，还与外部应用条件有关。在实际应用中，电力电子器件一般是由控制电路、驱动电路和以电力电子器件为核心的主电路组成一个系统，如图 3-1 所示。器件性能在应用时能否充分发挥，与器件的驱动电路、保护电路等直接相关。

图 3-2 是为电力电子器件 IGBT 提供导通和关断信号的驱动电路。由于电力电子器件的类型不同，对驱动信号的电压幅值、上升时间、下降时间要求亦不同，因此存在不同形式的驱动电路。另外运行中的电力电子电路往往发生过电压、过电流的过冲，为了保护器件及电力电子系统的正常运行，减少开关器件承受电压、电流的变化率，需要在主电路和控制电路中附加一些过电压、过电流保护及缓冲电路。驱动、保护、缓冲电路均为电力电子器件的基础应用电路。

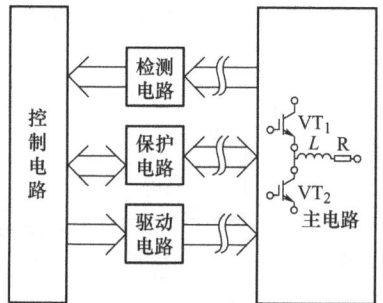

图 3-1　电力电子器件的系统组成

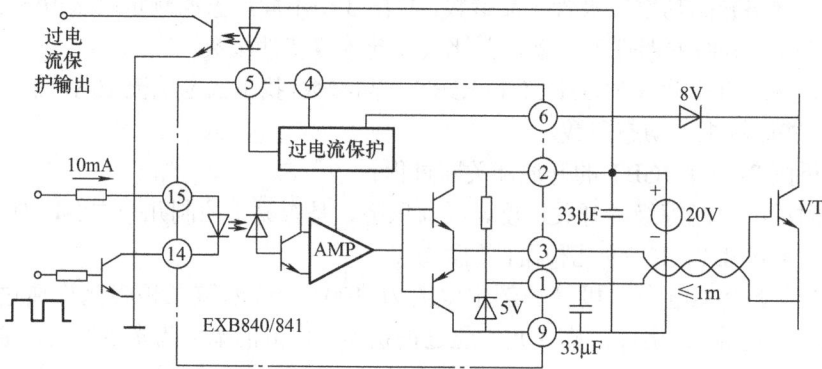

图 3-2　驱动开通或关断的信号电路

3.1　电力电子器件的基本驱动电路

电力电子的驱动电路是电力电子主电路与控制电路之间的接口，它的基本任务就是将信息电子电路传来的信号按照其控制目标的要求，转换为加在电力电子器件控制端和公共端之间，使其导通或关断的信号。对半控器件只需提供开通控制信号，对全控型器件则既要提供导通控制信号，又要提供关断控制信号，以保证器件按要求可靠导通或关断。性能良好的驱动电路，可使电力电子器件工作在较理想的开关状态，缩短开关时间，减少开关损耗，对装置的运行效率、可靠性和安全性都有重要意义。

一般情况下，控制电路的工作电压在几十伏以下，而主电路的工作电压可以高达数千伏以上。为了避免主电路的故障导致控制回路串入高电压，驱动电路还要提供主电路与控制电路之间的电气隔离。同时，由于电力电子器件会造成大量的谐波和电磁辐射，可能会对控制电路造成不小的影响，也需要将控制电路与主电路进行隔离。一般驱动电路副边与主电路有耦合关系，原边与控制电路连在一起，因此常常在驱动电路中加入隔离电路。常用的电气隔离环节有光电隔离、磁隔离、光纤隔离，如图 3-3 所示。光电隔离采用光电耦合器；磁隔离通常采用脉冲变压器；光纤隔离通过光纤连接光发射器与光接收器，它们之间无直接电气连接，可以有效地解决控制电路和功率主电路之间的电气隔离问题。光电隔离一般用在隔离传输小信号；磁隔离用来传递输入、输出脉冲信号，也适合传输模拟信号；光纤隔离在大功率、远距离电力电子设备中得到广泛应用。

a) 光电隔离   b) 磁隔离

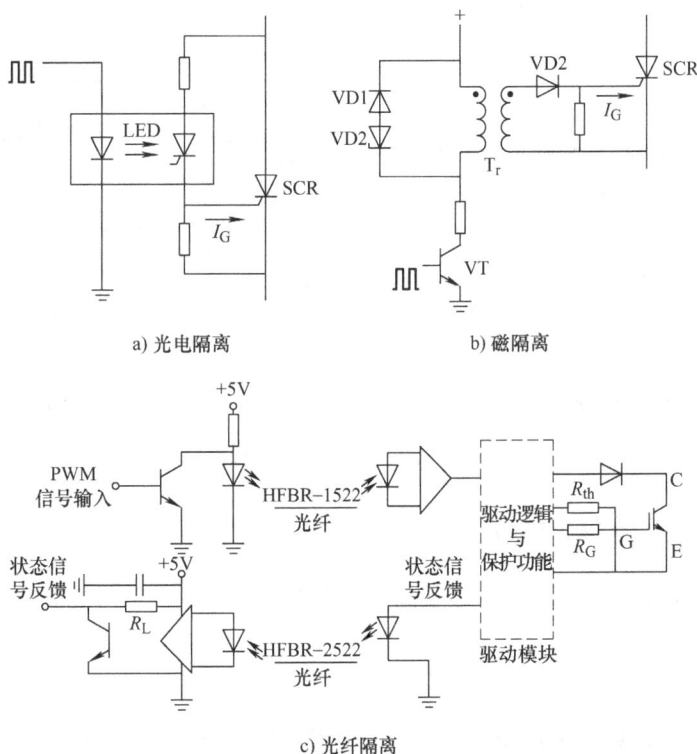

c) 光纤隔离

图 3-3　电气隔离电路原理图

按照驱动电路加在电力电子器件控制端和公共端之间信号的性质，驱动电路可分为电流驱动型和电压驱动型两类。晶闸管虽然属于电流驱动型器件，但是它是半控型器件，因此下面对其驱动电路单独讨论。对典型的全控型器件 GTO、GTR、电力 MOSFET 和 IGBT，将按电流驱动型和电压驱动型分别讨论。

3.1.1　晶闸管的门极驱动电路

晶闸管开通需要门极触发来实现。晶闸管驱动电路的作用是产生符合要求的门极触发脉冲，保证晶闸管在需要的时刻由阻断转为导通，因此驱动电路也称为触发电路。

晶闸管触发电路应满足下列要求:

1) 驱动信号可以是交流、直流或脉冲,为了减小门极的损耗,驱动信号常采用脉冲形式。

2) 驱动脉冲应有足够的功率。驱动电压和驱动电流应大于晶闸管的门极触发电压和门极触发电流。

3) 触发脉冲应有足够的宽度和陡度。触发脉冲的宽度一般应保证晶闸管阳极电流在脉冲消失前能达到擎住电流,使晶闸管导通,这是最小的允许宽度。一般触发脉冲前沿陡度大于 $10V/\mu s$ 或 $800mA/\mu s$。三相全控桥式电路应采用宽于 $60°$ 的宽脉冲或相隔 $60°$ 的双窄脉冲。

理想的触发脉冲电流波形如图 3-4a 所示。

图 3-4b 所示为一个典型的带强触发变压器的耦合驱动电路。驱动极达林顿晶体管 VT2 开路期间,电容 C 被充电至 E_2,VT2 导通,C 通过脉冲变压器一次绕组和 VT2 放电,形成前沿尖峰。以后变压器一次绕组由 E_1 供电。VT2 关断后,C 再次充电至 E_2。

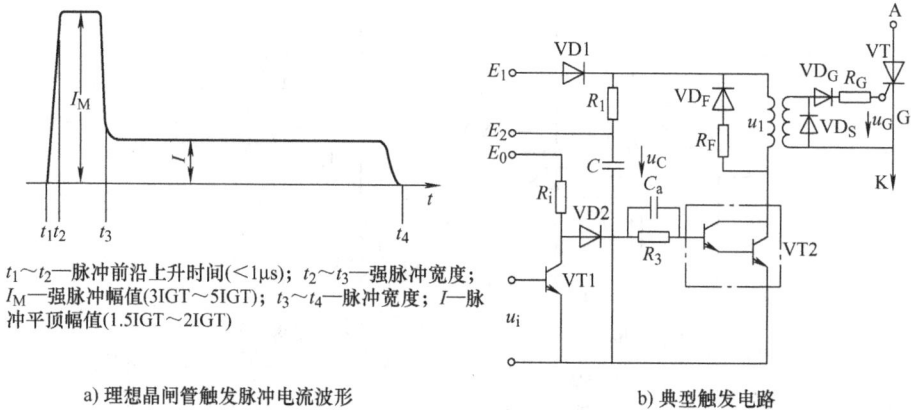

$t_1 \sim t_2$—脉冲前沿上升时间($<1\mu s$);$t_2 \sim t_3$—强脉冲宽度;I_M—强脉冲幅值(3IGT~5IGT);$t_3 \sim t_4$—脉冲宽度;I—脉冲平顶幅值(1.5IGT~2IGT)

a) 理想晶闸管触发脉冲电流波形   b) 典型触发电路

图 3-4   晶闸管理想触发脉冲波形及典型触发电路

3.1.2   电流型全控器件的驱动

GTO 和 GTR 是电流驱动型器件,下面分别介绍它们对驱动信号的要求及驱动电路的基本形式。

1. GTO 驱动信号及电路

GTO 与晶闸管一样属于电流驱动型器件。根据 GTO 的特性,在其门极加正的驱动电流,GTO 将导通;要使 GTO 关断,需要在其门极加很大的负电流。因此,通常采用不同回路实现 GTO 的导通和关断。门极驱动信号要足够大,脉冲前沿越陡越有利,而后沿平缓些好。正脉冲后沿太陡会产生负尖峰脉冲;负脉冲后沿太陡会产生正尖峰脉冲,会使刚刚关断的 GTO 的耐压和阳极承受的 du/dt 降低。一般需在整个导通期间施加正向门极电流,其开通电流变化率为 $5\sim10A/us$,关断后还应在门极、阴极之间施加约 5V 的负偏压,以提高抗干扰能力。GTO 门极电压、电流波形如图 3-5 所示。

图 3-6 为典型的直接耦合式 GTO 驱动电路。该电路的电源由高频电源经二极管整流后提供,二极管 VD1 和电容 C_1 提供+5V 电压,VD2、VD3、C_2、C_3 构成倍压整流电路提供+15V 电压,VD4 和电容 C_4 提供-15V 电压。场效应管 VT1 开通时,输出正的强脉冲;VT2 开通时输出正脉冲平顶部分;VT2 关断而 VT3 开通时输出负脉冲;VT3 关断后电阻 R_3 和 R_4 提供门极负偏压。

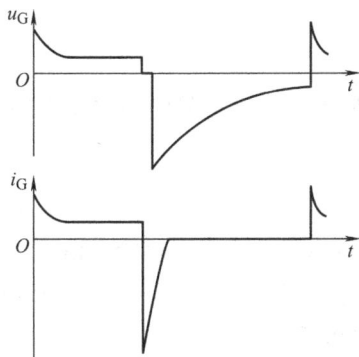

图 3-5　GTO 门极驱动电压、电流波形图

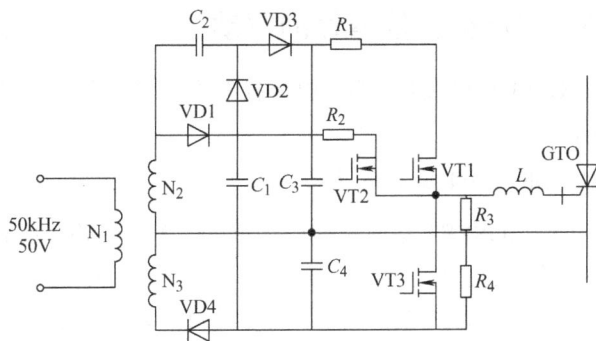

图 3-6　典型的直接耦合式 GTO 驱动电路

2. GTR 驱动信号及电路

GTR 基极驱动电路的作用是将控制电路输出的控制信号放大到足以保证 GTR 可靠导通和关断的程度。基极驱动电流的各项参数直接影响 GTR 的开关性能，对 GTR 基极驱动电路设计时应注意如下几条：

1）控制 GTR 开通时，驱动电流前沿要陡，并有一定的过冲电流（i_{B1}），以缩短开通时间，减小开通损耗。

2）GTR 导通后，应相应减小驱动电流（i_{B2}），使器件处于临界饱和状态，以降低驱动功率，缩短储存时间。

3）GTR 关断时，应提供足够大的反向基极电流（i_{B3}），迅速抽取基区的剩余载流子，缩短关断时间，减小关断损耗。

4）应能实现主电路与驱动电路之间的电气隔离，保证安全，提高抗干扰能力并具有一定的保护功能。

理想的 GTR 基极驱动电流波形如图 3-7 所示。

图 3-8 给出了 GTR 的一种基极驱动电路，包括电气隔离和晶体管放大电路两部分。其中由二极管 VD2 和电位补偿二极管 VD3 构成所谓的贝克钳位电路，防止 GTR 过饱和，使 GTR 导通时处于临界饱和状态。当负载较轻时，如果 VT5 的发射极电流全部注入 VT7，会使 VT7 过饱和，关断时退饱和时间延长。有了贝克钳位电路之后，当 VT7 过饱和使得集电极电位低于基极电位后，VD2 就会自动导通，使多余的驱动电路电流流入集电极，维持 $U_{bc} \approx 0$。这样，就使得 VT7 导通时始终处于临界饱和。图中，C_2 为加速开通过程的电容。开通时，R_5 被 C_2 短路。这样可以实现驱动电流的过冲，并增加前沿的陡度，加快开通。

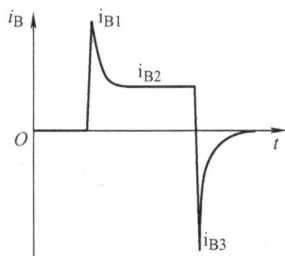

图 3-7　理想的基极驱动电流波形

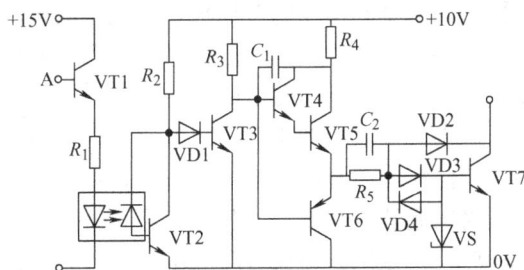

图 3-8　GTR 的一种基极驱动电路

3.1.3 电压型全控器件的驱动

MOSFET 和 IGBT 都是电压控制型器件，下面分别介绍它们对驱动信号的要求及驱动电路的基本形式。

1. MOSFET 驱动信号及电路

功率 MOSFET 是电压控制型器件，栅极的输入阻抗高，静态时几乎不需要输入电流。但由于栅极存在输入电容 C_i，在开通和关断过程中需要对输入电容充、放电，因而需要驱动电路提供一定的驱动电流。充、放电时间常数直接影响电力 MOSFET 的开关速度。一般来说，功率大的 MOSFET 输入电容也较大，因而需要的驱动功率也较大。

功率 MOSFET 栅极驱动电路设计时应注意：

1) 触发脉冲的前、后沿要陡。

2) 栅极电容充、放电回路的电阻值应尽量小，以提高功率 MOSFET 的开关速度。

3) 功率 MOSFET 开通时驱动电压一般取 10～15V，电压幅值应高于 MOSFET 的开启电压 U_{TGS}，以保证其可靠开通；关断时施加一定幅值的负驱动电压(一般取-15～-5V)有利于减小关断时间和关断损耗。

图3-9给出了电力MOSFET的一种驱动电路，包括电气隔离和晶体管放大电路两部分。当无输入信号时高速放大器 A 输出负电平，VT3 导通输出负驱动电压。当有输入信号时 A 输出正电平，VT2 导通输出正驱动电压。栅极串入一只低值电阻 R_G(数十欧左右)用来减小驱动回路寄生振荡，该电阻阻值应随被驱动器件电流额定值的增大而减小。

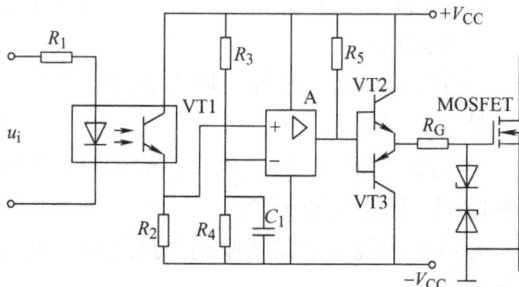

图 3-9　电力 MOSFET 的一种驱动电路

2. IGBT 驱动信号及电路

IGBT 是以 GTR 为主导组件、MOSFET 为驱动组件的复合结构器件，也是电压驱动型器件，同 MOSFET 一样，IGBT 的栅极和发射极之间存在输入电容，小功率 IGBT 其输入电容一般在 10～100pF 之间，大功率的 IGBT 输入电容则在 1～100nF 之间，因而需要的驱动功率较大。对 IGBT 驱动电路一般要求：

1) IGBT 的输入极为绝缘栅极，对电荷积聚很敏感，因此驱动电路必须可靠，要有一个低阻抗的放电回路，驱动电路与 IGBT 的连线应尽量短。

2) 要用内阻小的驱动源对栅极电容充、放电，以保证栅极控制电压 U_{GE} 的前后沿足够陡峭，减少 IGBT 的开关损耗。栅极驱动源的功率也应足够大，以使 IGBT 的开、关可靠，并避免在开通期间因退饱和而损坏。

3) 要提供大小适当的正、反向驱动电压(U_{GE}、$-U_{GE}$)。正向偏压 U_{GE} 增大时，IGBT 通态压降和开通损耗均下降，但若 U_{GE} 过大，则负载短路时其 I_C 随 U_{GE} 的增大而增大，使 IGBT 能承受短路电流的时间减小，不利于其本身的安全，为此，U_{GE} 也不宜选得过大，一般选 U_{GE} 为 15～20V。对 IGBT 施加负向偏压($-U_{GE}$)，可防止因关断时浪涌电流过大而使 IGBT 误导通，但其值又受 C、E 间最大反向耐压限制，一般取-15～-5V。

4) 要提供合适的开关时间。快速开通和关断有利于提高工作频率，减小开关损耗，但在大电感负载情况下，开关时间过短会产生很高的尖峰电压，造成元器件击穿。

5) 要有较强的抗干扰能力及对 IGBT 的保护功能。

6) 驱动电路与信号控制电路在电位上应严格隔离。

PWM 输出的信号经光耦合器隔离传输到主电路开关器件的控制栅极，如图 3-10 所示。光耦合器传输驱动的特点是电路简单、驱动电路与主回路开关器件隔离，具有抗干扰能力，但对抗共模干扰能力不强，信号延迟时间长，速度慢，需采用高速光耦。同时需要增加浮置电源，光耦两边不共地。

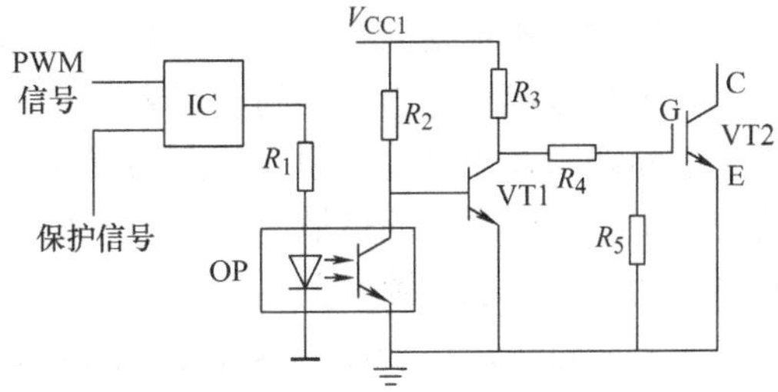

图 3-10 功率 IGBT 的一种驱动电路

目前，大多数 IGBT 驱动电路采用专用混合集成驱动器，例如三菱公司的 M579 系列，其中应用最为普遍的是 M57962L 和 M57959L；富士公司的 EXB 系列也应用较多，常见的如 EXB840、EXB841、EXB850 和 EXB851；东芝公司的 TLP250、TLP251、TLP350、TLP550 等。有些集成驱动电路还具有退饱和检测和过电流保护功能，当发生过电流时能快速响应但慢速关断 IGBT，并向外部电路给出故障信号。图 3-11 所示给出了由 HCPL-316J 集成驱动芯片构成的电路。有关集成驱动电路将在 3.5.2 节做介绍。

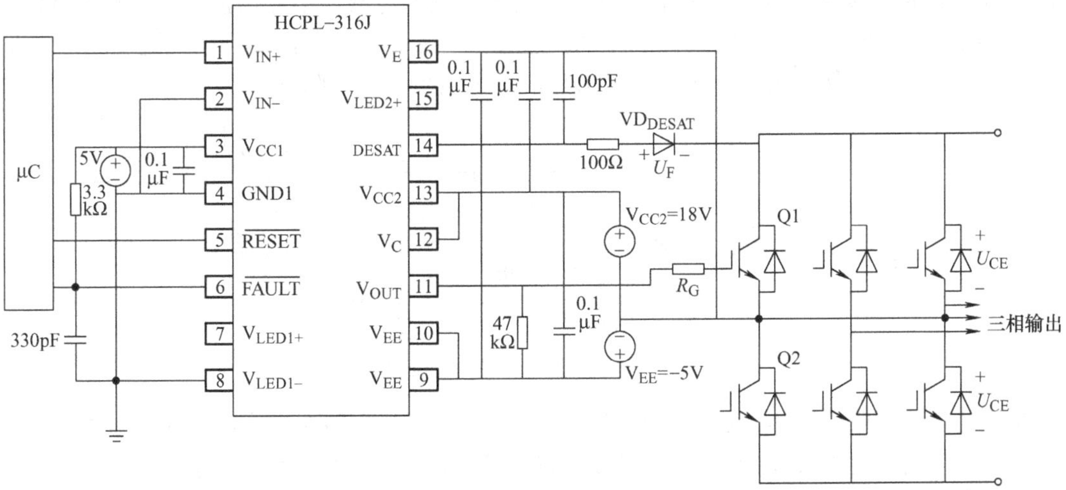

图 3-11 HCPL-316J 构成的驱动电路

3.2 电力电子器件的保护

在电力电子电路中，除了电力电子器件参数选择合适、驱动电路设计良好外，采用合适的过电压保护、过电流保护、du/dt 保护和 di/dt 保护也是必要的。

3.2.1 过电压保护

1. 过电压产生的原因

电力电子装置中可能发生的过电压分为外因过电压和内因过电压两类。外因过电压主要来自雷击和系统中的操作过程等外部原因，包括：

1)操作过电压：由分闸、合闸等开关操作引起的过电压，电网侧的操作过电压会由供电变压器电磁感应耦合，或由变压器绕组之间存在的分布电容静电感应耦合过来。

2)雷击过电压：由雷击引起的过电压。

内因过电压主要来自电力电子装置内部器件的开关过程，包括：

1)换相过电压：由于晶闸管或者全控型器件反并联的续流二极管在换相结束后不能立刻恢复阻断能力，恢复过程中有较大的反向电流从其中流过，一旦恢复了阻断能力时，反向电流急剧减小，电路中的杂散电感会产生很大的感应电动势，这个电动势与电源电压共同作用在器件两端，可能导致开关器件的过电压。

2)关断过电压：全控型器件在较高频率下工作且当器件关断时，正向电流迅速降低，使得线路中电感两端感应出很高的感应电压并加在开关器件上，从而出现了过电压。

2. 过电压保护措施

针对不同的过电压，应采用不同的保护措施。图 3-12 给出了各种过电压保护措施及其配置位置，各电力电子装置可根据具体情况只采取其中的几种措施。图中，F 为避雷器，防止雷击过电压；C 为静电感应过电压抑制电容器，主要抑制合闸时的操作过电压；RC1 和 RC2 为两种过电压阻容吸收电路，二者都是在出现过电压时，通过对电容的充电来抑制电压的上升，电容越大，过电压抑制效果越好，RC1 在过电压充电之后对电阻放电时，可能会危害被保护设备，而 RC2 则利用整流二极管阻止了放电电流进入电网，不会危害电路中其他器件；RV 为非线性压敏电阻，其功能类似于两个反向对称的雪崩二极管，一旦出现过电压，立即导通，把电压钳位在保护值上，过电压消失后，压敏电阻恢复高阻态。

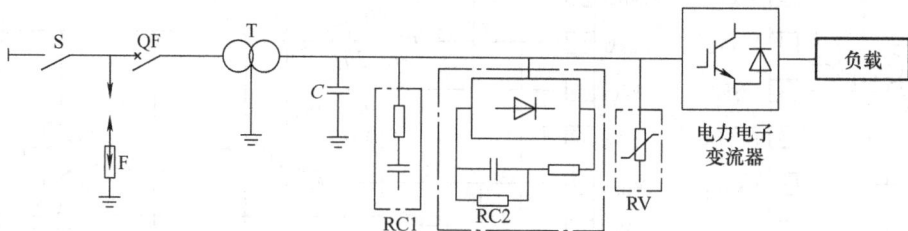

图 3-12　过电压抑制措施及配置位置

常用的阻容吸收保护电路的连接方式如图 3-13 所示。其中图 3-13a 为三相电力电子装置阻容吸收电路的常用配置和接线，阻容吸收电路可接在供电变压器的两侧(通常供电网一侧称为网侧，电力电子电路一侧称为阀侧)，或电力电子电路的直流侧进行吸收保护；图 3-13b 为大容量电力电子装置中常采用的反向阻断式 RC 电路。

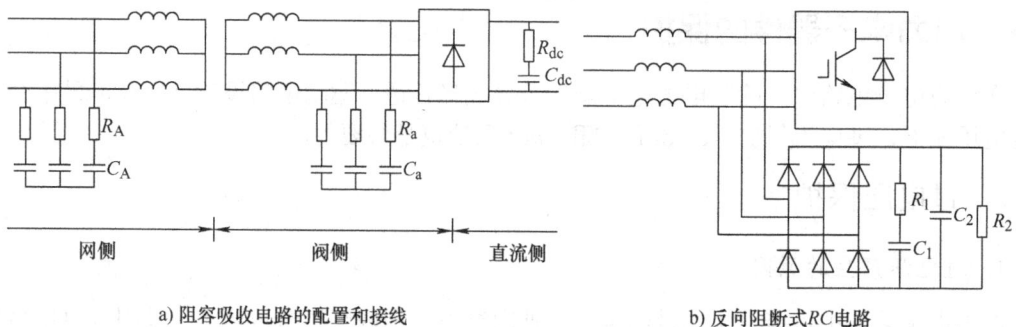

a) 阻容吸收电路的配置和接线 　　　　　　　　　　b) 反向阻断式RC电路

图 3-13　常用阻容吸收电路的配置位置和接线方式

除上述过电压保护措施外。还可采用电子电路进行过电压保护。阻容保护的保护能力有限，压敏电阻保护抑制过电压的能力很强，体积小，反应快，但其缺点是额定持续功率小，长时间的过电压会导致压敏电阻损坏。采用电子电路进行过电压检测、判别和保护，可以起很好的效果。

3.2.2　过电流保护

电力电子电路运行不正常或者发生故障时，可能会发生过电流，过电流分过载和短路两种情况。图 3-14 给出了各种过电流保护措施及其配置位置，其中快速熔断器、直流快速断路器和过电流继电器是较为常用的器件。一般电力电子装置均同时采用几种过电流保护措施，以提高保护的可靠性和合理性，在选择各种保护措施时应注意相互协调。通常，各种过电流保护选择整定的动作顺序是：电子保护电路首先动作，直流快速断路器整定在电子保护电路动作之后实现保护，过电流继电器整定在过载时动作，快速熔断器作为最后的短路保护。

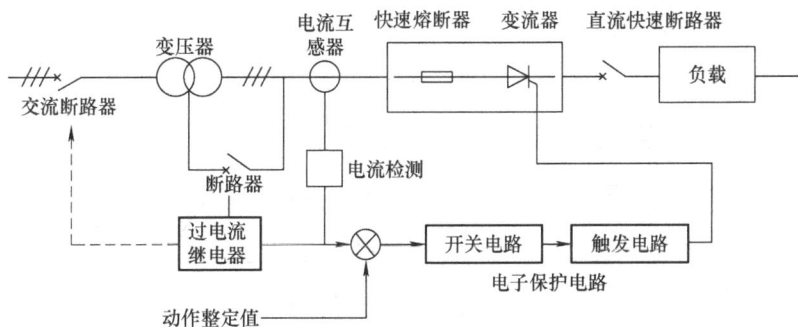

图 3-14　过电流保护措施及配置位置

采用快速熔断器(简称快熔)是电力电子装置中最有效、应用最广的一种过电流保护措施，其常与被保护的器件串联使用，在选择快熔时可参考有关的工程手册。

直流快速断路器也称为直流快速开关，用在直流电路中，其全分断时间最快为 10ms 左右。过电流继电器有直流和交流两种，它们的动作时间一般都是几百毫秒。

对一些重要的且易发生短路的晶闸管设备，或者工作频率较高、很难用快速熔断器保护的全控型器件，需要采用电子电路进行过电流保护。当检测到过电流之后直接调节触发或驱动电路，或者关断被保护器件。

3.3　电力电子器件的缓冲电路

电力电子器件工作于高频开关状态，开关过程中，电压、电流的变化率很大，与线路中的分布电容、电感相结合，会造成动态过电压和过电流，严重时可能导致器件的损坏。针对这种情况，利用缓冲电路来抑制电压、电流的变化率，改善器件的工作轨迹，使器件工作于安全工作区域内。

缓冲电路(Snubber Circuit)又称为吸收电路，其作用是抑制电力电子器件的内因过电压、du/dt 或过电流和 di/dt，改善开关器件的瞬态工况，减小器件的开关损耗。缓冲电路可以分为关断缓冲电路和开通缓冲电路。关断缓冲电路又称为 du/dt 抑制电路，用于抑制器件关断过电压和换相过电压，抑制 du/dt，减小关断损耗。开通缓冲电路又称为 di/dt 抑制电路，用于抑制器件开通时的电流过冲和 di/dt，减小器件的开通损耗。可以将关断缓冲电路和开通缓冲电路结合在一起，组成复合缓冲电路。缓冲电路中储能元件的能量如果消耗在其吸收电阻上，则被称为耗能式缓冲电路；如果缓冲电路中储能元件的能量回馈给负载或电源，则被称为馈能式缓冲电路，或称为无损吸收电路。

图 3-15a 给出的是一种缓冲电路和 di/dt 抑制电路的电路图，图 3-15b 是开关过程集-射极电压 u_{CE} 和集电极电流 i_C 的波形，其中虚线表示无缓冲电路和 di/dt 抑制电路时的波形。无缓冲电路的情况下，绝缘栅双极晶体管 VT 开通时电流迅速上升，di/dt 很大，而关断时 du/dt 很大，并出现很高的过电压。有缓冲电路的情况下，当 VT 开通时，缓冲电容 C_S 首先经过电阻 R_S 和 VT 构成通路进行放电，使电流 i_C 先有一个小的阶跃，然后由于 di/dt 抑制电路的电感 L_i 的作用，i_C 电流缓慢上升。当 VT 关断时，负载电流由二极管 VD_S、电容 C_S 构成通路对 C_S 充电，减轻了 VT 的负担。同时，因为电容具有电压不能突变的特性，抑制了 du/dt 和过电压。这样既减少了 VT 的开关损耗，并可使其工作安全可靠。

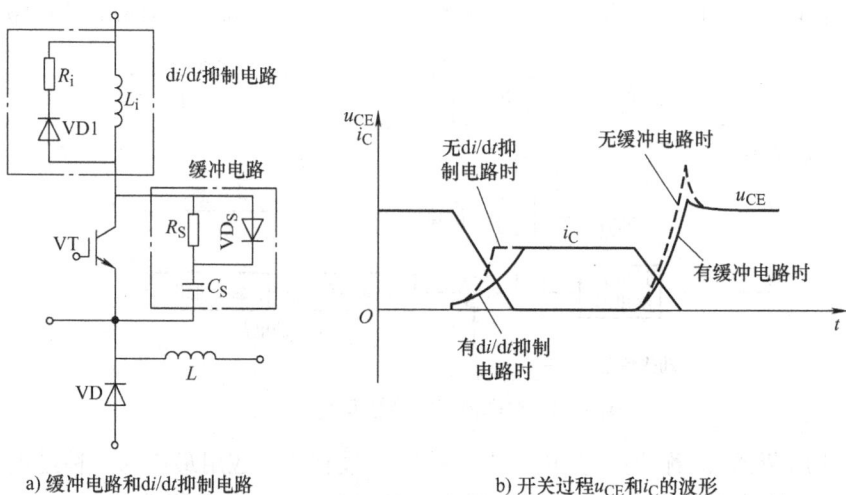

a) 缓冲电路和 di/dt 抑制电路　　　　b) 开关过程 u_{CE} 和 i_C 的波形

图 3-15　di/dt 抑制电路和充放电 RCD 缓冲电路及波形

图 3-16 给出了电路在 VT 关断时的负载曲线，关断前的工作点在 A 点。在无缓冲电路情况下，VT 关断时，u_{CE} 迅速上升，因负载 L 的电流减小的变化率很大，其感应电动势使续流二极管 VD 迅速导通，负载线从 A 移动到 B，之后在 VT 的电流减小的过程中，u_{CE} 近似为直流电源电压，即负载线的 BC 段。有缓冲电路时，由于 C_S 的充电分流作用，在关断过程中无需 VD 续流导通，u_{CE} 随 C_S 的充电而增加，i_C 在 u_{CE} 开始上升的同时就下降，因此负载线经过 D 到达 C 点。可以看出，无缓冲电路时对应的负载线在到达 B 时很可能超出安全工作区，

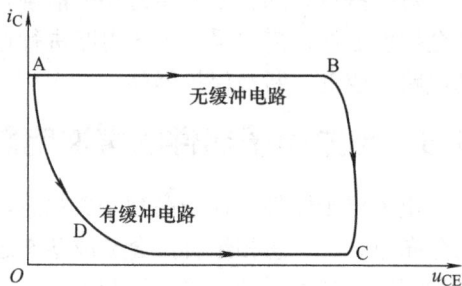

图 3-16　关断时的负载线

使 VT 受到损坏，而负载线 ADC 是很安全的。而且，ADC 经过的都是小电流、低电压区域，器件的关断损耗也比无缓冲电路时大大降低。

图 3-15 所示的缓冲电路称为充放电型 RCD 缓冲电路，适用于中等容量的场合。图 3-17 所示为另外两种常用的缓冲电路形式。其中 RC 缓冲电路主要用于小容量器件，而放电阻止

型 RCD 缓冲电路用于中、大容量器件。缓冲电容 C_S 上充有大小约等于电源电压 E_d 的值，只吸收 u_{CE} 比 E_d 高出的过电压尖峰，并可以经过 R_S 释放，对 R_S 的功率要求小得多。缓冲电容 C_S 和吸收电阻 R_S 的取值可以用实验方法确定或参考有关的工程手册。吸收二极管 VD_S 必须选用快恢复二极管，其额定电流应不小于主电路器件额定电流的 1/10。此外，应尽量减小线路电感，且应选用内部电感小的吸收电容和吸收电阻(无感电容和无感电阻)。在中小容量场合，若线路电感较小，可只在直流侧总的设一个 du/dt 抑制电路，对 IGBT 甚至可以仅并联一个吸收电容。

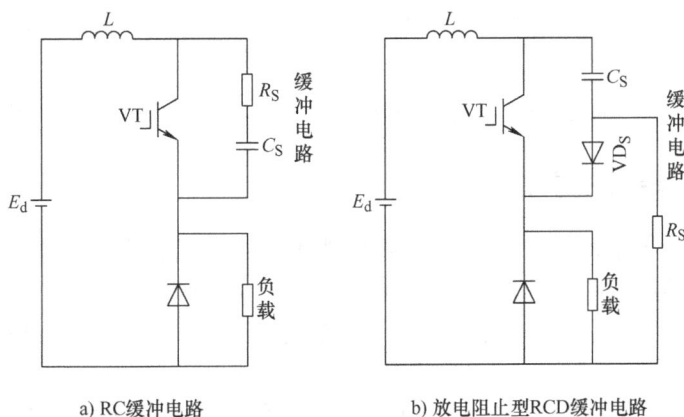

a) RC缓冲电路　　　　　　　　b) 放电阻止型RCD缓冲电路

图 3-17　两种常用的缓冲电路

3.4　电力电子器件的串联与并联

由于电力电子器件的额定值是有限的，当需要承受高电压大电流时，用单个电力电子器件无法满足要求，必须将多个电力电子器件组合起来使用，即串并联运行。但由于器件特性的分散性，使用简单的串并联结构并不理想，需要采取一定的措施，以保证器件稳定可靠地工作。

3.4.1　电力电子器件的串联

电力电子器件的分散性对器件串联应用的影响，可以从静态和动态两方面来考虑。就静态特性而言，电力电子器件的反向特性，即漏电流值不一致，或者说反向电阻值不一致，当把它们串联一起运行时，由于流过相同的漏电流，则反向阻值大的器件承受的反向电压就高，反向阻值小的器件承受的反向电压就低，如图 3-18 所示，使反向电阻值大的器件容易过电压，这就称为串联时的静态不均压。

从电力电子器件的动态特性来看，器件的开通时间和关断时间彼此也有差别。当它们串联起来运行时，在导通过程中后开通的器件将承受满值正向电压；而在关断过程中，先关断的器件将承受全部反向电压。这称为串联时的动态不均压。

为了使串联使用的电力电子器件承受较为均匀的电压，可采取如下 3 项措施：

1)尽量选用特性一致的器件。

2)采用静态均压措施，用均压电阻 R_s，使其中流过的电流远大于器件反向漏电流，因而反向电压的分配由 R_s 决定，克服了反向特性不一致造成的影响。

3）采取动态均压措施，用电容 C_d 和电阻 R_d 的串联支路并联在器件上，利用电容电压不能突变的特性减慢电压的上升速度，如图 3-19 所示。

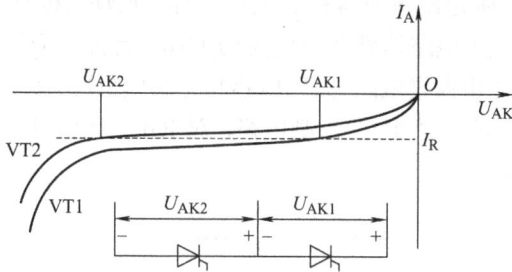

图 3-18　晶闸管串联后的反向电压

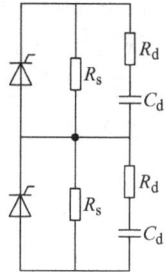

图 3-19　晶闸管串联均压电路

3.4.2　电力电子器件的并联

并联运行的电力电子器件由于各器件的静态特性和动态特性存在差异，会引起各并联器件间电流分配不均匀，甚至导致损坏元器件。因此在电力电子器件并联时，不仅要采取措施保证稳态时的均流，即静态均流，更重要的是要保证开通或关断过程中的均流，即动态均流。

静态均流是指对导通状态中各并联元件间电流分配的均衡措施。均流措施一般有元件匹配法和强迫均流法。选择伏安特性和其他参数相近的元件直接并联运行是一种常用方法。这是通过筛选元件的特性和参数达到并联均流的目的，因此把这种方法称为元件匹配法。采用强迫均流法时主要是在电路中串联电阻器，如图 3-20a 所示，用于克服静态管压降不同而造成的电流不均衡。这种方法虽然简单，但电阻消耗功率较大，且只适用于静态均流。

动态均流是指开通和关断过程中并联元件间动态电流的均衡措施。为了使并联支路中各元件的动态电流达到基本均衡，首先应筛选元件，挑选动态参数和特性尽量一致的元件进行并联。另外，可在各元件的阳极串入均流电抗器，如图 3-20b 所示。均流电抗器一般分两种，一种是带铁心电抗器，另一种是不带铁心电抗器，也叫空心电抗器。空心电抗器不易产生饱和现象，因此应用较为普遍。一般使电抗器的电感量为 $5\sim20\mu H$。除了上述普通电抗器外，还可采用并联支路间相互耦合的均流互感器，如图 3-20c 所示，利用磁平衡原理实现动态均流。

有关电力电子器件串联运行时的均压电路和并联运行时的均流电路中各元件参数的计算方法可参考相关资料和手册。在大

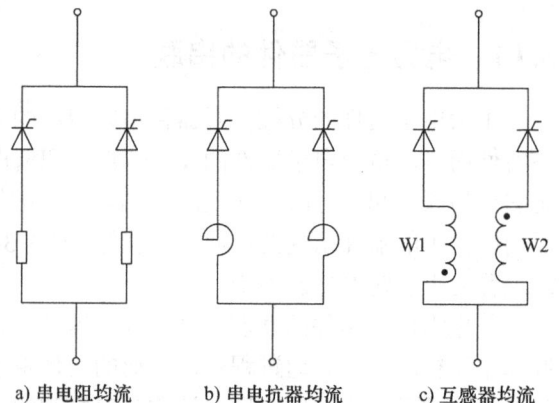

a）串电阻均流　　b）串电抗器均流　　c）互感器均流

图 3-20　晶闸管并联运行均流措施

容量电力电子装置中，当需要电力电子器件同时串联和并联运行时，通常采用先串后并的方法连接。

3.5 电力电子器件驱动与保护典型应用电路

3.5.1 三相晶闸管智能控制模块

晶闸管智能控制模块(Intelligent Thyristor Power Module，ITPM)由晶闸管桥式整流电路或晶闸管交流开关电路分别与移相调控器、保护电路混合集成封装于同一外壳内组成，可应用于各种需要对电力能量大小进行调节和变换的场合。如变压器调压，加热行业调温，金属加工行业的电解电镀，电源行业电池充放电、电源稳压，电磁行业的励磁及直流电机调速、交流电机软起动等。

图 3-21 示出了三相晶闸管智能交流控制模块的内部结构框图及实物。晶闸管智能控制模块是把复杂庞大的移相触发系统、控制系统、保护电路以及大功率晶闸管主电路集成为一体，通过端口信号可实现对电力的控制，使晶闸管控制电力的手段变得非常简单和方便，并大大缩小了变流装置的体积，提高了装置的可靠性。在使用中只需用一个可调的电压或电流信号对模块输出电压的大小进行调节，即可实现弱电对强电的控制。可调的电压或电流信号可取自控制仪表、计算机 D/A 输出、电位器对直流电源分压等。

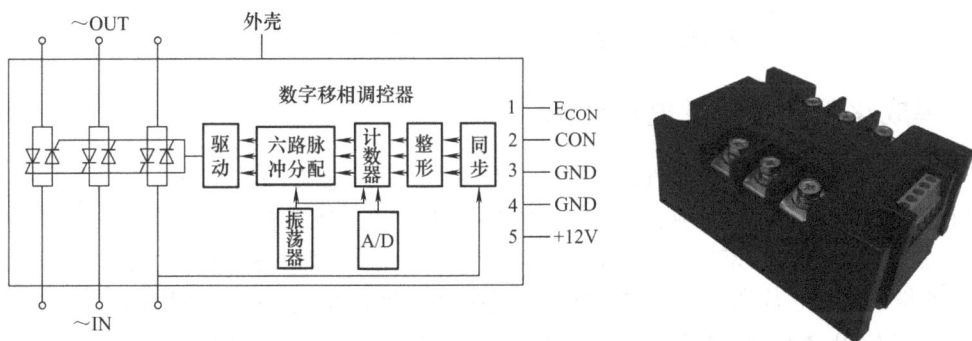

图 3-21 三相晶闸管智能交流控制模块内部结构框图及实物

晶闸管智能交流控制模块中数字移相调控器由同步、整形、计数器、A/D、振荡器、脉冲分配器以及驱动等电路组成。除主电路模块引出输入、输出 6 根引脚外，控制电路对外引出 5 根引脚，作用如下：

1 脚为内设 10.5V/5mA 稳压电源，为电位器手动调节方式提供直流电压；

2 脚为控制引脚，用来输入 0～10V 的控制信号，输入阻抗≥1MΩ；

3、4 脚为系统接地点；

5 脚为控制系统 12V 电源的正极，其工作电流在 0.8A 左右。

控制引脚为晶闸管智能控制模块的应用提供了方便。图 3-22 给出了晶闸管智能控制模块的各种控制方法接线图。

晶闸管智能控制模块采用数字控制电路、SMD 和厚膜技术，使模块体积小、智能化程度高；其本身已有过电流、过热、缺相等保护功能，但也需用快速熔断器进行过电流保护，用 *RC* 吸收回路和压敏电阻进行过电压保护。快速熔断器参数的计算和 *RC* 吸收回路参数的选择以及压敏电阻的选配在各种手册中都有详细的论述，这里就不再重复。

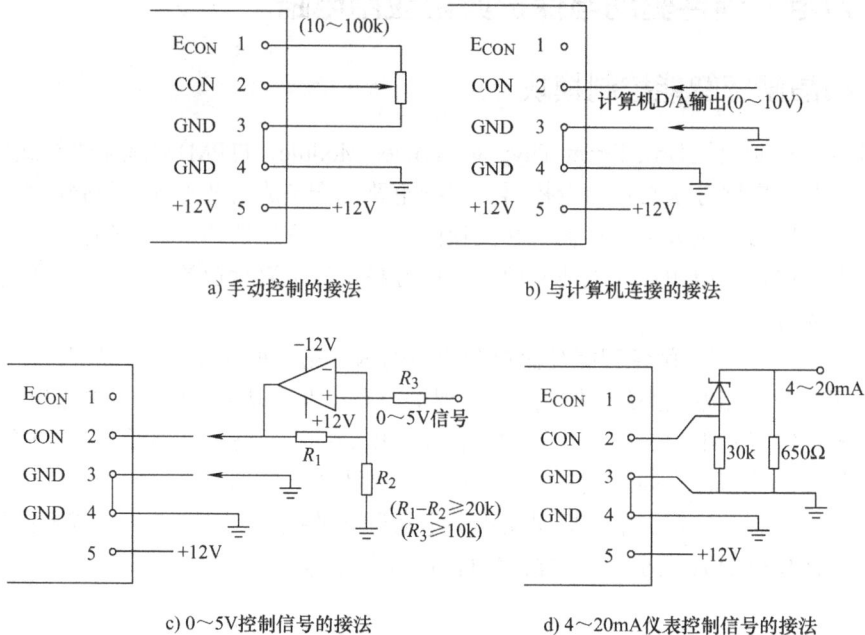

a) 手动控制的接法　　　　b) 与计算机连接的接法

c) 0～5V控制信号的接法　　　　d) 4～20mA仪表控制信号的接法

图 3-22　晶闸管智能控制模块各种控制方法接线

3.5.2　集成化驱动芯片及电路介绍

集成芯片具有体积小、可靠性高、使用方便等优点,很多专用的集成电力电子器件驱动芯片得到广泛应用。晶闸管集成化移相触发电路有 TC787、TC788 和 KC、KJ 系列等,用于各种移相触发、过零触发、双脉冲形成以及脉冲列调制等场合。常见的专为驱动电力 MOSFET 和 IGBT 的集成驱动芯片也很多,有 IR 公司的双通道 MOSFET 集成驱动芯片 IR2110、IR2130；三菱公司的 M579 系列(如 M57962L 和 M57959L)和富士公司的 EXB 系列(如 EXB840、EXB841、EXB850 和 EXB851)。本节介绍几种常用的集成驱动芯片。

1. 晶闸管集成移相触发器 TC787

TC787 是参照国外最新集成移相触发电路而设计的单片专用集成电路,它可单电源工作,也可双电源工作,适用于三相晶闸管移相触发。该电路与 KC、KJ 系列移相触发集成电路相比,具有功耗小、功能强、输入阻抗高、抗干扰性能好、移相范围宽、外接元件少等优点。

TC787 内部结构如图 3-23 所示。由图可知,在其内部集成有 3 个过零和极性检测单元、3 个锯齿波形成单元、3 个比较器、1 个脉冲发生器、1 个抗干扰锁定电路、1 个脉冲形成电路、1 个脉冲分配及驱动电路。三相同步电压通过过零和极性检测单元检测出零点和极性后,作为内部 3 个恒流源的控制信号。3 个恒流源输出的恒值电流给 3 个等值电容 C_a、C_b、C_c 恒流充电,形成良好的等斜率锯齿波。锯齿波形成单元输出的锯齿波与移相控制电压 V_r 比较后取得交相点,该交相点经集成电路内部的抗干扰锁定电路锁定,保证交相唯一而稳定。该交相信号与脉冲发生器输出的脉冲信号经脉冲形成电路处理后变为与三相输入同步信号相位对应且与移相电压大小适应的脉冲信号送到脉冲分配及驱动电路。

P_C
6

~V_a 18 — 过零和极性检测 — 锯齿波形成 — + / − 抗干扰锁定电路 — 脉冲形成电路 — 脉冲分配及驱动电路 — 12 A/A, −C

C_a 16 — 11 −C/−C, B

~V_b 2 — 过零和极性检测 — 锯齿波形成 — + / − — 10 B/B, −A

C_b 14 — 9 −A/−A, C

~V_c 1 — 过零和极性检测 — 锯齿波形成 — + / − — 8 C/C, −B

C_c 15 — 脉冲发生器 — 7 −B/−B, A

17 V_{DD} 　 4 V_r 　 3 V_{SS} 　 C_x 13 　 5 P_i

V_c 1 — 18 V_a
V_b 2 — 17 V_DD
V_SS 3 — 16 C_a
V_r 4 — 15 C_c
P_i 5 — TC787 — 14 C_b
P_c 6 — 13 C_x
−B 7 — 12 A
C 8 — 11 −C
−A 9 — 10 B

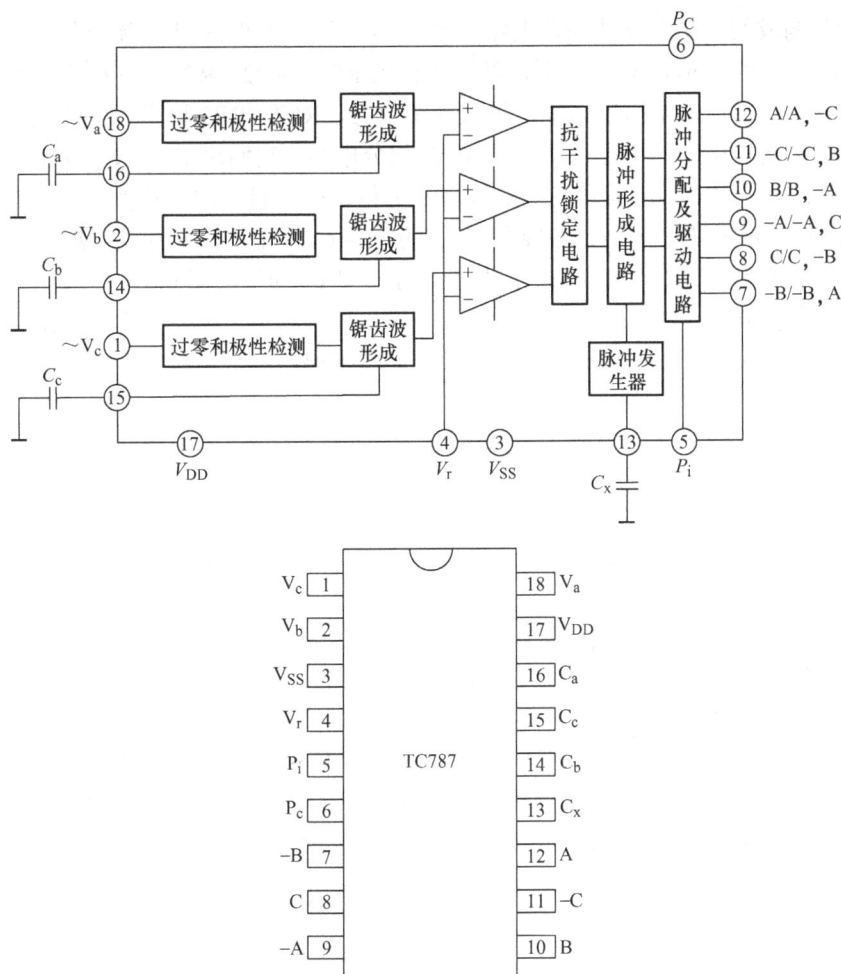

图 3-23　TC787 内部结构图与引脚

TC787 集成电路采用标准 18 脚塑封外壳及双列直插封装，各引脚的名称、功能及用法如表 3-1 所示。

表 3-1　TC787 引脚功能表

引脚号	功能及用法
18、2、1	同步电压输入端，分别接经输入滤波后的同步电压
12、11、10、9、8、7	脉冲输出端，单脉冲模式分别对应 A、−C、B、−A、C、−B；双窄脉冲模式分别对应 A, C, −C, B, −B, −A, −A, C, C, −B, −B,A
16、14、15	对应三相同步电压的锯齿波电容 C_a、C_b、C_c 连接端
13	C_x 电容连接端，其电容量决定输出脉冲宽度，电容量越大，输出脉冲越宽
6	工作方式设置端，该端接高电平时，输出双脉冲；接低电平时，输出单脉冲列
5	输出脉冲禁止端，用于在故障状态下封锁 TC787 的输出。高电平禁止脉冲输出，低电平正常工作
4	移相控制电压输入端，其电压最大为工作电源电压 V_{DD}
3、17	单电源工作时，引脚 3（V_{SS}）接地，引脚 17（V_{DD}）允许施加的电压为 8~18V；双电源工作时，引脚 3（V_{SS}）接负电源端，允许施加电压为 −4~−9V，引脚 17（V_{DD}）接正电源端，允许施加电压为 4~9V

由 TC787 构成的三相六脉冲触发电路如图 3-24 所示。380V 三相交流电经过同步变压器变压为 30V 的同步信号 a1，b1，c1 后，经过电位器 RP1，RP2，RP3 及 RC 构成的 T 型滤波网络接入到 TC787 的同步电压输入端，通过调节 RP1、RP2、RP3 可微调各相电压的相位，以保证同步信号与主电路的匹配。C_a，C_b，C_c 为积分电容，它们决定了 TC787 芯片的锯齿波的线性、幅度，为了保证锯齿波有良好的线性及三相锯齿波斜率的一致性，C_a，C_b，C_c 3 个电容值选择的相对误差要非常小。连接在 13 脚的电容 C_x 决定输出脉冲的宽度，C_x 越大，脉冲越宽，但脉冲宽度太宽会增大驱动级的损耗，在这里 C_x 的值选用 0.01μF。调节 RP 可以使输入 4 脚的电压在 0-V_{DD} 之间连续变化，从而使输出脉冲在 0°～180° 之间变化，7～12 脚的输出端有大于 20mA 的输出能力，采用 6 只驱动管扩展电流，经脉冲变压器隔离后将脉冲输出。

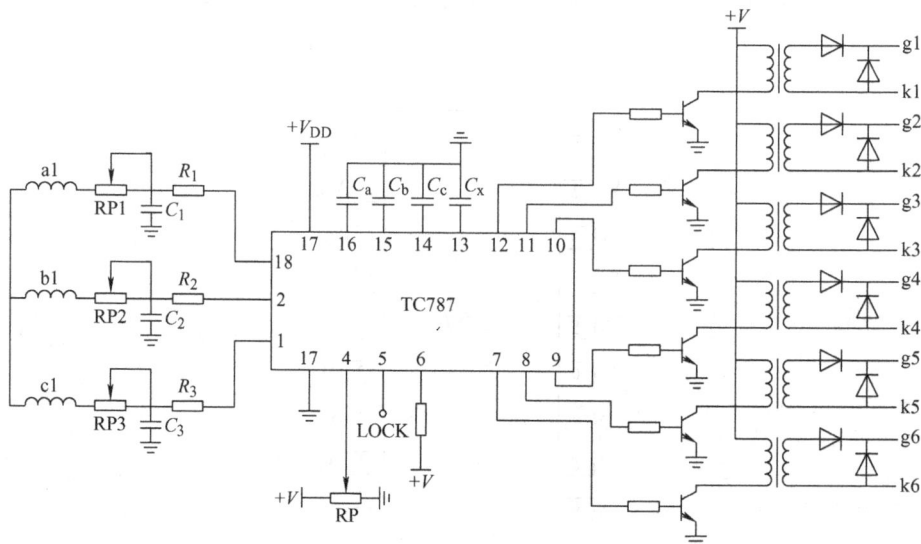

图 3-24　TC787 构成的三相六脉冲触发电路

2. MOSFET 集成驱动芯片 IR2110

IR2110 是美国国际整流器公司推出的一种单片高压高速双通道功率 MOSFET 和 IGBT 驱动集成电路。IR2110 芯片中采用了高度集成的电平转换技术，简化了逻辑电路对功率器件的控制要求，提高了驱动电路的可靠性，其内部自举电路(也叫升压电路，利用自举升压二极管、电容等元件使电容放电电压和电源电压叠加，从而使电压升高)使其能同时输出两路驱动信号,使得驱动电源数目较其他 IC 驱动大大减少。对于典型的三相桥式逆变器，采用 3 片 IR2110 驱动 3 个桥臂，仅需 1 路 10～20V 电源。这样，在工程上大大减少了控制变压器体积和电源数目，降低了产品成本，提高了系统可靠性。

IR2110 内部结构如图 3-25 所示，其内部集成有一个逻辑信号输入级及两个独立的、分别以高电压、低电压为基准的输出通道，其高端工作电压可达 500V，在 15V 下功耗仅有 1.6mW，输出的栅极驱动电压范围为 10～20V，逻辑电源电压范围为 5～15V，IR2110 采用 CMOS 施密特触发输入，两路输出具有滞后欠电压锁定，推挽式驱动输出峰值电流不小于 2A。IR2110 一般采用标准塑封 14 脚双列直插封装形式，芯片引脚功能如表 3-2 所示。

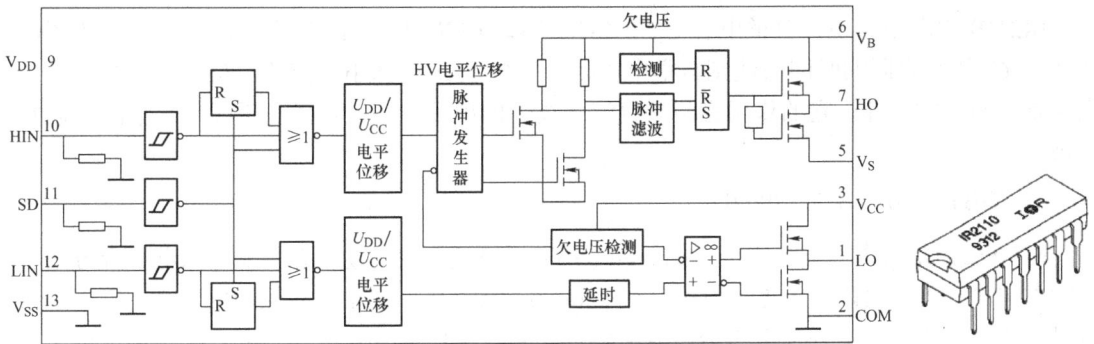

图 3-25　IR2110 内部结构框图及引脚排列

表 3-2　IR2110 引脚功能

引脚号	名称	功能	引脚号	名称	功能
1	LO	低边输出	8	NC	空
2	COM	公共端(接地)	9	V_{DD}	逻辑电源电压
3	V_{CC}	低边电源电压	10	HIN	逻辑高边输入
4	NC	空	11	SD	保护信号输入端
5	V_S	高边浮动地	12	LIN	逻辑低边输入
6	V_B	高边电源电压	13	V_{SS}	逻辑电路地(接地)
7	HO	高边输出	14	NC	空

IR2110 驱动半桥电路的典型电路如图 3-26 所示，VF2 直接由 V_{CC} 供电，输出驱动信号由前端输入 LIN 决定，并且在 VF2 导通期间，V_{CC} 通过自举二极管 VD1 给自举电容 C_1 和 C_2 充电，通过自举电容在 V_B 和 V_S 之间形成一个悬浮电源给 VF1 供电，自举电路的存在使同一桥臂上、下开关器件驱动电路只需要一个外接电源。

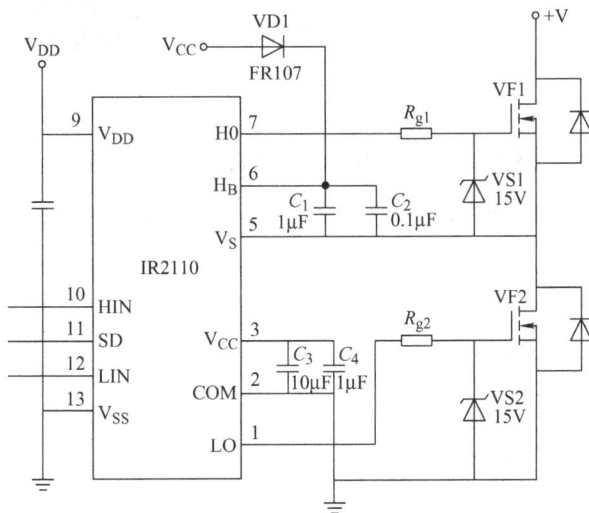

图 3-26　IR2110 驱动半桥电路的典型电路图

IR2110 驱动电路中，自举电容 C_1 和 C_2 的选择与 PWM 的频率有关，频率越高，为了保证 C_1、C_2 能在有限的时间内达到自举电压，C_1、C_2 应该选择小一点的。自举二极管也是一个很重要的自举器件，它的作用是阻断直流干线上的电压，一般可以选用漏电流小的快恢复二极管。

3. IGBT 驱动芯片 M57962L

M57962L 是日本三菱公司推出的驱动 IGBT 的厚膜集成驱动电路，采用光电耦合方法实现输入与输出的电气隔离，隔离电压高达 2500V；并配置了短路/过载保护电路，当发生过电流时能快速响应，并向外部电路给出故障信号；芯片工作采用双电源供电方式，输出正驱动电压为+15V，负驱动电压为-10V。由于 M57962L 内部采用快速型光耦合器实现电气隔离，适合 20kHz 的高频开关，可驱动 600V/400A 和 1200V/400A 级的 IGBT 模块运行，具有很高的性价比。

图 3-27a 为 M57962L 内部结构框图，它由光电耦合电路、接口电路、保护电路(短路检测、复位及栅极关断)和驱动级四部分组成。其工作过程为：电源接通后，首先自动检测 IGBT 是否过载或短路，若过载或短路，IGBT 的 C 极电位升高，通过检测电路使栅极关断电路动作，切断 IGBT 的栅极驱动信号，同时在 8 脚输出高电平"过载/短路"指示信号；IGBT 正常时，输入信号经光电耦合、接口电路，再经驱动级功率放大后驱动 IGBT 工作。

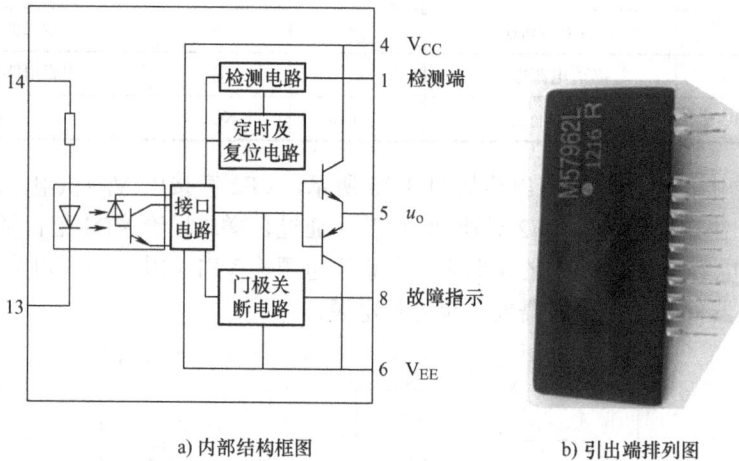

a) 内部结构框图　　　　b) 引出端排列图

图 3-27　M57962L 内部结构及引出端排列图

M57962L 厚膜电路采用非标准形式树脂封装，其外形如图 3-27b 所示，各引脚功能如下：

1 脚(DET)：检测输入

4 脚(V_{CC})：正电源

5 脚(OUT)：输出脚

6 脚(V_{EE})：负电源

8 脚(F_{OUT})：过载/短路指示输出

13 脚(IN)：输入脚

14 脚(V_{IN})：输入级电源

2、3、7、9、10、11、12 均为空脚(前面 5 个引脚不允许随意连接至任何电极。)

采用 M57962L 驱动 IGBT 模块的实际应用电路如图 3-28 所示。供电电源采用双电源供电方式，正电压+15V，负电压-10V。当 IGBT 模块过载(过电压、过电流)，集电极电压上升至 15V 以上时，隔离二极管 VD1 截止，模块 M57962L 的 1 脚为 15V 高电平，则将 5 脚置为低电平，使 IGBT 截止，同时将 8 脚置为低电平，使光耦合器工作，进而使得驱动信号停止；稳压二极管 VS1 用于防止 VD1 击穿而损坏 M57962L；R_1 为限流电阻。VS2、VS3 组成限幅器，以确保 IGBT 的基极不被击穿。

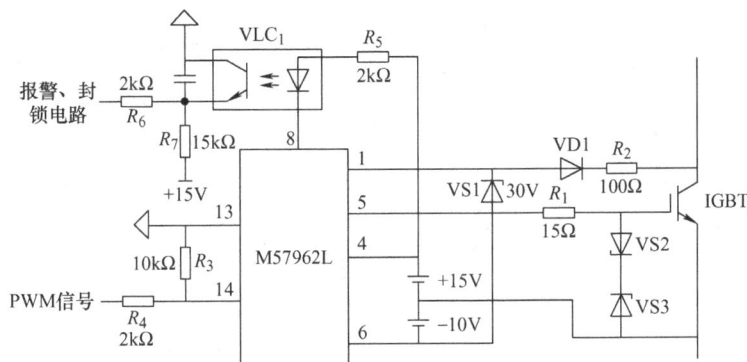

图 3-28　M57962L 的实际应用电路

3.6　2SC0106T 集成芯片及其驱动电路设计

驱动芯片是构成驱动电路的核心元件，也是影响驱动器性能的主要因素。Power Intergrations 公司生产的双通道驱动核 2SC0106T 集高性价比、超紧凑于一身，而且有广泛的应用范围。该驱动器专门为要求高可靠性的应用领域而设计，在中小功率应用中成为了理想的通用驱动器。下面将介绍集成芯片 2SC0106T 及其驱动电路的设计。

3.6.1　2SC0106T 芯片介绍

1. 2SC0106T 结构及工作原理

2SC0106T 是一款高集成度低成本的超小型 SCALE-2 双通道驱动器，图 3-29 所示为 2SC0106T 驱动器的内部框图和实物图。2SC0106T 驱动模块包含逻辑驱动转换接口 LDI、智能门极驱动 IGD 和 DC/DC 变换器三部分。其中逻辑驱动转换接口(Logic to Driver Interface，LDI)用于接收控制器发出的脉冲驱动信号，经高频隔离变压器送入下一级并可驱动两路通道。智能门极驱动(Intelligent Gate Driver，IGD)接收 LDI 侧的 PWM 控制信号，经放大等处理后使得门极电流能够驱动 IGBT。DC/DC 变换器为两路输出通道提供电气隔离的 15V 直流电源。图中的 V_{CC} 端子和 DC 端子均为+15V，分别用于为控制侧输入电路和为 DC/DC 变换器供电。表 3-3 给出 2SC0106T 驱动器的引脚定义。

2SC0106T 驱动模块具有两种工作模式，即直接模式与半桥模式。处于直接模式工作时两路输出驱动信号互相独立且没有联系，输入信号 INA 控制驱动通道 1，输入信号 INB 控制驱动通道 2。处于半桥工作模式时能够保证半桥电路上下 2 个 IGBT 不发生短路直通故障，当输入信号 INA 为驱动信号时，输入信号 INB 为使能信号；当 INB 信号为低电平时，封锁输出通道；INB 信号为高电平时，使能输出通道。

73

74

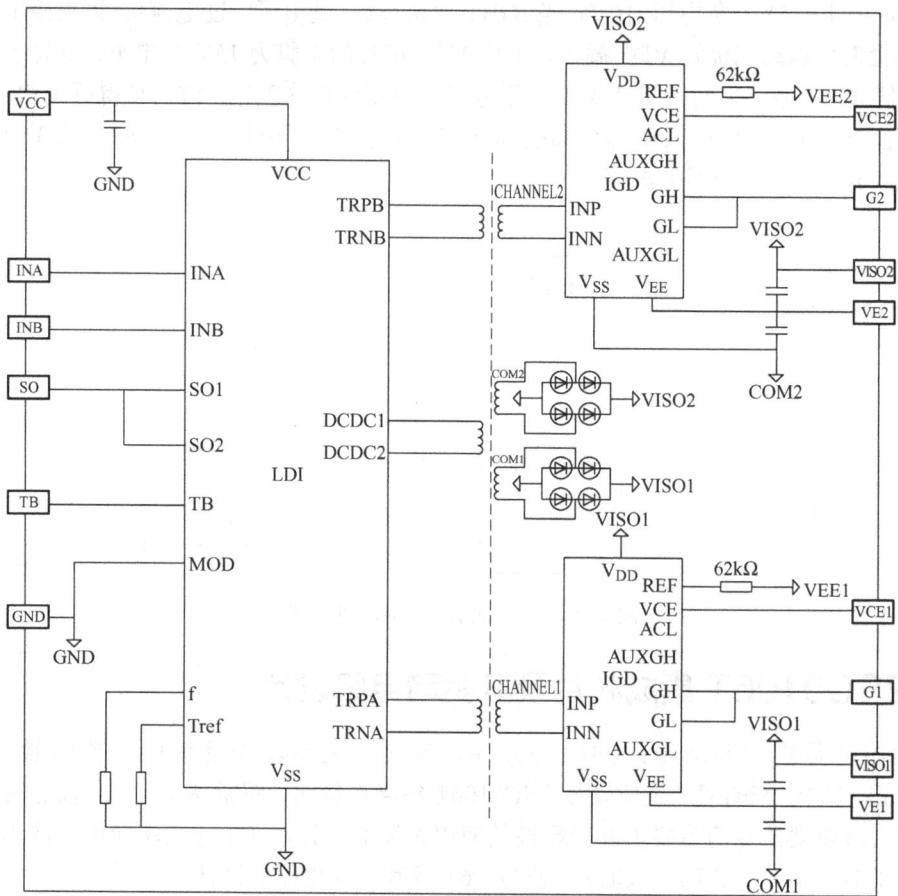

a) 内部框图

b) 实物图

图 3-29 2SC0106T 驱动器的内部框图和实物图

表 3-3　2SC0106T 驱动器的引脚定义

	引脚(编号)	功　能
一次侧	TB(1)	设置阻断时间
	SO(2)	故障状态输出
	VCC(3)	电源电压
	GND(4)	电源地
	INB(5)	信号输出 B(通道 2),参考地为 GND
	INA(6)	信号输出 A(通道 1),参考地为 GND
二次侧	VE1(7)	通道 1 发射极,连接到功率器件发射级
	VCE1(8)	通道 1VCE 检测,设置电阻网络连接到功率器件集电极
	VISO1(9)	稳定的 15V1,用于门级钳位,对应参考地为 VE1
	G1(10)	通道 1 门级,设置门级电阻连接到功率器件门级
	VISO2(11)	稳定的 15V2,用于门级钳位,对应参考地为 VE2
	G2(12)	通道 2 门级,设置门级电阻连接到功率器件门级
	VE2(13)	通道 2 发射极,连接到功率器件发射级
	VCE2(14)	通道 2VCE 检测,设置电阻网络连接到功率器件集电极

2. 2SC0106T 的主要技术特征

2SC0106T 具有以下技术特征:

① 双通道驱动核,可驱动耐压在 1200V 以内的 IGBT;② ±6A 门极电流,+15/-10V 门极驱动电压;③ 每个通道功率为 1W(85℃);④ 板载 DC/DC 电源;⑤ 高可靠性(元件数量减少);⑥ 一流的隔离技术;⑦ 采用局部放电测试的绝缘技术;⑧ 电压自锁条件下短路保护;⑨ 延迟时间<100ns,最高开关频率为 20kHz;⑩ 符合 IEC 61800-5-1 和 IEC 60664-1 的安全隔离标准;⑪ 软关闭。

2SC0106T 提供一个高级双通道 IGBT 门极驱动器所需的所有功能,包括绝缘 DC/DC 变流器、软起动、短路保护、软关闭以及电源电压监测。双通道中的任何一个都与初级侧和另一个通道相隔离。每个通道可输出±6A 电流,1W 驱动功率。驱动器提供一个+15/-10V 的门极电压摆幅,对导通电压进行调节,无论输出功率电平是多少,可以保持一个稳定的 15V 电压。

2SC0106T 驱动模块的 2 个通道输出端都具有 V_{CE} 监测电路。当发生 V_{CE} 错误或其他电压错误时,V_{CE} 监测电路立即将异常状态信号反馈到驱动模块,驱动模块产生故障信号并封锁门极触发脉冲,2 组 IGBT 安全关断并且不接收驱动信号。同时,异常状态信号经过处理存储到逻辑驱动转换接口 LDI 中。当负载电流过大时,IGBT 饱和导通、V_{CE} 超过过电流关断阈值,门极电压输出及时封锁在-15V,使得 IGBT 安全关断。

电源供电监测,如果供电电压低于阈值电压,集成在智能门极驱动 IGD 中低电压监测电路模块同样封锁了 IGBT,门极电压变为-15V,同时产生故障信号以保护 IGBT。

3.6.2 基于 2SC0106T 的驱动电路设计

为了使 2SC0106T 在主电路中的性能达到最优,必须设计相应的外围硬件电路,如驱动信号整形调理电路、IGBT 功率驱动电路和故障信号调理电路。并将外围电路集成到 IGBT 驱动器中,将驱动器直接安装于 IGBT 模块上,形成即插即用型 IGBT 驱动器。

2SC0106T 驱动器分一、二次侧两部分,一次侧为低压侧,需要设计前级驱动电路,包括控制信号的输入/输出及供电部分。二次侧为高压侧,需要设计后级功率驱动电路,包括 IGBT 的驱动信号及短路检测部分。其组成拓扑图如图 3-30 所示,由单片机输出的 PWM 信号送入一次侧的窄脉冲抑制电路中,经由驱动核隔离后经过二次侧的驱动输出电路后送入 IGBT/MOSFET 中,同时二次侧电路检测功率器件短路故障,经由驱动核隔离后经一次侧的故障输出保护电路后送入单片机进行故障保护处理。

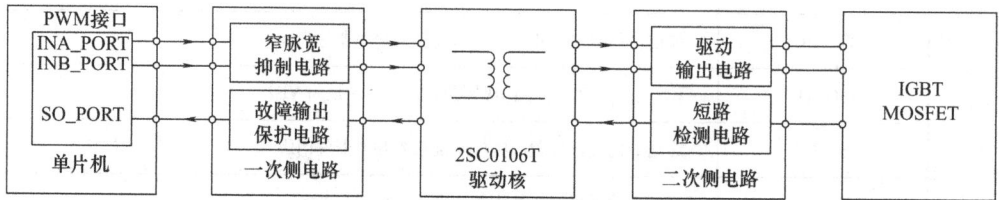

图 3-30 2SC0106T 驱动器连接框图

1. 驱动器一次侧电路的设计

一次侧推荐的设计电路如图 3-31 所示,由输出窄脉冲抑制、故障输出保护和阻断时间设置几部分组成。

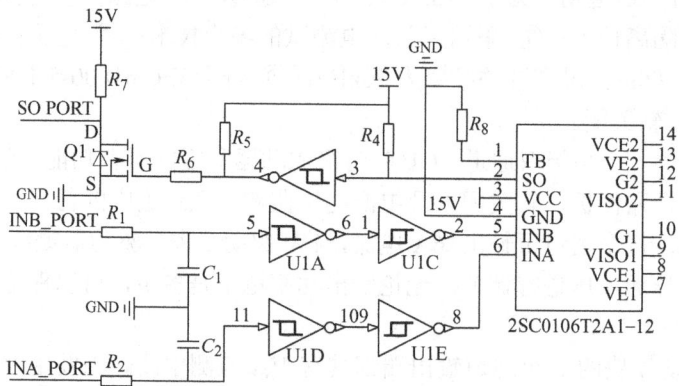

图 3-31 2SC0106T 一次侧推荐电路

(1)窄脉冲抑制电路

由 R_1、C_1 及施密特触发器组成的窄脉冲抑制电路对驱动信号 INB_PORT 进行整形处理。如果施密特触发器的开通电平为 10V,关断电平为 5V,则施密特触发器的输入回差为 5V。

当 INB_PORT 以 15V 逻辑电平开通，电容 C_1 将通过 R_1 充电，当 C_1 侧电压达到 10V 时，施密特触发器将会翻转。开通信号的窄脉冲抑制时间 T_{on} 的计算公式如下：

$$T_{on} = R_1 \cdot C_1 \cdot \ln\left(\frac{V_{DD}}{V_{DD} - V_{TH,high}}\right) \tag{3-1}$$

其中，$V_{TH,high}$ 为施密特触发器的阈值上限，V_{DD} 为 INB_PORT 输入逻辑高电平。如果 INB_PORT 关断，C_1 侧电压下降达到 5V 时，施密特触发器将会翻转。关断信号的窄脉冲抑制时间 T_{off} 的计算公式如下：

$$T_{off} = R_1 \cdot C_1 \cdot \ln\left(\frac{V_{DD}}{V_{TH,low}}\right) \tag{3-2}$$

其中，$V_{TH,low}$ 为施密特触发器的阈值下限。使用两个触发器的目的为保证电平逻辑的一致性，不需要取反。

由于驱动信号为单端信号，经过长距离传输后容易受到电磁辐射干扰(特别当驱动线圈周边存在高频开关变压器等磁性元件时)，可能存在导致 IGBT 误开通损坏设备的情况，窄脉冲抑制电路的加入，可以有效地还原原始驱动信号，避免误触发，提升驱动电路的抗干扰能力。

(2) 故障输出保护和阻断时间设置

2SC0106T 驱动器内部集成基准电路，仅需通过设置 TB 引脚对地的电阻值 R_b(R_8)，来设置驱动器故障保护后的阻断时间，典型的设置公式为：

$$R_b\left[k\Omega\right] = T_b\left[ms\right] + 51 \tag{3-3}$$

当 $20ms < T_b < 130ms$ 时，R_b 范围为 $71k\Omega < R_b < 181k\Omega$

阻断时间可以设置在 $20 \sim 130ms$ 之间，选择 R_b 为 0Ω，死区时间最小。当驱动器的二次侧发生故障时(例如检测到 IGBT 模块短路或二次侧电源欠电压)，故障信号会立即送到 SO 引脚上呈现低电平，从这个时刻算起，在经过阻断时间 T_b 后，SO 引脚自动复位回到高阻态；当一次侧欠电压时，故障信号会立即送到 SO 引脚上呈现低电平，当一次侧电源欠电压消失且阻断时间 T_b 结束后，SO 引脚会自动复位回到高阻态。SO_PORT 为驱动器的故障输出，在大功率电源设备中，往往主控制器与驱动板相距较远距离，越长的 SO_PORT 线对 EMI 越敏感。为了增强 SO_PORT 的抗干扰能力并提升其电流驱动能力，推荐采用 MOSFET 驱动的方式，由于 Q1 的存在，可以保护驱动器的 SO 引脚输出不受 EMI 干扰。通过适当减小 R_7 的阻值，可以提升 SO_PORT 的驱动能力。

2. 驱动器二次侧电路的设计

二次侧推荐的设计电路如图 3-32 所示，由 IGBT 短路检测、二次侧电源供电、门极驱动输出几部分组成。

(1) IGBT 短路检测

如图 3-33 所示为 2SC0106T 短路检测的工作原理，当 IGBT 处于关断状态时，驱动器内部的 MOSFET 开通，将 VCE2 引脚连接到 COM2，此时电容 C_{21} 放电至负电源电压，

TP2 处的电压，相对于 VE2 大约为-9V；当 IGBT 在开通过程以及导通状态时，内部 MOSFET 关闭，随着 IGBT 集电极-发射极电压 U_{CE} 的上升，电容 C_{21} 两端的电压被充电至 IGBT 的饱和压降。如发生短路故障，U_{CE} 会迅速上升，一旦超过 TP1 的电压，内部的比较器翻转，触发短路保护。2SC0106T 的内部集成一个 150μA 的恒流源和一个基准电阻 R_{th}（固定为 62kΩ），TP1 的电压由内部恒流源与电阻 R_{th2} 决定，约为 9.3V，因此驱动器能可靠地进行短路保护，但是不能用于过电流保护，过电流保护的时间优先级较低，一般通过主控制器实现。

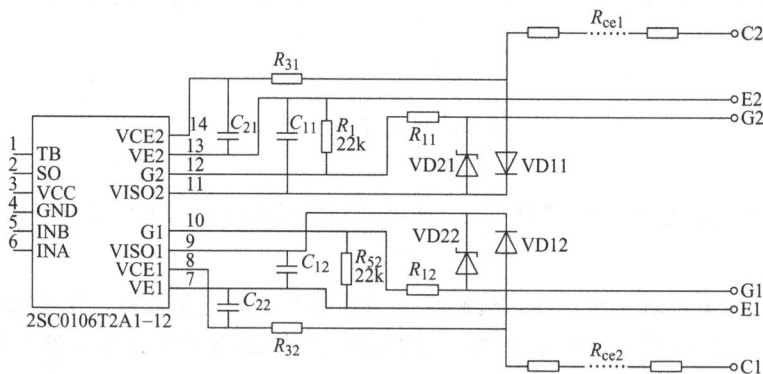

图 3-32　2SC0106T 二次侧推荐电路

根据母线电压的大小，合理设置 R_{ce1} 的电阻值，以使 R_{ce1} 流过大约 0.6~1mA 的电流，不超过 1mA，可以用高压电阻或者用多个电阻串联的方式。在 PCB 排板时，需要考虑最小爬电距离，并且电阻串不得过热。

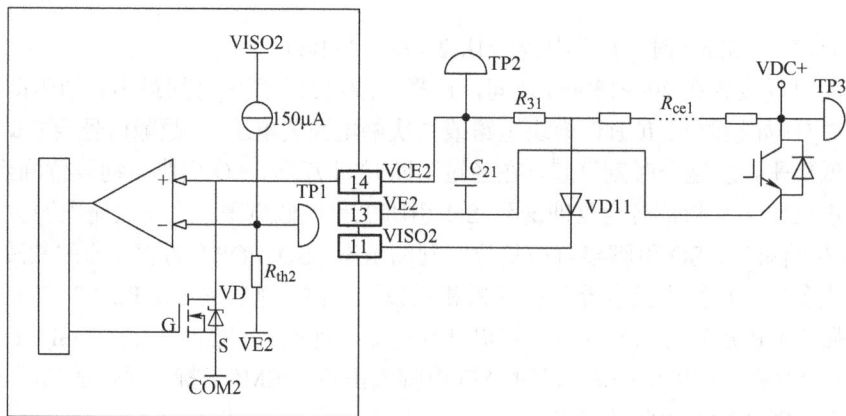

图 3-33　2SC0106T 短路检测电路

图中二极管 VD11 必须使用极低漏电流的，阻断电压必须超过 40V（例如 BAS416），因此不能使用肖特基二极管。

(2)二次侧电源供电

如图 3-32 中，VISO1/VISO2 引脚为二次侧的驱动电源输出，根据不同容量的 IGBT 或MOSFET 需要配不同容量的支撑电容(驱动器内部配有较小支撑电容)，建议对于每 1μC

的 IGBT 门极电荷，对应匹配至少 $3\mu F$ 的电容。太小容量的支撑电容会导致 IGBT 开通瞬间二次侧电源电压跌落，导致驱动器触发二次侧欠电压保护。外接的电容应尽可能地靠近驱动器引脚，以使寄生电感最小。建议使用耐压 20V 以上的陶瓷电容，不建议使用电解电容。

（3）门级驱动输出

在驱动器的门极输出引脚上，需要对辅助电源 VIOS1/VIOS2 上拉一肖特基二极管 VD21/VD22。加装此二极管的第一个优势是由于肖特基二极管的钳位功能，VIOS1/VIOS2 的电压可以稳定在 15V。这样可以避免门级电压升高，从而降低 IGBT 短路电流 I_{SC} 和能量，因为前者高度依赖于门极-发射极电压 U_{GE}，U_{GE} 越高相应的短路电流越大。此处所述的门极钳位比使用瞬态抑制二极管的门级钳位更高效。第二个优势是在驱动器未加电源时防止功率半导体寄生导通，当 $U_{GE}=0V$，如果 U_{CE} 按一定的 du_{CE}/dt 升高，则电流 I_G 会通过密勒电容 C_{Miller} 流进门级回路：

$$I_G = C_{Miller} \frac{du_{CE}}{dt} \tag{3-4}$$

当使用了 VD21/VD22 后，电流 I_G 会向支撑电容 C_{11}/C_{12} 充电，通常 C_{11}/C_{12} 电容的电压维持在低位，因此功率半导体无法寄生导通。

驱动电路是功率主电路与控制电路之间的接口，它在充分发挥电力器件的性能，提高系统可靠性等方面发挥着重要作用。与传统的 IGBT 驱动器相比，即插即用型驱动器采用了与 IGBT 模块一体化的设计思想，减小了驱动信号线上寄生电容和寄生电感的影响，提高了驱动器的可靠性。

本 章 小 结

1）电力电子器件的驱动用于实现对电力电子器件的开通与关断，然而不同的器件对驱动电路的要求存在较大的差别。设计合适的驱动电路才能使电力电子器件可靠工作。

2）电力电子器件的保护包括过电压、过电流，保护电路性能的优劣直接影响器件的安全运行和电力电子装置整机可靠性。

3）缓冲电路实质是一种开关辅助电路，利用它来降低器件开关过程中产生的过电压、过电流，抑制过电压 du/dt 或过电流 di/dt，保证器件安全运行。

4）单个电力电子器件不能承受高电压、大电流，为此须将多个器件进行串联或并联，以此提高电力电子器件的耐压能力或通流能力。

本章重点：对电力 MOSFET 和 IGBT 器件驱动电路的基本要求以及典型驱动电路的基本应用原理。

思考题与习题

3-1　电力电子器件的驱动电路对整个电力电子装置有哪些影响？

3-2　为什么要对电力电子主电路和控制电路进行电气隔离？其基本方法有哪些？各自基本原理是什么？

3-3　对晶闸管触发电路有哪些基本要求？GTO、GTR、MOSFET 和 IGBT 的驱动电路各有什么特点？

3-4 电力电子器件过电压产生的原因有哪些？电力电子器件过电压和过电流保护各有哪些主要方法？

3-5 分析图 3-2 由 EXB840/EXB841 驱动芯片构成的驱动电路的工作原理。

3-6 电力电子缓冲电路是怎样分类的？全控型器件的缓冲电路的主要作用是什么？

3-7 晶闸管串联使用时为什么要考虑均压问题？电力 MOSFET 和 IGBT 各自并联使用时需要注意哪些问题？

第4章　交流−直流变换电路

【内容提要】　交流-直流的变换电路(AC-DC)又称为整流电路，它的作用是将交流电能变为固定的或可调的直流电能。整流电路广泛应用于直流电动机拖动系统和直流电源中。本章主要介绍单相和三相整流电路的结构、工作原理，分析其工作波形、基本数量关系、整流电路在逆变状态时的工作情况和逆变失败的原因，以及变压器漏感对整流电路的影响等内容。

【本章内容导入】　在轧钢机、电气机车、中大型龙门刨床等调速范围大的大型设备中都用到直流电动机。直流电动机具有良好的起动和制动性能，在许多调速和快速正反向的电力传动系统中得到了广泛应用。直流电动机机械特性方程为

$$n = \frac{U_d - R_\Sigma I_d}{C_e \Phi} \tag{4-1}$$

由式(4-1)可知，直流电动机有三种调节转速的方法：

1)改变电枢回路电阻 R_Σ；

2)调节电枢供电电压 U_d；

3)调节励磁磁通 Φ。

比较而言，调压调速具有调速特性好、范围宽、平滑、效率高等优点，是现代直流电动机控制系统的主要调速方法。实现直流电动机调速需要一个可调的直流电压。图 4-1 所示点画线框中是用可控晶闸管构成的整流电路，此电路具有将交流电变换为可调直流电的特性。可控整流电路就是本章所要讲述的内容。

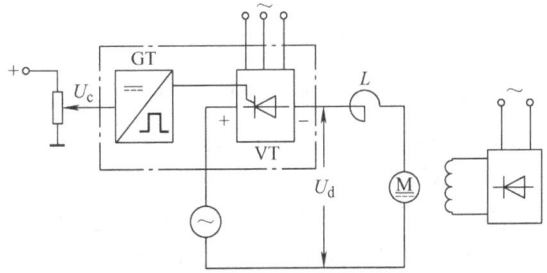

图 4-1　可控整流电路供电的直流调速系统

本章讲述的整流电路的类型较多，按电网、交流电相数可分为单相、三相、多相；按接线方式可分为半波、全波；按控制方式分为相控式和 PWM 式。整流电路所带负载的类型有电阻性、电感性及反电动势负载。每一种负载都有其固有的特性，整流电路的输出加在不同的负载上，其电流和电压波形、数量关系都有较大不同。根据电路中开关器件的通、断状态及交流电源电压波形和负载的性质，分析其输出直流电压、电路中各元器件的电压和电流波形，掌握整流输出电压和移相触发延迟角之间的关系是本章学习的重点。

4.1　单相可控整流电路

单相可控整流电路的交流侧接单相交流电源，典型的单相可控整流电路包括单相半波可控整流电路、单相桥式全控整流电路、单相全波可控整流电路及单相桥式半控整流电路，其分类如图 4-2 所示。

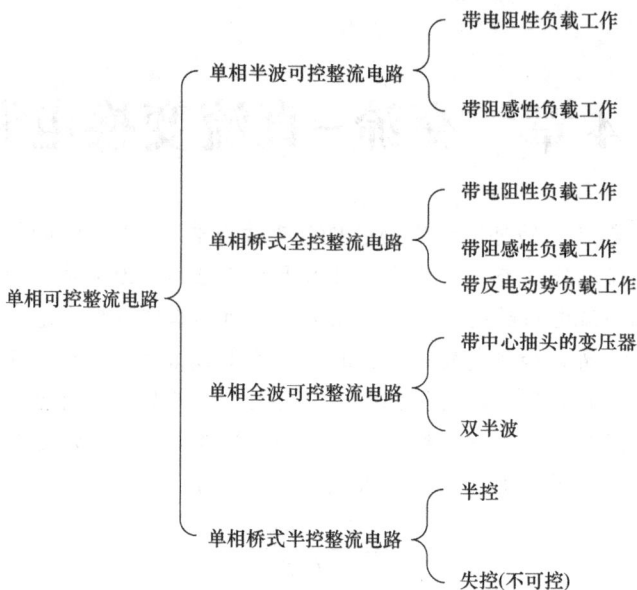

图 4-2　单相可控整流电路分类

4.1.1　单相半波可控整流电路

1. 电阻性负载

实际生产和生活中，电灯、加热炉等属于电阻性负载。电阻性负载的特点是电压与电流成正比，两者波形相同并且同相位。

（1）电路结构

图 4-3 所示为单相半波可控整流电路的原理图及带电阻负载时的工作波形。图 4-3a 中，晶闸管 VT 作为开关器件在电路中起通断的作用；变压器 T 起变换电压和隔离的作用，其一次和二次电压瞬时值分别用 u_1 和 u_2 表示，有效值分别用 U_1 和 U_2 表示，其中 U_2 的大小根据需要的直流输出电压 u_d 的平均值 U_d 确定。

（2）工作原理

在分析工作原理时，为了方便，假设晶闸管开关器件是理想的，即导通时通态压降为零，关断时电阻为无穷大。同时变压器也看作理想的，即漏抗为零，绕组的电阻为零。

在晶闸管 VT 处于断态时，电路中无电流，负载电阻两端电压为零，u_2 全部施于 VT 两端。

如在 u_2 正半周 VT 承受正向阳极电压期间的 ωt_1 时刻给 VT 门极加触发脉冲，如图 4-3c 所示，

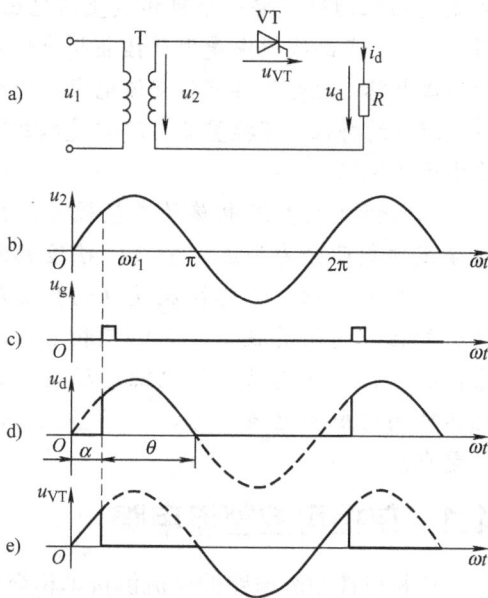

图 4-3　单相半波可控整流电路及波形

则 VT 开通。忽略晶闸管通态电压，则直流输出电压瞬时值 u_d 与 u_2 相等。至 $\omega t = \pi$ 即 u_2 降

为零时，电路中电流亦降至零，VT 关断，之后 u_d、i_d 均为零。图 4-3d、e 分别给出了 u_d 和晶闸管两端电压 u_{VT} 的波形。i_d 的波形与 u_d 波形相同。

改变触发时刻，u_d 和 i_d 波形随之改变，直流输出电压 u_d 为极性不变但瞬时值变化的脉动直流，其波形只在 u_2 正半周内出现，故称"半波"整流。加之电路中采用了可控器件晶闸管，且交流输入为单相，故该电路称为单相半波可控整流电路。整流电压 u_d 波形在一个电源周期中只脉动 1 次，故该电路为单脉波整流电路。下面介绍几个名词术语。

1）触发延迟角 α 与导通角 θ。触发延迟角也称为触发角，或控制角，用 α 表示，是指晶闸管从开始承受正向阳极电压起到施加触发脉冲止的电角度。导通角 θ 是指晶闸管在一个电源周期中处于通态的电角度。单相半波可控整流电路在电阻性负载的情况下，触发延迟角与导通角的关系是 $\theta = \pi - \alpha$。

2）移相与移相范围。移相是指改变触发脉冲 u_g 出现的时刻，即改变触发延迟角 α 的大小。移相范围是指触发脉冲 u_g 的移动范围，它决定了输出电压的变化范围。

3）换相或换流。换相或换流是指在可控整流电路中，从一路晶闸管导通变换为另一路晶闸管导通的过程或电流从一条支路转移到另一条支路的过程。

（3）基本数量关系

单相半波可控整流电路直流输出电压平均值 U_d 为

$$U_d = \frac{1}{2\pi} \int_\alpha^\pi \sqrt{2} U_2 \sin \omega t \, d(\omega t) = \frac{\sqrt{2} U_2}{2\pi}(1 + \cos \alpha) = 0.45 U_2 \frac{1 + \cos \alpha}{2} \tag{4-2}$$

式（4-2）中，当 $\alpha = 0°$ 时，整流输出电压平均值为最大，用 U_{d0} 表示，$U_d = U_{d0} = 0.45 U_2$。随着 α 增大，U_d 减小，当 $\alpha = \pi$ 时，$U_d = 0$，该电路中 VT 的 α 移相范围为 $0° \sim 180°$。可见，调节 α 即可控制 U_d 的大小。这种通过控制触发脉冲的相位来控制直流输出电压大小的方式称为相位控制方式，简称相控方式。

输出电流的平均值 I_d 为

$$I_d = \frac{U_d}{R} = 0.45 \frac{U_2}{R} \frac{1 + \cos \alpha}{2} \tag{4-3}$$

输出电压的有效值 U 和输出电流的有效值 I 为

$$U = \sqrt{\frac{1}{2\pi} \int_\alpha^\pi \left(\sqrt{2} U_2 \sin \omega t\right)^2 d(\omega t)}$$

$$= U_2 \sqrt{\frac{1}{4\pi} \sin 2\alpha + \frac{\pi - \alpha}{2\pi}} \tag{4-4}$$

$$I = \frac{U}{R} = \frac{U_2}{R} \sqrt{\frac{1}{4\pi} \sin 2\alpha + \frac{\pi - \alpha}{2\pi}} \tag{4-5}$$

晶闸管电流有效值 I_{VT} 和变压器二次电流 I_2 的有效值为

$$I_{VT} = I_2 = I = \frac{U_2}{R} \sqrt{\frac{1}{4\pi} \sin 2\alpha + \frac{\pi - \alpha}{2\pi}} \tag{4-6}$$

晶闸管承受的正反向电压的最大值为

$$U_{FM} = U_{Rm} = \sqrt{2} U_2 \tag{4-7}$$

功率因数 $\cos\varphi$ 是变压器二次侧有功功率与视在功率的比值，即

$$\cos\varphi = \frac{P}{S} = \frac{UI_2}{U_2I_2} = \sqrt{\frac{1}{4\pi}\sin 2\alpha + \frac{\pi-\alpha}{2\pi}} \tag{4-8}$$

2. 阻感性负载

生产实践中，更常见的负载是既有电阻也有电感，当负载中感抗 ωL 与电阻 R 相比不可忽略时即为阻感性负载。若 $\omega L \geqslant R$，则负载主要呈现为电感，称为电感负载，例如电机的励磁绕组和负载串联电抗器等都是电感性负载。电感对电流变化有抗拒作用。流过电感元件的电流变化时，在其两端产生感应电动势 $e = -L\dfrac{di}{dt}$，它的极性是阻止电流变化的，当电流增加时，它的极性阻止电流增加，当电流减小时，它的极性反过来阻止电流减小。这使得流过电感的电流不能发生突变，这是阻感性负载的特点，也是理解整流电路带阻感性负载工作情况的关键之一。

（1）电路结构

主电路结构与单相半波可控整流电路相比，仅负载发生变化。电路结构如图 4-4a 所示。

（2）工作原理

电路工作原理分析如下：

1）当 $0 \leqslant \omega t < \omega t_1$ 时，晶闸管阳-阴极间的电压 u_{AK} 大于零，此时没有触发信号，晶闸管处于正向关断状态，输出电压、电流都等于零。

2）当 $\omega t_1 \leqslant \omega t < \pi$ 时，即在 $\omega t = \alpha$ 时刻，门极加触发信号，晶闸管触发导通，电源电压 u_2 加到负载上，输出电压 $u_d = u_2$。由于电感的存在，负载电流 i_d 只能从零按指数规律逐渐上升。在 i_d 的增长过程中，电感产生的感应电动势力图限制电流增大，电源提供的能量一部分供给负载电阻，一部分为电感储能。

3）在 $\omega t = \pi$ 时，交流电压 u_2 过零，负载电流 i_d 已经处于减少的过程中，电感电压改变方向，电感释放能量，晶闸管阳极-阴极间的电压 u_{AK} 仍大于零，晶闸管继续导通。

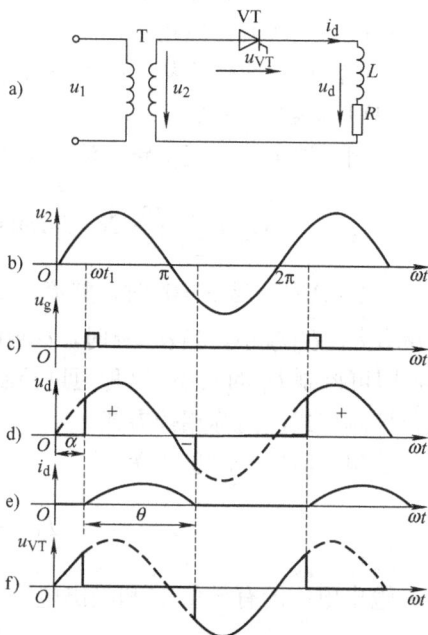

图 4-4　带阻感性负载的单相半波可控整流电路及其波形

4）当 $\pi \leqslant \omega t < \alpha + \theta$ 时，交流电压 u_2 为负，输出电流 i_d 继续下降，只要感应电动势 e_L 大于电源负电压 u_2，晶闸管均承受正向电压而维持导通，电感存储的磁能一部分释放变成电阻的热能，另一部分磁能变成电能送回电网。

5）在 $\omega t = \alpha + \theta$ 时，感应电动势 e_L 与电源电压 u_2 相等，电感的储能全部释放完后 i_d 降为零，VT 关断并立即承受反压而截止。直到下一个周期的正半周，即 $\omega t = 2\pi + \alpha$ 时，晶闸管再次被触发导通，如此循环不已。

负载电压 u_d、电流 i_d 及晶闸管承受的电压 u_{VT} 波形如图 4-4d、e、f 所示。

（3）基本数量关系

输出电压的平均值

$$U_d = \frac{1}{2\pi} \int_\alpha^{\alpha+\theta} \sqrt{2}U_2 \sin\omega t d(\omega t) \tag{4-9}$$

从 u_d 的波形可以看出，与电阻性负载相比，电感性负载的存在，使得晶闸管的导通角增大，电源电压由正到负过零点也不会关断，输出电压出现了负波形，输出电压和电流的平均值减小；当为大电感时，输出电压正负面积趋于相等，则 I_d 也很小。由于导通角不仅与触发延迟角有关，也与阻抗有关，因此输出电压与触发延迟角不是一一对应的关系。在实际的大电感电路中为解决上述矛盾，在整流电路的负载两端并联一个二极管，称为续流二极管，把输出电压的负半周去掉。

3. 阻感负载加续流二极管

(1) 电路结构

电感性负载加续流二极管 VD 的电路如图4-5a 所示。

(2) 工作原理

图 4-5b～g 是该电路的典型工作波形。与没有续流二极管时的情况相比，在 u_2 正半周时两者工作情况是一样的。当 u_2 过零变负时，VD 导通，u_d 为零。此时为负的 u_2 通过 VD 向 VT 施加反压使其关断，L 存储的能量保证了电流 i_d 在 L—R—VD 回路中流通，此过程通常称为续流。u_d 波形如图4-5c 所示，如忽略二极管的通态电压，则在续流期间 u_d 为 0，u_d 中不再出现负的部分，这与电阻负载时基本相同。但与电阻负载时相比，i_d 的波形是不一样的。若 L 足够大，$\omega L \geqslant R$，即负载为电感负载，

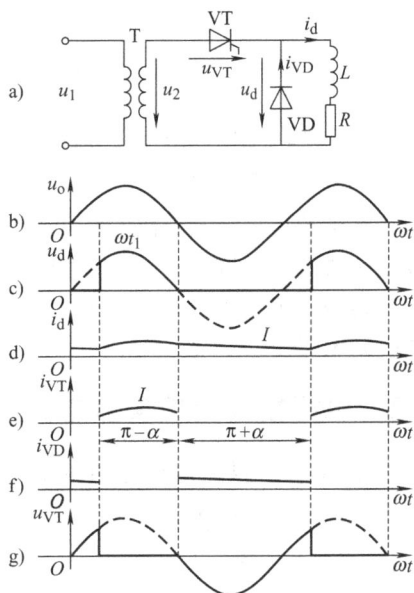

图 4-5　带续流二极管的单相半波可控整流电路

在 VT 关断期间，VD 可持续导通，使 i_d 连续，且 i_d 波形接近一条水平线，如图4-5d 所示。在一周期内，$\omega t = \alpha \sim \pi$ 期间，VT 导通，其导通角为 $\pi - \alpha$，i_d 流过 VT，晶闸管电流 i_{VT} 的波形如图4-5e 所示，其余时间 i_d 流过 VD，续流二极管电流 i_{VD} 波形如图4-5f 所示，VD 的导通角为 $\pi + \alpha$。

(3) 基本数量关系

输出电压的平均值 U_d 和输出电流的平均值 I_d 分别为

$$\begin{aligned} U_d &= \frac{1}{2\pi} \int_\alpha^\pi \sqrt{2}U_2 \sin\omega t d(\omega t) \\ &= \frac{\sqrt{2}U_2}{\pi} \frac{1+\cos\alpha}{2} = 0.45 U_2 \frac{1+\cos\alpha}{2} \end{aligned} \tag{4-10}$$

$$I_d = \frac{U_d}{R} = 0.45 \frac{U_2}{R} \frac{1+\cos\alpha}{2} \tag{4-11}$$

由式(4-10)和式(4-11)可见，输出电压 U_d 和输出电流 I_d 的数量关系和电阻性负载相同。

若负载电感足够大，可近似认为 i_d 为一条水平线，恒为 I_d，则流过晶闸管的电流平均值 I_{dVT} 和有效值 I_{VT} 分别为

$$I_{\text{dVT}} = \frac{\pi - \alpha}{2\pi} I_{\text{d}} \tag{4-12}$$

$$I_{\text{VT}} = \sqrt{\frac{1}{2\pi} \int_{\alpha}^{\pi} I_{\text{d}}^2 \text{d}(\omega t)} = \sqrt{\frac{\pi - \alpha}{2\pi}} I_{\text{d}} \tag{4-13}$$

续流二极管的电流平均值 I_{dVD} 和有效值 I_{VD} 分别为

$$I_{\text{dVD}} = \frac{\pi + \alpha}{2\pi} I_{\text{d}} \tag{4-14}$$

$$I_{\text{VD}} = \sqrt{\frac{1}{2\pi} \int_{\pi}^{2\pi+\alpha} I_{\text{d}}^2 \text{d}(\omega t)} = \sqrt{\frac{\pi + \alpha}{2\pi}} I_{\text{d}} \tag{4-15}$$

晶闸管两端电压波形 u_{VT} 如图 4-5g 所示，其移相范围为 180°，承受的最大正反向电压均为 u_2 的峰值，即 $\sqrt{2}U_2$。

单相半波可控整流电路的特点是简单，但输出脉动大，变压器二次电流中含直流分量，造成变压器铁心直流磁化。为使变压器铁心不饱和，需增大铁心截面积，增大设备的容量。实际上很少应用此种电路。分析该电路的主要目的在于利用其简单易学的特点，建立起整流电路的基本概念。

4.1.2 单相桥式全控整流电路

在中小功率可控整流电路中应用较多的是单相桥式全控整流电路。下面首先分析所接负载为电阻性负载的情况。

1. 电阻性负载

（1）电路结构

如图 4-6a 所示，单相桥式全控整流电路共用 4 个晶闸管，晶闸管 VT1 和 VT4 组成一对桥臂，VT2 和 VT3 组成另一对桥臂。VT1 和 VT3 晶闸管接成共阴极组，加触发脉冲后，阳极电位高的导通。VT2 和 VT4 晶闸管接成共阳极组，加触发脉冲后，阴极电位低的导通。在正常工作时桥式整流电路中的晶闸管必须成对导通以构成回路。

（2）工作原理

在 u_2 正半周，$u_a > u_b$，VT1、VT4 串联承受正向电压 u_2，VT2、VT3 串联承受反向电压，无论是否施加触发脉冲，VT2、VT3 均不导通。若在触发角 α 处给 VT1 和 VT4 加触发脉冲，VT1 和 VT4 即导通，电流从电源 a 端经 VT1、R、VT4 流回电源 b 端。当 u_2 过零时，流经晶闸管的电流也降到零，VT1 和 VT4 关断。

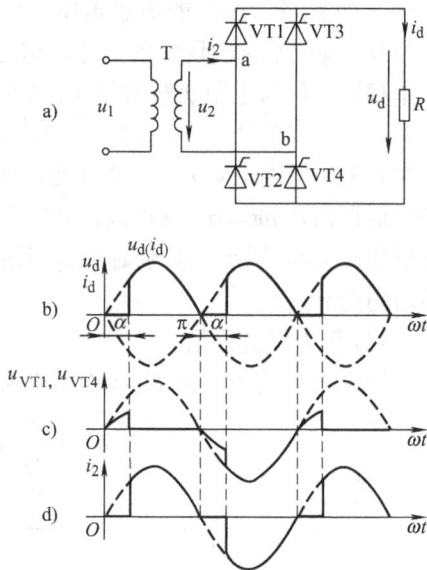

图 4-6　单相桥式全控整流电路带电阻负载时的电路及波形

在无触发脉冲的情况下，若 4 个晶闸管均不导通，负载电流 i_{d} 为零，u_{d} 也为零，设 VT1 和 VT4 的漏电阻相等，则各承受 u_2 的一半。

在 u_2 负半周，$u_a < u_b$，在触发角 $\alpha+\pi$ 处触发 VT2 和 VT3，VT2 和 VT3 导通，电流从电源

b 端流出，经 VT3、R、VT2 流回电源 a 端。到 u_2 过零时，电流又降为零，VT2 和 VT3 关断。此后又是 VT1 和 VT4 导通，如此循环地工作下去，整流电压 u_d 和晶闸管 VT1、VT4 两端电压波形分别如图 4-6b、c 所示。

由于在交流电源的正负半周都有整流输出电流流过负载，故该电路为全波整流。在 u_2 的一个周期内，整流电压波形脉动两次，脉动次数多于半波整流电路，该电路属于双脉波整流电路。变压器二次绕组中，正负两个半周电流方向相反且波形对称，平均值为零，即直流分量为零，如图 4-6d 所示，不存在变压器直流磁化问题，变压器绕组的利用率也高。

(3) 基本数量关系

整流电压平均值为

$$U_d = \frac{1}{\pi}\int_{\alpha}^{\pi}\sqrt{2}U_2\sin\omega t\, d(\omega t) = \frac{2\sqrt{2}U_2}{\pi}\frac{1+\cos\alpha}{2} = 0.9U_2\frac{1+\cos\alpha}{2} \tag{4-16}$$

$\alpha = 0°$ 时，$U_d = U_{d0} = 0.9U_2$；$\alpha = 180°$ 时，$U_d = 0$。可见，α 的移相范围为 $0° \sim 180°$。

负载输出的直流电流平均值为

$$I_d = \frac{U_d}{R} = \frac{2\sqrt{2}U_2}{\pi R}\frac{1+\cos\alpha}{2} = 0.9\frac{U_2}{R}\frac{1+\cos\alpha}{2} \tag{4-17}$$

晶闸管 VT1、VT4 和 VT2、VT3 轮流导电，流过晶闸管的电流平均值只有输出直流电流平均值的一半，即

$$I_{dVT} = \frac{1}{2}I_d = 0.45\frac{U_2}{R}\frac{1+\cos\alpha}{2} \tag{4-18}$$

为选择晶闸管、变压器容量、导线截面积等定额，需考虑发热问题，为此需计算电流有效值。流过晶闸管的电流有效值为

$$I_{VT} = \sqrt{\frac{1}{2\pi}\int_{\alpha}^{\pi}\left(\frac{\sqrt{2}U_2}{R}\sin\omega t\right)^2 d(\omega t)} = \frac{U_2}{\sqrt{2}R}\sqrt{\frac{1}{2\pi}\sin 2\alpha + \frac{\pi-\alpha}{\pi}} \tag{4-19}$$

变压器二次电流有效值 I_2 与输出直流电流有效值 I 相等，为

$$I = I_2 = \sqrt{\frac{1}{\pi}\int_{\alpha}^{\pi}\left(\frac{\sqrt{2}U_2}{R}\sin\omega t\right)^2 d(\omega t)} = \frac{U_2}{R}\sqrt{\frac{1}{2\pi}\sin 2\alpha + \frac{\pi-\alpha}{\pi}} \tag{4-20}$$

由式 (4-19) 和式 (4-20) 可见

$$I_{VT} = \frac{1}{\sqrt{2}}I \tag{4-21}$$

晶闸管承受的最大反向电压为电源电压的峰值 $\sqrt{2}U_2$，承受的最大正向电压为电源电压峰值的一半，即 $\sqrt{2}U_2/2$。因此晶闸管承受的正反向电压的最大值是 $\sqrt{2}U_2$。

与半波整流电路相比，单相全控桥式整流电路输出电压的平均值为半波整流电路的 2 倍；在相同负载功率下，流过晶闸管的平均电流减少一半，功率因数提高 $\sqrt{2}$ 倍。

2. 阻感性负载

(1)电路结构

电路如图 4-7a 所示。为便于讨论，假设电感足够大，即 $\omega L \geq R$，称为大电感负载，负载电流波形连续，为一条水平线。

(2)工作原理

在 u_2 正半周期，触发角 α 处给晶闸管 VT1 和 VT4 加触发脉冲使其开通，$u_d=u_2$。负载中有电感存在使负载电流不能突变，电感对负载电流起平波作用，假设负载电感很大，负载电流 i_d 连续且波形近似为一水平线，其波形如图 4-7b 所示。u_2 过零变负时，由于电感的作用，晶闸管 VT1 和 VT4 中仍流过电流 i_d，并不关断。至 $\omega t = \pi + \alpha$ 时刻，给 VT2 和 VT3 加触发脉冲，因 VT2 和 VT3 本已承受正电压，故两管导通。VT2 和 VT3 导通后，u_2 通过 VT2 和 VT3 分别向 VT1 和 VT4 施加反压，使 VT1 和 VT4 关断，流过 VT1 和 VT4 的电流迅速转移到 VT2 和 VT3 上，此过程称为换相，亦称换流。至下一周期重复上述过程，如此循环下去，u_d 波形如图 4-7b 所示。

(3)基本数量关系

整流输出电压的平均值为

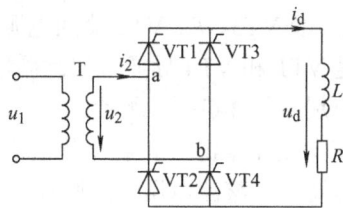

a)

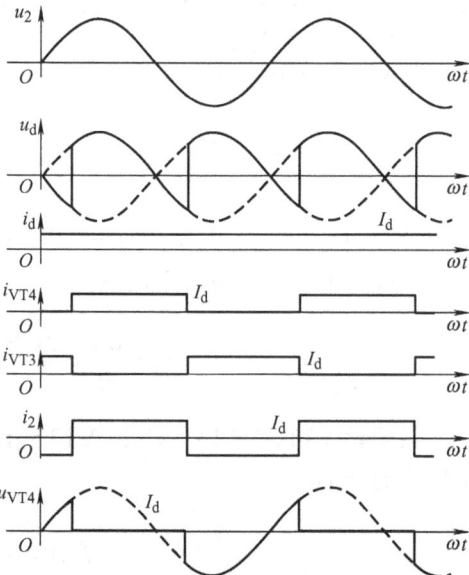

b)

图 4-7 单相桥式全控整流电路带阻感性负载时的电路及波形

$$U_d = \frac{1}{\pi} \int_{\alpha}^{\pi+\alpha} \sqrt{2}U_2 \sin \omega t \, d(\omega t) = \frac{2\sqrt{2}}{\pi} U_2 \cos \alpha = 0.9 U_2 \cos \alpha \tag{4-22}$$

当 $\alpha=0°$ 时，$U_{d0}=0.9U_2$；$\alpha=90°$ 时，$U_d=0$。α 的移相范围为 $0° \sim 90°$。

由于电感不消耗能量，其两端的平均电压为零，因此计算平均电流时与阻性负载相同，又因为电流波形为水平线，所以输出电流的平均值和有效值相同，即 $I_d=I$。

晶闸管导通角 θ 与 α 无关，均为 $180°$，其电流波形如图 4-7b 所示，平均值和有效值分别为

$$\begin{cases} I_{dVT} = \dfrac{1}{2} I_d \\ I_{VT} = \dfrac{1}{\sqrt{2}} I_d = 0.707 I_d \end{cases} \tag{4-23}$$

变压器二次电流 i_2 的波形为正负各 $180°$ 的矩形波，其有效值 $I_2 = I_d$。

单相桥式全控整流电路带阻感性负载时，晶闸管 VT1、VT4 两端的电压波形如图 4-7b 的最后一个波形图所示，晶闸管承受的最大正反向电压均为 $\sqrt{2}U_2$。

需要说明的是，理想大电感负载是不存在的，故实际电流波形不可能是一条直线。如果

负载中电感量不够大,电感中存储的电能不足以维持电流的导通到$\pi+\alpha$,负载电流波形将不连续。晶闸管的导通角θ越小,电流开始断续的时刻就越早。

由于电感的存在,使输出电压U_d减小。为了解决这一问题,在负载两端并联续流二极管VD,使输出电压的波形与电阻负载的相同。

【例4-1】 单相桥式全控整流电路,$U_2=100V$,负载中$R=2\Omega$,L值极大,当$\alpha=30°$时,要求:

1)做出u_d、i_d和i_2的波形;

2)求整流输出平均电压U_d、电流I_d,变压器二次电流有效值I_2;

3)考虑安全裕量,确定晶闸管的额定电压和额定电流。

解: 1)u_d、i_d和i_2的波形如图4-8所示:

2)输出平均电压U_d、电流I_d,变压器二次电流有效值I_2分别为

$$U_d=0.9U_2\cos\alpha=0.9\times100V\times\cos30°=77.94V$$

$$I_d=U_d/R=77.94V/2\Omega=38.97A$$

$$I_2=I_d=38.97A$$

3)晶闸管承受的最大反向电压为

$$\sqrt{2}\,U_2=141.4V$$

考虑安全裕量,晶闸管的额定电压为

$$U_N=(2\sim3)\times141.4V=283\sim424V$$

具体选择额定电压为400V的晶闸管。

流过晶闸管的电流有效值为

$$I_{VT}=I_d/\sqrt{2}=27.56A$$

晶闸管的额定电流为

$$I_N=(1.5\sim2)\times27.56A/1.57=26\sim35A$$

选择额定电流为30A的晶闸管。这里选择:KP30-4。

3. 反电动势负载

(1)电路结构

带反电动势负载单相桥式全控整流电路如图4-9a所示。实际应用中当负载为蓄电池或直流电动机的电枢(忽略其中的电感)时,负载均可看成一个直流电压源,它们就是反电动势负载。

(2)工作原理

在u_2瞬时值的绝对值大于反电动势,即$|u_2|>E$时,才有晶闸管承受正电压,有导通的可能。晶闸管导通之后,$u_d=u_2$,$i_d=\dfrac{u_d-E}{R}$,直至$|u_2|=E$,i_d即降至0使得晶闸管关断,此后$u_d=E$。与电阻负载时相比,晶闸管提前了电角度δ停止导电,u_d和i_d的波形如图4-9b所示,δ称为停止导电角。

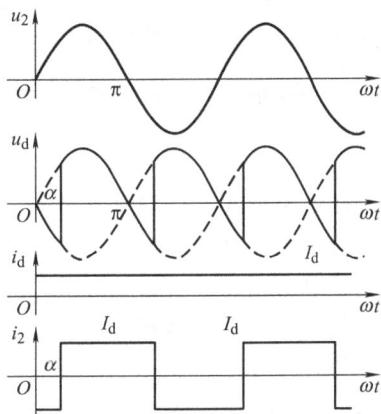

图4-8 【例4-1】u_d、i_d、i_2的波形

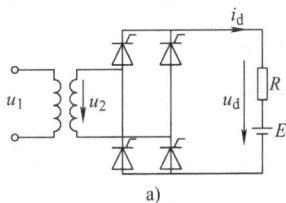

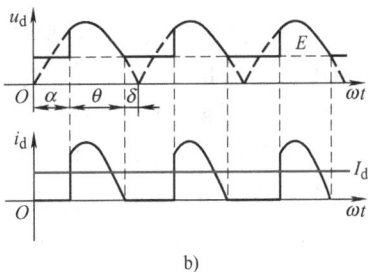

图4-9 单相桥式全控整流电路接反电动势–电阻负载时的电路及波形

$$\delta = \arcsin \frac{E}{\sqrt{2}U_2} \tag{4-24}$$

i_d 波形在一周期内有部分时间为 0 的情况，称为电流断续，若 i_d 波形不出现为 0 的情况，称为电流连续。当 $\alpha < \delta$ 时，触发脉冲到来时，晶闸管承受负电压，不可能导通。为了使晶闸管可靠导通，要求触发脉冲有足够的宽度，保证当 $\omega t = \delta$ 时刻晶闸管开始承受正电压时，触发脉冲仍然存在。这样，相当于触发角被推迟为 δ。

该电路在 α 相同时，整流输出电压比电阻负载时大。由于电流峰值比平均值大得多，其有效值很大，所以要求电源容量、晶闸管定额都要增大。一般在主电路的直流侧串联一个平波电抗器用于减小电流的脉动和延长晶闸管的导通时间。

如果负载是阻感反电动势，且电感足够大，并且电路能够启动工作，那么整流电压 U_d 波形和负载电流 i_d 的波形与阻感性负载的波形相同，计算公式也都一样。

4.1.3 单相桥式半控整流电路

（1）电路结构

在单相桥式全控整流电路中，每一个导电回路中有 2 个晶闸管，即用 2 个晶闸管同时导通以控制导电的回路。实际上为了对每个导电回路进行控制，只需 1 个晶闸管就可以了，另 1 个晶闸管可以用二极管代替，从而简化整个电路。在图 4-7a 中的晶闸管 VT2、VT4 换成二极管 VD2、VD4，即成为单相桥式半控整流电路，如图 4-10a 所示（先不考虑 VD_R）。

（2）工作原理

半控整流电路与全控整流电路在电阻负载时的工作情况相同，各参数计算也相同。以下针对电感负载进行讨论。

假设负载中电感很大，且电路已工作于稳态。在 u_2 正半周，触发角 α 处给晶闸管 VT1 加触发脉冲，u_2 经 VT1 和 VD4 向负载供电。u_2 过零变负时，因电感作用使电流连续，VT1 继续导通。但因 a 点电位低于 b 点电位，使得电流从 VD4 转移至 VD2，VD4 关断，电流不再流经变压器二次绕组，而是由 VT1 和 VD2 续流。此阶段，$u_d = 0$，而不像全控桥电路那样出现 u_d 为负的情况。

在 u_2 负半周触发角 α 时刻触发 VT3，VT3 导通，则向 VT1 加反压使之关断，u_2 经 VT3 和 VD2 向负载供电。u_2 过零变正时，VD4 导通，VD2 关断。VT3 和 VD4 续流，u_d 又为零。此后重复以上过程。

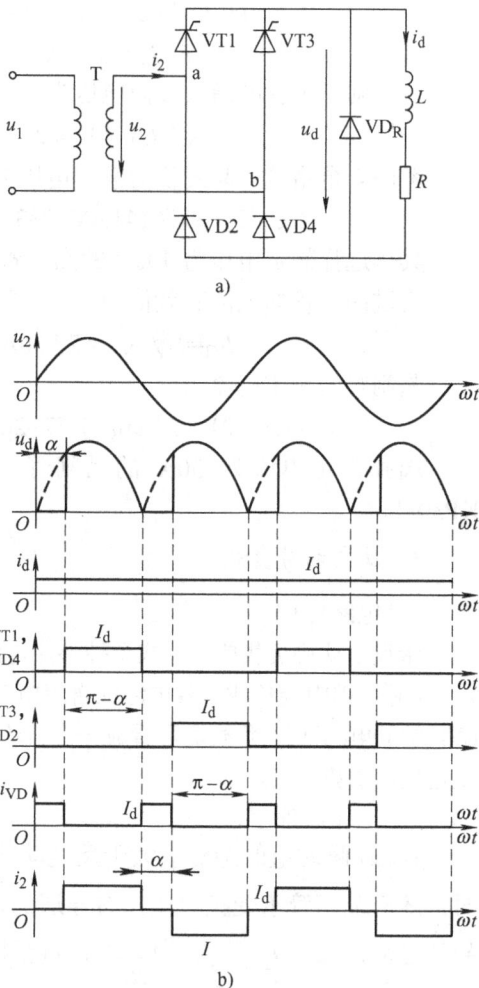

图 4-10 单相桥式半控整流电路有续流二极管阻感性负载时的电路及波形

综上所述，单相半控桥式整流电路带大电感负载时的工作特点是：晶闸管在触发时刻换流，二极管则在电源电压过零时换流。

失控及解决办法： 单相半控桥式整流电路带电感负载时，虽本身有自然续流能力，但实际运行中，当 α 突然增大至 $180°$ 或触发脉冲丢失时，会发生一个晶闸管持续导通而两个二极管轮流导通的情况，此时触发信号对输出电压失去控制作用，这使 u_d 成为正弦半波，即半周期 u_d 为正弦，另外半周期 u_d 为零，其平均值保持恒定，相当于单相半波不可控整流电路时的波形，这种现象称为失控。例如当 VT1 导通时切断触发电路，则当 u_2 变负时，由于电感的作用，负载电流由 VT1 和 VD2 续流，当 u_2 又为正时，因 VT1 是导通的，u_2 又经 VT1 和 VD4 向负载供电、出现失控现象。该电路实用中需加设续流二极管 VD_R，以避免可能发生的失控现象。

有续流二极管 VD_R 时，续流过程由 VD_R 完成，在续流阶段晶闸管关断，这就避免了某一个晶闸管持续导通从而导致失控的现象。同时，续流期间导电回路中只有一个管压降，少了一个管压降，有利于降低损耗。

（3）基本数量关系

单相半控整流电路由于存在自然换流的情况，整流输出电压的波形与全控桥电路带阻性负载相同，移相范围为 $0°\sim180°$，U_d、I_d 的计算公式和全控桥式带电阻性负载时的相同；流过晶闸管和二极管的电流都是宽度为 $\pi-\alpha$ 的方波。交流侧电流为正负对称的交变方波，宽度为 $\pi-\alpha$。

输出电压的平均值为

$$U_d = \frac{1}{\pi}\int_\alpha^\pi \sqrt{2}U_2\sin\omega t\,\mathrm{d}(\omega t) = \frac{2\sqrt{2}U_2}{\pi}\frac{1+\cos\alpha}{2} = 0.9U_2\frac{1+\cos\alpha}{2} \tag{4-25}$$

$\alpha=0°$ 时，$U_d = U_{d0} = 0.9U_2$；$\alpha=180°$ 时，$U_d = 0$。可见，α 的移相范围为 $0°\sim180°$。

输出电流的平均值为

$$I_d = \frac{U_d}{R} = \frac{2\sqrt{2}U_2}{\pi R}\frac{1+\cos\alpha}{2} = 0.9\frac{U_2}{R}\frac{1+\cos\alpha}{2} \tag{4-26}$$

流过晶闸管和二极管电流的平均值和有效值为

$$I_{dVT} = I_{dVD} = \frac{\pi-\alpha}{2\pi}I_d \quad I_{VT} = I_{VD} = \sqrt{\frac{\pi-\alpha}{2\pi}}I_d \tag{4-27}$$

流过续流二极管电流的有效值、电流平均值为

$$I_{VD_R} = \sqrt{\frac{\alpha}{\pi}}I_d \quad I_{dVDR} = \frac{\alpha}{\pi}I_d \tag{4-28}$$

流过变压器二次绕组的电流有效值为

$$I_2 = \sqrt{\frac{\pi-\alpha}{\pi}}I_d = \sqrt{2}I_{VT} \tag{4-29}$$

在一个周期内晶闸管承受的最大正反向电压为

$$U_{RM} = U_{FM} = \sqrt{2}U_2 \tag{4-30}$$

【**例 4-2**】 晶闸管串联的单相半控桥(桥中 VT1、VT2 为晶闸管)电路如图 4-11 所示，U_2=100V，阻感性负载，R=20Ω，L 值很大，当 α =60° 时，求流过器件电流的有效值，并做出 u_d、i_d、i_{VT}、i_{VD} 的波形。

解：u_d、i_d、i_{VT} 和 i_{VD} 的波形如图 4-12 所示。

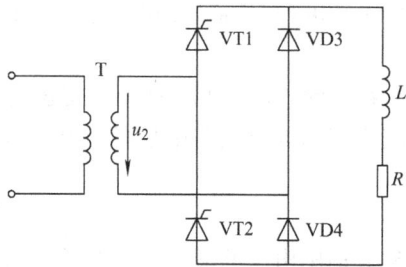

图 4-11 【例 4-2】的电路

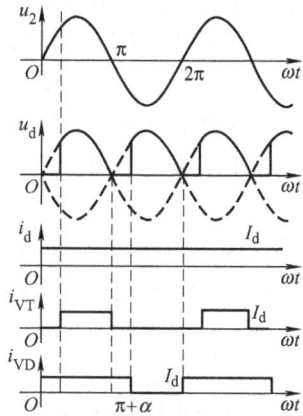

图 4-12 【例 4-2】的波形

负载电压的平均值为 $U_d = 0.9U_2 \dfrac{1+\cos 60°}{2} = 67.6\text{V}$

负载电流的平均值为 $I_d = U_d / R \approx 67.6\text{V} / 2\Omega = 33.8\text{A}$

流过晶闸管 VT1、VT2 的电流有效值为 $I_{VT} = \sqrt{\dfrac{1}{3}} I_d = 19.49\text{A}$

流过二极管 VD3、VD4 的电流有效值为 $I_{VD} = \sqrt{\dfrac{2}{3}} I_d = 27.56\text{A}$

4.1.4 单相全波可控整流电路

(1)电路结构及工作原理

单相全波可控整流电路又称单相双半波可控整流电路。其带电阻负载时的电路如图 4-13a 所示。

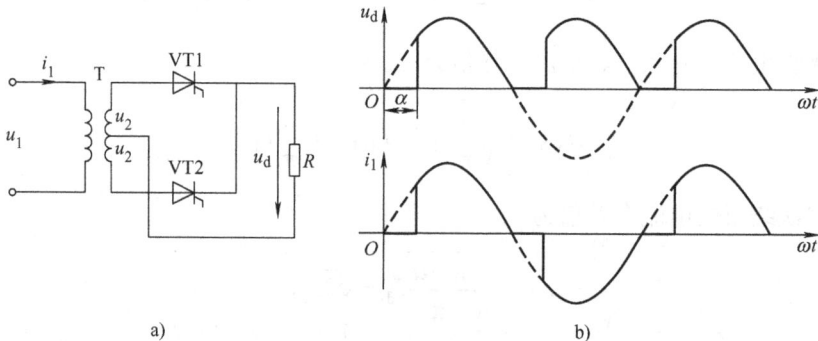

a)

b)

图 4-13 单相全波可控整流电路及波形

单相全波可控整流电路中，变压器 T 带中心抽头，在 u_2 正半周，VT1 工作，变压器二次绕组上半部分流过电流。在 u_2 负半周，VT2 工作，变压器二次绕组下半部分流过反方向的电流。图 4-13b 给出了 u_d 和变压器一次电流 i_1 的波形。由波形可知，单相全波可控整流电路的 u_d 波形与单相全控桥的一样，交流输入端电流波形也一样，变压器也不存在直流磁化的问题。当接其他负载时，也有相同的结论。

(2) 单相全波与单相全控桥电路的区别

单相全波与单相全控桥从直流输出端或从交流输入端看均是基本一致的，两者的区别在于：

1) 单相全波可控整流电路中变压器的二次绕组带中心抽头，结构较复杂。绕组及铁心对铜、铁等材料的消耗比单相全控桥多。

2) 单相全波可控整流电路中只用 2 个晶闸管，比单相全控拆式可控整流电路少 2 个，相应地，晶闸管的门极驱动电路也少 2 个。

3) 在单相全波可控整流电路中，晶闸管承受的最大电压为 $2\sqrt{2}U_2$，是单相全控桥式整流电路的 2 倍。

4) 单相全波可控整流电路中，导电回路只含 1 个晶闸管，比单相桥少 1 个，因而也少了一次管压降。

从上述 2)、4) 考虑，单相全波电路适宜于在低输出电压的场合应用。

表 4-1 总结了单相可控整流电路在不同负载时的基本数量关系。

表 4-1　单相可控整流电路在不同负载时的基本数量关系

主电路形式		单相半波	单相全波	单相半控桥	单相全控桥
阻性负载时整流输出电压		$0.45U_2\dfrac{1+\cos\alpha}{2}$	$0.9U_2\dfrac{1+\cos\alpha}{2}$	$0.9U_2\dfrac{1+\cos\alpha}{2}$	$0.9U_2\dfrac{1+\cos\alpha}{2}$
大电感负载时整流输出电压		接近零	$0.9U_2\cos\alpha$	$0.9U_2\dfrac{1+\cos\alpha}{2}$	$0.9U_2\cos\alpha$
脉动频率		f	$2f$	$2f$	$2f$
元件承受的最大电压		$\sqrt{2}U_2$	$2\sqrt{2}U_2$	$\sqrt{2}U_2$	$\sqrt{2}U_2$
移相范围	阻性负载或感性负载带续流二极管	$0\sim\pi$	$0\sim\pi$	$0\sim\pi$	$0\sim\pi$
	大电感负载	—	$0\sim\pi/2$	$0\sim\pi$	$0\sim\pi/2$
最大导通角		π	π	π	π
特点与适用场合		1 个晶闸管，简单。用于要求不高的小电流负载	2 个晶闸管，较简单。用于低压小电流场合	2 个晶闸管，较简单。用于不需要逆变的小频率场合	4 个晶闸管，可用于需要逆变的小功率场合

4.2　三相可控整流电路

当整流负载容量较大，或要求直流电压脉动较小时，应采用三相整流电路，其交流侧由三相电源供电。三相可控整流电路中，最基本的是三相半波可控整流电路，应用最为广泛的是三相桥式全控整流电路以及双反星形可控整流电路等，图 4-14 给出三相可控整流电路的分类。本节首先分析三相半波可控整流电路，然后分析三相桥式全控整流电路。

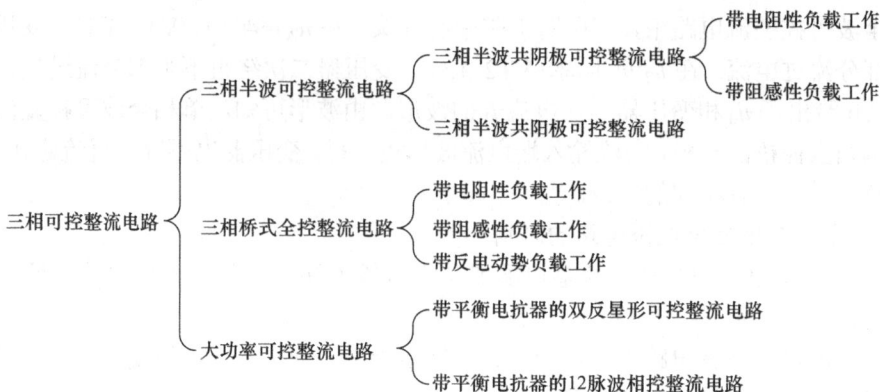

图 4-14　三相可控整流电路的分类

4.2.1　三相半波共阴极可控整流电路

1. 电阻性负载

（1）电路结构

带电阻性负载的三相半波可控整流电路如图 4-15 所示。为得到零线，变压器二次侧必须接成星形，而一次侧接成三角形，避免三次谐波流入电网。3 个晶闸管分别接入 a、b、c 三相电源，它们的阴极连接在一起，称为共阴极接法，这种接法触发电路有公共端，连线方便。

（2）工作原理

先分析电阻性负载 α =0° 时的工作情况，图 4-16a 为三相相电压 u_a、u_b、u_c 波形，图 4-16b 为 α =0° 时加到晶闸管的触发脉冲 u_G 此时该电路为三相半波不可

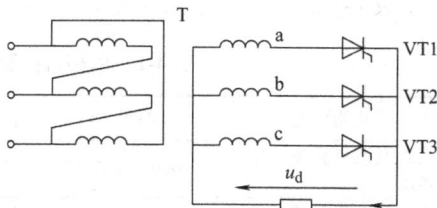

图 4-15　三相半波可控整流电路

控整流电路，3 个晶闸管对应的相电压中哪一个的值最大，则该相所对应的管子导通，并使另两相的晶闸管承受反压关断，输出整流电压即为该相的相电压，波形如图 4-16c 所示。在一个周期中，器件工作情况如下：在 $\omega t_1 \sim \omega t_2$ 期间，a 相电压最高，VT1 导通，$u_d = u_a$；在 $\omega t_2 \sim \omega t_3$ 期间，b 相电压最高，VT2 导通，$u_d = u_b$；在 $\omega t_3 \sim \omega t_4$ 期间，c 相电压最高，VT3 导通，$u_d = u_c$。此后，在下一周期相当于 ωt_1 的位置即 ωt_4 时刻，VT1 又导通，重复前一周期的工作情况。如此，一周期中 VT1、VT2、VT3 轮流导通，每管各导通 120°。u_d 波形为 3 个相电压在正半周的包络线。

在相电压的交点 ωt_1、ωt_2、ωt_3 处，均出现了晶闸管的换相，即电流由一个管子向另一个管子转移，称这些交点为自然换相点。对三相半波可控整流电路而言，自然换相点是各相晶闸管能触发导通的最早时刻，将其作为计算各晶闸管触发角 α 的起点，即 $\alpha = 0°$，要改变触发角只能是在此基础上增大，即沿时间坐标轴向右移。若在自然换相点处触发相应的晶闸管导通，则电路的工作情况与以上分析的整流工作情况一样。各种单相可控整流电路的自然换相点是变压器二次电压 u_2 的过零点。

当 α =0° 时，变压器二次侧 a 相绕组和晶闸管 VT1 的电流波形如图 4-16d 所示，另两相电流波形形状相同，相位依次滞后 120°，可见变压器二次绕组电流有直流分量。

图 4-16e 是 VT1 两端的电压波形，由 3 段组成：第 1 段，VT1 导通期间，为一管压降，可近似为 $u_{VT1}=0$；第 2 段，在 VT1 关断后，VT2 导通期间，$u_{VT1}=u_a-u_b=u_{ab}$，为一段线电压；第 3 段，在 VT3 导通期间，$u_{VT1}=u_a-u_c=u_{ac}$ 为另一段线电压。即晶闸管电压由一段管压降和两段线电压组成。由图可见，$\alpha=0°$ 时，晶闸管承受的两段线电压均为负值，随着 α 增大，晶闸管承受的电压中正的部分逐渐增多。其他两管上的电压波形形状相同，相位依次差 120°。

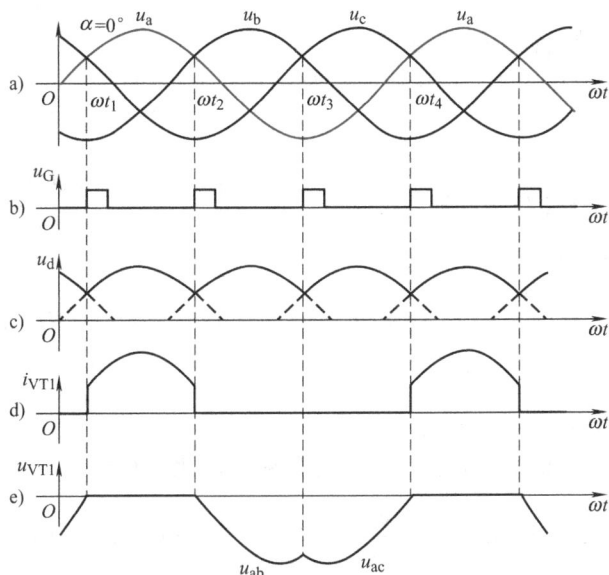

图 4-16 三相半波可控整流电路带电阻负载 $\alpha=0°$ 时的波形

增大 α 值，将脉冲后移，整流电路的工作情况相应地发生变化。

图 4-17 是 $\alpha=30°$ 时的波形。从输出电压、电流的波形可看出，这时负载电流处于连续和断续的临界状态，各相仍导电 120°

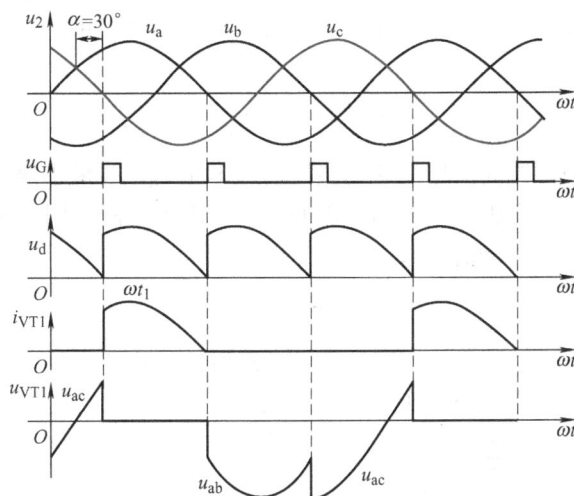

图 4-17 三相半波可控整流电路带电阻负载 $\alpha=30°$ 时的波形

如果 $\alpha>30°$，例如 $\alpha=60°$ 时，整流电压的波形如图 4-18 所示，当导通一相的相电压过零变负时，该相晶闸管关断。此时下一相晶闸管虽承受正电压，但它的触发脉冲还未到，不会导通，因此输出电压电流均为零，直到触发脉冲出现为止。这种情况下，负载电流断续，各晶闸管导通角为 $90°$，小于 $120°$。

若 α 继续增大，整流电压将越来越小，$\alpha=150°$ 时，整流输出电压为零。故电阻负载时 α 的移相范围为 $0°\sim150°$。

(3) 基本数量关系

整流电压平均值的计算分两种情况：

1) $0°\leqslant\alpha\leqslant30°$ 时，负载电流连续，有

$$U_{\mathrm{d}}=\frac{1}{\frac{2\pi}{3}}\int_{\frac{\pi}{6}+\alpha}^{\frac{5\pi}{6}+\alpha}\sqrt{2}U_2\sin\omega t\mathrm{d}(\omega t)=\frac{3\sqrt{6}}{2\pi}U_2\cos\alpha=1.17U_2\cos\alpha \tag{4-31}$$

当 $\alpha=0°$ 时，U_{d} 最大，为 $U_{\mathrm{d}}=U_{\mathrm{d0}}=1.17U_2$。

2) $\alpha>30°$ 时，负载电流断续，晶闸管导通角减小，此时有

$$U_{\mathrm{d}}=\frac{1}{\frac{2\pi}{3}}\int_{\frac{\pi}{6}+\alpha}^{\pi}\sqrt{2}U_2\sin\omega t\mathrm{d}(\omega t)=\frac{3\sqrt{2}}{2\pi}U_2\left[1+\cos\left(\frac{\pi}{6}+\alpha\right)\right]=0.675U_2\left[1+\cos\left(\frac{\pi}{6}+\alpha\right)\right]$$

$$\tag{4-32}$$

负载电流平均值为

$$I_{\mathrm{d}}=\frac{U_{\mathrm{d}}}{R} \tag{4-33}$$

晶闸管承受的最大反向电压，由图 4-16e 的 u_{VT1} 波形不难看出，为变压器二次线电压峰值，即

$$U_{\mathrm{RM}}=\sqrt{2}\times\sqrt{3}U_2=\sqrt{6}U_2=2.45U_2 \tag{4-34}$$

由于晶闸管阴极与中性线间的电压即为整流输出电压 u_{d}，其最小值为零，而晶闸管阳极与中性线间的最高电压等于变压器二次相电压的峰值，因此晶闸管阳极与阴极间的最大正向电压等于变压器二次相电压的峰值，即

$$U_{\mathrm{FM}}=\sqrt{2}U_2 \tag{4-35}$$

综上所述，三相半波可控整流电路带电阻性负载时的基本特点：

1) 一个区间内只有 1 个晶闸管导通，每周期内，3 个晶闸管轮流导通一次，流过晶闸管的电流平均值为负载电流 I_{d} 的 $\frac{1}{3}$。

2) 当 $\alpha=0°$ 时，输出电压最大；当 $\alpha=150°$ 时，输出电压为零，移相范围为 $0°\sim150°$。

3) 当 $\alpha\leqslant30°$ 时，负载电流连续，每个晶闸管导通角 $\theta=120°$；$\alpha>30°$ 时，负载电流断续，

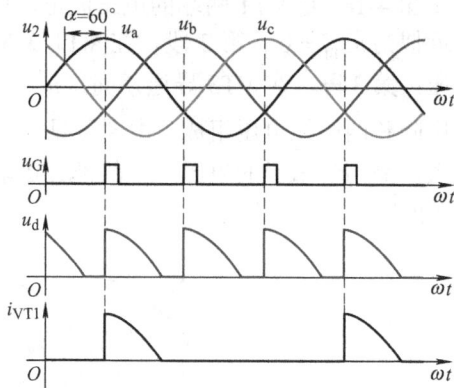

图 4-18　三相半波可控整流电路带电阻负载
$\alpha=60°$ 时的波形

晶闸管导通角 $\theta < 120°$。

4)晶闸管承受的最高正向电压为 $\sqrt{2}U_2$,最高反向电压为 $\sqrt{6}U_2$。

2. 阻感性负载

(1)电路结构

带阻感负载的三相半波可控整流电路如图 4-19 所示,分析电路时假设 L 值很大,则整流电流 i_d 的波形基本是平直的,流过晶闸管的电流接近矩形波。

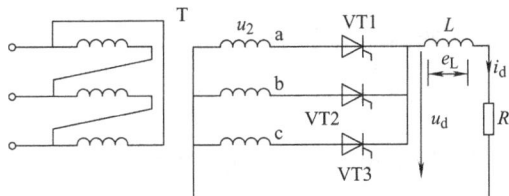

图 4-19 三相半波可控整流电路带阻感性负载时的电路

(2)工作原理

$\alpha \leqslant 30°$ 时,整流电压波形与电阻负载时相同,因为两种负载情况下,负载电流均连续。

$\alpha > 30°$ 时,例如 $\alpha = 60°$ 时的波形如图 4-20 所示。当 u_2 过零时,由于电感的存在,阻止电流下降,因而 VT1 继续导通,直到下一相晶闸管 VT2 的触发脉冲到来,才发生换流,由 VT2 导通向负载供电,同时向 VT1 施加反压使其关断。这种情况下 u_d 波形中出现负的部分,若 α 增大,u_d 波形中负的部分将增多,至 $\alpha = 90°$ 时,u_d 波形中正负面积相等,u_d 的平均值为零。可见阻感负载时 α 的移相范围为 $0° \sim 90°$。

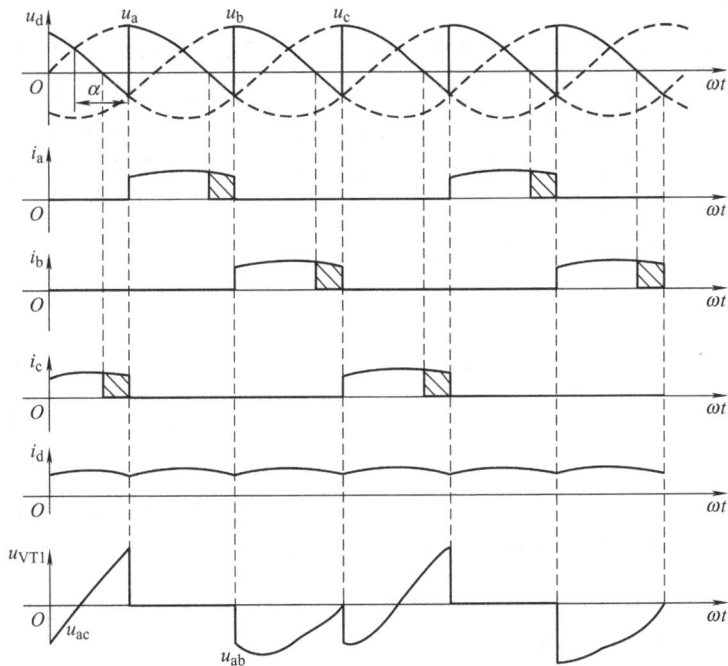

图 4-20 三相半波可控整流电路带阻感性负载 $\alpha = 60°$ 时的波形

(3)基本数量关系

由于负载电流连续,输出电压为

$$U_d = 1.17U_2 \cos\alpha \tag{4-36}$$

输出电流为

$$I_d = \frac{U_d}{R} \tag{4-37}$$

变压器二次电流即晶闸管电流的有效值为

$$I_2 = I_{VT} = \frac{1}{\sqrt{3}} I_d = 0.577 I_d \tag{4-38}$$

由此，可求出晶闸管的额定电流为

$$I_{VT(AV)} = \frac{I_{VT}}{1.57} = 0.368 I_d \tag{4-39}$$

晶闸管两端电压波形如图 4-20 所示，由于负载电流连续，因此晶闸管最大正反向电压峰值均为变压器二次线电压峰值，即

$$U_{FM} = U_{RM} = 2.45 U_2 \tag{4-40}$$

4.2.2 三相半波共阳极可控整流电路

（1）电路结构

将 3 个晶闸管的阳极连在一起，3 个晶闸管阴极分别接入 a、b、c 三相电源，变压器的中性线作为输出电压的正端，晶闸管共阳极端作为输出电压的负端，如图 4-21 所示。这种共阳极电路接法的 3 个触发器的输出必须彼此绝缘。

（2）工作原理

由于 3 个晶闸管的阴极分别与三相电源相连，阳极经过负载与三相绕组中性线连接，故各晶闸管只能在相电压为负时触发导通，换流总是从电位较高的相换到电位更低的那一相。自然换相点为三相电压负半波的交点，即触发角 $\alpha = 0°$ 的起始点。$\alpha = 30°$ 时输出电压的波形由图 4-22 可见，u_d、i_d 的波形均为负值，对于大电感负载，负载电流连续，晶闸管导通角仍为 120°。输出整流电压平均值

$$U_d = -1.17 U_2 \cos\alpha \tag{4-41}$$

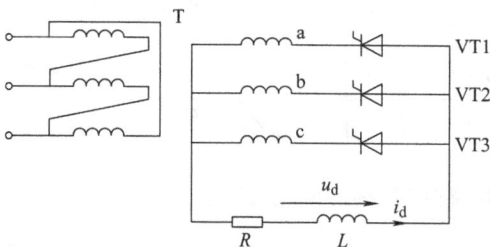

图 4-21 三相半波共阳极可控整流电路

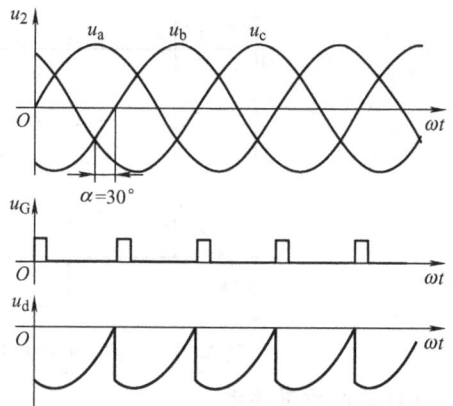

图 4-22 三相半波可控整流电路波形

三相半波可控整流电路中晶闸管器件少，接线简单，但变压器每相绕组只有 1/3 周期流过电流，变压器利用率低，由于绕组中电流是单方向的，故存在直流磁动势，为避免铁心饱和，须加大变压器铁心的截面积，因此其应用受到限制。

4.2.3 三相桥式全控整流电路

在各种整流电路中，应用最为广泛的是三相桥式全控整流电路。与三相半波电路相比，三相桥式全控整流电路输出整流电压提高一倍，输出电压的脉动较小、变压器利用率高且无直流磁化问题。

1. 电阻性负载

(1) 电路结构

三相桥式全控整流电路是由一组共阴极接法的三相半波可控整流电路和一组共阳极接法的三相半波电路输出端串联起来组成的，如图 4-23a 所示，两组负载完全相同且触发角一样，则流过两个负载的电流完全相等，电路中性线无电流通过，将中性线去掉，就成为三相桥式全控整流电路。

图 4-23 中阴极连接在一起的 3 个晶闸管(VT1、VT3、VT5)称为共阴极组；阳极连接在一起的 3 个晶闸管(VT4、VT6、VT2)称为共阳极组。此外，习惯上希望晶闸管按从 1 至 6 的顺序导通，为此将晶闸管按图示的顺序编号，即共阴极组中与 a、b、c 三相电源相接的 3 个晶闸管分别为 VT1、VT3、VT5，共阳极组中与 a、b、c 三相电源相接的 3 个晶闸管分别为 VT4、VT6、VT2。按此编号，晶闸管的导通顺序为 VT1—VT2—VT3—VT4—VT5—VT6。

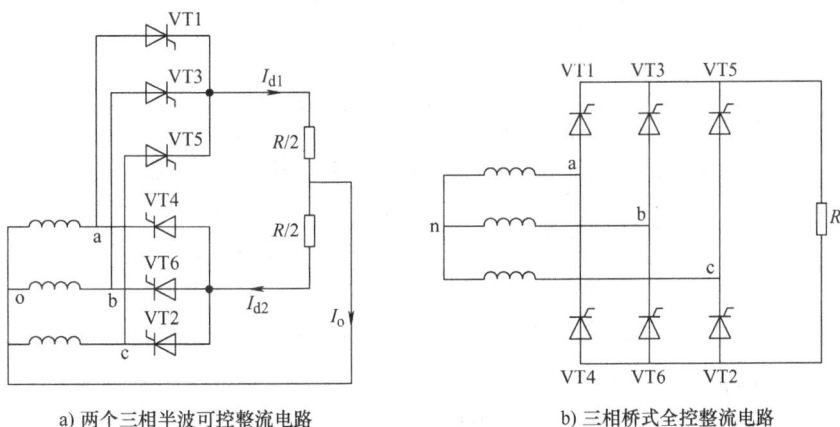

a) 两个三相半波可控整流电路   b) 三相桥式全控整流电路

图 4-23 三相桥式全控整流电路原理图

(2) 工作原理

首先分析晶闸管触发角 $\alpha = 0°$ 时的情况。此时，对于共阴极组的 3 个晶闸管，阳极所接交流电压值最高的一个导通。而对于共阳极组的 3 个晶闸管，则是阴极所接交流电压值最低(或者说负得最多)的一个导通。这样，任意时刻共阳极组和共阴极组中各有 1 个晶闸管处于导通状态，施加于负载上的电压为某一线电压。此时电路工作波形如图 4-24 所示。

$\alpha = 0°$ 时，各晶闸管均在自然换相点处换相。由图中变压器二次绕组相电压与线电压波形的对应关系看出，各自然换相点既是相电压的交点，同时也是线电压的交点。在分析 u_d 的波形时，既可从相电压波形分析，也可以从线电压波形分析。

从相电压波形看，以变压器二次侧的中点 n 为参考点，共阴极组晶闸管导通时，整流输出电压 u_{d1} 为相电压在正半周期的包络线；共阳极组导通时，整流输出电压 u_{d2} 为相电压在负半周的包络线，总的整流输出电压 $u_d = u_{d1} - u_{d2}$ 是两条包络线间的差值，将其对应到线电压波形上，即为线电压在正半周的包络线。

直接从线电压波形看，由于共阴极组中处于通态的晶闸管对应的是最大(正得最多)的相电压，而共阳极组中处于通态的晶闸管对应的是最小(负得最多)的相电压，输出整流电压 u_d 为这两个相电压相减，是线电压中最大的一个，因此输出整流电压 u_d 波形为线电压在正半周期的包络线。

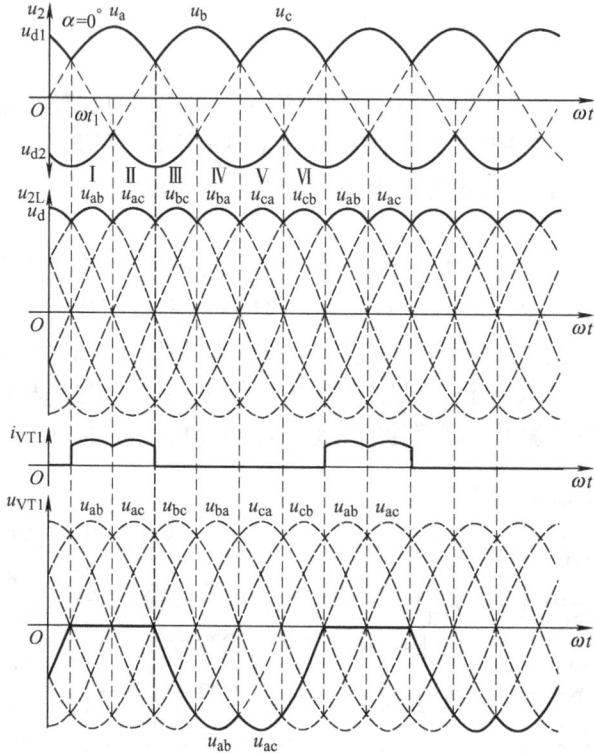

图 4-24　三相桥式全控整流电路带电阻负载 $\alpha = 0°$ 时的波形

为了说明各晶闸管的工作情况，将波形中的一个周期等分为 6 段，每段为 $60°$，如图 4-24 所示，每一段中导通的晶闸管及输出整流电压的情况如表 4-2 所示。由表 4-2 可见，6 个晶闸管的导通顺序为 VT1—VT2—VT3—VT4—VT5—VT6。

表 4-2　三相桥式全控整流电路电阻负载 $\alpha = 0°$ 时晶闸管的工作情况

时段	I	II	III	IV	V	VI
共阴极组中导通的晶闸管	VT1	VT1	VT3	VT3	VT5	VT5
共阳极组中导通的晶闸管	VT6	VT2	VT2	VT4	VT4	VT6
整流输出电压 u_d	$u_a - u_b = u_{ab}$	$u_a - u_c = u_{ac}$	$u_b - u_c = u_{bc}$	$u_b - u_a = u_{ba}$	$u_c - u_a = u_{ca}$	$u_c - u_b = u_{cb}$

从触发角 $\alpha = 0°$ 时的情况可以总结出三相桥式全控整流电路的一些特点如下：

1) 每个时刻均需 2 个晶闸管同时导通，形成向负载供电的回路，其中 1 个晶闸管是共阴极组的，1 个是共阳极组的，且不能为同一相的晶闸管。

2) 6 个晶闸管的脉冲按 VT1—VT2—VT3—VT4—VT5—VT6 的顺序触发，相位依次差 $60°$；共阴极组 VT1、VT3、VT5 的脉冲依次差 $120°$，共阳极组 VT4、VT6、VT2 也依次差

120°；同一相的上下两个桥臂，即 VT1 与 VT4，VT3 与 VT6，VT5 与 VT2，脉冲相差 180°。

3）整流输出电压 u_d 一周期脉动 6 次，每次脉动的波形都一样，故该电路为 6 脉波整流电路。

4）在整流电路合闸起动过程中或电流断续时，为确保电路的正常工作，需保证同时导通的 2 个晶闸管均有触发脉冲。为此，可采用两种方法：一种是使脉冲宽度大于 60°（一般取 80°～100°），称为宽脉冲触发。另一种是在触发某个晶闸管的同时，给该晶闸管前的一个晶闸管补发脉冲。即用两个窄脉冲代替宽脉冲，两个窄脉冲的前沿相差 60°，脉宽一般为 20°～ 30°，称为双脉冲触发。双脉冲电路较复杂，但要求的触发电路输出功率小。宽脉冲触发电路虽可少输出一半脉冲，但为了不使脉冲变压器饱和，需将铁心体积做得较大，绕组匝数较多，导致漏感增大，脉冲前沿不够陡，对于晶闸管串联使用不利。虽可用去磁绕组改善这种情况，但又使触发电路复杂化。因此，常用的是双脉冲触发。

5）$\alpha = 0°$ 时晶闸管承受的电压波形如图 4-24 所示。图中仅给出 VT1 的电压波形。将此波形与图 4-16 中三相半波时 VT1 电压波形比较可见，两者是相同的，晶闸管承受最大正、反向电压的关系也与三相半波时一样。

图 4-24 还给出了晶闸管 VT1 流过电流 i_{VT} 的波形，可以看出，晶闸管一周期中有 120° 处于通态，240° 处于断态，由于负载为电阻，故晶闸管处于通态时的电流波形与相应时段的 u_d 波形相同。

当触发角 α 改变时，电路的工作情况将发生变化。图 4-25 给出了 $\alpha = 30°$ 时的波形。从 ωt_1 开始把一个周期等分为 6 段，每段为 60°。与 $\alpha = 0°$ 时的情况相比，一周期中 u_d 波形仍由 6 段线电压构成，每一段导通晶闸管的编号仍符合表 4-2 的规律。区别在于，晶闸管起始导通时刻推迟了 30°，组成 u_d 的每一段线电压因此推迟 30°，u_d 平均值降低。晶闸管电压波形也相应发生变化。图中同时给出了变压器二次侧 a 相电流 i_a 的波形，该波形的特点是，在 VT1 处于通态的 120° 期间，i_a 为正，i_a 波形的形状与同时段的 u_d 波形相同，在 VT4 处于通态的 120° 期间，i_a 波形的形状也与同时段的 u_d 波形相同，但为负值。

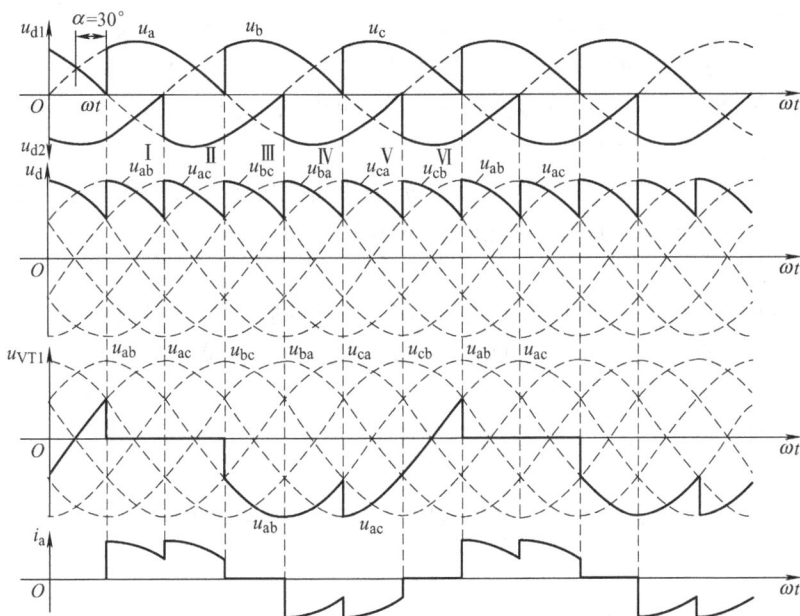

图 4-25 三相桥式全控整流电路带电阻负载 $\alpha = 30°$ 时的波形

图 4-26 给出了 $\alpha = 60°$ 时的波形，电路工作情况仍可对照表 4-2 分析。u_d 波形中每段线电压的波形继续向后移，u_d 平均值继续降低。$\alpha = 60°$ 时 u_d 出现了为零的点。

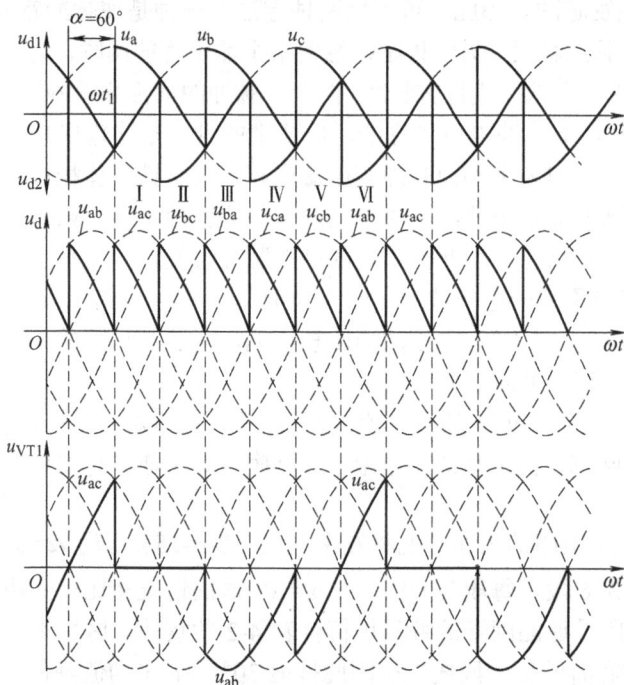

图 4-26   三相桥式全控整流电路带电阻负载 $\alpha = 60°$ 时的波形

由以上分析可见，当 $\alpha \leqslant 60°$ 时，u_d 波形均连续，对于电阻负载，i_d 波形与 u_d 波形的形状是一样的，也连续。

当 $\alpha > 60°$ 时，如 $\alpha = 90°$ 时电阻负载情况下的工作波形如图 4-27 所示，此时 u_d 波形每 60° 中有 30° 为零，这是因为电阻负载时 i_d 波形与 u_d 波形一致，一旦 u_d 降至零，i_d 也降至零，流过晶闸管的电流即降至零，晶闸管关断，输出整流电压 u_d 为零，因此 u_d 波形不能出现负值。图 4-27 中还给出了晶闸管电流的波形。

如果 α 继续增大至 120°，整流输出电压 u_d 波形将全为零，其平均值也为零，可见带电阻负载时三相桥式全控整流电路 α 的移相范围是 0° ～ 120°。

(3) 基本数量关系

由以上分析可知，整流输出电压 u_d 的波形在一周期内脉动 6 次，且每次脉动的波形相同，因此在计算其平均值时，只需对一个脉波(即 1/6 周期)进行计算即可。以线电压的过零点为时间坐标的零点。

当 $\alpha \leqslant 60°$ 时，整流输出电压连续时的平均值为

$$U_d = \frac{1}{\frac{\pi}{3}} \int_{\frac{\pi}{3} + \alpha}^{\frac{2\pi}{3} + \alpha} \sqrt{6} U_2 \sin \omega t \, d(\omega t) = 2.34 U_2 \cos \alpha \tag{4-42}$$

当 $\alpha > 60°$ 时，整流输出电压断续时电压平均值为

$$U_{d} = \frac{3}{\pi} \int_{\frac{\pi}{3}+\alpha}^{\pi} \sqrt{6} U_{2} \sin \omega t \mathrm{d}(\omega t) = 2.34 U_{2} \left[1 + \cos\left(\frac{\pi}{3} + \alpha\right) \right] \tag{4-43}$$

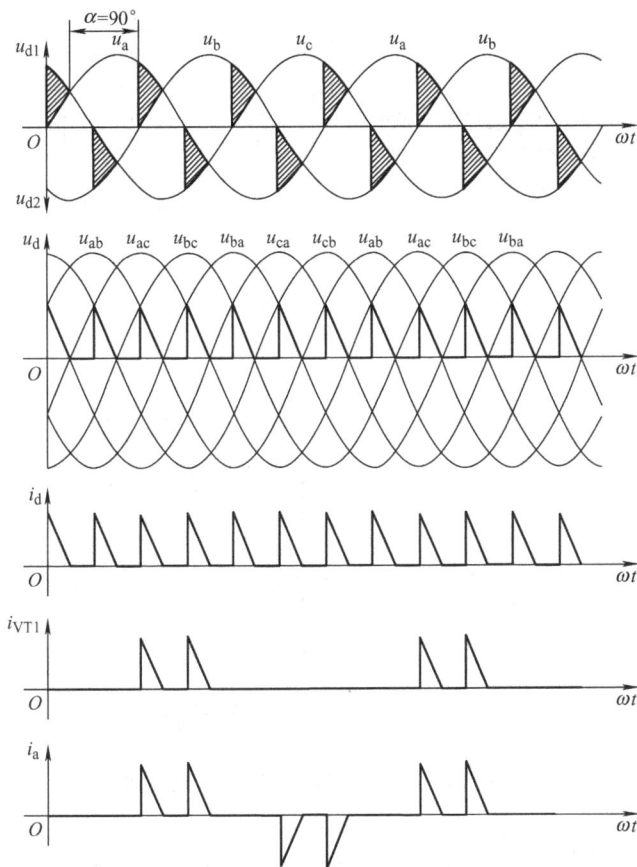

图 4-27 三相桥式全控整流电路带电阻负载 $\alpha = 90°$ 时的波形

输出电流平均值为

$$I_{d} = U_{d}/R \tag{4-44}$$

2. 阻感性负载

(1)电路结构

三相桥式全控整流电路带阻感负载的电路如图 4-28 所示。

当 $\alpha \leqslant 60°$ 时，u_{d} 波形连续，电路的工作情况与带电阻负载时十分相似，各晶闸管的通断情况、输出整流电压 u_{d} 波形、晶闸管承受的电压波形等都一样。区别在于负载不同时，同样的整流输出电压加到负载上，得到的负载电流 i_{d} 波形不同，电阻负载时 i_{d} 波形与 u_{d} 的波形形状一样。而阻感负载时，由于电感的作用，使得负载电流波形变得平直，当电感足够大时，负载电流的波形可近似为一条水平线。图 4-29 和图 4-30 分别给出了三相桥式全控整流电路带阻感性负载 $\alpha = 0°$ 和 $\alpha = 30°$ 时的波形。

图 4-29 中除给出 u_{d} 波形和 i_{d} 波形外，还给出了晶闸管 VT1 电流 i_{VT1} 的波形。由波形图可见，在晶闸管 VT1 导通段，i_{VT1} 波形由负载电流 i_{d} 波形决定，和 u_{d} 波形不同。

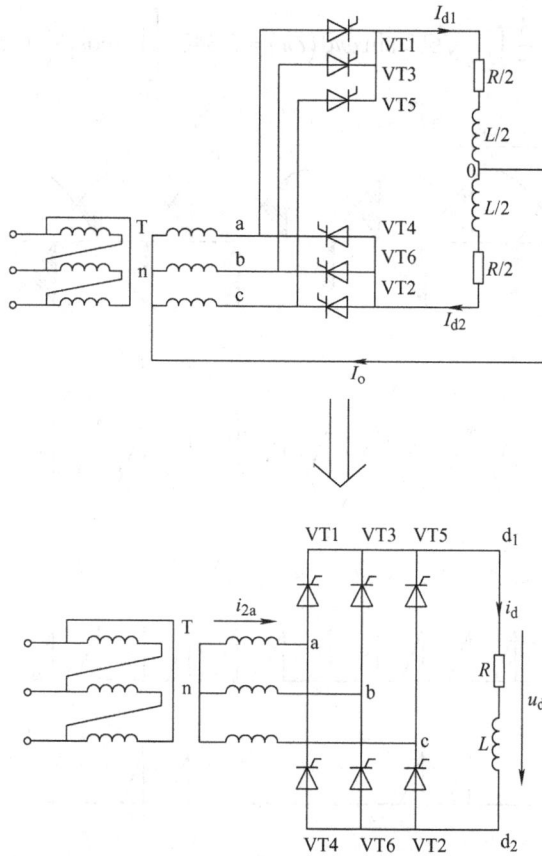

图 4-28 三相桥式全控整流电路带阻感性负载的电路

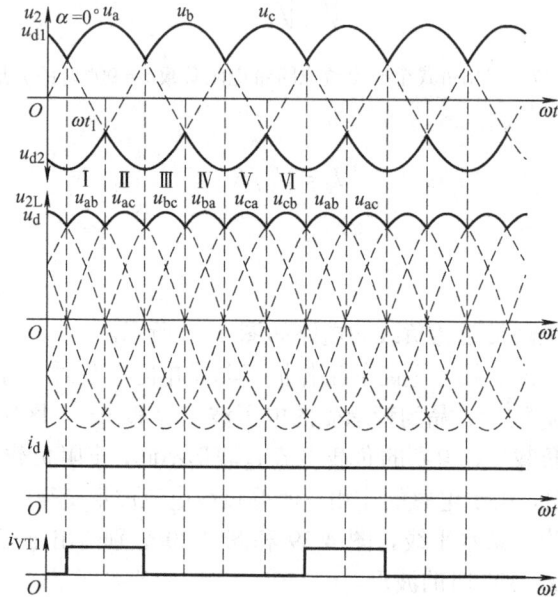

图 4-29 三相桥式全控整流电路带阻感性负载 $\alpha = 0°$ 时的波形

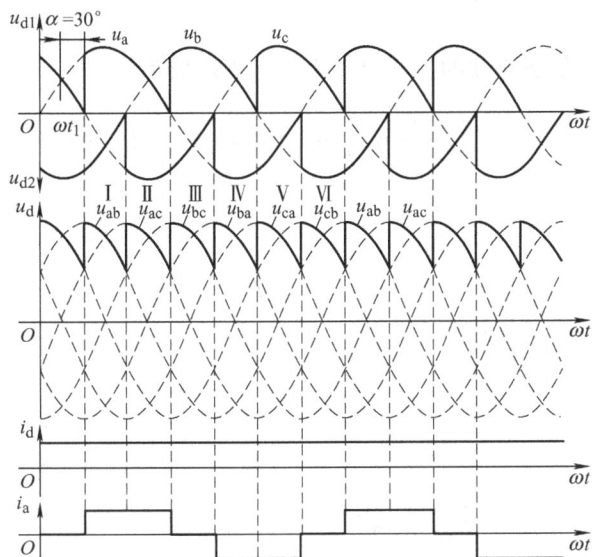

图 4-30 三相桥式全控整流电路带阻感性负载 $\alpha = 30°$ 时的波形

当 $\alpha > 60°$ 时，阻感性负载时的工作情况与电阻性负载时不同，电阻性负载时 u_d 波形不会出现负的部分，而阻感性负载时，由于电感 L 的作用，u_d 波形会出现负的部分。图 4-31 给出了 $\alpha = 90°$ 时的波形。若电感 L 足够大，u_d 中正负面积将基本相等，u_d 的平均值近似为零。这表明，带阻感负载时，三相桥式全控整流电路的 α 移相范围为 $0 \sim 90°$。

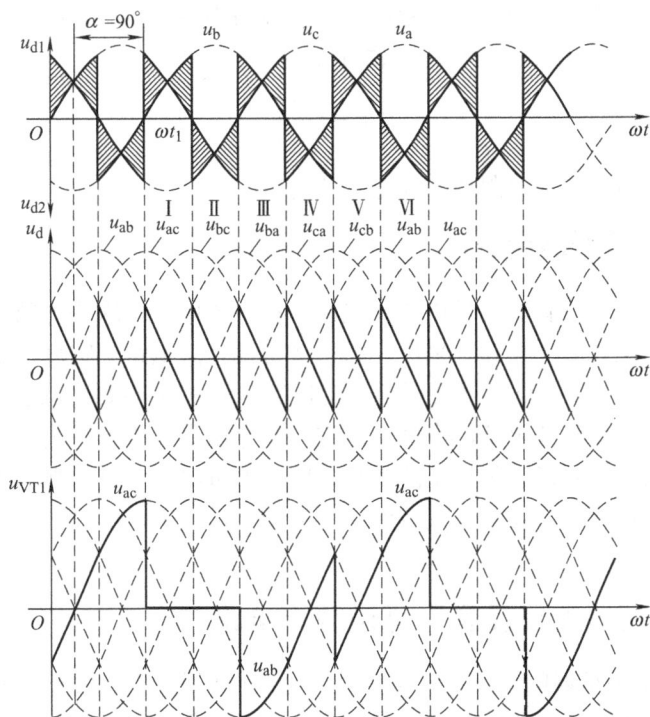

图 4-31 三相桥式整流电路带阻感性负载 $\alpha = 90°$ 时的波形

(2)基本数量关系

由于输出电压 u_d 波形是连续的，所以输出电压平均值为

$$U_d = \frac{1}{\frac{\pi}{3}} \int_{\frac{\pi}{3}+\alpha}^{\frac{2\pi}{3}+\alpha} \sqrt{6}U_2 \sin\omega t \, \mathrm{d}(\omega t) = 2.34U_2 \cos\alpha \tag{4-45}$$

输出电流平均值为

$$I_d = U_d / R \tag{4-46}$$

晶闸管电流平均值和有效值为

$$I_{dVT} = \frac{1}{2\pi} \int_{\alpha}^{\frac{2\pi}{3}+\alpha} I_d \, \mathrm{d}(\omega t) = \frac{1}{3} I_d \tag{4-47}$$

$$I_{VT} = \sqrt{\frac{1}{2\pi} I_d^2 \frac{2\pi}{3}} = \frac{1}{\sqrt{3}} I_d \tag{4-48}$$

整流变压器二次电流波形如图 4-30 所示，为正负半周各宽 120°、前沿相差 180° 的矩形波，其有效值为

$$I_2 = \sqrt{\frac{1}{2\pi}\left(I_d^2 \times \frac{2}{3}\pi + (-I_d)^2 \times \frac{2}{3}\pi\right)} = \sqrt{\frac{2}{3}} I_d = 0.816 I_d \tag{4-49}$$

晶闸管承受的正反向电压的最大值为电源线电压的峰值 $\sqrt{6}U_2$。

当三相桥式全控整流电路接反电动势阻感负载时，在负载电感足够大足以使负载电流连续的情况下，电路工作情况与电感性负载时相似，电路中各处电压、电流波形均相同，仅在计算 I_d 时有所不同，接反电动势阻感性负载时的 I_d 为

$$I_d = \frac{U_d - E}{R} \tag{4-50}$$

式中，R 和 E 分别为负载中的电阻值和反电动势的值。

4.3 大功率可控整流电路

在实际工程中，有些设备需要低电压大电流可控直流电源，这些电源一般电压只有几十伏，而电流高达几千至几万安。如果采用三相桥式可控整流电路，则每相需要十几个晶闸管并联才能满足这么大的电流，这样就使得元件的均流、保护等一系列问题复杂化。我们知道，三相桥式电路是两个三相半波电路的串联，适宜在高电压小电流的情况下工作；对于低压大电流负载，可采用两组三相半波可控整流电路并联，使每组电路只承担负载电流的一半，同时对变压器二次侧采用适当的连接方式以消除直流磁化，带平衡电抗器的双反星形可控整流电路属于这类电路。

4.3.1 带平衡电抗器的双反星形可控整流电路

图 4-32 为带平衡电抗器的双反星形可控整流电路原理图。电路中整流变压器一次绕组接成三角形，两个二次绕组 a,b,c 和 a′,b′,c′ 接成星形，但接到晶闸管的两绕组同名端相反，是两个相反的星形，故称双反星形。在两个中点之间接有平衡电抗器 L_p。所谓平衡电抗器就是一

个带有中心抽头的铁心线圈，抽头两侧的绕组匝数相等，两边电感 $L_{p1}=L_{p2}$，在任一边线圈中有交变电流流过时，在 L_{p1} 与 L_{p2} 中均会有大小相同、方向一致的感应电动势产生。平衡电抗器类似于变压器漏感。

变压器二次侧每相有两个匝数相同、极性相反（同名端相反）的绕组，分别构成 a,b,c 和 a',b',c' 两组。a 和 a' 绕在同一铁心上，同样 b 和 b'、c 和 c'也都绕在同一铁心上。同一铁心两个绕组上的线电压相位差 180°，因而两组相电流在相位上也差 180°。由于两组三相半波电路并联，每组只供给负载电流的一半为 $I_d/2$，每一相的电流平均值都为 $I_d/6$，而对铁心磁化方向相反，因而直流磁动势相互抵消，没有直流磁化。

双反星形电路中并联的两组三相半波电路输出的整流电压互差 60°，在同一触发角下，虽然两组电压平均值相等，但瞬时值不等，真正是由于平衡电抗器的作用补偿了两组输出 u_{d1} 和 u_{d2} 的瞬时值电位差，可以使两组晶闸管同时导电，向负载供电。每相的触发脉冲，从第一个正自然换相点开始计算起，分别为 1,3,5 和 2,4,6。这样，在不同的时刻导通的晶闸管分别为 6,1、1,2、2,3、3,4、4,5、5,6、6,1、…。图 4-33 给出带平衡电抗器的双反星形可控整流电路在 $\alpha=0°$ 时输出电压的波形。

输出电压 U_d 的瞬时电压为导通两相电压瞬时值的平均值。

$$u_p = u_{d2} - u_{d1} \tag{4-51}$$

$$u_d = u_{d2} - \frac{1}{2}u_p = u_{d1} + \frac{1}{2}U_p = \frac{1}{2}(u_{d1} + u_{d2}) \tag{4-52}$$

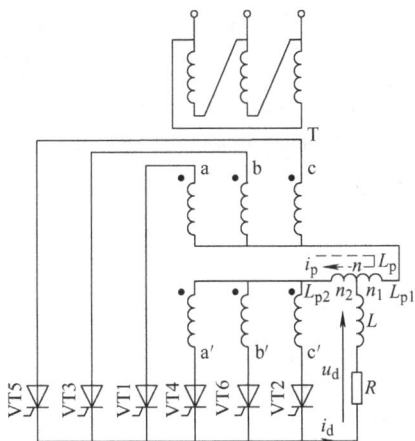

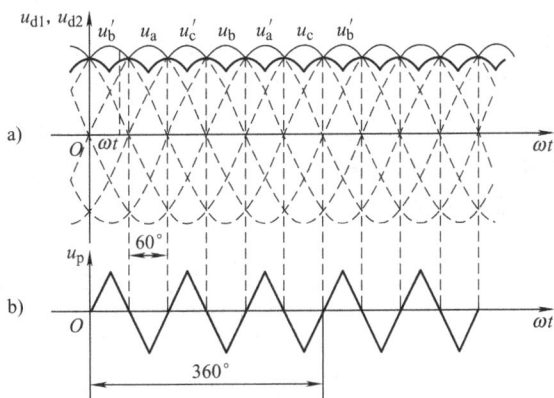

图 4-32 带平衡电抗器的双反星形可控整流电路   图 4-33 带平衡电抗器的双反星形可控整流电路波形

将双反星形电路与三相桥式电路进行比较可得出以下结论：

1）三相桥为两组三相半波串联，而双反星形为两组三相半波并联，且后者需用平衡电抗器。

2）当 U_2 相等时，双反星形电路的整流输出平均电压 U_d 是三相桥的 1/2，而 I_d 与三相桥式电路相比，在采用相同的晶闸管条件下，双反星形电路的输出电流可大一倍。

3）两种电路中，晶闸管的导通及触发脉冲的分配关系一样，整流输出电压 U_d 和负载电流 I_d 的波形形状一样。

4.3.2 两组三相桥式整流电路并联的 12 脉波相控整流电路

大功率整流电路在电机调速、电化学加工和可再生能源变换等工业系统中得到了广泛应用，但其非线性和时变性特性给电网带来了大量的谐波。多脉波整流技术是解决大功率整流电路谐波污染的有效措施。在一个周期内，整流装置输出电压的脉波数越多，则它的谐波阶次越高，谐波幅度越小，其整流特性越好。当负载更大且要求电压脉动更小时，可采用两个三相桥式相控整流电路并联，构成 12 脉波相控整流电路。

两组三相桥式整流电路并联的 12 脉波相控整流电路如图 4-34 所示，它由两组三相桥式全控整流电路经平衡电抗器并联组成。三相桥式全控整流电路的输出电压为 6 脉波整流电压，为了得到 12 脉波整流电压，需要两组三相交流电源，且两组电源间的相位差为 $\pi/6$。为此，整流变压器采用三相三绕组变压器，一次绕组采用 Y 联结，二次绕组 a1、b1、c1 采用 Y 联结，其每相的匝数为 N_2；绕组 a2、b2、c2 采用 D 联结，其每相的匝数为 $\sqrt{3}\,N_2$，这样变压器两个二次绕组的线电压数值相等。

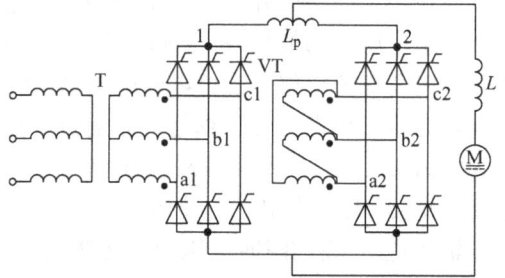

图 4-34　并联的 12 脉波相控整流电路

由于 1 组桥 a、b 端所接的是变压器二次绕组 a1、b1 相的线电压，而 2 组桥 a、b 端所接的是变压器二次绕组 a2 的相电压，因此 1、2 两组桥所接的是两个相位相差 30°、大小相等的三相电压。

当 $\alpha=0°$ 时，1、2 组桥输出的为两个波形相同、相差 30° 的 6 脉波整流电压 u_{d1}、u_{d2}，如图 4-35 所示。在区间 1，$u_{d1} > u_{d2}$；在区间 2，$u_{d1} < u_{d2}$。若无平衡电抗器 L_p，任何时候都只有一组桥在工作，并提供全部负载电流。在加了平衡电抗器 L_p 以后，任何时刻 $u_p=u_{d1}-u_{d2}$，在平衡电抗器两个绕组上各电压降为 $u_p/2$，从而使 u_{d1}、u_{d2} 平衡，两个桥同时导通，共同承担负载电流。这样，每个整流期间及变压器二次绕组的导通时间增加了一倍，而整流桥的输出电流为负载电流的一半。

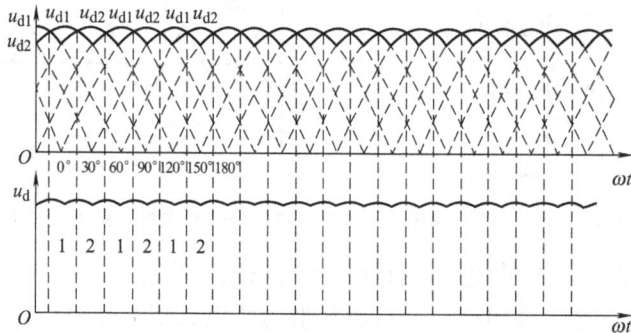

图 4-35　12 脉波相控整流电路的输出电压波形

12 脉波相控整流电路一个周期输出 12 个波头，脉动减小，不仅可以减少交流输入电流的谐波，同时也可以减少直流输出电压中的谐波幅值。两组三相桥式整流电路并联的 12 脉波相控整流电路输出电压平均值与一组三相桥的整流电压平均值相等，它适合于大电流应用。

4.3.3 两组三相桥式整流电路串联的 12 脉波相控整流电路

12 脉波串联整流电路的原理图见图 4-36。其中，Ⅰ和Ⅱ为 2 组整流桥串联；整流变压器二次绕组 a_1, b_1, c_1 和 a_2, b_2, c_2 分别采用 Y 联结和 D 联结，构成 30° 相位差的两组电压，而 D 联结的变压器二次绕组相电压为 Y 联结二次绕组相电压的 $\sqrt{3}$ 倍，当变压器一次绕组和两组二次绕组的匝数比为 $1:1:\sqrt{3}$ 时，二次侧两绕组的线电压有效值相等。

从整流电路的连接可知，两组整流桥电路输出电压是相加的关系，输出电压是一组整流电路的 2 倍，输出电流没有扩大。图 4-37 给出了 12 相整流电路变压器一次电流波形。

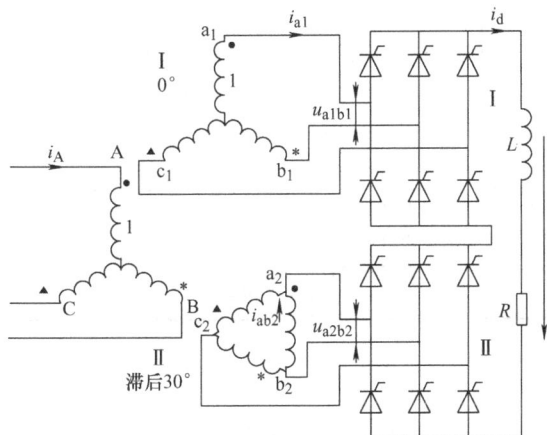

图 4-36 串联的 12 脉波相控整流电路

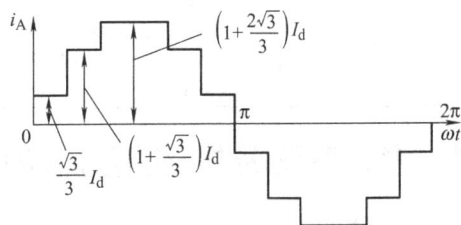

图 4-37 12 相整流电路变压器一次电流波形

其 A 相一次侧输入电流为

$$i_A = \frac{4\sqrt{3}}{\pi} I_d \left[\sin(\omega t) + \frac{1}{11}\sin(11\omega t) + \frac{1}{13}\sin(13\omega t) \frac{1}{23}\sin(23\omega t) + \frac{1}{25}\sin(25\omega t) \right] \quad (4\text{-}53)$$

即网侧电流含有 $12k\pm1$ 次谐波。

将两组整流桥的输出电压串联起来向负载供电，这种方式称为串联多重结构。该线路适合于负载要求高电压、高供电质量的场合。

常见三相可控整流电路在不同负载下的数量关系见表 4-3。

表 4-3 常见三相可控整流电路在不同负载下的数量关系

整流主电路		三相半波整流电路	三相桥式全控整流电路	带平衡电抗器的双反星形可控整流电路
触发角 $\alpha=0°$ 时，空载直流输出电压平均值 U_{d0}		$1.17U_2$	$2.34U_2$	$1.17U_2$
触发角 $\alpha \neq 0°$ 时空载直流输出电压平均值	电阻性负载或电感性负载有续流二极管的情况	当 $0 \leqslant \alpha \leqslant \frac{\pi}{6}$ 时为 $U_{d0}\cos\alpha$ 当 $\frac{\pi}{6} < \alpha \leqslant \frac{5\pi}{6}$ 时为 $0.577U_{d0}\left[1+\cos\left(\alpha+\frac{\pi}{6}\right)\right]$	当 $0 \leqslant \alpha \leqslant \frac{\pi}{3}$ 时为 $U_{d0}\cos\alpha$ 当 $\frac{\pi}{3} < \alpha \leqslant \frac{2\pi}{3}$ 时为 $U_{d0}\left[1+\cos\left(\alpha+\frac{\pi}{3}\right)\right]$	当 $0 \leqslant \alpha \leqslant \frac{\pi}{3}$ 时为 $U_{d0}\cos\alpha$ 当 $\frac{\pi}{3} < \alpha \leqslant \frac{2\pi}{3}$ 时为 $U_{d0}\left[1+\cos\left(\alpha+\frac{\pi}{3}\right)\right]$
	电阻+无限大电感的情况	$U_{d0}\cos\alpha$	$U_{d0}\cos\alpha$	$U_{d0}\cos\alpha$

(续)

整流主电路		三相半波整流电路	三相桥式全控整流电路	带平衡电抗器的双反星形可控整流电路
$\alpha = 0°$时	脉动电压的最低脉动频率	$3f$	$6f$	$6f$
	脉动系数	0.25	0.057	0.057
元件承受的最大正反向电压		$\sqrt{6}U_2$	$\sqrt{6}U_2$	$\sqrt{6}U_2$
移相范围	纯电阻性负载或电感性负载有续流二极管的情况	$0 \sim \dfrac{5\pi}{6}$	$0 \sim \dfrac{2\pi}{3}$	$0 \sim \dfrac{2\pi}{3}$
	电阻+无限大电感的情况	$0 \sim \dfrac{\pi}{2}$	$0 \sim \dfrac{\pi}{2}$	$0 \sim \dfrac{\pi}{2}$
最大导通角		$\dfrac{2\pi}{3}$	$\dfrac{2\pi}{3}$	$\dfrac{2\pi}{3}$
特点与使用场合		电路最简单，但元件承受电压高，对变压器或交流电源因存在直流分量，故较少采用或用在功率不大的场合	各项指标好，用于电压控制要求高或者要求逆变的场合。但晶闸管要 6 个，触发比较复杂	在相同 I_d 时，元件电流等级最低，电流仅经过一个元件产生压降，因此适用于低压大电流场合

4.4 考虑变压器漏感的整流电路

在前面分析整流电路时，均假设变压器是理想的，认为换相是瞬时完成的。但实际上变压器绕组总有漏感，该漏感可用一个集中的电感 L_B 表示，并将其折算到变压器二次侧。由于电感对电流的变化起阻碍作用，电感电流不能突变，因此换相过程不能瞬间完成，而是会持续一段时间。

4.4.1 换相过程与换相重叠角

下面以三相半波为例，分析考虑变压器漏感时的换相过程以及有关参量的计算。

图4-38为考虑变压器漏感时的三相半波可控整流电路带电感负载的电路图及波形。假设负载中电感很大，负载电流为水平线。

该电路在交流电源的一周期内有 3 次晶闸管换相过程，因各次换相情况一样，这里只分析从 VT1 换相至 VT2 的过程。在 ωt_1 时刻之前 VT1 导通，ωt_1 时刻触发 VT2，VT2 导通，此时因 a、b 两相均有漏感，故 i_a、i_b 均不能突变，于是 VT1 和 VT2 同时导通，这相当于将 a、b 两相短路，两相间电压差为 $u_b - u_a$，它在两相组成的回路中产生环流 i_k，如图 4-38a 所示。由于回路中含有两个漏感，故有 $2L_B(\mathrm{d}i_k/\mathrm{d}t) = u_b - u_a$。这时，$i_b = i_k$ 是逐渐增大的，而 $i_a = I_d - i_k$ 是逐渐减小的。当 i_k 增大到等于 I_d 时，$i_a = 0$，VT1 关断，换相过程结

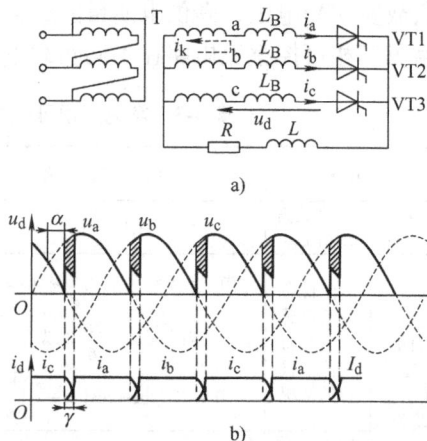

图 4-38　考虑变压器漏感时的三相半波可控整流电路及波形

束。换相过程持续的时间用电角度 γ 表示，称为换相重叠角。

4.4.2　换相期间基本的数量关系

（1）整流输出电压瞬时值

在换相过程中，整流输出电压瞬时值为

$$u_d = u_a + L_B \frac{di_k}{dt} = u_b - L_B \frac{di_k}{dt} = \frac{u_a + u_b}{2} \tag{4-54}$$

由式（4-54）可知，在换相过程中，整流电压 u_d 为同时导通的两个晶闸管所对应的两个相电压的平均值，由此可得 u_d 波形，如图 4-38b 所示。

（2）换相压降

与不考虑变压器漏感时相比，每次换相 u_d 波形均少了阴影标出的一块，导致 u_d 平均值降低，降低的多少用 ΔU_d 表示，称为换相压降。

$$\Delta U_d = \frac{1}{2\pi/3} \int_{\frac{5\pi}{6}+\alpha}^{\frac{5\pi}{6}+\alpha+\gamma} (u_b - u_d) \mathrm{d}(\omega t) = \frac{3}{2\pi} \int_{\frac{5\pi}{6}+\alpha}^{\frac{5\pi}{6}+\alpha+\gamma} \left[u_b - \left(u_b - L_B \frac{di_k}{dt} \right) \right] \mathrm{d}(\omega t)$$
$$= \frac{3}{2\pi} \int_{\frac{5\pi}{6}+\alpha}^{\frac{5\pi}{6}+\alpha+\gamma} L_B \frac{di_k}{dt} \mathrm{d}(\omega t) = \frac{3}{2\pi} \int_0^{I_d} \omega L_B di_k = \frac{3}{2\pi} X_B I_d \tag{4-55}$$

式中，$X_B = \omega L_B$，X_B 是漏感为 L_B 的变压器每相折算到二次侧的漏电抗。

（3）换相重叠角

对下式两边积分：

$$\frac{di_k}{dt} = \frac{u_b - u_a}{2L_B} = \frac{\sqrt{6}U_2 \sin\left(\omega t - \frac{5\pi}{6}\right)}{2L_B} \tag{4-56}$$

当 $\omega t = \alpha + \gamma$，$i_k = I_d$ 时，得到换相重叠角 γ 的计算：

$$\cos\alpha - \cos(\alpha + \gamma) = \frac{2X_B I_d}{\sqrt{6}U_2} \tag{4-57}$$

由此式即可计算出换相重叠角 γ。对上式进行分析得出 γ 随其他参数变化的规律：

1）I_d 越大则 γ 越大。

2）X_B 越大则 γ 越大。

3）当 $\alpha \leqslant 90°$ 时，α 越小则 γ 越大。

（4）各种整流电路换相压降和换相重叠角的计算

对于其他整流电路，可用同样的方法进行分析，将结果列于表 4-4 中。表中所列 m 脉波整流电路的公式为通用公式，可适用于各种整流电路，对于表中未列出的电路，可用该公式导出。需要注意的是：单相全控桥电路中，X_B 在一周期的两次换相中起作用，等效为 $m=4$；三相桥等效为相电压有效值等于 $\sqrt{3}U_2$ 的 6 脉波整流电路，故 $m=6$，相电压有效值按 $\sqrt{3}U_2$ 代入。

表 4-4　各种整流电路换相压降和换相重叠角的计算

参数＼电路形式	单相全波	单相全控桥	三相半波	三相全控桥	m 脉波整流电路
ΔU_d	$\dfrac{X_B}{\pi}I_d$	$\dfrac{2X_B}{\pi}I_d$	$\dfrac{3X_B}{2\pi}I_d$	$\dfrac{3X_B}{\pi}I_d$	$\dfrac{mX_B}{2\pi}I_d$
$\cos\alpha-\cos(\alpha+\gamma)$	$\dfrac{I_dX_B}{\sqrt{2}U_2}$	$\dfrac{2I_dX_B}{\sqrt{2}U_2}$	$\dfrac{2X_BI_d}{\sqrt{6}U_2}$	$\dfrac{2X_BI_d}{\sqrt{6}U_2}$	$\dfrac{I_dX_B}{\sqrt{2}U_2\sin\dfrac{\pi}{m}}$

4.4.3　变压器漏感对整流电路的影响

根据以上分析及结果可得出变压器漏感对整流电路影响的一些结论：

1）出现换相重叠角 γ ，整流输出电压平均值 U_d 降低。

2）整流电路的工作状态增多，例如三相桥的工作状态由 6 种增加至 12 种。

3）晶闸管的 di/dt 减小，有利于晶闸管的安全开通。有时人为串入进线电抗器以抑制晶闸管的 di/dt 。

4）换相时晶闸管电压出现缺口，产生正的 du/dt ，可能使晶闸管误导通，为此必须加吸收电路。

5）换相使电网电压出现缺口，成为干扰源。

【例 4-3】三相半波可控整流电路，反电动势阻感负载，U_2=120V，R=1Ω，L=∞，L_B=1mH，求当 α=30° 时、E=50V 时 U_d、I_d、γ 的值。

解：考虑 L_B 时，有：

$$U_d=1.17U_2\cos\alpha-\Delta U_d$$

$$\Delta U_d=3X_BI_d/2\pi$$

$$I_d=(U_d-E)/R$$

解方程组得：

$$U_d=(2\pi R\times1.17U_2\cos\alpha+3X_BE)/(2\pi R+3X_B)=94.63\text{V}$$

$$\Delta U_d=6.7\text{V}$$

$$I_d=44.63\text{A}$$

又　　　　　　　　　　$$\cos\alpha-\cos(\alpha+\gamma)=2I_dX_B/\sqrt{6}\,U_2$$

即得出：　　　　　　　$$\cos(30°+\gamma)=0.752$$

换流重叠角：　　　　　$$\gamma=41.28°-30°=11.28°$$

代入已知数据，解得：U_d=216.92V，I_d=56.92A，γ=4.723°

4.5　有源逆变电路

4.5.1　有源逆变的概念

1.　整流与逆变

由前面所学知识可知，整流电路利用晶闸管组成变流装置将交流电能变换成直流电能，它广泛应用于各种直流电源的场合。同一台变流装置，只要改变控制方式，就可以将负载的直流电转换为交流电送入交流电网。这种变化过程称为逆变过程。逆变过程与整流过程能量的传送方向相反。

当变流电路工作在逆变状态时，如果交流侧接到交流电网上，把直流电能逆变为与电源同频率的交流电回送电网，这种逆变称为有源逆变电路。如果变流电路的交流侧不与电网连接，而直接接到负载，即把直流电逆变为某一频率或可调频率的交流电供给负载，称为无源逆变。无源逆变的内容将在第5章讲述，本节只讨论有源逆变。上述讲述的整流电路只要满足一定的条件时也可以工作在逆变状态。

2. 电源间的能量流转关系

图 4-39 所示直流发电机-电动机系统中，M 为电动机，G 为发电机，励磁回路未画出。控制发电机的大小和极性，可实现电动机四象限的运动状态。

在图 4-39a 中，M 作为电动机运行，$E_G > E_M$，电流 I_d 从 G 流向 M，I_d 的值为

$$I_d = \frac{E_G - E_M}{R_\Sigma} \tag{4-58}$$

式中，R_Σ 为主回路电阻。由于 I_d 和 E_G 方向相同，与 E_M 方向相反，故 G 输出电功率 $E_G I_d$，M 吸收功率 $E_M I_d$，电能由 G 流向 M，转变为 M 轴上输出的机械能，R_Σ 上是热耗。

图 4-39b 是回馈制动状态，M 作发电机运行，$E_M > E_G$，电流反向，从 M 流向 G，其值为

$$I_d = \frac{E_M - E_G}{R_\Sigma} \tag{4-59}$$

此时 I_d 与 E_M 同方向，与 E_G 反方向，故 M 输出功率，G 则吸收电功率，R_Σ 是热耗，M 轴上输入的机械能转变为电能反送给 G。

图 4-39c，这时两电动势顺势串联，向电阻 R_Σ 供电，G 和 M 均输出功率，由于 R_Σ 一般都很小，实际上形成短路，在工作中必须严防这类事故发生。

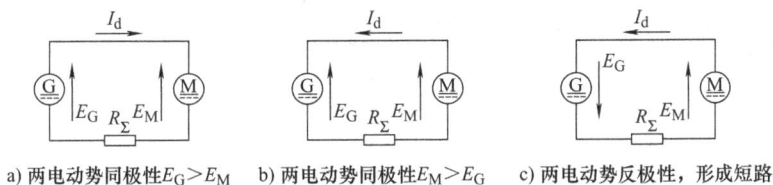

a) 两电动势同极性$E_G > E_M$ b) 两电动势同极性$E_M > E_G$ c) 两电动势反极性，形成短路

图 4-39 直流发电机-电动机之间电能的流转

由此可见两个电动势同极性相接时，电流总是从高电动势流向低电动势，其值取决于两个电动势之差和回路总电阻；当两电动势反极性相接，且回路电阻很小时，即形成电源短路，在工作中必须严防这类事故发生。

3. 逆变产生的条件

以单相桥式全控整流电路代替上述发电机来分析，给电动机供电，分析此时电路内电能的流向。

如图 4-40a 所示，M 作电动机运行，整流电路应工作在整流状态，α 的范围在 $0 \sim \pi/2$ 间，直流侧输出 U_d 为正值，并且 $U_d > E_M$，交流电网输出电功率，电动机则输入电功率。

$$I_d = \frac{U_d - E_M}{R_\Sigma} \tag{4-60}$$

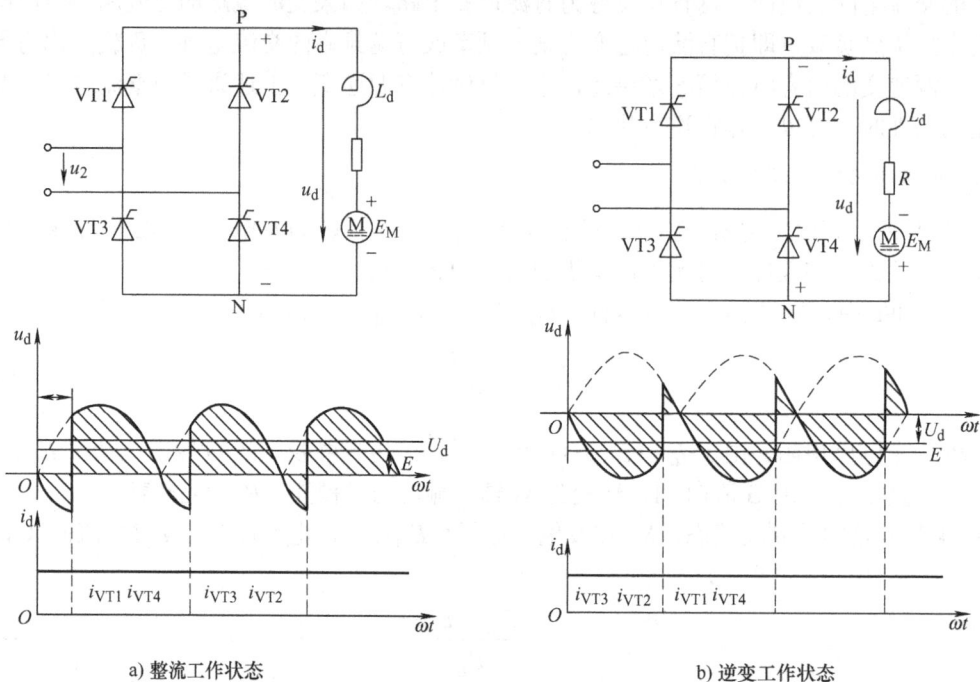

a) 整流工作状态　　　　　　b) 逆变工作状态

图 4-40　单相桥式整流与有源逆变

如图 4-40b 所示，M 作发电回馈制动运行，由于晶闸管器件的单向导电性，电路内 I_d 的方向依然不变，而 M 轴上输入的机械能转变为电能反送给电路，只能改变 E_M 的极性，为了避免两电动势顺向串联，U_d 的极性也必须反过来，即 U_d 应该为负值，且 $|E_M| > |U_d|$，这样才能把电能从直流侧送到交流侧，实现逆变。这时 I_d 为

$$I_d = \frac{|E_M| - |U_d|}{R_\Sigma} \tag{4-61}$$

电路内电能的流向与整流时相反，电动机输出电功率，电网吸收电功率。电动机轴上输入的机械功率越大，则逆变的功率也越大。E_M 的大小取决于电动机转速的高低，而 U_d 可通过改变 α 来进行调节。在逆变状态时，因为 U_d 为负值，故 α 的调节范围为 $\pi/2 \sim \pi$。

在逆变工作状态下，虽然晶闸管的阳极电位大部分处于交流电压为负的半周期，但由于有外接电动势 E_M 存在，使晶闸管仍能承受正向电压而导通。

从上述分析中，可归纳出实现有源逆变必须同时满足两个条件：

(1) 要有直流电动势，其极性须和晶闸管的导通方向一致，其值应大于变流器直流侧的平均电压。

(2) 要求晶闸管的控制角 $\alpha > \pi/2$，使 U_d 为负值，U_d 的极性与整流状态时相反。

必须指出，半控桥或有续流二极管的电路，因其整流电压 u_d 不能出现负值，也不允许直流侧出现负极性的电动势，故不能实现有源逆变。欲实现有源逆变，只能采用全控电路。

4.5.2　三相桥式整流电路的有源逆变工作状态

图 4-41a 为三相全控桥式整流电路的有源逆变电路，假设电感足够大，直流电流近似为一个恒定值，为直流反电动势电感负载。为实现有源逆变必须使控制角 $\alpha > 90°$，U_d 为负，电源 E_M 极性与图中一致，并且有 $|E_M| > |U_d|$，直流电源 E_M 输出功率，通过有源逆变将电能送回电网。图 4-41b 给出三相桥式整流电路工作于有源逆变状态时在不同触发角的输出电压波形。需要理解的是无论在整流状态或逆变状态，晶闸管总是受正向电压时才能被触发导通，晶闸管的导电顺序不变；处于关断状态的晶闸管承受正向电压的时间比在整流运行时长。

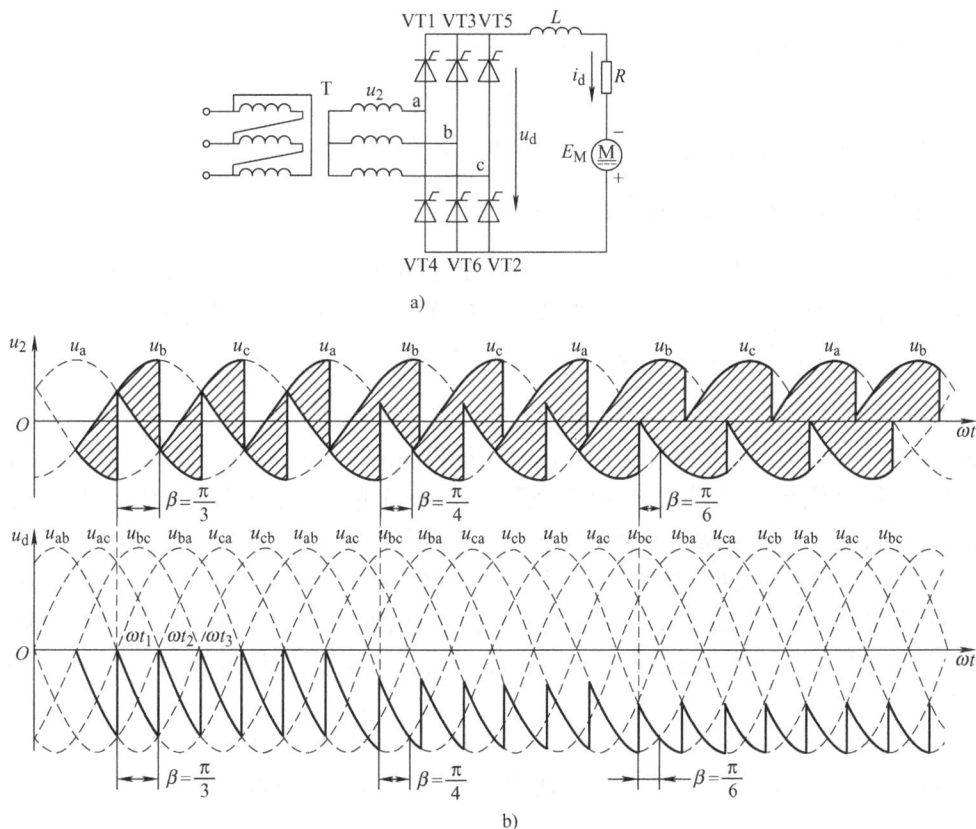

图 4-41　三相桥式整流电路有源逆变的电路结构和电压波形

为了分析和计算方便，通常将 $\alpha > \pi/2$ 时的控制角用 $\beta = \pi - \alpha$ 表示，β 称为逆变角。控制角 α 是以自然换相点作为计量起点，由此向右方计量，而逆变角 β 自 $\beta = 0$ 的起点向左方计量。

按照整流时规定的参考方向或极性，逆变状态时各电量的计算如下：

输出直流电压的平均值：

$$U_d = -2.34 U_2 \cos \beta = -1.35 U_{2L} \cos \beta \tag{4-62}$$

如果考虑变压器的漏抗，则有：

$$U_d = -2.34 U_2 \cos \beta - \frac{3}{\pi} X_B I_d \tag{4-63}$$

输出直流电流的平均值亦可用整流的公式，即

$$I_d = \frac{U_d - E_M}{R} \tag{4-64}$$

每个晶闸管导通 $2\pi/3$，故流过晶闸管的电流有效值为

$$I_{VT} = \frac{I_d}{\sqrt{3}} = 0.577 I_d \tag{4-65}$$

在三相桥式电路中，变压器二次线电流的有效值为

$$I_2 = \sqrt{2} I_{VT} = \sqrt{\frac{2}{3}} I_d = 0.816 I_d \tag{4-66}$$

从交流电源送到直流侧负载的有功功率为

$$P_d = R I_d^2 + E_M I_d \tag{4-67}$$

当逆变工作时，由于 E_M 为负值，故 P_d 为负值，表示功率由直流电源输送到交流电源。

4.5.3 逆变失败与最小逆变角的限制

逆变运行时，一旦发生换相失败，外接的直流电源就会通过晶闸管电路形成短路，或者使变流器的输出平均电压和直流电动势变成顺向串联，由于逆变电路的内阻很小，形成很大的短路电流，这种情况称为逆变失败，或称为逆变颠覆。

1. 逆变失败的原因

1)触发电路工作不可靠，不能适时、准确地给各晶闸管分配脉冲，如脉冲丢失、脉冲延时等，致使晶闸管不能正常换相，使交流电源电压与直流电动势顺向串联形成短路。图 4-42a 为三相半波全控整流逆变电路，图 4-42b 所示为脉冲丢失的情况。在 ωt_1 时刻，VT2 导通的触发脉冲丢失，则 VT1 一直承受正向电压而继续导通，将持续到正半周，使电源瞬时电压与电动机电动势顺向串联，造成短路。图 4-42c 为脉冲延迟的情况，在 ωt_2 时刻才出现，此时 b 相电压比 a 相电压低，即使有触发脉冲，因 VT2 承受反压而不能导通，VT1 不能关断，从而形成短路。

2)晶闸管发生故障，该断时不断，或该通时不通，造成逆变失败。图 4-42d 中 ωt_1 时刻 VT3 误导通，则在 u_{g2} 到来时，因 VT3 导通输出，c 相电压高于 b 相电压，导致 VT2 无法导通，形成短路。

3)交流电源缺相或突然消失，使直流电动势通过晶闸管使电路短路。

4)换相的裕量角不足，引起换相失败。如图 4-42e 所示，ωt_1 时刻触发 VT2，如果 $\beta < \gamma$，晶闸管 VT1 换相结束时，由于 a 相电压比 b 相电压还高，所以 b 相上的晶闸管 VT2 不能导通，VT1 继续导通，使变流器瞬时电压为正，导致逆变失败。

2. 最小逆变角 β_{min} 的确定

为了防止逆变失败，不仅逆变角 β 不能等于零，而且不能太小，必须限制在某一允许的最小角度内。确定最小逆变角 β_{min} 的依据：

$$\beta_{min} = \delta + \gamma + \theta' \tag{4-68}$$

式中，δ 为晶闸管的关断时间 t_q 折合的电角度；γ 为换相重叠角，θ' 为安全裕量角。设计逆变电路时，必须保证 $\beta \geqslant \beta_{min}$，因此常在触发电路中附加一保护环节，保证触发脉冲不进入

小于 β_{min} 的区域内。根据设计经验，电角度 δ 一般取晶闸管关断时间 t_q 为 200~300μs 折合的电角度，约取 4°~5°；安全裕量角 θ' 主要针对脉冲不对称程度，约取为 10°；换相重叠角 γ 随平均电流 I_d、变压器漏抗 X_B 以及触发角 α 变化，一般取为 15°~25°。这样最小 β_{min} 一般取 30°~35°。

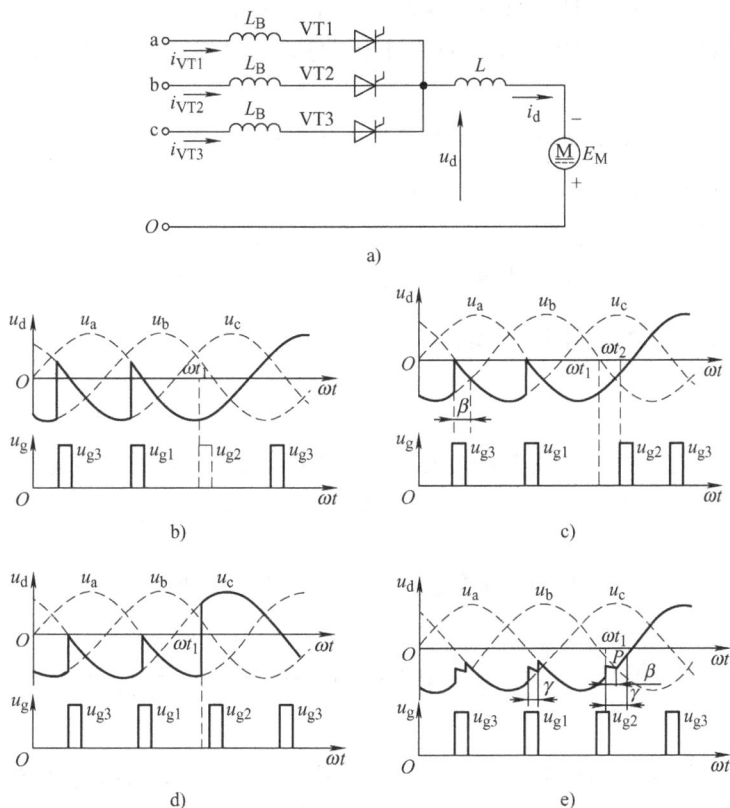

图 4-42 三相半波全控整流逆变电路结构及典型故障波形

4.6 整流电路的谐波和功率因数

电力电子装置的广泛应用使其成为电网最大的谐波源，谐波的存在会给电网及其用电设备带来一系列危害。在各种电力电子装置中，整流装置所占的比例最大。通过单相和三相整流电路的分析可知，整流电路变压器一、二次电流都不是正弦波，含有 50Hz 的基波和 3、5、7、11、13…等次的谐波。整流电路直流侧的电压波形不是平直的直流，电阻负载的电流也不是平直的直流，含有谐波成分。电压或电流的谐波都将造成电网谐波电流和无功电流的增大，对电源和负载产生影响。

4.6.1 整流电路对电网产生的影响

1. 整流电路产生的谐波对公用电网的危害

1）使供电电源电压和电流波形畸变，增大负载和线路的电流，使电网中的元件产生附加损耗，功率因数下降，效率降低。

2）由于开关过程的快速性等因素，在高电压大电流下，在一定范围内将产生电磁干扰，对临近的通信系统产生干扰，影响通信设备的正常工作。

3）谐波将使并联在电源上用于补偿功率因数的电容器过热。因为电容器的高频阻抗低，很容易通过大量的谐波电流，造成高次谐波电流放大，严重的谐波过载会损坏电容器。

4）谐波容易使继电保护和自动装置等敏感元件误动作。

5）大量的3次谐波和3的倍数次谐波流过中性线，会使线路中性线过载，引起电气测量仪表计量不准确。

2. 整流电路消耗的无功功率对公用电网带来的影响

1）导致视在功率的增加，从而增加了电源的容量。

2）使总电流增加，从而使线路的损耗增加。

3）冲击性无功负载会使电网电压剧烈波动。

4.6.2 整流电路的谐波分析基础

1. 谐波

一般整流电路交流侧和直流侧的电压、电流波形均为非正弦周期函数。对于周期为 $T = 2\pi / \omega$ 的非正弦电压 $u(\omega t)$，一般满足狄里赫利条件，可分解为如下形式的傅里叶级数：

$$u(\omega t) = a_0 + \sum_{n=1}^{\infty} (a_n \cos n\omega t + b_n \sin n\omega t) \tag{4-69}$$

式中，$a_0 = \frac{1}{2\pi} \int_0^{2\pi} u(\omega t) d(\omega t)$；$a_n = \frac{1}{\pi} \int_0^{2\pi} u(\omega t) \cos n\omega t d(\omega t)$；$b_n = \frac{1}{\pi} \int_0^{2\pi} u(\omega t) \sin n\omega t d(\omega t)$ n=1，2，3，…

式(4-69)的傅里叶级数中，频率与工频相同的分量称为基波，频率为基波频率整数倍（大于1）的分量称为谐波，谐波次数为谐波频率和基波频率的整数比。以上公式及定义均以非正弦电压为例，对于非正弦电流的情况也完全适用。

2. 功率因数

在非正弦电路中，有功功率、视在功率、功率因数的定义均和正弦电路相同。公用电网中，通常电压的波形畸变很小，而电流波形的畸变可能很大。因此，不考虑电压畸变，研究电压波形为正弦波、电流波形为非正弦波的情况有很大的实际意义。

设正弦波电压有效值为 U，含有谐波的非正弦畸变电流有效值为 I，基波电流有效值及其与电压的相位差分别为 I_1 和 φ_1。这时有功功率为

$$P = UI_1 \cos \varphi_1 \tag{4-70}$$

功率因数为

$$\lambda = \frac{P}{S} = \frac{UI_1 \cos \varphi_1}{UI} = \frac{I_1}{I} \cos \varphi_1 = \nu \cos \varphi_1 \tag{4-71}$$

式中，$\nu = I_1 / I$ 为基波电流有效值和总电流有效值之比，称为电流畸变系数；$\cos \varphi_1$ 称为位移因数或基波功率因数。可见，功率因数是由电流波形畸变和基波功率因数这两个因素共同决定的。

4.6.3 交流侧谐波和功率因数分析

相控整流电路流过整流变压器二次侧的是周期性变化的非正弦波电流，它包含谐波分量，这些谐波电流在电源回路中引起阻抗压降，使得电源电压中也含有高次谐波。下面分析几种典型整流电路带大电感负载的交流侧谐波。

1. 单相桥式全控整流电路

忽略换相过程和电流脉动，当单相桥式整流电路所带阻感负载的电感 L 足够大时，变压器二次电流波形近似为理想方波。将电流波形分解为傅里叶级数，可得

$$i_2 = \frac{4}{\pi}I_d\left(\sin\omega t + \frac{1}{3}\sin 3\omega t + \frac{1}{5}\sin 5\omega t + \cdots\right)$$

$$= \frac{4}{\pi}I_d\sum_{n=1,3,5,\cdots}\frac{1}{n}\sin n\omega t = \sum_{n=1,3,5,\cdots}\sqrt{2}I_n\sin n\omega t \tag{4-72}$$

其中，基波和各次谐波有效值为

$$I_n = \frac{2\sqrt{2}I_d}{n\pi}, \quad n=1, 3, 5, \cdots \tag{4-73}$$

电流中仅含奇次谐波，各次谐波有效值与谐波次数成反比，且与基波有效值的比值为谐波次数的倒数。由式(4-73)可知基波电流的有效值为

$$I_1 = \frac{2\sqrt{2}}{\pi}I_d \tag{4-74}$$

又由变压器二次电流 i_2 的有效值 $I=I_d$，则可得到基波因数：

$$\nu = \frac{I_1}{I} = \frac{2\sqrt{2}}{\pi} \approx 0.9 \tag{4-75}$$

而电流的基波与电压的相位差就为控制角 α，故位移因数为：

$$\lambda_1 = \cos\varphi_1 = \cos\alpha \tag{4-76}$$

最终的功率因数为

$$\lambda = \nu\lambda_1 = \frac{I_1}{I}\cos\varphi_1 = \frac{2\sqrt{2}}{\pi}\cos\alpha \approx 0.9\cos\alpha \tag{4-77}$$

2. 三相桥式全控整流电路

阻感负载的三相桥式全控整流电路忽略换相过程和电流脉动时的波形为正负半周各120°的方波，三相电流波形相同，且依次相差120°，其有效值与直流平均电流的关系为

$$I = \sqrt{\frac{2}{3}}I_d = 0.816I_d \tag{4-78}$$

用 a 相电流来举例，可将电流波形分解成傅里叶级数：

$$i_a = \frac{2\sqrt{3}}{\pi} I_d \left[\sin\omega t - \frac{1}{5}\sin 5\omega t - \frac{1}{7}\sin 7\omega t + \frac{1}{11}\sin 11\omega t + \frac{1}{13}\sin 13\omega t - \cdots \right]$$

$$= \frac{2\sqrt{3}}{\pi} I_d \sin\omega t + \frac{2\sqrt{3}}{\pi} I_d \sum_{\substack{n=6k\pm1 \\ k=1,2,3\cdots}} (-1)^k \frac{1}{n}\sin n\omega t$$

$$= \sqrt{2}I_1 \sin\omega t + \sum_{\substack{n=6k\pm1 \\ k=1,2,3\cdots}} (-1)^k \sqrt{2}I_n \sin n\omega t \tag{4-79}$$

由此可得以下结论：电流中仅含 $6k\pm1$（k 为正整数）次谐波，各次谐波有效值与谐波次数成反比，且与基波有效值的比值为谐波次数的倒数。

由式(4-79)可得电流基波有效值 I_1 为

$$I_1 = \frac{\sqrt{6}}{\pi} I_d \tag{4-80}$$

各次谐波有效值 I_n 为：

$$I_n = \frac{\sqrt{6}}{n\pi} I_d, \qquad n=6k\pm1, \ k=1,2,3,\cdots \tag{4-81}$$

由式(4-78)和式(4-80)可得出基波因数为

$$\nu = \frac{I_1}{I} = \frac{3}{\pi} \approx 0.955 \tag{4-82}$$

基波电流与基波电压的相位差为 α，故位移因数为 $\cos\varphi_1 = \cos\alpha$，功率因数为

$$\lambda = \nu\cos\varphi_1 = \frac{I_1}{I}\cos\varphi_1 \approx 0.955\cos\alpha \tag{4-83}$$

4.6.4 直流侧输出电压和电流的谐波分析

整流电路的输出电压是周期性的非正弦函数，其中主要成分为直流，同时包含各种频率的谐波，这些谐波对于负载的工作是不利的。下面以 m 相半波相控整流电路 $\alpha=0°$ 时的整流输出电压为例进行谐波分析。

设当 $\alpha=0°$ 时，m 脉波整流电路的整流电压如图 4-43 所示(以 $m=3$ 为例)。

将纵坐标选在整流电压的峰值处，则在 $-\pi/m \sim \pi/m$ 区间，整流电压的表达式为

$$u_{d0} = \sqrt{2}U_2\cos\omega t$$

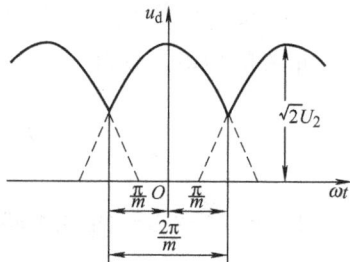

图 4-43 $\alpha=0°$时 m 脉波整流电路的整流电压波形

对该整流输出电压进行傅里叶级数分解，得到

$$u_{d0} = U_{d0} + \sum_{n=mk}^{\infty} b_n\cos n\omega t = U_{d0}\left(1 - \sum_{n=mk}^{\infty}\frac{2\cos k\pi}{n^2-1}\cos n\omega t\right) \tag{4-84}$$

式中，$k = 1, 2, 3, \cdots$；且

$$U_{d0} = \sqrt{2} U_2 \frac{m}{\pi} \sin \frac{\pi}{m} \tag{4-85}$$

$$b_n = \frac{2 \cos k\pi}{n^2 - 1} U_{d0} \tag{4-86}$$

如果将 $m = 1、2、3、6$ 分别代入式（4-84）可得到单相半波电路、单相桥式全控电路（或单相双半波）、三相半波电路、三相桥式全控电路在 $\alpha = 0°$ 时整流输出电压的傅里叶级数表达式，即

单相半波电路　　$u_{d0} = \sqrt{2} U_2 \frac{1}{\pi} \sin \frac{\pi}{2} \left(1 + \frac{\pi}{2} \cos \omega t + \frac{2 \cos 2\omega t}{1 \times 3} - \frac{2 \cos 4\omega t}{3 \times 5} + \frac{2 \cos 6\omega t}{5 \times 7} - \cdots \right)$

单相桥式全控电路 $u_{d0} = \sqrt{2} U_2 \frac{2}{\pi} \sin \frac{\pi}{2} \left(1 + \frac{2 \cos 2\omega t}{1 \times 3} - \frac{2 \cos 4\omega t}{3 \times 5} + \frac{2 \cos 6\omega t}{5 \times 7} - \cdots \right)$

三相半波电路　　$u_{d0} = \sqrt{2} U_2 \frac{3}{\pi} \sin \frac{\pi}{3} \left(1 + \frac{2 \cos 3\omega t}{2 \times 4} - \frac{2 \cos 6\omega t}{5 \times 7} + \frac{2 \cos 9\omega t}{8 \times 10} - \cdots \right)$

三相桥式全控电路 $u_{d0} = \sqrt{2} U_{2L} \frac{6}{\pi} \sin \frac{\pi}{6} \left(1 + \frac{2 \cos 6\omega t}{5 \times 7} - \frac{2 \cos 12\omega t}{11 \times 13} + \frac{2 \cos 18\omega t}{17 \times 19} - \cdots \right)$

式中，电压代入线电压 U_{2L}。

为了描述整流电压 u_{d0} 中所含谐波的总体情况，定义电压纹波因数 γ_u 为 u_{d0} 中谐波分量有效值 U_R 与整流电压平均值 U_{d0} 之比

$$\gamma_u = \frac{U_R}{U_{d0}} \tag{4-87}$$

其中

$$U_R = \sqrt{\sum_{n=mk}^{\infty} U_n^2} = \sqrt{U^2 - U_{d0}^2} \tag{4-88}$$

式中，整流电压有效值 U 为

$$U = \sqrt{\frac{m}{2\pi} \int_{-\frac{\pi}{m}}^{\frac{\pi}{m}} \left(\sqrt{2} U_2 \cos \omega t \right)^2 \mathrm{d}\omega t} = U_2 \sqrt{1 + \frac{\sin \frac{2\pi}{m}}{2\pi/m}} \tag{4-89}$$

将式（4-88）、式（4-89）和式（4-85）代入式（4-87），得

$$\gamma_u = \frac{U_R}{U_{d0}} = \frac{\sqrt{\frac{1}{2} + \frac{m}{4\pi} \sin \frac{2\pi}{m} - \frac{m^2}{\pi^2} \left(\sin \frac{\pi}{m} \right)^2}}{\frac{m}{\pi} \sin \frac{\pi}{m}} \tag{4-90}$$

表 4-5 给出了不同脉波数 m 时的电压纹波因数值。

表 4-5　不同脉波数 m 时的电压纹波因数值

m	2	3	6	12	∞
γ_u (%)	48.2	18.27	4.18	0.994	0

负载电流的傅里叶级数可由整流电压的傅里叶级数求得

$$i_d = I_d + \sum_{n=mk}^{\infty} d_n \cos(n\omega t - \varphi_n) \tag{4-91}$$

当负载 R、L 和反电动势 E 串联时，上式中

$$I_d = \frac{U_{d0} - E}{R} \tag{4-92}$$

n 次谐波电流的幅值 d_n 为

$$d_n = \frac{b_n}{z_n} = \frac{b_n}{\sqrt{R^2 + (\omega L)^2}} \tag{4-93}$$

n 次谐波电流的滞后角为

$$\varphi_n = \arctan \frac{n\omega L}{R} \tag{4-94}$$

由式(4-84)和式(4-91)可得出 $\alpha = 0°$ 时的整流电压、电流中的谐波有如下规律：

1) m 脉波整流电压 u_{d0} 的谐波次数为 $mk(k=1, 2, 3, \cdots)$ 次，即 m 的倍数次；整流电流的谐波由整流电压的谐波决定，也为 mk 次。

2) 当 m 一定时，随谐波次数增大，谐波幅值迅速减小，表明最低次(m 次)谐波是最主要的，其他次数的谐波相对较少；当负载中有电感时，负载电流谐波幅值 d_n 的减小更为迅速。

3) m 增加时，最低次谐波次数增大，且幅值迅速减小，电压纹波因数迅速下降。

4.7　电压型 PWM 整流器

采用不可控或相控整流方式的传统整流技术，会给电网带来大量的谐波和无功功率，对电网造成污染。有效的治理方法是采用 PWM 脉宽调制技术，该技术起初主要应用在逆变电路，如今也广泛应用于整流电路中。采用脉宽调制技术的 PWM 整流器除了整流侧输出满足一定指标要求的直流电压外，同时还能做到网侧电压、电流波形正弦，甚至可使网侧和直流侧的电能能够双向流动，是真正的绿色电能转换装置。采用脉宽调制技术的整流器从根本上降低了电网的污染，因此能更好对谐波进行抑制并对无功功率进行补偿。

4.7.1　电压型单相 PWM 整流器

1．电路组成

电路结构如图 4-44 所示。每个桥臂由一个全控器件和反并联的整流二极管组成；u_N 是正弦交流电网电压，u_{uv} 是 PWM 整流器交流侧输入电压，为 PWM 控制方式下的脉冲波，其基波与电网电压同频率，幅值和相位可控；在交流侧与电网电源 u_N 之间串接电抗器，L_N 为电抗器的电感，R_N 为电抗器的电阻，i_N 是 PWM 整流器从电网吸收的电流，U_d 是 PWM 整流器直流侧的输出电压，C 为直流侧滤波电容(电压型)，理想状态下输出电压恒定；PWM 整

流器的能量变换是可逆的，能量传递的趋势是整流还是逆变，主要视 VT1～VT4 的脉宽调制方式而定。

2. 工作原理

该电路的基本工作原理：用正弦调制信号波和三角波相比较的方法对 VT1～VT4 进行 SPWM 控制。假设直流侧电容足够大，直流电压 U_d 稳定，可看作是一个直流电源。这样，通过对 VT1～VT4 进行 SPWM 控制，就可以在整流桥的交流侧 uv 产生一个幅值为 U_d 的 SPWM 波 u_{uv}，如图 4-45 所示。

图 4-44 电压型单相 PWM 整流电路结构

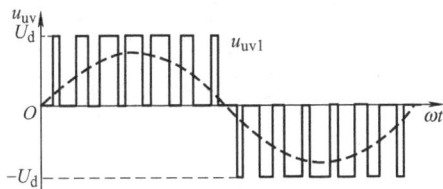

u_{uv} 中含有和正弦调制信号波频率相同且幅值成比例的基波分量 u_{uv1}，以及和三角波载波有关的频率很高的谐波，不含有低次谐波。若忽略高次谐波，则 $u_{uv}=u_{uv1}$，这样图 4-44 所示的电路可以等效为图 4-46 所示的等效电路。当正弦电压 u_{uv} 的频率和电源 u_N 频率相同时，i_N 也为与电源同频率的正弦波。当 u_N 一定时，i_N 幅值和相位仅由 u_{uv} 的幅值及其与 u_N 的相位差决定。改变 u_{uv} 的幅值和相位，可使 i_N 和 u_N 同相或反相，或 i_N 比 u_N 超前 90°，或使 i_N 与 u_N 的相位差为所需的任意角度。

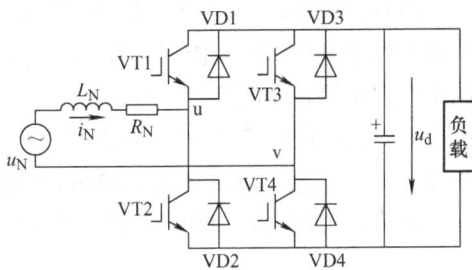

图 4-45 uv 两点的 SPWM 电压波形

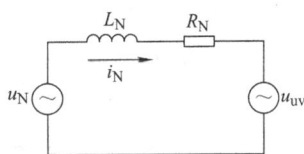

图 4-46 单相桥式 PWM 整流电路的等效电路

图 4-47 所示为单相桥式 PWM 整流电路的运行相量图。由图 4-44 可知，加在电抗器 L_N、R_N 上的电压为 $U_{Nuv}=U_N-U_{uv}$，由于电抗器的参数固定，所以电压 U_{Nuv} 与流过电抗器的电流 i_N 的相位差 φ 也是固定的，如图 4-47a 所示。据此可以确定上述几种情况下各参数的相量关系。

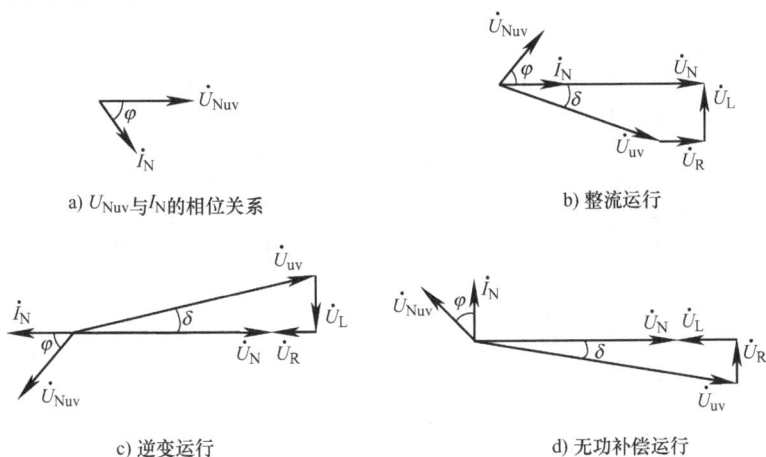

a) U_{Nuv} 与 I_N 的相位关系

b) 整流运行

c) 逆变运行

d) 无功补偿运行

图 4-47 单相桥式 PWM 整流电路的运行相量图

1) $\dot{U}_{uv}$ 滞后 $\dot{U}_N$ 相位 δ，$\dot{U}_N$ 和 $\dot{I}_N$ 同相：电源 u_N 输出能量，电路处于整流状态，且功率因数为 1。这是 PWM 整流电路最基本的工作状态，如图 4-47b 所示。

2) $\dot{U}_{uv}$ 超前 $\dot{U}_N$ 相位 δ，$\dot{U}_N$ 和 $\dot{I}_N$ 反相：电源 u_N 吸收能量，电路处于逆变状态，这说明 PWM 整流电路可实现能量正反两个方向的流动，这一特点对于需回馈制动的交流电动机调速系统很重要，如图 4-47c 所示。

3) $\dot{U}_{uv}$ 滞后 $\dot{U}_N$ 相位 δ，$\dot{I}_N$ 超前 $\dot{U}_N$ 电压 90°：电路向交流电源送出无功功率，这时的电路被称为静止无功功率发生器(Static Var Generator，SVG)，如图 4-47d 所示。

可见，通过对 $\dot{U}_{uv}$ 幅值和相位的控制，可以使 i_N 比 u_N 超前或滞后任一角度。

3. 工作过程分析

为简单起见，不考虑换相过程，认为 PWM 整流电路 H 桥的每一个桥臂是一个简单的开关，将电抗器的电感 L_N 和电阻 R_N 统一用电抗器 L_N 表示。正常工作时，H 桥的四个桥臂中有两个桥臂导通，但 1、2 桥臂(或 3、4 桥臂)不允许同时导通，避免输出端短路。PWM 整流电路可分为 4 种工作形式，依据交流侧电流 i_N 流向的不同，每种工作形式又可细分为 2 种具体的工作状态。下面以交流电源电压 u_N 正半周为例，对 4 种形式的工作情况描述如下：

形式 1：H 桥的 VT2、VT3 桥臂导通。当电流 i_N 正向流入整流桥时(如图 4-48 形式 1)，

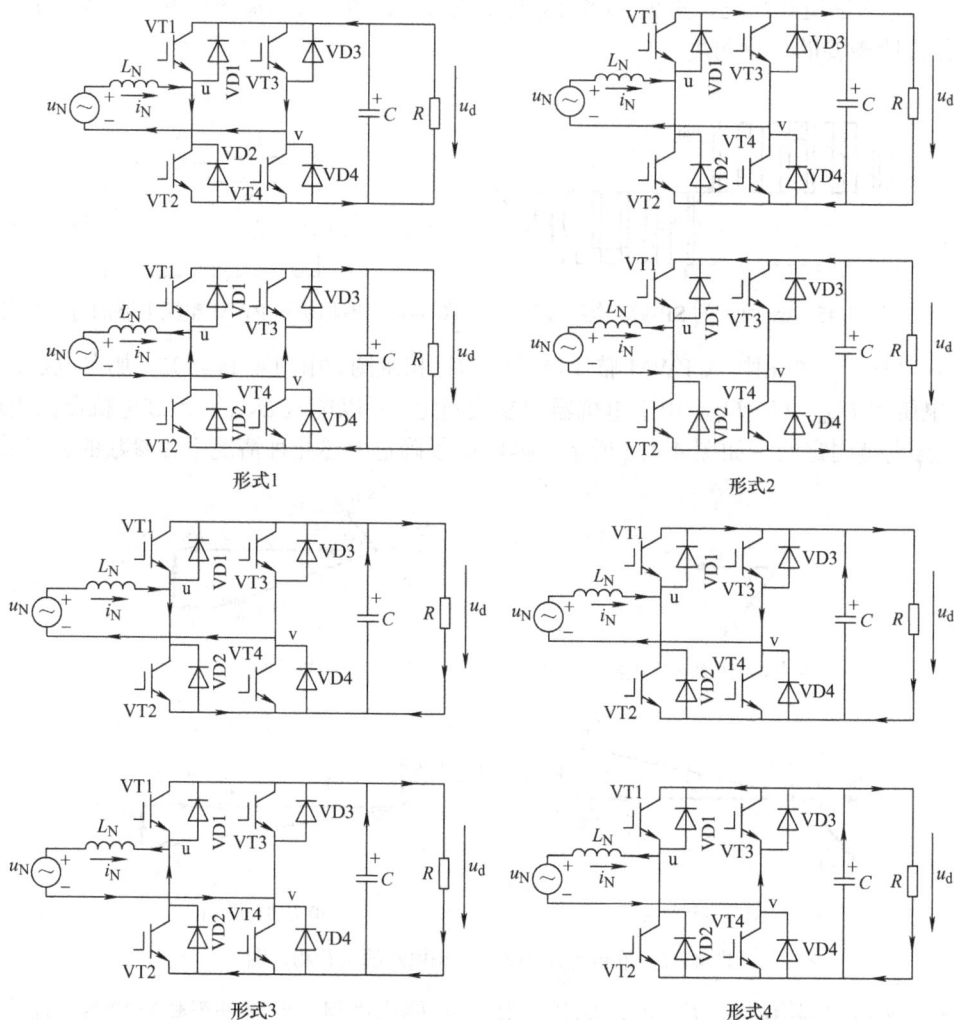

图 4-48　电压型单相 PWM 整流电路的 4 种运行形式

全控器件 IGBT 的 VT2 和 VT3 同时导通，交流侧与直流侧电源同时释放能量，此时 L_N 储存能量；当电流反向流回电网时（如图 4-48 形式 1），二极管 VD2 和 VD3 同时导通，电流的流向与电流正向流入时正好相反。

形式 2：H 桥的 VT1、VT4 桥臂导通。当电流 i_N 正向流入整流桥时，VD1 和 VD4 同时导通，电路处于整流状态，能量从交流侧输出，直流侧吸收来自交流侧的能量；当电流反向流回电网时，VT1 和 VT4 同时导通，交流侧吸收回馈的能量，而直流侧向负载输出能量。

在形式 1 与形式 2 中电流既可以正向流动也可以反向流动，所以该电路能实现能量的双向流动。

形式 3：H 桥的 VT2（VD4）、VT4（VD2）桥臂导通。由分析可知，电网侧电路短路了，两侧的能量无法进行交换。电流正向流入整流桥时，VT2 和 VD4 同时导通，且 L_N 储存能量；而电流反向流回电网时，VD2 和 VT4 同时导通，此时的 L_N 释放能量。

形式 4：H 桥的 VT1（VD3）、VT3（VD1）桥臂导通。由分析可知，电路情况如同形式 3。电流正向流入整流桥时，VD1 和 VT3 同时导通，L_N 也储存能量；而电流反向流回电网时，VT1 和 VD3 同时导通，此时 L_N 也释放能量。

整流电路工作于形式 3、形式 4 下，电网侧电路短路了，所以需要交流侧的电感来保护电路。

同理，可按照分析 u_N 正半周期时各形式的方法，来分析负半周期各形式的工作状态，这里不再赘述。

图 4-49 是电压型单相 PWM 整流电路运行于单位功率因数时的各电量波形。

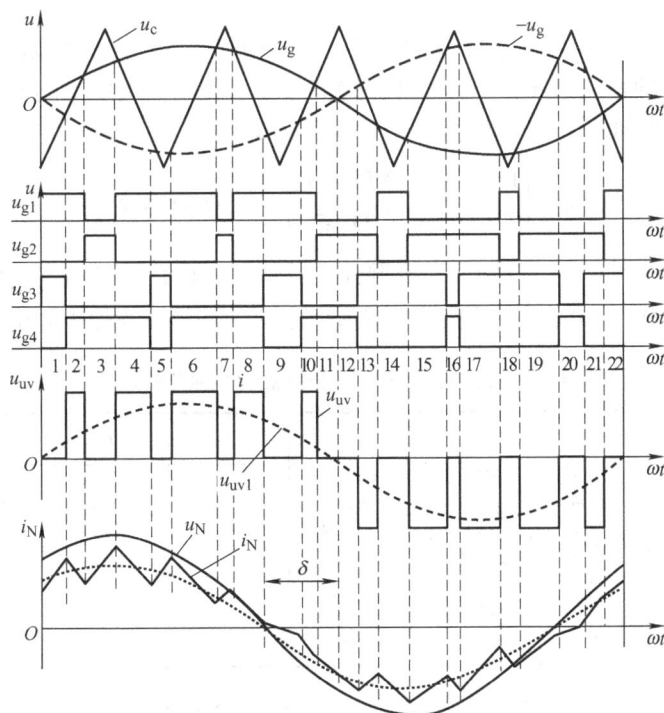

图 4-49 单位功率因数时电压型单相 PWM 整流电路的各电量波形

4.7.2 电压型三相 PWM 整流器

在整流技术和并网技术中，常常用到电压型三相 PWM 整流器，要想改善整流装置的性能，首先要掌握主电路的工作原理。

1. 电路组成

电压型三相 PWM 整流器的主电路结构与电压型单相 PWM 整流器相比，仅多了一相桥臂，因此它们的工作状况非常相似。其主电路结构如图 4-50 所示。

该整流装置主电路由 3 部分组成：交流回路、直流回路、功率开关管整流桥（6 个全控器件和 6 个二极管）。交流回路又由 3 部分组成：交流侧电压 u、电网侧电感 L_N、电网侧等效电阻 R_N；直流回路也由 3 部分组成：直流电容 C，负载电阻 R 和直流电压 U_d 等。

对于电压型单相 PWM 整流器，只要给 H 桥的两相桥臂施加幅值、频率相等，相位互差 180° 的正弦波调制信号即可。同样对于电压型三相 PWM 整流装置，则要给三相桥臂施加幅值、频率相等，相位互差 120° 的三相对称正弦波调制信号。

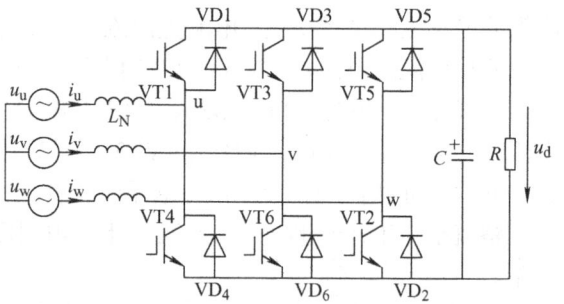

图 4-50　电压型三相 PWM 整流器主电路结构图

2. 电压型三相 PWM 整流器的工作过程

电压型三相 PWM 整流器共有 3 个桥臂，每个桥臂中的 2 个开关器件每次只有 1 个导通（上桥臂导通或下桥臂导通），因此每相有 2 种开关方式，所以电压型三相 PWM 整流器共有 8 种开关方式。利用简单的开关函数 $s_i(i=u,v,w)$ 表示如下：

$$s_i = \begin{cases} 1 & \text{VT}i，\text{VD}i \text{ 导通} \\ 0 & \text{VT}'i，\text{VD}'i \text{ 导通} \end{cases} \qquad (i=u,v,w) \qquad (4\text{-}95)$$

其中，$\text{VT}i$，$\text{VD}i$ $(i=u,v,w)$ 分别为上桥臂开关器件和二极管；$\text{VT}'i$，$\text{VD}'i(i=u,v,w)$ 为下桥臂开关器件和二极管。电压型三相 PWM 整流器的 8 种开关方式如表 4-6 所示。

表 4-6　电压型三相 PWM 整流器的 8 种开关方式

开关方式	1	2	3	4	5	6	7	8
导通器件	VT1 或 VD1	VT4 或 VD4	VT1 或 VD1	VT4 或 VD4	VT1 或 VD1	VT4 或 VD4	VT1 或 VD1	VT4 或 VD4
	VT6 或 VD6	VT3 或 VD3	VT3 或 VD3	VT6 或 VD6	VT6 或 VD6	VT3 或 VD3	VT3 或 VD3	VT6 或 VD6
	VT2 或 VD2	VT2 或 VD2	VT2 或 VD2	VT5 或 VD5	VT5 或 VD5	VT5 或 VD5	VT5 或 VD5	VT2 或 VD2
开关函数	001	010	011	100	101	110	111	000

图 4-51 是假设三相交流侧的电流 $i_u > 0$，$i_v < 0$，$i_w > 0$ 时，所对应的电压型三相 PWM 整流器的 8 种开关方式，它与单相 PWM 整流器相似，但比单相的稍微复杂些。

1) 模式 1：VD1、VD6、VT2 导通，电网通过 VD1 和 VD6 向负载供电；桥侧线电压 $u_{vw} = 0$。

vw 两相沿 L_v 和 L_w 短路并按图示的电流方向流过内部环流。

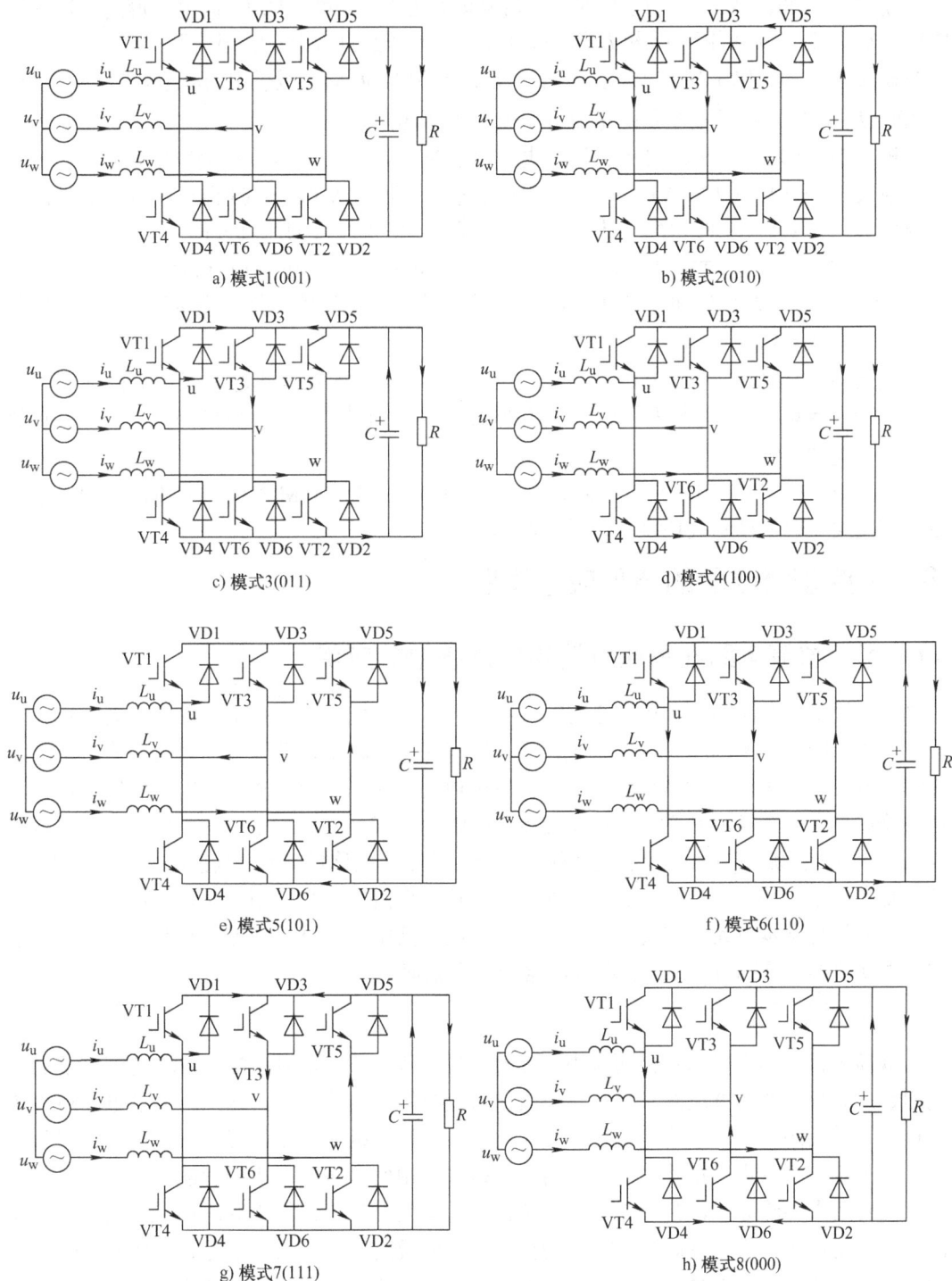

图 4-51　电压型三相 PWM 整流器 8 种开关模式下的电路图

2）模式 2：VT3、VT4、VT2 导通，直流侧电容 C 通过 VT3、VT4、VT2 向电网输出能量。

3）模式 3：VD1、VT3、VT2 导通，直流侧电容 C 通过 VT3、VT2 向电网输出能量；桥侧线电压 $u_{uv} = 0$，uv 两相沿 L_u 和 L_v 短路并按图示的电流方向流过内部环流。

4）模式 4：VT4、VD6、VD5 导通，电网通过 VD5 和 VD6 向负载供电；桥侧线电压 $u_{uv} = 0$，uv 两相沿 L_u 和 L_v 短路并按图示的电流方向流过内部环流。

5）模式 5：VD1、VD6、VD5 导通，电网通过 VD1、VD6 和 VD5 向负载供电。

6）模式 6：VT4、VT3、VD5 导通，直流侧电容 C 通过 VT4、VT3 向电网输出能量；桥侧线电压 $u_{vw} = 0$，v、w 两相沿 L_v 和 L_w 短路并按图示的电流方向流过内部环流。

7）模式 7：VD1、VT3、VD5 导通，各相电网电压经输入电感通过每相上桥臂短路，$u_{uv} = u_{vw} = u_{wu} = 0$，$L_u$、$L_v$ 和 L_w 按图示的电流方向流过内部环流；整流桥与负载脱离，负载电流由 C 放电来维持。

8）模式 8：VT4、VD6、VT2 导通，各相电网电压经输入电感通过每相下桥臂短路，$u_{uv} = u_{vw} = u_{wu} = 0$，$L_u$、$L_v$ 和 L_w 按图示的电流方向流过内部环流；整流桥与负载脱离，负载电流由 C 放电来维持。

图 4-51 中模式 7 和模式 8 为"零方式"：使电压型三相 PWM 整流器交流侧三相线电压为零，该模式一般遵循开关切换次数最少原则。

4.8 可控整流电路的典型应用案例

4.8.1 可控整流电路在高压直流输电系统中的应用

高压直流输电(HVDC)是利用稳定的直流电具有无感抗，容抗也不起作用，无同步问题等优点而采用的大功率远距离输电系统，常用于海底电缆输电，非同步运行的交流系统之间的连络等方面。高压直流输电首先将三相交流电通过换流站整流变成直流电，然后通过直流输电线路送往另一个换流站逆变成三相交流电的输电方式。它基本上由两个换流站和直流输电线组成，两个换流站与两端的交流系统相连接。换流器又称换流阀，是换流站的关键设备，其功能是实现整流和逆变。在直流输电的首端，目前换流器多数采用晶闸管可控整流组成三相桥式整流作为基本单元，实现交流变直流的功能。其中 12 脉动换流器是常规高压直流输电的典型换流器。下面分析 12 脉动换流器的变换原理。

1. 电路结构

常规高压直流输电采用双极两端中性点接地的接线方式，如图 4-52 所示，交流系统的交流电通过换流变压器及整流阀，将高压交流电转变为高压直流电后，送入直流输电线路中传输。再经过逆变阀将高压直流电转化为交流电，最后经过换流变压器降压后将电能输送到另一个交流系统中。双极是指其输电线路两端的每端都由两个额定电压相等的换流器串联连接而成，具有两根传输导线，分别为正极和负极，每端两个换流器的串联连接点接地。晶闸管换流器常采用每极 1 组 12 脉动换流器(简称 12 脉动换流器)结构形式。这种接线方式使换流站的设备数量最少，投资最省，运行可靠性也最高。12 脉动换流单元主要包含 12 脉动换流器(12p)、换流变压器(T1、T2)、无功补偿装置(QC)、交直流滤波器(ACF、DCF)、直流平波电抗器(L_d)、控制保护系统以及交直流开关装置等设备，如图 4-53 所示。12 脉动换流器由两个 6 脉动换流器(6p)在直流侧串联,同时在交流侧通过换流变压器并联组成。换流器在整流过程中将要产生 11、13、23、25 等多次谐波。为了减少各次谐波进入交流系统,在换流站交流母线上要装设滤波器。

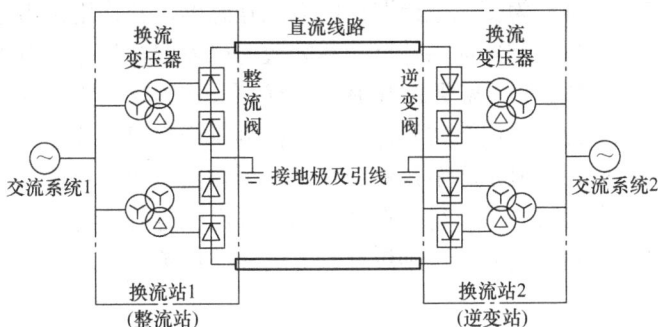

图 4-52　双极两端中性点接地的高压直流系统接线

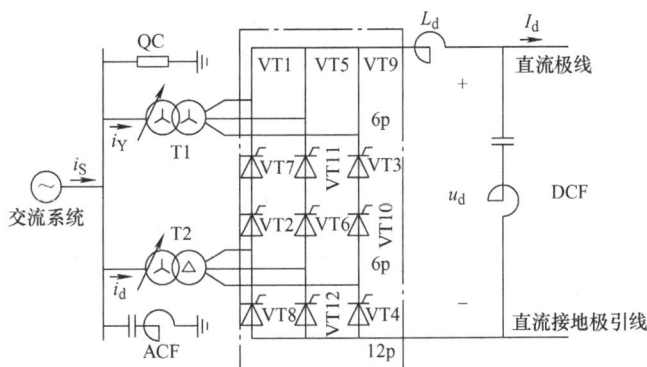

图 4-53　脉动整流换流单元原理图

2. 工作原理

在每个电源周期,12 个换流阀以 VT1、VT2、… VT12 的顺序间隔 30° 轮流触发导通,持续导通 120° + γ 电角度(γ 为换相角),从而将电网的三相正弦电压转变为 12 脉动的整流电压 u_d。

由于单只晶闸管的参数不能满足换流器高电压、大电流和大容量的需要,因此 12 个换流阀(也称为阀或桥臂,即 VT1、VT2、…VT12)采取晶闸管串联或串并联的接线方式。当前已研制出直径 150mm 的晶闸管,其额定值提高到 8.5kV、3.5～4.5kA。典型长距离、大容量直流输电工程的额定电压为 500kV、额定电流为 2～3kA。由此可见,晶闸管的通流能力能够满足直流输电工程的需要,只需要晶闸管串联就可达到换流器高电压的要求。换流器一般由 60～120 只晶闸管串联组成。

4.8.2　可控整流电路在冶金熔炼电源中的应用

直流真空熔炼是稀贵金属及高性能合金钢熔炼所必须采用的工艺,真空电弧炉及配套电源是其中的关键设备,该类电源的特点是大容量、大电流和中低电压。如 10T 钛合金熔炼真空自耗炉工艺要求配套直流电源,输出额定参数为 40kA/60V。

129

　　图 4-54 给出输出为 40kA/60V 电源主电路图。主电路采用 10kV 经两级变压器直接降压，再由晶闸管可控整流的方案。先由第一级变压器降为 690V，再由两台一次侧分别接为三角形与星形的整流变压器降压，为降低注入电网的谐波含量，可控整流部分采用两个双反星形可控整流电路并联，CT1～CT5 为交流电流取样的电流互感器，其作用是为过电流保护提供电流取样信号，并为功率因数控制器提供计算功率因数的电流取样信号；电压互感器 PT 用来把电压 690V 变为功率因数控制器需要的 100V 标准信号，作为功率因数控制器计算功率因数的电压依据。HL1、HL2 为霍尔电流传感器，用于检测每个整流部分输出的实际电流值，提供给闭环调节器及保护单元与显示环节，保证在同一个输出电流设定值下，两个双反星形可控整流部分各承担负载电流的一半，另外在对实际运行电流进行实时显示的同时，提供给保护电路监控运行状况，若超过实际值，则进行有效迅速的保护。

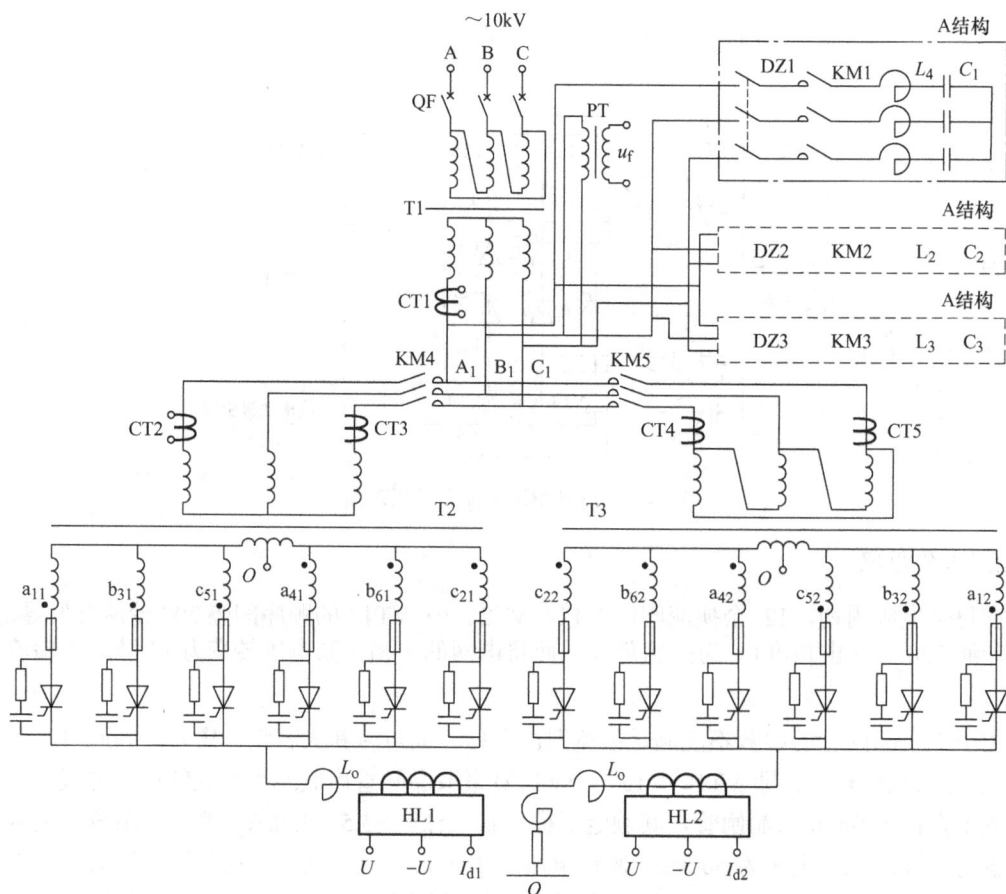

图 4-54　40kA/60V 冶金熔炼直流电源

　　真空熔炼炉空载起弧电压高，一般为 50～75V，熔炼过程中熔化电压一般为 30～45V，因此运行时其功率因数都很低，一般为 0.45～0.7。图中标注的 A 结构部分为自动调节功率因数的环节，按功率因数的实际需要投入相应的补偿电容，保证 690V 侧的功率因数在 0.91～1 之间。

真空电弧炉工作有起弧、熔炼、补缩等工艺过程,熔炼工作时电弧电压相差一半,熔炼过程中希望构成稳定度很好的恒流源,控制回路设计了动态双闭环调节器,其起弧时为稳压源,熔炼时为恒流控制。通过对晶闸管触发角的控制,实现输出直流电压的快速变化,从而实现该机组输出直流电流的快速稳定和精确控制。电网电压或负载等的扰动所引起的系列电流变化,均可通过迅速调节输出电压而保持系列电流的稳定。

4.8.3　城市轨道交通供电系统整流机组的电路

为解决大中城市日益突出的交通拥挤和环境污染问题,大容量城市轨道交通已经在全国各地得到了大力推广,而作为牵引直流电源的整流机组的性能情况也就越来越受到人们的重视。整流机组通常由牵引整流变压器和整流器组成,其主要功能是将网侧交流电压调节成所需的阀侧直流电压来给负载供电。

目前国内所采用的牵引整流机组通常为 12 脉波和 24 脉波,以 24 脉波居多。24 脉波牵引整流变电站的主变一般都是由两台 12 脉波的轴向双分裂式牵引整流变压器组成,其主电路见图 4-55。两台变压器的网侧绕组采用移相绕组的方式,分别移相±7.5° 相位角,阀侧绕组采用 Dy 联结,两台变压器的阀侧绕组的线电压相量互差 15° 相位,由 2 个三相桥式整流器并联组成。网侧绕组采用延边三角形接法,经全波整流后并联运行,形成 12 相 24 脉波的整流变电系统。在理想情况下,对于 24 脉波整流电路,网侧电流中只含有 23 次、25 次、47 次和 49 次等 $24k\pm1$ 次特征谐波。相对于 12 脉波整流电路而言,24 脉波整流电路能够更加有效地降低其网侧谐波电流。

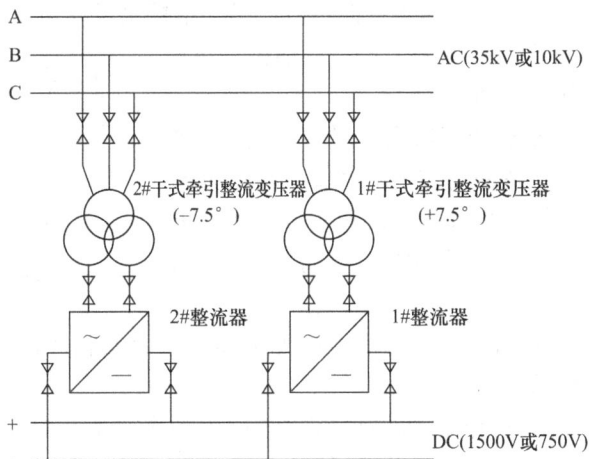

图 4-55　24 脉波整流电路

整流机组的电压调整率体现了整流机组输出直流电压随输出直流电流变化引起的波动情况,也是国内地铁项目通常所关注的一个重要性能。图 4-56 为整流机组的外特性曲线。由图可以看出,在电流大约为 30% 额定电流时,一个拐点将外特性曲线分为两段近似直线的曲线。通常所说的整流机组电压调整率是根据外特性曲线近似直线的后段进行确定的,将外特性曲线后段直线延长至电流为零处,交点即为约定空载直流电压 U'_0,而额定直流输出电流时直流电压为 U_N。整流机组的电压调整率通常由三部分影响:①变流器内部功率损耗产生的电压调整率。

②换相使半导体装置端子上的电压波形发生畸变，并使直流电压发生变化，它基本上是由交流电压的不连续性引起的。③由电源阻抗和变流器非正弦输入电流产生的调整率。

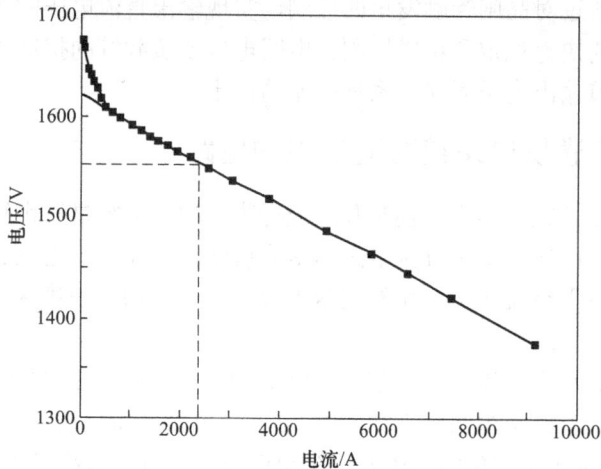

图 4-56　整流机组的外特性曲线

4.8.4　晶闸管可逆直流调速系统

当采用一组可控整流电路为直流电动机供电时只能提供一种极性的转矩，此时电动机可以运行于两个象限(第 1 和第 4 或第 2 和第 3 象限)，电动机的转速可逆，但转矩不可逆。如果使电动机能够在四象限运行，必须使通过电动机电枢的电流在两个方向流通。这样需要有两组可控整流电路供电，其中一组提供正向电流，另一组提供反向电流。电动机的转速和转矩都可逆的调速系统为可逆调速系统。可逆轧钢机、可逆运转机床都是这样的电路，如图 4-57 所示。

下面分析采用两组晶闸管变流器反并联的可逆电路来实现电动机电枢电压极性改变的可逆拖动系统。在图 4-57 中，当正组变流电路为电动机供电时，电动机可以工作在 1、4 象限；当反组变流电路为电动机供电时，电动机可以工作在 2、3 象限。

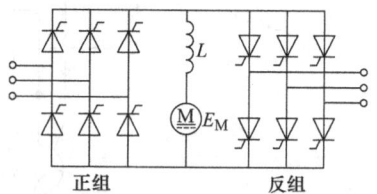

图 4-57　24 脉波整流电路

根据电动机所需的运转状态来决定哪一组变流器工作及其相应的工作状态：整流或逆变。四象限运行时的工作情况：

第 1 象限，正转，电动机作电动运行，正组桥工作在整流状态，$\alpha_1<\pi/2$，$E_M<U_{d\alpha}$(下标中 α 表示整流，1 表示正组桥，2 表示反组桥)。

第 2 象限，正转，电动机作发电运行，反组桥工作在逆变状态，$\beta_2<\pi/2$($\alpha_2>\pi/2$)，$E_M>U_{d\beta}$(下标中 β 表示逆变)。

第 3 象限，反转，电动机作电动运行，反组桥工作在整流状态，$\alpha_2<\pi/2$，$E_M<U_{d\alpha}$。

第 4 象限，反转，电动机作发电运行，正组桥工作在逆变状态，$\beta_1<\pi/2$($\alpha_1>\pi/2$)，$E_M>U_{d\beta}$。

直流可逆拖动系统，除能方便地实现正反向运转外，还能实现回馈制动。下面以图 4-58 为例说明电动机由正转到反转的过程。

从 1 组桥切换到 2 组桥工作，并要求 2 组桥在逆变状态下工作，电动机进入第 2 象限(之前运行在第 1 象限)作正转发电运行，电磁转矩变成制动转矩，电动机轴上的机械能经 2 组桥逆变为交流电能回馈电网。

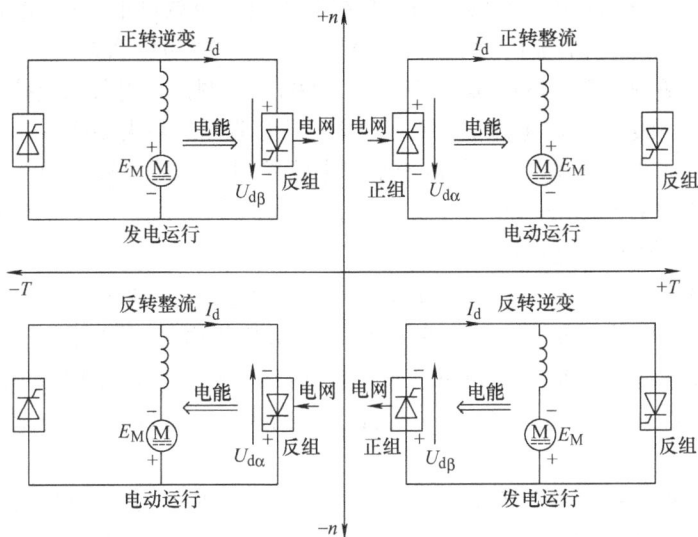

图 4-58　电动机四象限运行时两组变流器工作方式

改变 2 组桥的逆变角 β，使之由小变大直至 $\beta=\pi/2$ $(n=0)$，如继续增大 β，即 $\alpha<\pi/2$，2 组桥将转入整流状态下工作，电动机开始反转进入第 3 象限的电动运行。

电动机从反转到正转，其过程则由第 3 象限经第 4 象限最终运行在第 1 象限上。

本 章 小 结

AC-DC 变换电路是电力电子技术中应用最早的一种变流电路，当可控整流电路采用晶闸管时，输出直流电压的大小通过改变触发脉冲出现的时刻来控制，该电路属于相控控制；当整流电流采用全控器件时，输出直流电压的大小通过脉宽调制的方式改变，此时整流电路属于 PWM 控制。复杂的整流电路是由基本电路组成，因此重点是掌握基本电路的组成、工作原理、波形分析、基本数量关系。本章重点内容及要求如下：

1)重点掌握单相全控桥式整流电路的原理分析与计算、三相全控桥式整流电路的原理分析与计算、大功率整流器主电路拓扑结构的特点、各种不同性质的负载对整流器工作情况的影响等。

2)了解变压器漏抗对整流电路的影响，重点建立换相压降、重叠角等概念，并掌握相关的计算。

3)深入研究整流器的谐波和功率因数，重点掌握谐波的概念、各种整流器产生谐波情况的定性和定量分析、各种整流器的功率因数的定性和定量分析。

4)深入研究可控整流器的有源逆变工作状态，重点掌握产生有源逆变的条件、三相可控整流器有源逆变工作状态的分析和计算、逆变失败及最小逆变角的限制等。

思考题与习题

4-1　单相半波可控整流电路，带电阻性负载。请分析下述三种情况下负载两端电压 u_d

和晶闸管两端电压 u_{VT} 的波形：(1)晶闸管门极不加触发脉冲；(2)晶闸管内部短路；(3)晶闸管内部断开。

4-2 某单相全控桥式整流电路给电阻性负载和大电感负载供电，在流过负载电流平均值相同的情况下，哪一种负载的晶闸管额定电流应选择大一些?为什么?

4-3 某电阻性负载，$R_d=50\Omega$，要求 U_d 在 $0\sim600V$ 可调，采用单相全控桥整流电路，分别计算：(1)晶闸管额定电压、电流值；(2)负载电阻上消耗的最大功率。

4-4 阻感负载，电感极大，电阻 $R=50\Omega$，电路采用有续流二极管的单相半控桥电路，输入电压 $U_2=220V$，当控制角 $\alpha=60°$ 时，求流过晶闸管的平均电流 I_{dVT} 和有效值 I_{VT}，流过续流二极管的电流平均值 I_{dVD} 及有效值 I_{VD}。

4-5 单相桥式全控整流电路，$U_2=100V$，负载中 $R=2\Omega$，L 值极大，反电动势 $E=60V$，当 $\alpha=30°$ 时，要求：(1)做出 u_d、i_d 和 i_2 的波形；(2)求整流输出平均电压 U_d、电流 I_d，变压器二次电流有效值 I_2；(3)考虑安全裕量，确定晶闸管的额定电压和额定电流。

4-6 在三相半波整流电路中，如果 a 相的触发脉冲消失，试绘出在电阻性负载和电感性负载下整流电压 u_d 的波形。

4-7 有两组三相半波可控整流电路，一组是共阴极接法，一组是共阳极接法，如果它们的触发角都是 α，那么共阴极组的触发脉冲与共阳极组的触发脉冲对同一相来说(例如都是 a 相)，在相位上差多少度?

4-8 图 4-59 为一种可控整流电路输出电压 u_d 的波形。根据此图确定该可控整流电路的类型，说明控制角 α 的大小，并在此电路基础上做出输出电流 i_d 及晶闸管 VT1 承受的电压 u_{VT1} 波形。

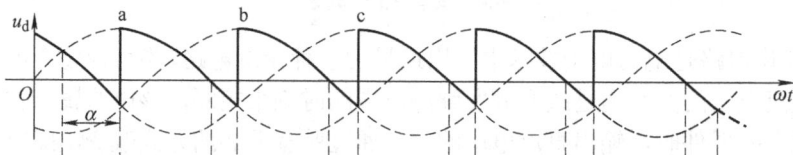

图 4-59 习题 4-8 的图

4-9 三相半波可控整流电路，$U_2=100V$，带阻感负载，$R=5\Omega$，L 值极大，当 $\alpha=60°$ 时，要求：(1)画出 u_d、i_d 和 i_{VT1} 的波形；(2)计算 U_d、I_d、I_{dVT} 和 I_{VT}。

4-10 三相桥式全控整流电路，电阻负载，如果有一个晶闸管不能导通，此时的整流电压 u_d 波形如何?如果有一个晶闸管被击穿而短路，其他晶闸管受什么影响?

4-11 三相桥式全控整流电路，$U_2=100V$，带阻感负载，$R=5\Omega$，L 值极大，当 $\alpha=60°$ 时，要求：(1)画出 u_d、i_d 和 i_{VT1} 的波形；(2)计算 U_d、I_d、I_{dVT} 和 I_{VT}。

4-12 三相全控桥，反电动势阻感负载，$E=200V$，$R=1\Omega$，$L=\infty$，$U_2=220V$，$\alpha=60°$，当 $L_B=0$ 和 $L_B=1mH$ 时，分别求 U_d、I_d 的值，后者还应求 γ 并分别做出 u_d 与 i_{VT} 的波形。

4-13 图 4-60 所示为直流电机的拖动系统，一个工作在整流电动机状态，另一个工作在逆变发电机状态。要求：(1)分别标出整流及逆变电路中 U_d、E_D 及 i_d 的方向；(2)说明 E_D 与 U_d 的大小关系。

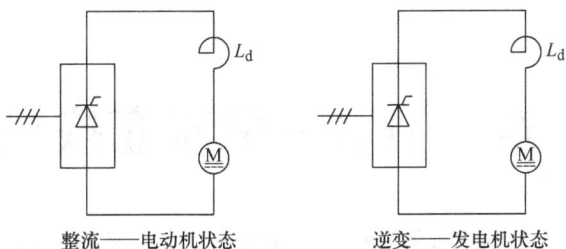

图 4-60 直流电机的拖动系统

4-14 什么是逆变失败？如何防止逆变失败？

4-15 单相桥式全控整流电路，其整流输出电压中含有哪些次数的谐波？其中幅值最大的是哪一次？变压器二次电流中含有哪些次数的谐波？其中主要的是哪几次？

4-16 三相桥式全控整流电路，其整流输出电压中含有哪些次数的谐波？其中幅值最大的是哪一次？变压器二次电流中含有哪些次数的谐波？其中主要的是哪几次？

4-17 什么是 PWM 整流电路，它和相控整流电路的工作原理和性能有什么不同？

4-18 简述电压型单相桥式 PWM 整流器的基本工作原理。

第5章 直流–交流变换电路

【内容提要】 直流-交流变换电路(DC-AC)是把直流电变换为交流电的电路,也称为逆变电路。按负载性质的不同,逆变分为有源逆变和无源逆变。把逆变电路的输出接到交流电网的变换为有源逆变;把逆变电路的输出连接到负载的变换是无源逆变。无源逆变广泛应用于变压变频和恒压恒频系统中。本章主要讨论无源逆变电路,介绍电压型变换器和电流型变换器的原理;介绍 SPWM 的控制原理、单极性和双极性的调制方式和波形生成方法。

【本章内容导入】 众所周知,在已有的电能生产方式中,化学能电池和太阳能电池都属于直流电源,当需要这些电源向交流负载供电时就必须要经过 DC-AC 变换。现代工业应用领域,用电设备对供电电源的要求越来越多样化,由公共电网提供的单一电压与频率的电源已无法满足用电设备的要求。通过 DC-AC 变换获取所需幅值和频率的交流电已成为实现这些设备电源的主要技术。

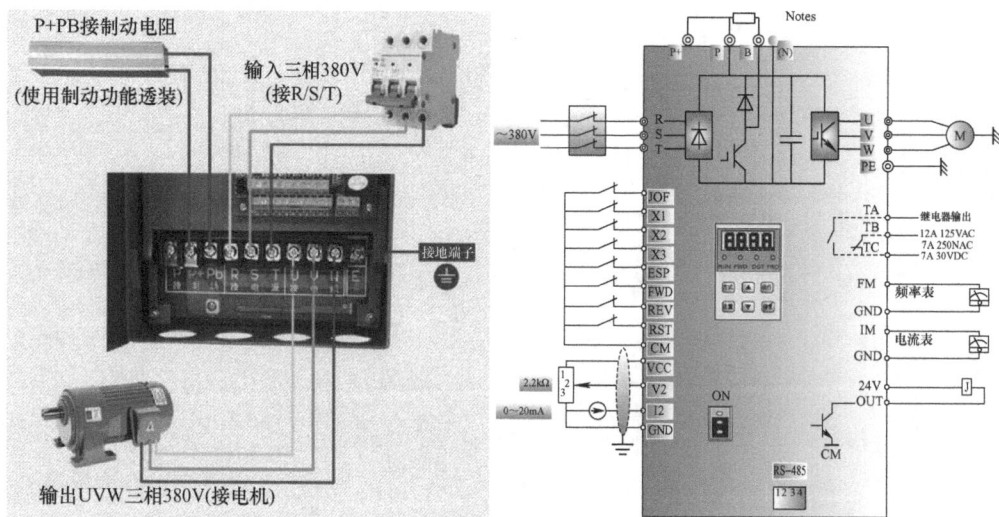

图 5-1 变频调速系统

图 5-1 为变频器调速系统接线。我们知道,交流电动机的转速与输入电源的频率成正比: $n = 60f(1-s)/p$ (式中 n、f、s、p 分别表示转速、输入频率、电机转差率、电机磁极对数);改变电动机工作电源频率可以改变电动机的转速。在我国,公共电网的频率是固定的 50Hz,要获得频率的变化可以通过变频器来实现。变频器的功能是将电网频率固定的(50Hz)交流电(三相或单相)变成频率连续可调(多数为 0~400Hz)的交流电。变频器的结构多为交流-直流-交流变换形式。从交流-直流的变换为整流,从直流-交流的变换就是逆变。变频器是逆变电路的一种典型应用。

进行 DC-AC 的变换得到频率、幅值可变的交流电已成为现代电力电子技术非常重要的应用技术。交流电机的变频调速、不间断供电电源、感应加热、开关电源、弧焊电源、风力和太阳能发电、有源电力滤波等都是 DC-AC 变换的实例。逆变电路的变压变频与控制方式紧密相关，脉宽调制(PWM)技术是当前大多数逆变装置采用的技术。

5.1 逆变电路概述

逆变电路是指能将直流电能变换成固定频率和固定电压或可调频率和可调电压的电力电子电路。实际应用中，逆变电路是由主电路和控制电路组成，习惯上把主电路称为逆变电路。逆变电路多是由电力电子器件及其辅助元件(L、C)所组成。

逆变电路的变换形式有直接变换和间接变换两种。直接将太阳能电池或化学能电池等直流电源转换为负载所需要的交流电能的变换称为直接变换。变换过程采用 AC-DC-AC 的多级转换方式则称为间接变换。在间接变换中逆变电路承担 DC-AC 转换的任务，是间接变换电路的核心环节。图 5-2 给出了逆变电路的基本构成。

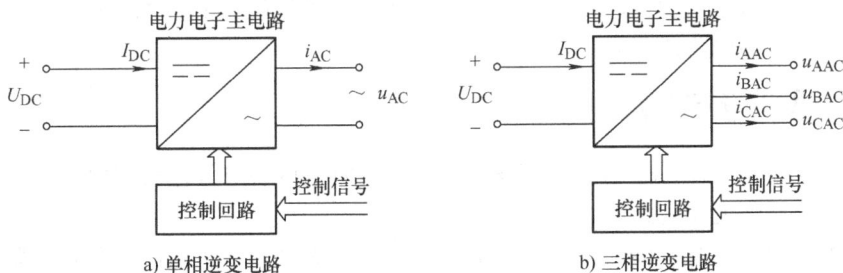

图 5-2 逆变电路框图

5.1.1 逆变电路的基本工作原理

以图 5-3a 所示的单相桥式逆变电路为例说明逆变原理。S1～S4 是桥式电路的四个桥臂，由电力电子器件及辅助电路组成。S1、S4 闭合，S2、S3 断开时，负载电压 u_o 为正；S1、S4 断开，S2、S3 闭合时，负载电压 u_o 为负，其波形如图 5-3b 所示。这样，就把直流电变成了交流电，改变两组开关的切换频率，即可改变输出交流电的频率。这就是逆变电路最基本的工作原理。

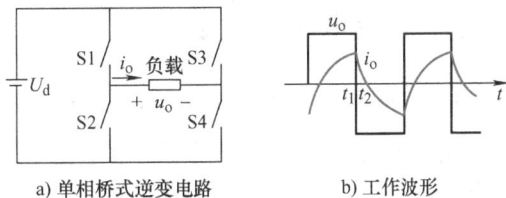

电阻负载时，负载电流 i_o 和 u_o 波形相同。阻感负载时，i_o 的基波相位滞后于 u_o 的基波，两

图 5-3 单相桥式逆变电路及其波形

者波形也不同，图 5-3b 给出的就是阻感负载时 i_o 波形。如果 S1～S4 由实际的电力电子器件组成，且辅助元件(R、L、C)也是非理想的，则逆变过程要复杂些。

5.1.2 逆变电路的基本类型

逆变电路有不同的分类方法，比较常见的方法有以下几种：

1)按直流电源的性质分为电压型逆变电路和电流型逆变电路。电压型逆变电路直流侧近似为恒压源；电流型逆变电路直流侧近似为恒流源。

2)按逆变电路输出交流电的相数分为单相逆变电路、三相逆变电路和多相逆变电路。

3)按逆变器输出电平的数目分为两电平逆变电路、三电平逆变电路和多电平逆变电路。

4)依据输出交流电压的性质可分为恒频恒压正弦波逆变电路、方波逆变电路、变频变压逆变电路和高频脉冲电压(电流)型逆变电路。

5.1.3 逆变电路的控制方式

从传统控制类型来说逆变电路主要有两种方式,一种是对器件进行 180°或 120°导通控制,逆变电路输出波形为方波;另一种采用斩波控制,在逆变电路输出的每一个周期频繁地控制开关的通断,从而改变输出电压的波形或电流波形。第一种控制方式对器件的工作频率要求较低;第二种控制方式则可以减少输出波形的谐波,但要求开关器件动作要快。

当前大多数逆变装置都采用 PWM 控制技术。随着微处理技术的飞速发展以及 PWM 方法和实现不断优化,逆变电路从早期追求电压波形正弦,到电流波形正弦,再到控制负载电机的磁通正弦,从效率最优,转矩脉动最小,再到消除谐波噪声等,PWM 技术正处于一个不断创新、不断发展的阶段。

5.2 电压型方波逆变电路

方波逆变电路是早期发展的一种逆变电路形式,有电压型方波逆变电路和电流型方波逆变电路之分。电压型逆变电路的特点是:

1)直流侧为电压源或并联大电容,直流侧电压基本无脉动,直流回路呈现低阻抗,可看作理想的电压源。

2)由于直流电压源的钳位作用,输出电压为矩形波,输出电流因负载阻抗不同而不同。

3)阻感负载时需提供无功功率,为了给交流侧向直流侧反馈的无功能量提供通道,逆变桥各臂并联反馈二极管。

电压型逆变电路最常用的有半桥逆变电路、全桥逆变电路、三相桥式逆变电路。下面分别分析其工作原理。

5.2.1 单相电压型逆变电路

1. 单相半桥电压型逆变电路

图 5-4a 是单相半桥电压型方波逆变电路,它有两个桥臂,每个桥臂由一个全控器件和一个反并联二极管组成。在直流侧接有两个相互串联的足够大的电容,两个电容的连接点便成了直流电源的中点。负载连接在直流电源中点和两个桥臂连接点之间。当负载为感性时,其工作波形如图 5-4b 所示。

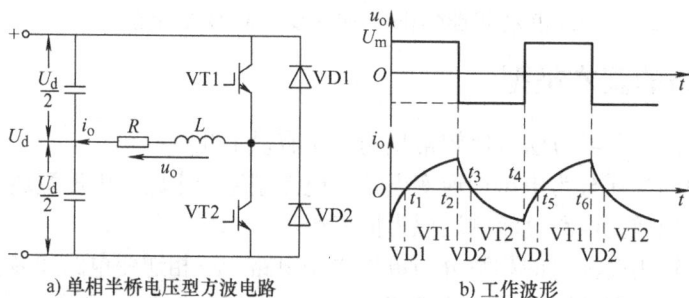

a) 单相半桥电压型方波电路　　　b) 工作波形

图 5-4　单相半桥电压型方波逆变电路及其工作波形

设 t_2 时刻以前 VT1 为通态，VT2 为断态。t_2 时刻给 VT1 关断信号，给 VT2 开通信号，则 VT1 关断，但感性负载中的电流 i_o 不能立即改变方向，于是 VD2 导通续流。当 t_3 时刻 i_o 将为零时，VD2 截止，VT2 开通，i_o 开始反向。同样，在 t_4 时刻给 VT2 关断信号，给 VT1 开通信号后，VT2 关断，VD1 先导通续流，t_5 时刻 VT1 才开通。各段时间内导通器件的名称标于图 5-4b 的下部。由图 5-4b 可见，输出电压 u_o 为矩形波，其幅值为 $U_o = U_d / 2$，输出电流 i_o 波形随负载情况而异。设开关器件 VT1 和 VT2 的栅极信号在一个周期内各有半周正偏，半周反偏，且二者互补。

当 VT1 或 VT2 为通态时，负载电流和电压同向，直流侧向负载提供能量；而当 VD1 或 VD2 为通态时，负载电流和电压反向，负载电感中储存的能量向直流侧反馈，即负载电感将其吸收的无功能量反馈回直流侧。反馈回的能量暂时储存在直流侧电容中，直流侧电容起着缓冲这种无功能量的作用。因为二极管 VD1、VD2 是负载向直流侧反馈能量的通道，故称为反馈二极管；又因为 VD1、VD2 起着使负载电流连续的作用，因此又称为续流二极管。

半桥逆变电路的优点是简单，使用器件少；其缺点是输出交流电压的幅值 U_o 仅为 $U_d / 2$，且直流侧需要并联两个电容器，工作时还要控制两个电容器电压的均衡。因此，半桥电路常用于几千瓦以下的小功率逆变电路。

2. 单相全桥电压型逆变电路

图 5-5 所示是单相全桥电压型逆变电路，它有 4 个桥臂，可以看成由两个半桥电路组合而成。把桥臂 1 和 4 作为一对，桥臂 2 和 3 作为另一对。全控型开关器件 VT1、VT4 同时通断，VT2、VT3 同时通断。VT1（VT4）与 VT2（VT3）的驱动信号互补，即 VT1、VT4 有驱动信

号时，VT2、VT3 无驱动信号；反之亦然。其输出电压 u_o 的波形和图 5-4b 半桥电路波形 u_o 形状相同，也是矩形波，但其幅值高出一倍，即 $U_m = U_d$。在直流电压和负载都相同的情况下，其输出电流 i_o 的波形也和半桥电路波形 i_o 相同，仅幅值增加一倍。在图 5-4 中 VD1、VT1、VD2、VT2 相继导通的区间，分别对应图 5-5 中 VD1 和 VD4、VT1 和 VT4、VD2 和 VD3、VT2 和 VT3 相继导通的区间。关于无功能量的交换，对于半桥逆变电路的分析也完全适用于全桥逆变电路。

全桥逆变电路在单相逆变电路中应用最多，下面对其电压波形做定量分析。把幅值为 U_d 的矩形波 u_o 展开成傅里叶级数，得

$$u_o = \frac{4U_d}{\pi}\left(\sin\omega t + \frac{1}{3}\sin\omega t + \frac{1}{5}\sin\omega t + \cdots\right) \tag{5-1}$$

其中，基波的幅值 U_{olm} 和基波有效值的 U_{ol} 分别为

$$U_{olm} = \frac{4U_d}{\pi} = 1.27U_d \tag{5-2}$$

$$U_{ol} = \frac{2\sqrt{2}U_d}{\pi} = 0.9U_d \tag{5-3}$$

上述各式若应用于半桥电路，只需要将式中的 U_d 换成 $U_d / 2$ 即可。

前面分析的都是输出电压 u_o 是正负各为 180° 的脉冲时的情况。这种情况下，要改变交

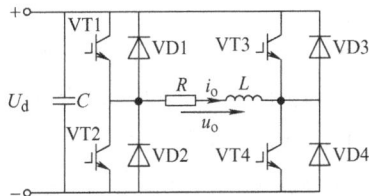

图 5-5 单相全桥电压型逆变电路及其工作波形

流电压的有效值，只能通过改变直流电压 U_d 来实现。

在阻感负载时，还可以采用移相的方式来调节逆变电路的输出电压，这种方式称为移相调压。移相调压实际上就是调节输出电压脉冲的宽度。在图 5-5 所示的单相全桥逆变电路中，各个 IGBT 的栅极信号为 180° 正偏，180° 反偏，VT1 和 VT2 的栅极信号互补，VT3 和 VT4 的栅极信号互补，但是 VT3 的栅极信号并不是比 VT1 落后 180°，而是落后 θ（$0<\theta<180°$）；相应地，VT3、VT4 的栅极信号也不是分别和 VT2、VT1 的栅极信号同相位，而是前移了 180° $-\theta$。这样，输出电压 u_o 就不再是正负各为 180° 的脉冲，而是正负各为 θ 的脉冲，各个 IGBT 的栅极信号 $u_{G1} \sim u_{G4}$ 及输出电压 u_o、输出电流 i_o 的波形如图 5-6 所示。

下面分析移相调压方式的具体工作过程：

1) $0 \sim t_1$ 区间。VT1 和 VT4 导通，VT2 和 VT3 关断，由于负载呈感性，所以负载电流波形滞后于电压波形，此时 $u_o=U_d$，负载电流 i_o 为负，VD1、VD4 续流导通，VT1、VT4 并无电流流过。电流储能向直流侧反馈，负载电流 i_o 按照指数规律增长，直到 t_1 电流过零。

2) $t_1 \sim t_2$ 区间。此时段导通器件依然是 VT1 和 VT4，VT2 和 VT3 关断，负载电流 i_o 为正，流经路线由 VD1、VD4 转换到 VT1 和 VT4，负载电流按照指数规律继续增长，负载电压 $u_o=U_d$。

3) $t_2 \sim t_3$ 区间。VT1 和 VT3 导通，VT2 和 VT4 关断，电感电流续流，负载电流 i_o 由 VT3 换流到 VD3，VT1 继续导通，此时负载被 VT1、VD3 "短接"，电感储能维持负载电流，i_o 由于没有外部电压激励，以较慢的速率按指数规律下降，负载电压 $u_o=0$。

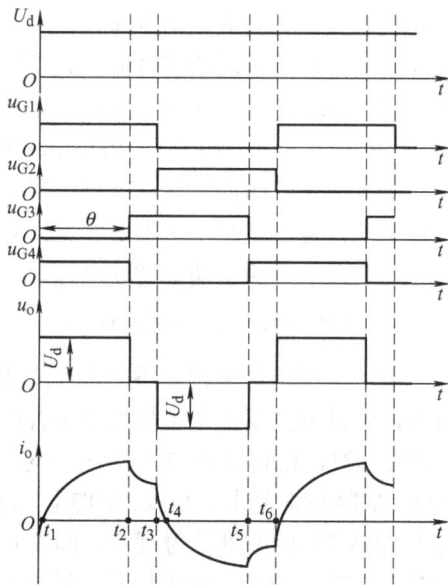

图 5-6　单相全桥移相调压方式的工作波形

4) $t_3 \sim t_4$ 区间。VT2 和 VT3 导通，VT1 和 VT4 关断，此时 $u_o=-U_d$，由于电感的续流作用，负载电流 i_o 由 VT1 换流到 VD2，VD3 继续导通，直到 t_4 电流过零。

5) $t_4 \sim t_5$ 区间。此时段是 VT2 和 VT3 导通，VT1 和 VT4 关断，负载电流 i_o 呈负极性，流过路径由 VD2、VD3 切换到 VT2、VT3，并按照指数规律继续减小。负载电压时 $u_o=-U_d$。

6) $t_5 \sim t_6$ 区间。此时段 VT2 和 VT4 导通，VT1 和 VT3 关断。由于电感的续流作用，负载电流由 VT2 切换到 VD2，VT4 继续导通，此时负载被 VT4、VD2 "短接"，电感储能维持电流，由于没有外部电流的激励，负载电流 i_o 以较慢的速率按指数规律增长，负载电压 $u_o=0$。

这样，输出电压 u_o 的正负脉冲宽度各为 θ。改变 θ，就可以调节输出电压。

纯电阻负载时，采用上述移相方法也可以得到相同结果，只是 VD1～VD4 不再导通，不起续流作用。在 u_o 为零期间，4 个桥臂均不导通，负载也没有电流。

5.2.2　三相桥式电压型方波逆变电路

由 3 个半桥电路组成三相桥式逆变电路，电路结构如图 5-7 所示。为了分析问题方便，图中输入侧电源画出了假定中性点 N'。和单相半桥、全桥逆变电路相同，电压型三相桥式逆变电路的基本工作方式是 180° 导电方式，即每个桥臂的导电角度为 180°，同一组（即同一半桥)上下两个臂交替导电，各相开始导电的角度依次为 120°。在任一瞬间，将有 3 个臂同时导通。可能是上面一个臂、下面两个臂，也可能是上面两个臂、下面一个臂同时导通。因为每次换相都是在同一相上下两个桥臂之间进行的，因此也被称为纵向换相。

下面分析三相桥式电压型方波逆变电路的工作波形。将其输出的三相电压称为 U 相、V 相和 W 相。对于 U 相来说，当 VT1 导通时，$u_{UN'} = U_d / 2$，当 VT4 导通时，$u_{UN'} = -U_d / 2$。因此 $u_{UN'}$ 的波形是幅值为 $U_d/2$ 的矩形波。V 和 W 两相的情况和 U 相类似，$u_{VN'}$、$u_{WN'}$ 的波形形状和 $u_{UN'}$ 相同，只是相位依次相差 120°。有关逆变器输出的电压波形如图 5-8 所示。

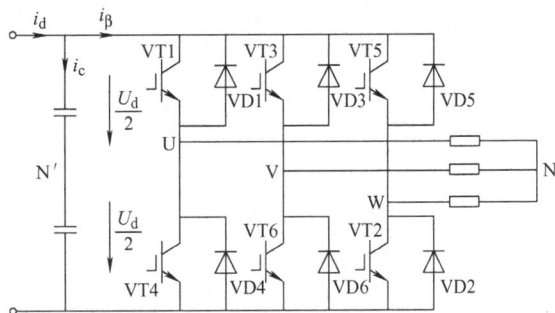

图 5-7　三相桥式电压型逆变电路

设负载中性点 N 与直流电源假定中性点 N′之间的电压为 $u_{NN'}$，则负载各相的相电压可由下式求出

$$u_{UN} = u_{UN'} - u_{NN'}$$
$$u_{VN} = u_{VN'} - u_{NN'} \qquad\qquad (5\text{-}4)$$
$$u_{WN} = u_{WN'} - u_{NN'}$$

负载线电压也可相应求出：

$$u_{UV} = u_{UN'} - u_{VN'}$$
$$u_{VW} = u_{VN'} - u_{WN'} \qquad\qquad (5\text{-}5)$$
$$u_{WN} = u_{WN'} - u_{UN'}$$

把上面各式相加并整理可得

$$u_{NN'} = \frac{1}{3}\left(u_{UN'} + u_{VN'} + u_{WN'}\right) - \frac{1}{3}\left(u_{UN} + u_{VN} + u_{WN}\right) \qquad\qquad (5\text{-}6)$$

设负载为三相对称负载，则有 $u_{UN} + u_{VN} + u_{WN} = 0$，故可得

$$u_{NN'} = \frac{1}{3}\left(u_{UN'} + u_{VN'} + u_{WN'}\right) \qquad\qquad (5\text{-}7)$$

$u_{NN'}$ 的波形如图 5-8e 所示，也为矩形波，幅值为 $U_d/6$，频率为 $u_{UN'}$ 的 3 倍。根据 $u_{UN'} - u_{VN'} = u_{UV}$，也可以画出电压 u_{UV} 的波形，如图 5-8d 所示。电压 u_{VW} 和 u_{WU} 的波形形状相同，只是依次相差 120°。

相电流的波形与负载的阻抗角 φ 有关，图 5-8g 画出的是感性负载 $\varphi < 60°$ 时 i_U 波形。与电压一样，电流 i_V 和 i_W 波形与 i_U 波形形状相同，也是依次相差 120°，将桥臂 1、3、5 的电流加起来可得到直流侧电流 i_d。图 5-8h 给出了直流侧电流 i_d 的波形。可以看出，i_d 每隔 60° 脉动一次，而直流侧电压是基本无脉动的，因此逆变电路从交流侧(电网侧)向直流侧传送的功率是脉动的，且脉动的情况和 i_d 脉动情况大体相同。这也是电压型逆变电路的一个特点。图 5-9 完整给出 180° 导电型逆变电路输出相电压、线电压波形

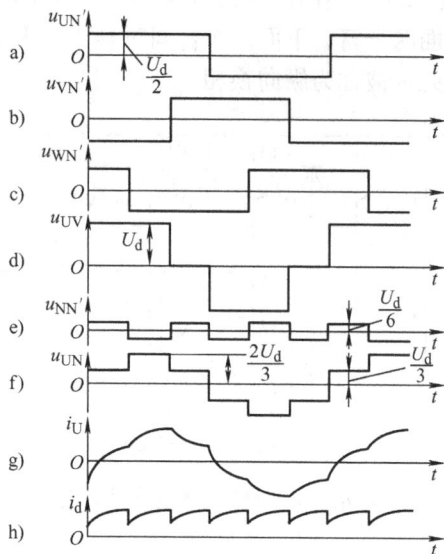

图 5-8 三相桥式逆变器的工作波形

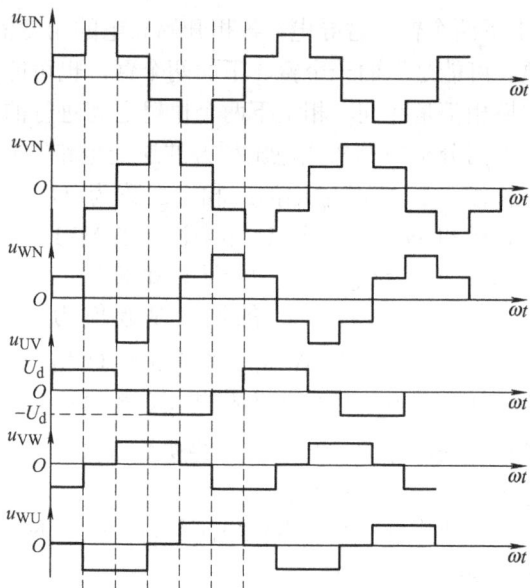

图 5-9 180°导电型逆变电路输出相电压、线电压波形

下面对三相桥式电压型逆变电路的输出电压进行电量分析。把输出线电压 u_{UV} 展开成傅里叶级数，得

$$u_{UV} = \frac{2\sqrt{3}U_d}{\pi}\left(\sin\omega t - \frac{1}{5}\sin 5\omega t - \frac{1}{7}\sin 7\omega t + \frac{1}{11}\sin 11\omega t + \frac{1}{13}\sin 13\omega t - \cdots\right)$$

$$= \frac{2\sqrt{3}U_d}{\pi}\left[\sin\omega t + \sum_n \frac{1}{n}(-1)^k \sin n\omega t\right] \tag{5-8}$$

式中，$n=6k\pm1$，k 为自然数。输出线电压有效值 U_{UV} 为

$$U_{UV} = \sqrt{\frac{1}{2\pi}\int_0^{2\pi} u_{UV}^2 \mathrm{d}\omega t} = 0.816U_d \tag{5-9}$$

其中，基波幅值 U_{UV1m} 和基波有效值 U_{UV1} 分别为

$$U_{UV1m} = \frac{2\sqrt{3}U_d}{\pi} = 1.1U_d \tag{5-10}$$

$$U_{UV1} = \frac{U_{UV1m}}{\sqrt{2}} = \frac{6}{\pi}U_d = 0.78U_d \tag{5-11}$$

下面对负载的相电压 u_{UN} 进行分析。把 u_{UN} 展开成傅里叶级数，得

$$u_{UN} = \frac{2U_d}{\pi}\left(\sin\omega t + \frac{1}{5}\sin 5\omega t + \frac{1}{7}\sin 7\omega t + \frac{1}{11}\sin 11\omega t + \frac{1}{13}\sin 13\omega t - \cdots\right)$$

$$= \frac{2U_d}{\pi}\left(\sin\omega t + \sum_n \frac{1}{n}\sin n\omega t\right) \tag{5-12}$$

式中，$n=6k\pm1$，k 为自然数。

负载相电压有效值 u_{UN} 为

$$U_{UN} = \sqrt{\frac{1}{2\pi}\int_0^{2\pi} u_{UN}^2 \mathrm{d}\omega t} = 0.471U_d \tag{5-13}$$

其中，基波幅值 U_{UN1m} 和基波有效值 U_{UN1} 分别为

$$U_{UN1m} = \frac{2U_d}{\pi} = 0.637U_d \tag{5-14}$$

$$U_{UN1} = \frac{U_{UN1m}}{\sqrt{2}} = 0.45U_d \tag{5-15}$$

由上述分析可以看出，三相桥式电压型方波逆变电路由于电容的钳位作用，在开关管的控制下，输出给负载的电压为一系列矩形波，波形仅与控制脉冲相关而与负载性质无关，但输出的电流波形与负载的阻抗角有关。无论半控还是全桥电路，采用方波控制时，在直流母线电压 U_d 一定时，输出电压的基波大小不可控，且输出电压中谐波频率低、幅值大，对负载性能的影响较大。因此，上述逆变电路的输出通常要连接 LC 滤波器，以滤除逆变电路输出电压中的谐波，使负载电压或电流接近于正弦波。改善逆变电路输出特性的更佳途径是采用 PWM 控制模式。

电压型方波逆变电路采用 180° 导电方式，为了防止同一相上下两桥臂的开关器件同时导通而引起直流侧电源的短路，要采取"先断后通"的方式，即先给应关断的器件关断信号，待其关断后留一定的时间裕量，然后再给应导通的器件发出开通信号，即两者之间留一个短暂的死区时间。死区时间的长短要视器件开关速度而定，开关速度越快，所留的死区时间可以越短。这一"先断后通"的方法对于工作在上下桥臂通断互补方式下的其他电路也是适用的。

5.3 电流型方波逆变电路

直流侧是电流源的逆变电路称为电流型逆变电路。电流型方波逆变电路主要特点是：

1）直流侧为电流源（串大电感），直流电流基本无脉动，直流回路呈现高阻抗。

2）开关器件的作用仅是改变直流电流的流通路径，因此交流侧输出电流为矩形波，同时与负载的性质无关。而交流侧电压波形及相位因负载阻抗角不同而异，电感负载时其波形接近正弦波。

3）主电路开关器件采用自关断器件时，其反向不能承受高电压，则需在各开关器件支路串入二极管。

常用的电流型逆变电路主要有单相桥式和三相桥式逆变电路两种。

5.3.1 单相桥式电流型逆变电路

采用全控型器件的单相桥式电流型逆变电路如图 5-10 所示。

电路工作过程如下：当 VT1、VT4 导通，VT2、VT3 关断时，$I_o=I_d$；反之，$I_o= -I_d$。当以频率 f 交替切换开关管 VT1、VT4 和 VT2、VT3 时，则在负载上获得如图 5-10b 所示的电流波形。

将图 5-10b 所示的电流波形 i_o 展开成傅里叶级数，有

$$I_o = \frac{4I_d}{\pi}\left(\sin\omega t + \frac{1}{3}\sin 3\omega t + \frac{1}{5}\sin 5\omega t + \cdots\right) \tag{5-16}$$

其中，基波幅值 I_{01m} 和基波有效值 I_{01} 分别为

$$I_{01m} = \frac{4I_d}{\pi} = 1.27I_d \tag{5-17}$$

$$I_{01} = \frac{4I_d}{\pi\sqrt{2}} = 0.9I_d \tag{5-18}$$

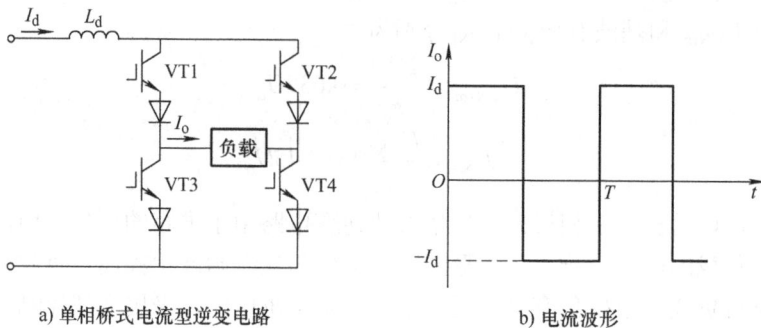

a) 单相桥式电流型逆变电路   b) 电流波形

图 5-10　单相桥式电流型逆变电路及电流波形

5.3.2　三相桥式电流型逆变电路

180°导电型的电压型逆变器中，开关器件的换流是在同一相中进行的。换流时，若应该关断的开关器件没能及时关断，它就会和换流后同一相上的元件形成通路，使直流电源发生短路，带来换流安全问题。为此，引入 120°导电型的电流型逆变器，该逆变器开关器件的换流是在同一组中进行的，不存在电源短路问题。图 5-11a 是三相桥式电流型逆变电路。主电路与单相电流型逆变电路相比多了一条桥臂。

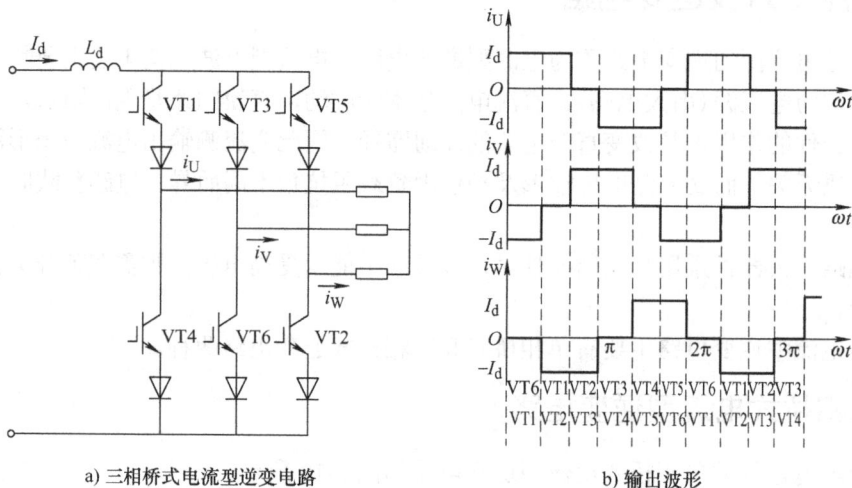

a) 三相桥式电流型逆变电路   b) 输出波形

图 5-11　三相桥式电流型逆变电路及输出波形

三相桥式电流型逆变电路的基本工作方式是 120°导通方式，即每个臂导通 120°，按 VT1 到 VT6 依次导通。控制过程与三相全控桥整流电路相同，例如在触发 VT1、VT6 导通时，$i_u = I_d$、$i_v = -I_d$，间隔 60°后，触发 VT1、VT2，$i_u = I_d$、$i_w = -I_d$，依次类推。这样，每个时刻共阴极组和共阳极组桥臂中都各有一个臂导通。换相时，是在共阴极组或共阳极组内依次换相，是横向换相。图 5-11b 给出了逆变电路输出的三相电流波形。在电感负载情况下，线电压波形近似为正弦波。

按照每个开关器件驱动触发间隔为 60°，触发导通后维持 120°才被关断的特征，可以得到 6 个开关管在 360°里的导通情况，见表 5-1。

表 5-1　逆变电路中开关管导通情况

器件	0°～60°	60°～120°	120°～180°	180°～240°	240°～300°	300°～360°
VT1	导通	导通	×	×	×	×
VT2	×	导通	导通	×	×	×
VT3	×	×	导通	导通	×	×
VT4	×	×	×	导通	导通	×
VT5	×	×	×	×	导通	导通
VT6	导通	×	×	×	×	导通

将 120°导电型逆变电路导电规律总结如下:

1)每个脉冲触发间隔 60°内,有 2 个晶闸管器件导通,它们分属于逆变桥的共阴极组和共阳极组。

2)在 2 个导通器件中,每个器件所对应相的相电流为 I_d。而不导通器件所对应相的电流为 0。

3)共阳极组中器件所通过的相电流为正,共阴极组器件所通过的相电流为负。

4)每个脉冲间隔 60°内的相电流之和为 0。

从电流型逆变电路的输出电流波形可以看出,输出电流波形和三相桥式可控整流电路在大电感负载下的交流输入电路(变压器二次电流)波形形状相同,也和电压型三相桥式逆变电路中输出线电压波形形状相同。仿照线电压的谐波分析表达式,下面对三相桥式电流型逆变电路的输出电流进行定量分析。

$$i_U = \frac{2\sqrt{3}I_d}{\pi}\left(\sin\omega t - \frac{1}{5}\sin 5\omega t - \frac{1}{7}\sin 7\omega t + \frac{1}{11}\sin 11\omega t + \frac{1}{13}\sin 13\omega t \right) \tag{5-19}$$

从上式可知,120°导电方式三相桥式电流型逆变电路的线电流波形中不包含偶次和 3 的倍数次谐波,只含 5 次及 5 次以上的奇次谐波,且谐波幅值与谐波次数成反比。

5.4　逆变电路的多重化及多电平化

前文介绍的电压型逆变电路的输出电压是矩形波,电流型逆变电路的输出电流也是矩形波。矩形波中含有较多的谐波,对负载会产生不利影响,如当负载为异步电动机时,谐波会导致电动机铁心发热,效率降低。为了减少矩形波中所含的谐波,常常采用多重逆变电路把几个矩形波组合起来,使之成为接近正弦波的波形。也可以通过改变电路结构,构成多电平逆变电路,它能够输出较多电平,使输出电压逼近正弦波。

5.4.1　多重逆变电路

多重化技术基本原理是用阶梯波来逼近正弦波。阶梯数越多,逼近的程度越好,谐波含量就越少。从电路输出的合成方式来看,多重逆变电路有串联多重和并联多重两种方式。串联多重是把几个逆变电路的输出串联起来,电压型逆变电路多用串联多重方式;并联多重是把几个逆变电路的输出并联起来,电流型逆变电路多用并联多重方式。下面以电压型逆变电路为例介绍多重逆变电路的基本原理。

1. 串联二重单相电压型逆变电路

图 5-12a 所示串联二重单相电压型逆变电路由两个单相全桥逆变电路组成，二者输出通过变压器 T1 和 T2 串联起来。图 5-12b 为电路的输出波形。

两个单相逆变电路的输出电压 u_1 和 u_2 都是导通 180° 的矩形波，包含所有奇次谐波。把两个逆变电路导通的相位错开 $\varphi=60°$，则对 u_1 和 u_2 中的 3 次谐波来说，它们就错开了 180°。通过变压器串联合成后，两者中所含 3 次谐波互相抵消，所得到的总输出电压中就不含 3 次谐波。从图 5-12b 可看出，u_0 的波形是导通 120° 的矩形波，和三相桥式 180° 导电方式逆变电路下的线电压输出波形相同。其中只含 $6k\pm1$ 次谐波，$3k$ 次谐波都被抵消了。

像上面这样，把若干个逆变电路的输出按一定的相位差组合起来，使它们所含的某些主要谐波分量相互抵消，就可以得到较为接近正弦波的波形。

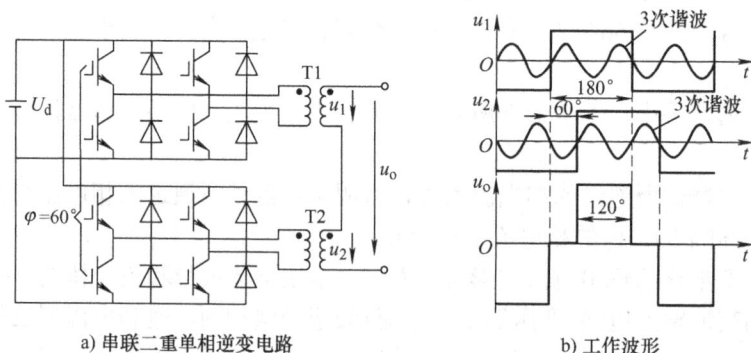

a) 串联二重单相逆变电路　　　　　b) 工作波形

图 5-12　串联二重单相电压型逆变电路及工作波形

2. 串联二重三相电压型逆变电路

图 5-13 是串联二重三相电压型逆变电路及工作波形。

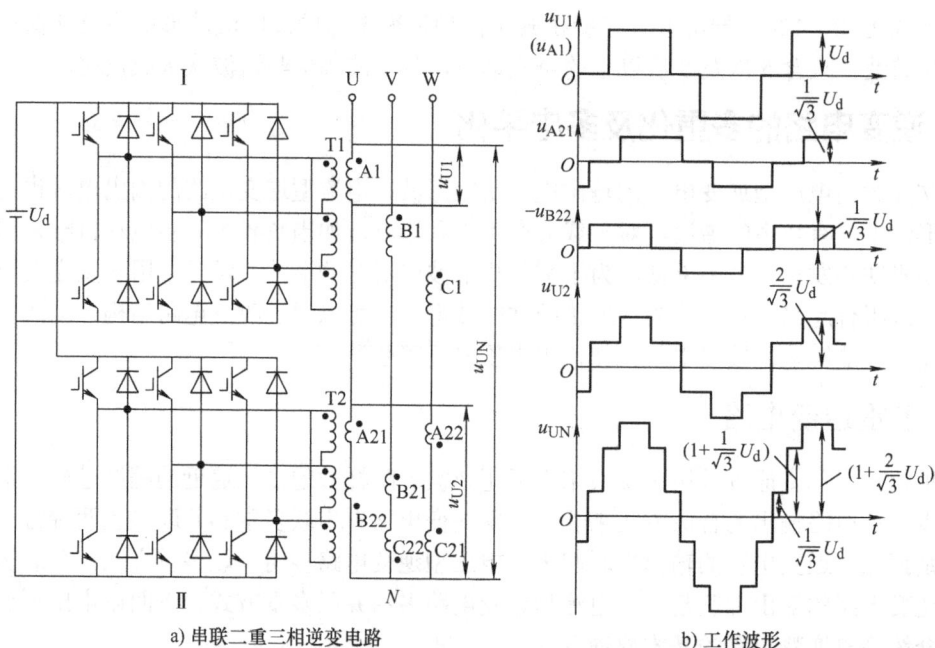

a) 串联二重三相逆变电路　　　　　b) 工作波形

图 5-13　串联二重三相电压型逆变电路及工作波形

该电路由两个三相桥式逆变电路组成，其输入直流电源共用，输出电压通过变压器 T1 和 T2 串联合成。两个逆变电路均为 180° 导通方式，这样它们各自的输出线电压都是 120° 矩形波。工作时，使逆变桥 II 的输出电压相位比逆变桥 I 滞后 30°。变压器 T1 和 T2 在图中同一水平线上画的绕组表示绕在同一铁心柱上。T1 为 Dy 联结，线电压电压比为 1：$\sqrt{3}$（一、二次绕组匝数相等）。变压器 T2 一次侧也是三角形联结，但二次侧有两个绕组，采用曲折星形联结，即一相的绕组和另一相的绕组串联而构成星形。这种接法相比 T1 而言，二次电压相对于一次电压超前 30°，可以抵消逆变桥 II 比逆变桥 I 输出所滞后的 30°。这样，u_{U2} 和 u_{U1} 的基波相位就相同了。如果 T2 和 T1 一次侧匝数相同，则为了使 u_{U2} 和 u_{U1} 的基波幅值相同，T2 和 T1 二次侧间的匝数比就应为 1：$\sqrt{3}$。T1、T2 二次侧基波电压合成情况的相量图如图 5-14 所示。图中 U_{U1}、U_{U21}、$-U_{V22}$ 分别是变压器绕组 A1、A21、B22 上的基波电压相量。

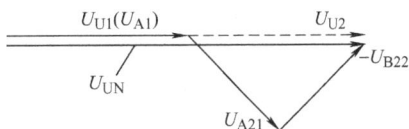

图 5-14　二次侧基波电压合成相量图

由图 5-13b 可以看出，u_{UN} 比 u_{U1} 更接近正弦波。把 u_{U1} 展开成傅里叶级数

$$u_{U1} = \frac{2\sqrt{3}U_d}{\pi}\left[\sin\omega t + \frac{1}{n}\sum_n (-1)^k \sin n\omega t\right] \tag{5-20}$$

式中，$n = 6k+1$，k 为自然数。u_{U1} 的基波分量有效值为

$$U_{U11} = \frac{\sqrt{6}U_d}{\pi} = 0.78U_d \tag{5-21}$$

n 次谐波有效值为

$$U_{U1n} = \frac{\sqrt{6}U_d}{n\pi} \tag{5-22}$$

把由变压器合成后的输出相电压 u_{UN} 展开成傅里叶级数，可求得其基波电压有效值为

$$U_{UN1} = \frac{2\sqrt{6}U_d}{\pi} = 1.56U_d \tag{5-23}$$

其 n 次谐波有效值为

$$U_{UNn} = \frac{2\sqrt{6}U_d}{n\pi} = \frac{1}{n}U_{UN1} \tag{5-24}$$

式中，$n = 12k+1$，k 为自然数。在 u_{UN} 中不含 5 次、7 次等谐波。

可以看出，该二重三相电压型逆变电路的直流侧电流每周期脉动 12 次，称为 12 脉波逆变电路，一般来说，使 m 个三相桥式逆变电路的相位依次错开 $\pi / (3m)$ 运行，连同使它们输出电压合成并抵消上述相位差的变压器，就可以构成脉波数为 $6m$ 的逆变电路。

5.4.2 多电平逆变电路

从 180° 导电方式的三相电压型逆变电路相电压的电压波形可知，若能使逆变电路的相电压输出更多的电平，就可以使其波形更接近正弦波。多电平化的思想就是由几个电平台阶合成阶梯波以逼近正弦波输出的处理方式，由此构成的多电平逆变电路不仅能降低所用功率开关器件的电压定额，而且大大地改善了输出特性，减少了输出电压中的谐波分量，也无需像多重化中要使用多台特殊连接的输出变压器，故在高电压、大容量的 DC-AC 变换中得到越来越广泛的应用，特别是在减少电网谐波和补偿电网无功方面有着非常良好的应用前景。

图 5-15 所示为中性点钳位式三电平逆变电路及输出电压波形。逆变电路每相桥臂上有 4 个电力开关管 VT1～VT4，4 个续流二极管 VD1～VD4 和 2 个钳位二极管 VD5～VD6。钳位二极管的作用是在开关管导通时提供电流通道并防止电容短路。以 U 相桥臂为例，其工作状态有三种：

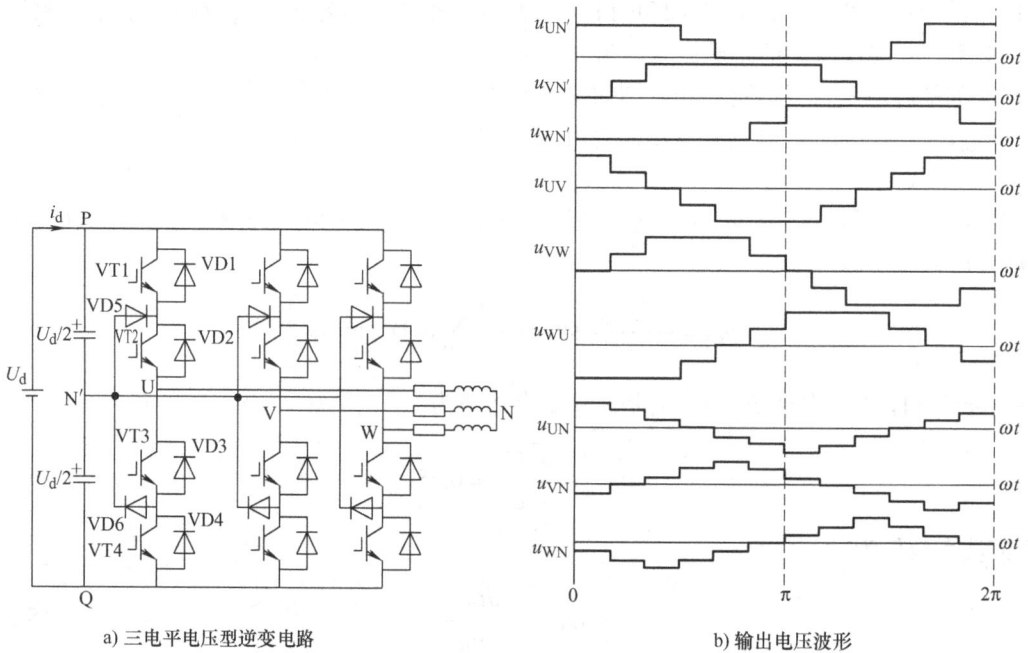

a) 三电平电压型逆变电路   b) 输出电压波形

图 5-15　三电平电压型逆变电路及其输出电压波形

1）VT1、VT2 导通，VT3、VT4 关断：当 U 相电流为正值时，电流从 P 经 VT1、VT2 至 U 点；当 U 相电流为负值时，电流从 U 点经 VD2、VD1 流回 P。无论 U 相电流正、负如何，U 点都接至 P，U 点和 N′点间电位差为 $U_d/2$，输出 $u_{UN'}=U_d/2$。

2）VT3、VT4 导通，VT1、VT2 关断：当 U 相电流为正值时，电流从 Q 经 VD4、VD3 流入 U 点；当 U 相电流为负值时，电流从 U 点经 VT3、VT4 流回 Q。无论 U 相电流正、负如何，U 点都接至 Q，U 点和 N'点间电位差为 $U_d/2$，输出 $u_{UN'}=-U_d/2$。

3）VT2 或 VT3 导通，VT1、VT4 关断：当 U 相电流为正值时，电流从 N'经 VD5、VT2 流至 U 点；当 U 相电流为负值时，电流从 U 点经 VT3、VD6 流回 N'点，输出 $u_{UN'}=0$。

V 相、W 相桥臂输出电压 $u_{VN'}$、$u_{WN'}$ 按三相对称原则依次滞后 $2\pi/3$。这样，线电压 $u_{UV}=u_{UN'}-u_{VN'}$输出 $\pm U_d$、$\pm U_d/2$、0 五种电平状态，其阶梯波形状更接近正弦波，输出电压谐波将大大优于通常的两电平逆变器。可以看出，三电平逆变器的输出电压波形与二重化逆变器相同，但省去了连接复杂的输出变压器。

三电平逆变器中每个功率开关器件所承受的电压仅为直流电源电压的一半，故特别适合高压大容量的应用场合。用类似的方法，还可构成五电平、七电平等更多的逆变电路。

5.5　逆变电路的脉宽调制(PWM)控制技术

前面所述的方波逆变电路应用于电动机调速和高性能 UPS 电源场合时，存在的主要问题是谐波含量偏高。因此，解决谐波问题是逆变电源应用于这些场合的关键。本节将要介绍的应用于逆变电路的脉宽调制(PWM)技术是最为常用的谐波控制方法。所谓脉宽调制(PWM)技术就是利用全控型器件的导通和关断，把直流电压变成一定形状的电压脉冲序列，实现变压、变频并消除谐波的技术。

PWM 控制技术在逆变电路中的应用最为广泛，对逆变器的影响也最为深刻。现在大量应用的逆变器中，绝大部分都是 PWM 型逆变器。可以说 PWM 控制技术正是有赖于在逆变器中的应用，才发展得比较成熟，也确定了它在电力电子技术中的重要地位。

近年来，实际工程中主要采用的 PWM 技术是正弦 PWM。正弦 PWM 方案多种多样，归纳起来分为电压正弦 PWM(Sinusoidal Pulse Width Modulation，SPWM)、随机正弦 PWM、电流正弦 PWM 和空间电压矢量 VPWM(Voltage Space Vector PWM，SVPWM)四种基本类型。

5.5.1　SPWM 控制的基本原理

采样控制理论有这样一个结论：冲量相等而形状不同的窄脉冲加在具有惯性的环节上时，其效果基本相同。冲量即指窄脉冲的面积，效果基本相同是指环节的输出响应波形基本相同。例如图 5-16 所示的三种窄脉冲形状不同，但面积相同(假如都等于 1)。当它们分别加在同一个惯性环节上时，其输出响应基本相同，且脉冲越窄，其输出差异越小。当窄脉冲变为图 5-16d 所示的单位脉冲函数时，环节的响应即为该环节的脉冲过渡函数。上述原理称为面积等效原理，也是 PWM 控制技术的重要理论基础。

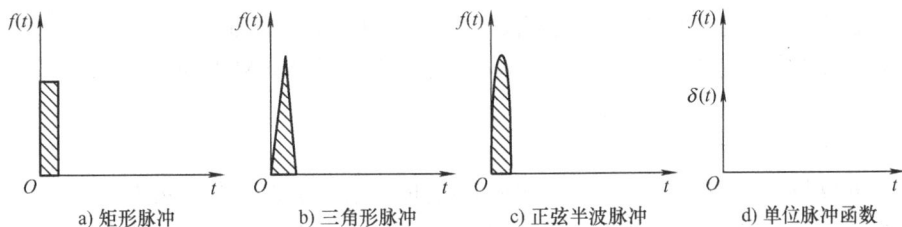

图 5-16　形状不同而冲量相同的各种窄脉冲

根据上述理论，分析一下正弦波如何用一系列等幅不等宽的脉冲来代替。图 5-17a 所示是将一个正弦波分成 N 等分(图中 $N=10$)，每一份可看作是一个脉冲，很显然这些脉冲宽度相等，都等于 π/N，但幅值不等，脉冲顶部为曲线，各脉冲幅值按正弦规律变化。若把上述脉冲序列用同样数量的等幅不等宽的矩形脉冲序列代替，并使矩形脉冲的中点和相应正弦等分脉冲的中点重合，且使二者的面积(冲量)相等，就可以得到图 5-17b 所示的脉冲序列，这就是 PWM 波形。可以看出，各脉冲的宽度是按正弦规律变化的。根据冲量相等效果相同的原理，PWM 波形和正弦波形是等效的。这种脉冲宽度按正弦规律变化且和正弦波等效的 PWM 波形称为 SPWM 波形。

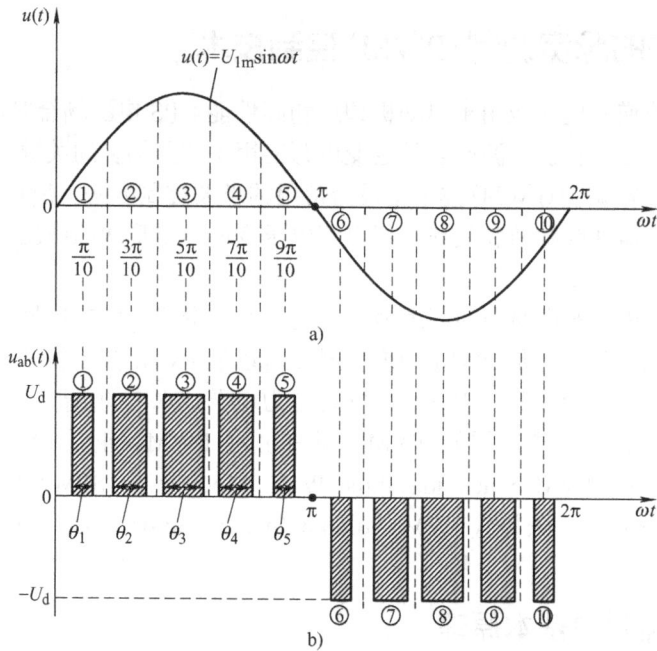

图 5-17　PWM 控制的基本原理示意图

5.5.2　SPWM 的生成方法

有许多生成 SPWM 的方法，包括调制法、电流跟踪控制法、矢量控制法等。调制法是常用的方法之一。调制法的原理是把所希望的波形作为调制信号，把接受调制的信号作为载波，通过对载波的调制得到所希望的 SPWM 波形。

通常采用等腰三角波作为载波，因为等腰三角波上下宽度与高度为线性关系，且左右对称，当它与任何一个平稳变化的调制信号波相交时，如在交点时刻控制电路中开关器件的通断，就可以得到宽度正比于信号波幅值的脉冲，这正好符合 PWM 控制的要求。当调制信号波为正弦波时，所得到的就是 SPWM 波形。

（1）自然采样法

按照三角波与正弦波比较，产生 SPWM 脉冲序列的方法称为自然采样法。正弦波在不同相位角时其值不同，与三角波相交所得的脉冲宽度也不同，当正弦波频率变化和幅值变化时，各个脉冲宽度也相应地发生变化。如图 5-18a 所示，利用模拟电路可以实现这个功能，将正弦波与三角波施加于比较器的两个输入端，u_c 为三角载波，周期为 T_c；u_r 为正弦调制波，周期为 T_r。当 $u_r > u_c$ 时，输出高电平；当 $u_r < u_c$ 时，输出低电平。一般有 $T_r > T_c$，波形峰值 $u_{rm} \leqslant u_{cm}$。比较器输出为 SPWM 波，如果半个周期中只有正脉冲，则为单极性调制，如图 5-18b 所示；如果半个周期中有正脉冲也有负脉冲，输出脉冲有正有负，则称为双极性调制。

自然采样法是按照正弦波与三角形波交点进行脉冲宽度与间隙时间的采样，从而生成 SPWM 波形。这个任务可以采用模拟电路、数字电路或专用的大规模集成电路芯片等硬件电路完成，也可以用微计算机通过软件生成 SPWM 波形。如何计算 SPWM 的开关时刻，是 SPWM 信号生成中的一个难点，也是当前人们研究的一个热点。

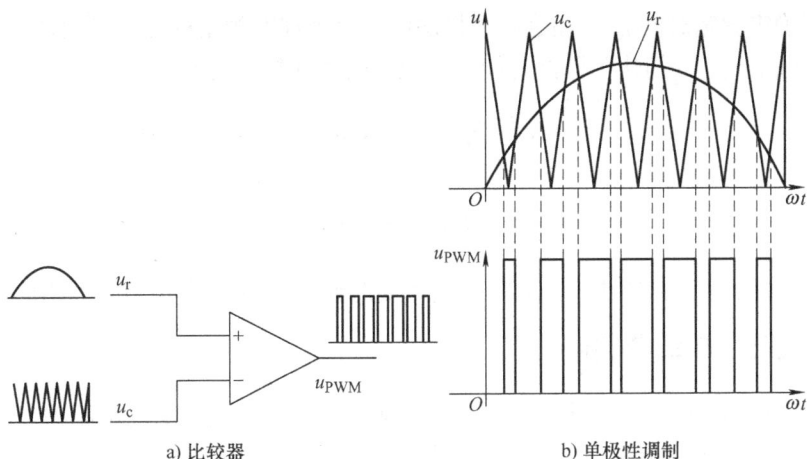

a) 比较器   b) 单极性调制

图 5-18 调制法生成 SPWM 波形

要准确生成 SPWM 波就要准确地计算出正弦波与三角波的交点，即功率开关器件的导通时刻 t_A 和关断时刻 t_B，功率开关导通的区间就是脉冲宽度 t_{on}，其关断区间 t_{off} 就是脉冲的间隙时刻 t_{off1} 及 t_{off2} 的和，如图 5-19 所示。

由图 5-19 的几何关系可得

$$\frac{2}{T_c/2} = \frac{1+m\sin\omega_r t_A}{t_{on1}}$$
$$\frac{2}{T_c/2} = \frac{1+m\sin\omega_r t_B}{t_{on2}}$$
(5-25)

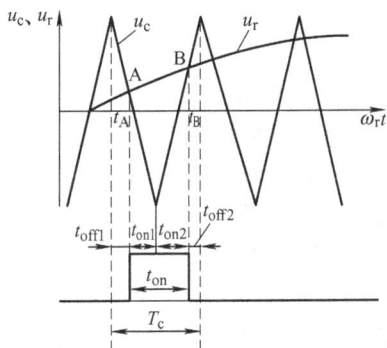

$$t_{on} = t_{on1}+t_{on2} = \frac{T_c}{2}\left[1+\frac{m}{2}(\sin\omega_r t_A + \sin\omega_r t_B)\right]$$
(5-26)

图 5-19 生成 SPWM 波的自然采样法

式中，除 ω_r、T_c、m 为已知外，t_A、t_B 都是未知，该式是一个超越方程，求解时需花费较多的计算时间。可见，自然采样法虽然能真实反应脉冲产生与结束的时刻，却难以在实时控制中在线实现。当然也可以事先把计算出的数据存入计算机中，控制时利用查表法来获取数据。这样做要占用较多的内存空间。所以，此法仅适用于范围有限的场合。

(2) 规则采样法

规则采样法是利用载波三角波的正峰值点、负峰值点所对应的正弦函数值，来代替三角波与正弦波自然交点处正弦函数值这一规则求取脉冲宽度，生成 SPWM 波的方法，如图 5-20 所示。在规则采样法中，每个载波周期的开关点都是确定的。依据脉冲是否以相应的三角波峰值点为对称，规则采样法可分为对称规则采样法及不对称规则采样法。这里仅介绍规则采样法。

规则采样法是将三角波的负峰值对应的正弦控制波值作为采样电压值，由这一点水平截取 A、

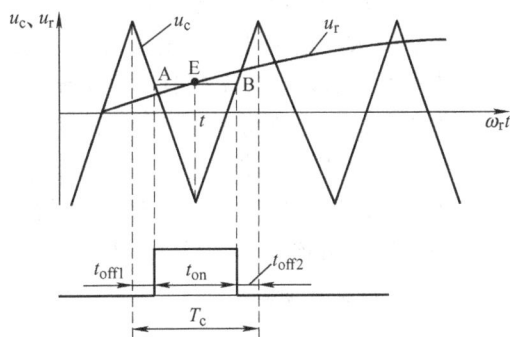

图 5-20 生成 SPWM 波的规则采样法

B 两点，从而确定脉宽时间 t_{on}。在这种采样法中，每个周期的采样点对时间轴都是均匀的，这时 AE=EB，$t_{off1}=t_{off2}$，简化了脉冲时间与间隙时间的计算。为此有

$$t_{on} = \frac{T_c}{2} = (1 + m\sin\omega_r t_1) \qquad (5-27)$$

$$t_{off1} = t_{off2} = \frac{1}{2}(T_c - t_{on}) \qquad (5-28)$$

在实际中，根据控制中所需的 m 及 ω_r 值可实时计算出各相脉宽时间及间隙时间。

5.5.3　异步调制和同步调制

在 SPWM 逆变电路中，载波频率 f_c 与调制波频率 f_r（逆变电路输出的基波频率）之比 $N=f_c/f_r$ 称为载波比。对于单极性调制，由于一个周期内有 $2N$ 个脉冲，则载波比为 $2N$；对于双极性调制，由于一个周期内有 N 个脉冲，则载波比为 N。根据载波比的变化与否，SPWM 逆变电路可以有同步调制和异步调制两种调制方式。为了使输出波形保持三相对称且谐波 少，可采用同步调制与异步调制相结合的分段同步调制。

1. 同步调制

载波比 N 等于常数，即在变频时使载波信号的频率与调制波信号的频率保持同步变化的调制方式称为同步调制。在该调制方式中，调制波信号频率变化时载波比 N 不变，因而，逆变器输出电压半个周期内的矩形脉冲数是固定的。在三相 PWM 逆变电路中公用一个三角波载波，且取 N 为 3 的整数倍，以使三相输出波形对称。同时，为了使一相波形正负半周镜对称，N 应取为奇数。

同步调制时，由于半周期内输出脉冲的个数与相位固定，将在输出波形的频谱中产生固定的谐波谱。当逆变器输出频率低时，由于在半周期内输出脉冲数目是固定的，相邻两脉冲的间距增大，所以谐波频率低，不易消除，从而会在电动机中产生力矩震荡与电磁噪声。当逆变器输出频率高时，三角波的频率也很高，即开关频率也很高，这将使开关难以承受。

2. 异步调制

载波信号和调制波信号不保持同步关系的调制方式。在异步调制方式中，在逆变电路的整个变频范围内，载波比 N 不等于常数，并且可能不是整数。在 PWM 波的正、负半周内，脉冲的个数与相位不固定，波形将出现不对称。当正弦调制信号的频率很低时，N 较大，波形的不对称度的影响相对较小；相反，当正弦调制信号的频率高、N 较小时，波形的不对称度影响就变大，输出波形和正弦波之间的差异也变大，从而使输出特性变坏，引起电动机工作的不平稳。所以异步调制时的频率调制比 N 都比较大。由于异步调制的输出波形没有严格的周期性，故其频谱将是连续的，这不会在电动机中产生固定的谐波转矩。

一般在改变调制波信号频率 f_r 时保持三角波频率 f_c 不变，因而，提高了低频时的载波比，这样逆变电路输出电压半周期内的矩形脉冲数可随输出频率的降低而增加，相应地减少了电动机负载的转矩脉动和噪声，改善了低频工作特性。

3. 分段同步调制

为了扬长避短，将同步调制与异步调制结合起来，称为分段同步调制方式。具体调制方式是将逆变器的工作频率范围划分为若干个频率段，在每个频率段都保持载波比 N 为常数。

在不同频率段，根据开关的频率限制载波比 N 取不同的值。在输出频率的高频段，采用较低的载波比，使载波频率不致过高，以满足功率开关器件对开关频率的限制。在输出频率为低频段时，采用较高的载波比，以使载波频率不致过低而对负载产生不利影响。载波比 N 值的选取与逆变电路的输出频率、功率开关器件的允许工作频率及所采用的控制手段都有关系。为了使逆变电路的输出波形更接近于正弦波，应尽可能增大载波比。但从逆变电路本身来看，载波比又不能太大，应受到限制。图 5-21 给出不同调制方式下的频率关系。

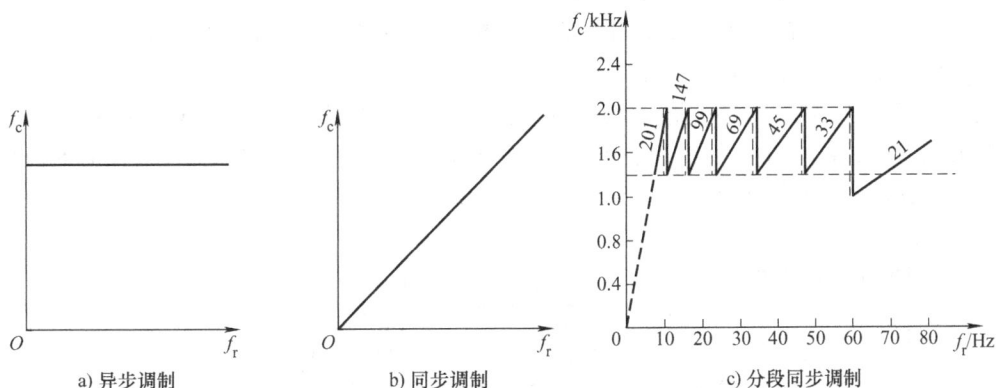

图 5-21　同步调制与异步调制

a) 异步调制　　b) 同步调制　　c) 分段同步调制

5.6　电压正弦 SPWM 逆变电路

　　电压正弦 SPWM 逆变电路就是采用 PWM 控制技术生成 SPWM 波形后，在 SPWM 脉冲交点时刻去控制 IGBT 的通断，把恒定的直流电压变换为 SPWM 脉冲电压，从而完成从直流到正弦交流电压的变换。下面分析单相桥式 SPWM 逆变电路和三相桥式 SPWM 逆变电路。

5.6.1　单相桥式 SPWM 逆变电路

　　图 5-22 为单相桥式 SPWM 逆变电路，采用 IGBT 作为开关器件，和单相方波逆变电路相比，其电路结构完全相同，区别在于控制方式不同而已。设负载为阻感负载。

　　具体控制规律如下：工作时 VT1 和 VT2 的通断状态互补，VT3 和 VT4 的通断状态也互补。在输出电压 u_o 的正半周，让 VT1 保持通态，VT2 保持断态，VT3 和 VT4 交替通断。由于是阻感负载，负载电流比电压滞后，因此在电压正半周，电流有一段区间为正，一段区间为负。在负载电流为正的区间，VT1 和 VT4 导通时，负载电压 u_o 等于直流电压 U_d；VT4 关断时，负载

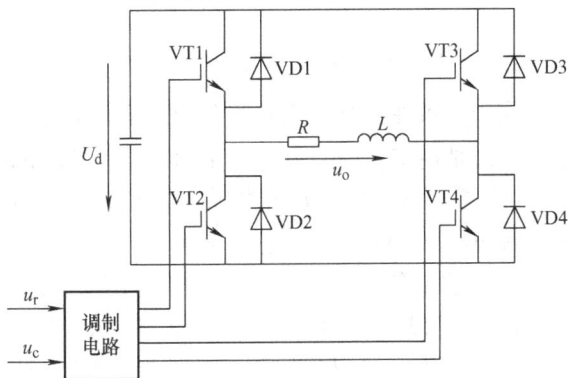

图 5-22　单相桥式 SPWM 逆变电路

电流通过 VT1 和 VD3 续流，$u_o=0$。在负载电流为负的区间，仍为 VT1 和 VT4 导通，因为 i_o 为负，故 i_o 实际上从 VD1 和 VD4 流过，仍有 $u_o=U_d$；VT4 关断，VT3 开通后，i_o 从 VT3 和 VD1 续流，$u_o=0$。这样，u_o 总可以得到 U_d 和零两种电平。同样，在 u_o 的负半周，让 VT2 保

持通态，VT1 保持断态，VT3 和 VT4 交替通断，负载电压 u_o 总可以得到 $-U_d$ 和零两种电平。

1. 单极性 SPWM 控制原理

在 u_r 的半个周期内三角波载波只在正极性或负极性一种极性范围内变化，所得到的 SPWM 波形也只在单个极性范围变化的控制方式称为单极性 PWM 控制方式。

调制信号 u_r 为正弦波，载波 u_c 在 u_r 的正半周为正极性的三角波，在 u_r 的负半周为负极性的三角波。在 u_r 和 u_c 的交点时刻控制 IGBT 的通断。

在 u_r 的正半周，VT1 保持通态，VT2 保持断态，当 $u_r > u_c$ 时使 VT4 导通，VT3 关断，$u_o = U_d$；当 $u_r < u_c$ 时使 VT4 关断，VT3 导通，$u_o = 0$。

在 u_r 的负半周，VT1 保持断态，VT2 保持通态，当 $u_r < u_c$ 时使 VT3 导通，VT4 关断，$u_o = -U_d$；$u_r > u_c$ 时使 VT3 关断，VT4 导通，$u_o = 0$。图 5-23 给出采用单极性控制方式各个开关管的脉冲波形。图中 u_{of} 为 u_o 的基波分量。

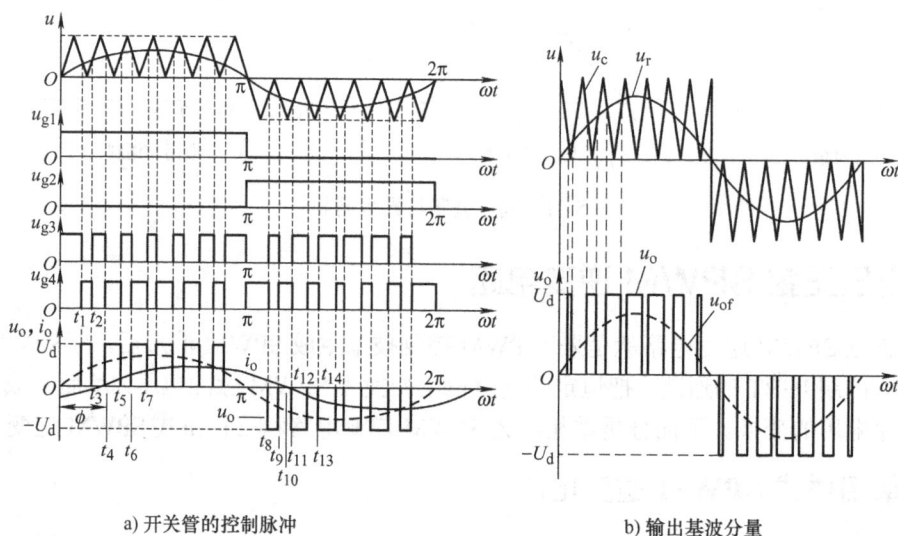

a) 开关管的控制脉冲   b) 输出基波分量

图 5-23 单极性 PWM 控制原理波形

2. 双极性 SPWM 控制原理

采用双极性控制方式时各个开关管的脉冲波形如图 5-24a 所示，在 u_r 的半个周期内，三角波载波是在正负两个方向变化的，所得到的 PWM 波形也是在两个方向变化的，如图 5-24b 所示。仍然在调制信号 u_r 和载波信号 u_c 的交点时刻控制各开关器件的通断。在 u_r 的一个周期内，输出的 PWM 波只有 $\pm U_d$ 两种电平。

在 u_r 的正负半周，对各开关器件的控制规律相同。当 $u_r > u_c$ 时，给 VT1 和 VT4 导通信号，给 VT2 和 VT3 关断信号，这时如 $i_o > 0$，则 VT1 和 VT4 通，如 $i_o < 0$，则 VD1 和 VD4 通，不管哪种情况都是 $u_o = U_d$。当 $u_r < u_c$ 时，给 VT2 和 VT3 导通信号，给 VT1 和 VT4 关断信号，这时如 $i_o < 0$，则 VT2 和 VT3 通，如 $i_o > 0$，则 VD2 和 VD3 通，不管哪种情况都是 $u_o = -U_d$。如图 5-24b 所示，u_{of} 为电压的基波分量。

单相桥式电路既可以采取单极性调制，也可以采用双极性控制，由于对开关器件的通断控制规律不同，它们的输出波形也有较大差别。

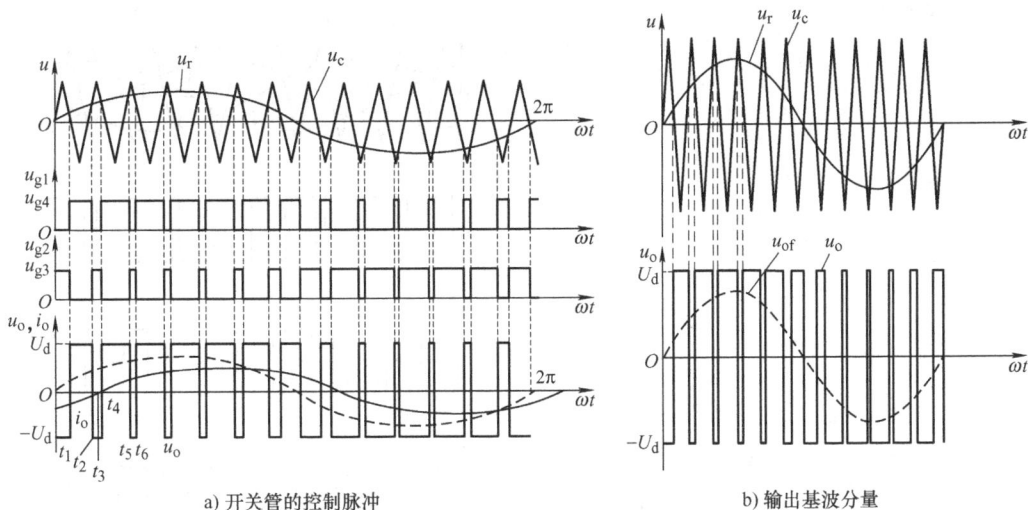

a) 开关管的控制脉冲　　　　　　　　　　b) 输出基波分量

图 5-24　双极性 SPWM 控制原理

5.6.2　三相桥式 SPWM 逆变电路

图 5-25a 为三相桥式 SPWM 逆变电路，和三相方波逆变电路相同，区别在于控制脉冲的时序分布。

控制方式采用双极性方式。U、V 和 W 三相的 PWM 控制公用一个三角波载波 u_c，三相调制信号 u_{rU}、u_{rV}、u_{rW} 的相位依次相差 120°，U、V 和 W 各相功率开关器件的控制规律相同。调制信号与三角波比较形成三相 SPWM 波，分别控制三个桥臂，U_{rU} 与三角波比较得到的 PWM 脉冲控制 VT1 和 VT4；U_{rV} 与三角波比较得到的 PWM 脉冲控制 VT3 和 VT6；U_{rW} 与三角波比较得到的 PWM 脉冲控制 VT5 和 VT2。

现以 U 相为例说明如下：当 $u_{rU} > u_c$ 时，给 VT1 导通信号，给 VT4 关断信号，则 U 相对于直流电源假想中性点 N′的输出电压 $U_{UN'} = U_d / 2$。当 $u_{rU} < u_c$ 时，给 VT4 导通信号，给 VT1 关断信号，则 $U_{UN'} = -U_d / 2$。VT1 和 VT4 的驱动信号始终是互补的。由于电感性负载电流的反向和大小的影响，在控制过程中，当给 VT1 加导通信号时，可能是 VT1 导通，也可能是二极管 VD1 续流导通，这由阻感负载中电流的方向来决定，与单相桥式电压型 SPWM 逆变电路在双极性控制时的情况相同。其他开关管及续流二极管的导通情况与 VT1、VD1 相同。V 相和 W 相的控制方式和 U 相相同，这里不再赘述。$u_{UN'}$、$u_{VN'}$ 和 $u_{WN'}$ 的波形如图 5-25b 所示。线电压 u_{UV} 的波形可由 $u_{UN'} - u_{VN'}$ 得到。由于调制信号 u_{rU}、u_{rV}、u_{rW} 为三相对称电压，每一瞬时有的相为正，有的相为负，在公用一个载波信号情况下，这个载波只能是双极性的，不能用单极性控制。输出线电压的 SPWM 波由 $\pm U_d$ 和 0 三种电平构成；负载相电压 SPWM 波由 $\pm \frac{2}{3} U_d$、$\pm \frac{1}{3} U_d$ 和 0 共 5 种电平构成。

在双极性 SPWM 控制方式中，同一相上下两个臂的驱动信号都是互补的。但实际上为了防止上下两个臂直通而造成短路，在给一个臂施加关断信号后，再延迟 Δt 时间，才给另一臂施加导通信号。延迟时间的长短取决于开关器件的关断时间。但这个延迟时间对输出的 PWM 波形将带来不良影响，使其与正弦波产生偏离。

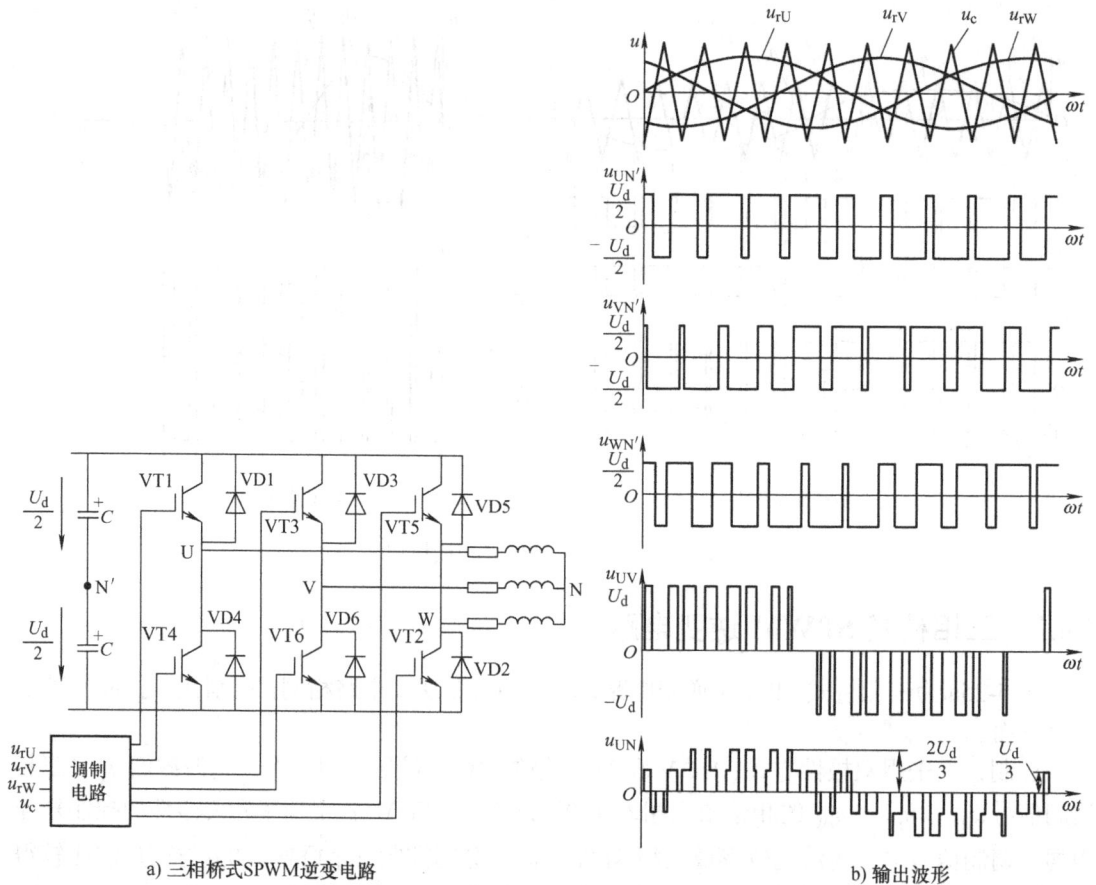

图 5-25 三相桥式 SPWM 逆变电路及输出波形

5.7 电流跟踪 SPWM 控制技术

交流电动机在磁通恒定的条件下的控制性能取决于转矩或者电流的控制质量,为了满足电动机控制性能的良好动态响应,经常采用电流正弦的 PWM 控制技术。实现电流正弦的 PWM 控制常用的方法就是电流跟踪的 SPWM 控制技术。

电流跟踪的 SPWM 控制不是用载波对信号波进行调制,而是把希望输出的电流或电压信号作为参考信号,把实际输出的电流或电压信号作为反馈信号,通过两者的实时比较来决定功率开关器件的导通与关断,使实际输出跟踪参考信号。电流的比较一般采用滞环比较方式。

5.7.1 电流跟踪 SPWM 控制原理

电流跟踪的 SPWM 控制是一种非线性控制方法。采用电流滞环比较方式的 SPWM 电流跟踪控制单相半桥逆变电路原理图及其电压、电流波形如图 5-26 所示。正弦电流信号发生器的输出信号作为电流给定信号,与实际的相电流相比较后送入电流滞环控制器。设滞环控制器的环宽为 2ε,t_0 时刻,$i_U^* - i_U \geq \varepsilon$,则滞环控制器输出正电平信号,驱动上桥臂功率开关器件 VT1 导通,使 i_U 增大。当 i_U 增大到与 i_U^* 相等时,虽然 $\Delta i_U^* = 0$,但滞环控制器仍保持正电平输出,VT1 保持导通,i_U 继续增大。直到 t_1 时刻,$i_U = i_U^* + \varepsilon$,滞环控制器翻转,输出负电平信号,关断 VT1,并经保护延时后驱动下桥臂功率开关器件 VT2。但此时 VT2 未必导通,因为电流 i_U 并未反向,而是通过续流二极管 VD2 维持原方向流通,其数值逐渐减小。直到 t_2 时刻,i_U 降到滞环偏差的下限值,又重新使 VT1 导通,VT1 与 VD2 的交替工作使逆变电路输出电流与给定值的偏差保持在 $\pm\varepsilon$ 范围之内,在给定电流上下做锯齿状变化。当给定电流是正弦波时,输出电流也十分接近正弦波,如图 5-26b 所示。负半周波形是 VT2 与 VD1 交替工作形成的。

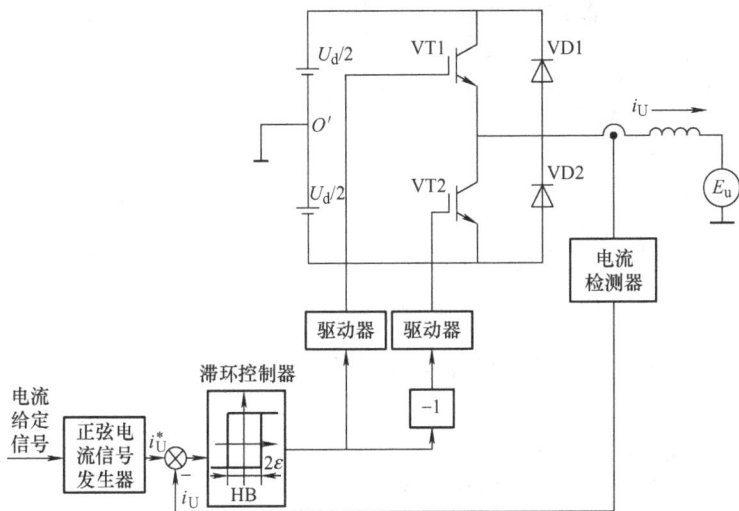

a) 电流滞环控制电流跟踪型SPWM逆变电路

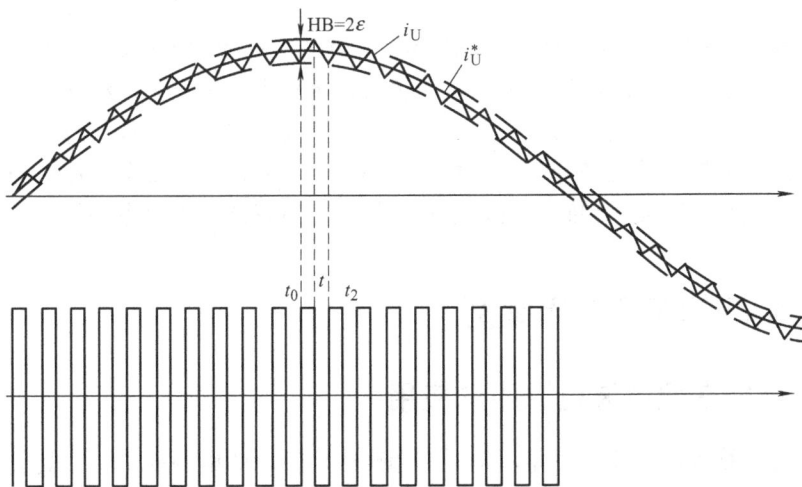

b) 输出电压、电流波形

图 5-26 电流滞环控制电流跟踪型 SPWM 逆变电路及输出波形

5.7.2 三相电流滞环控制型 SPWM 逆变电路

由三个单相滞环比较电流跟踪型 SPWM 逆变电路组合即可组成三相滞环比较电流跟踪型 SPWM 逆变电路,图 5-27 为三相电流滞环控制型 SPWM 变频调速系统。

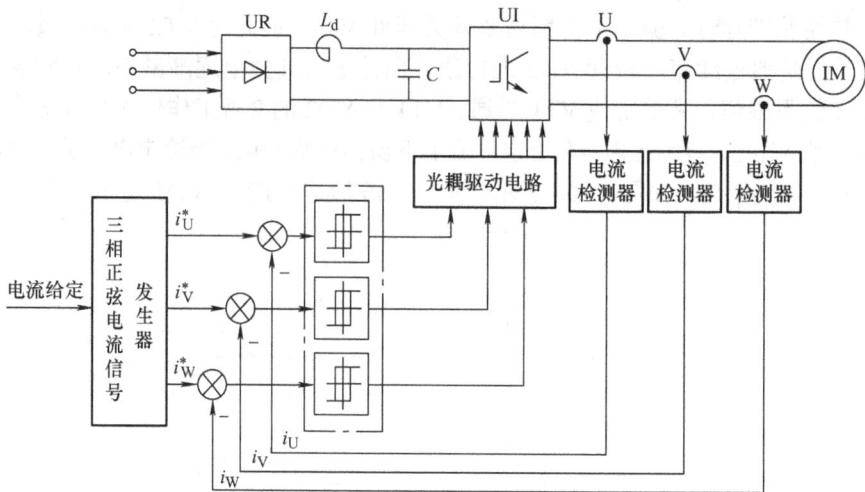

图 5-27　三相电流滞环控制型 SPWM 变频调速系统

采用滞环比较方式的电流跟踪型 SPWM 逆变电路有如下特点：

1）硬件电路简单。

2）属于实时控制方式，电流响应很快。

3）不用载波，输出电压波形中不含特定频率的谐波分量。

3）相比其他方法，同一开关频率下输出电流中所含的谐波较多。

4）属于闭环控制。

从电流跟踪的 SPWM 控制原理可知，滞环控制器的滞环宽度越窄，开关频率越高，可使定子电流波形更逼近给定基准电流波形，从而将有效地使电动机定子绕组获得电流源供电效果。电流滞环控制型对于给定的滞环宽度，其开关频率随着电动机运行状态的变化而变化。当开关频率超过功率器件的允许开关频率时，将不利于功率器件的安全工作；当开关频率过低时将会造成电流波形畸变，导致电流谐波成分加大。最好能使逆变电路的开关频率在一个周期内保持一定。

5.8　逆变电路的典型应用案例

5.8.1　逆变电路在超声波电源中的应用

超声波电源又称为超声波发生器，是所有超声应用领域的电源提供者。其目的是将市电（220V 或 380V，50Hz 或 60Hz）转换成可以与超声波换能器相匹配的 20kHz 以上频率高频交流电信号。构成超声波电源的核心是逆变电路。图 5-28 所示为超声波电源的主电路拓扑结构图，220V 交流电经过整流电路、LC 滤波、降压电路和逆变电路后，再经过高频变压器变成高频交流电。对于降压电路的 IGBT 管采用 RC 缓冲电路，对于大容量 IGBT 管时，必须使缓冲电阻值增大，否则，开关管的集电极电流过大。对于逆变电路的开关管的保护电路采用 RCD 电路，与 RC 缓冲电路相比较，RCD 电路适合于高频开关。超声电源是为超声换能器提供电能的关键部件，由高频变压器 T2 和匹配电路转换为同频率的正弦交流电驱动换能器，压电换能器将超声频率电能转换为机械振动能，由超声振动系统传递至工件。系统采用 PWM 技术实现输出频率的可调性，从而可以匹配不同固有频率的压电超声换能器。用数字微处理器产生 PWM 信号控制超声电源的输出频率与功率。

目前对超声波电源研究的主要方向是依据负载的动态特性，不断及时地调节输出频率，确保负载可以保持高效率的工作。如超声波焊接电源在焊接不同工件时，其输出功率的大小和频率都不同，采用 PWM 调制技术，改变逆变电路中开关管 VF1～VF4 的导通和关断控制规律，即可实现超声焊接电源输出频率和功率的可调。

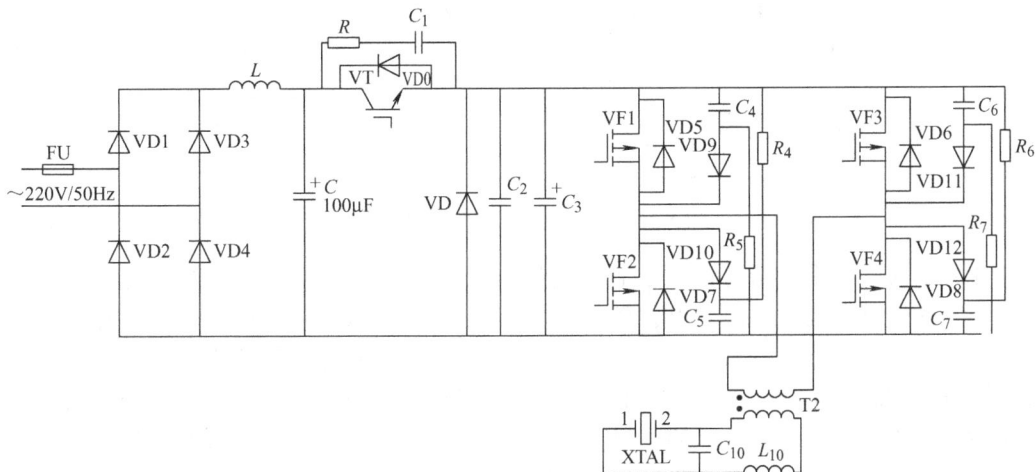

图 5-28 超声波电源的主电路图

5.8.2 逆变电源在感应加热电源中的应用

感应加热电源广泛应用于工业领域的熔炼、焊接、金属材料淬火等场合。感应加热电源是根据电磁感应原理，利用涡流对置于交变磁场中的工件进行加热。电流通过线圈产生交变磁场，当磁场内磁力线通过待加热金属工件时，交变的磁力线穿透金属工件形成回路，故在其截面产生感应电流，该电流可使待加热工件局部瞬时发热，达到加热的目的。图 5-29 为实际感应加热电源。

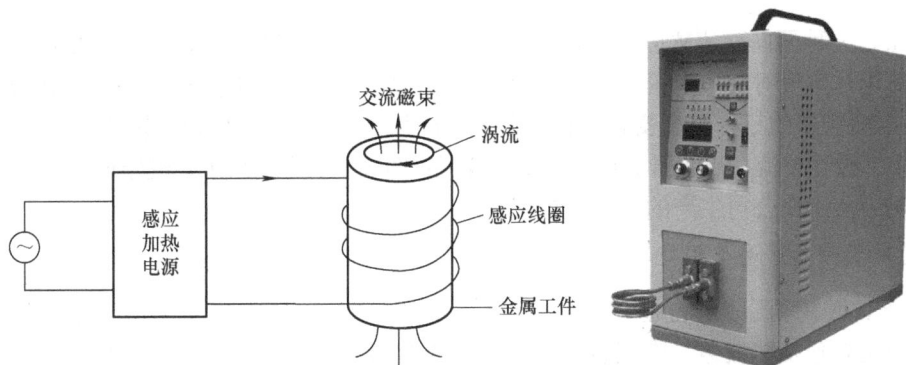

图 5-29 感应加热电源

实际应用中根据工件的大小和生产工艺不同，要求感应加热电源输出的交流电频率和功率也不相同。功率范围一般在几千瓦到几十千瓦，频率范围在 50Hz 到几百千赫兹。感应加热电源分为工频感应加热电源、中频感应加热电源、高频感应加热电源等。不同的频率加热深度不同。频率越高，加热程度越浅。除工频感应加热电源采用公共电源外，其他频率的感应加热电源都需要将电网的 50Hz 变换为所需频率的交流电。

图 5-30 给出并联式逆变电路感应加热电源主电路的结构。主电路由整流环节、滤波电路、逆变环节组成。

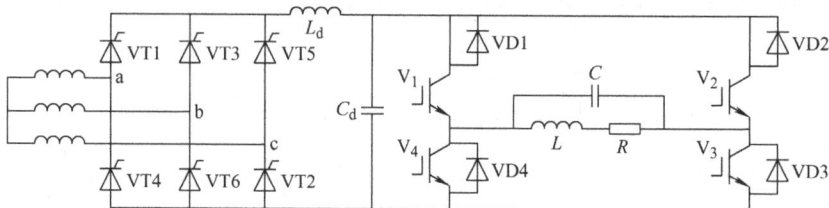

图 5-30　感应加热电源的主电路图

工作原理为：三相交流电通过可控全桥整流电路转变成脉动直流电，经过大电感滤波电路变成恒定的直流电流，经过单相逆变桥，把直流电压逆变成一定功率的单相中频电压。直流侧串有滤波大电感 L_d，L_d 是为了滤除整流电流波纹，并在感应器和补偿电容组成的并联谐振负载阻抗改变时，能够较好地适应加热过程中负载性质的变化。负载电路中的电容器 C 与感应负载线圈 L 并联。电容器 C 的作用主要是提供无功功率。当负载电路工作在并联谐振状态时，感应输出负载中的电流并不是很大，但线圈 L 和电容 C 的电流却很大，是输入电源的 N 倍，通过此可实现大功率的电源。并联谐振式逆变，其交流输出电流波形为矩形波。谐波在负载电路上产生压降很小，故负载电压波形接近于正弦波。

通过分析可知，整流直流电压 U_d 与触发角 α 及电源电压有关。在电源电压一定时，增大整流触发角，直流电压会减小；直流电流 I_d 与整流器输出的有功功率相关，与整流器的设计有关；逆变输出电压 U_o 与直流电压和逆变功率因数角有关。逆变输出电流 I_o 直接由直流电压 U_d 控制。并联谐振逆变器的功率调节方式，一般是改变直流电源电压 U_d，改变直流电流进而调节输出功率。

5.8.3　逆变电路在变频器中的应用

变频器是一种面向交流感应电动机的控制装置，其作用是将工频电源变换成电压及频率可调的交流电，实现对交流电机的无级调速。变频器应用最广泛的电路结构是交-直-交结构。图 5-31 给出变频器的三种组合变换结构。图 5-31a 为二极管整流、PWM 逆变器调压、调频；图 5-31b 为二极管整流、斩波器调压、逆变器变频；图 5-31c 为 PWM 整流器调压、逆变器变频。图 5-32 为 ABB 公司生产的变频器外形。

1. 通用变频器普遍采用交-直-交结构

在当今工业中广泛应用的通用变频器主电路如图 5-33 所示，包括主回路和控制系统两部分。主回路主要包括整流器、中间直流环节和逆变器部分。整流器的作用是把三相(或单相)交流电源整流成直流电源，电网侧的变换器通常使用二极管整流桥得到恒定电压值。

晶闸管 VT8 和限流电阻 R_1 构成预充电保护电路。晶闸管在开机时处在不触发状态，通过 R_1 来限制电容 C_d 的充电电流。逆变器起动后晶闸管 VT8 始终导通，R_1 短路。R_2 和 VT7 支路构成制动臂，用于在制动时防止制动能量回馈在 C_d 上产生过高的泵升电压。点画线框内为并联于主电路的缓冲电路，由 R_3、VD8、C 构成，用于吸收过电压。其中 C 选用无感电容，二极管选用快恢复二极管。

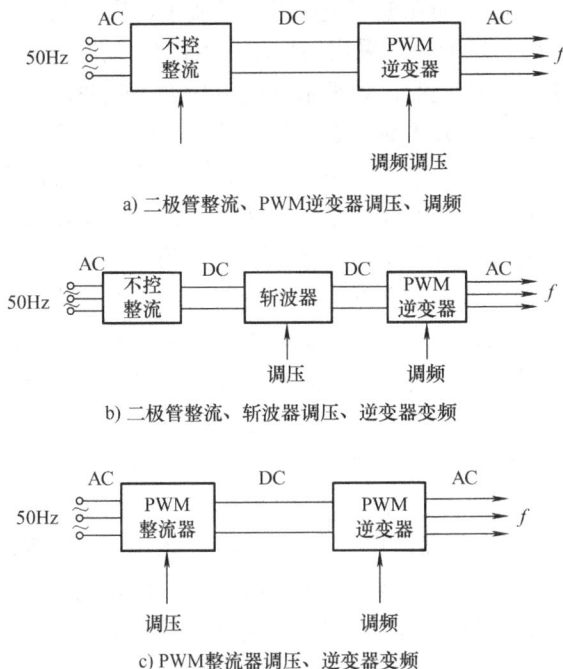

a) 二极管整流、PWM逆变器调压、调频

b) 二极管整流、斩波器调压、逆变器变频

c) PWM整流器调压、逆变器变频

图 5-31　变频器的三种组合变换结构

图 5-32　变频器外形

逆变器是负载侧的变换器。最常见的结构是利用六个半导体开关器件组成的三相桥式两电平逆变电路。通过有规律的控制逆变器中主开关的通与断，可以得到任意频率的三相交流输出。

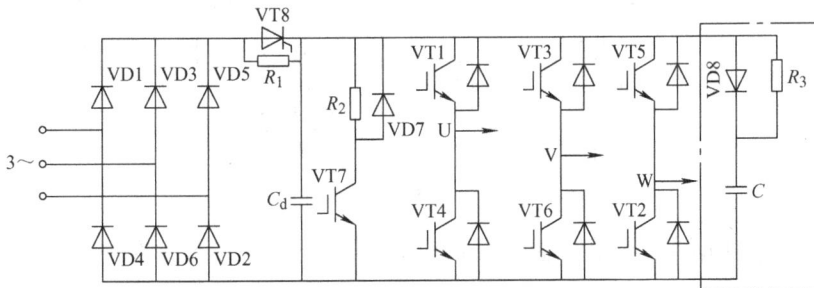

图 5-33　通用变频器主电路结构

由于逆变器的负载大都为异步电动机，属于感性负载，无论电机处于电动或制动发电状态，其功率因数总不会为 1，因此在中间直流环节和电动机之间总会有无功功率的交换。这种无功能量要靠中间直流环节的储能元件(电容器或电抗器)来缓冲，所以又常称中间直流环节为中间直流储能环节。

控制电路的主要任务是完成对逆变器的开关控制、对整流器的电压控制，通过改变脉冲宽度来变频变压。

2. 双 PWM 控制的变频器

通用变频器具有技术成熟、结构简单的优点，但这种变频器由于整流器电流波形失真和谐波污染引起的问题也越来越严重，同时该电路无法将电机制动的再生能量回馈给电网，有可能产生泵升电压而危及电路安全。

双 PWM 控制技术能有效地解决上述问题，即在通用变频器的基础上，用 PWM 整流器取代不控或相控整流，使变频系统中整流桥和逆变桥都采用高性能的 IGBT，采用 PWM 整流技术对整流桥上各电力电子器件进行正弦 PWM 控制，使得输入电流接近正弦波，其相位与电源相电压相位相同。这样，输入电流只含有与开关频率有关的谐波，这些谐波次数高，容易滤除，大大减少了谐波对电网的污染，同时也使输入功率因数接近 1，且中间直流电路的电压可以调节，电机可以工作在电动状态也可以工作在再生制动状态。此外改变输出交流电压的相序即可使电机正转或反转。因此电机可实现四象限运行。图 5-34 为双 PWM 变频器主电路，PWM 整流器与 PWM 逆变器构成的"背靠背"结构，主电路由进线电抗器、整流电路、中间储能电容、逆变电路和交流电机组成，主开关器件为 IGBT。工作情况如下：当电机处于电动运行状态时，电流由交流电网经桥式整流电路向滤波电容器 C 充电，此时变频器在 PWM 控制下，以调频调压方式工作，使变频器输出电压与工作频率成正比，交流电机得到恒转矩特性。当电机处于减速运行时，由于负载惯性作用，电机进入发电状态。此时交流电机的再生能量经逆变器中的开关器件和续流二极管向中间直流环节的储能电容充电，使电容器两端电压升高，此时整流器通过 PWM 控制作逆变器运行，将电量馈入交流电网，使馈入电网的电流与电网电压成为同相位的正弦波电流，这样就提高了电网功率因数，消除了网侧的谐波污染。此时储能电容器也对交流电源输入电路的漏抗所产生的无功电流起到补偿作用。

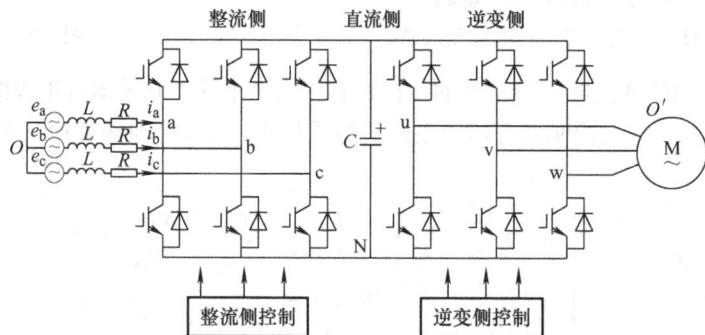

图 5-34 双 PWM 控制的变频器主电路

对拖动异步电动机的定子频率控制方式有恒压频比控制、转差频率控制、矢量控制、直接转矩控制。

5.8.4 逆变电路在有源电力滤波器中的应用

在交流电网中，由于有许多非线性电气设备运行，电压、电流波形实际上不是完全的正弦波形，而是具有畸变的周期性非正弦波。电网中的谐波电流和谐波电压会对用电设备和供电网络产生很多危害。

抑制谐波有两条基本思路，一是装设补偿装置，设法补偿其产生的谐波；另一条就是对电力电子装置本身进行改进，使其不产生谐波，同时还不消耗无功功率，或者根据需要能对其功率因数进行控制，即采用高功率因数变流器。有源电力滤波器是装设补偿装置的措施之一。

有源电力滤波器(Active Power Filter，APF)是一种用于动态抑制谐波、补偿无功的新型电力电子装置，它能够对不同大小和频率的谐波进行快速跟踪补偿。相对于无源 LC 滤波器只能被动吸收固定频率与大小的谐波而言，APF可以通过采样负载电流并进行各次谐波和无功的分离，控制并主动输出电流的大小、频率和相位，并且快速响应，抵消负载中相应电流，实现动态跟踪补偿，而且可以既补谐波又补无功。

有源滤波的基本原理是用电力电子变流器产生与电网谐波电流(或谐波电压)大小相等、方向相反的谐波电流(或谐波电压)并注入电网，使电网的总谐波和无功电流为零，从而达到净化电网的目的。

如图 5-35 所示，有源电力滤波器检测出负载电流 i_L 中的谐波电流 i_h，根据检测结果产生与 i_h 大小相等而方向相反的补偿电流 i_C，从而使流入电网的电流 i_S 只含有基波分量 i_f。

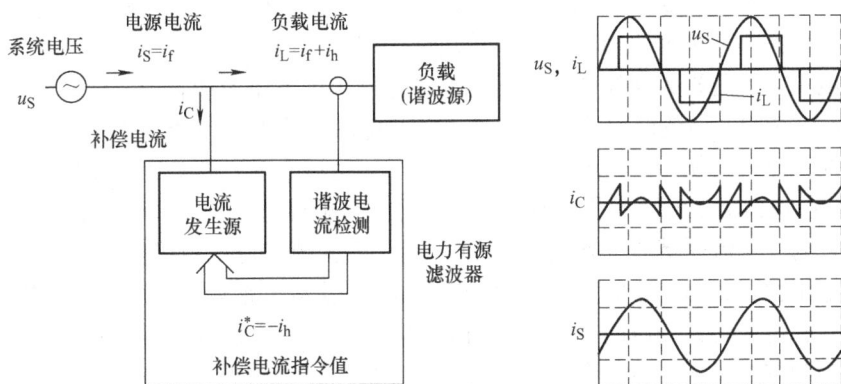

图 5-35 有源滤波的基本原理及波形

有源电力滤波器的变流电路可分为电压型和电流型，目前实用的装置大都是电压型；从与补偿对象的连接方式来看，有源电力滤波器又可分为并联型和串联型。

图 5-36 所示为并联型有源滤波器。负载为谐波源，由于负载和有源电力滤波器的主电路并联接入电网，故称为并联型。并联型有源电力滤波器可以补偿三相不对称电流、谐波及无功功率。

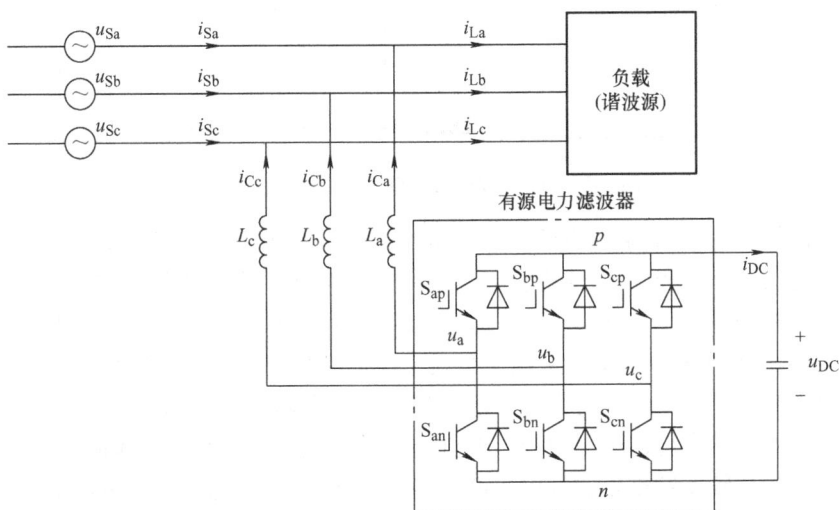

图 5-36 并联型滤波器电路

串联型 APF 通过变压器连在电源和负载间,相当于一个受控电压源,这种方式可以将负载产生的电流补偿成正弦波,也可以消除电源电压存在的畸变,维持负载端电压为正弦波。

5.8.5 逆变电路在直流输电系统中的应用

柔性直流输电(VSC-HVDC)技术是以电压源换流器、自关断器件和脉宽调制技术为基础的新型高压输电技术。该输电技术在电路结构上与常规高压直流输电类似,由换流站和直流输电线路(通常为直流电缆)构成。具有灵活调节潮流分布,几乎没有谐波,不需要无功补偿,不依赖交流系统进行换相等优点,可以广泛应用在新能源并网、城市供电、海岛互联以及分布式能源接入等领域。图 5-37 所示为典型的两端 VSC-HVDC 的结构示意图,它是以全控型电压源换流器 VSC 和 PWM 技术为基础的新型高压直流输电技术。

直流输电的运行过程为交流电经过送端的换流站 VSC1 整流成直流,经过直流输电线送到受端换流站 VSC2,逆变成三相交流电送入公共电网。其中整流器 VSC1 和逆变器 VSC2 主要包括全控换流桥、换相电抗器、滤波器、直流侧稳压电容。全控换流桥的每个桥臂由多个 IGBT 串联而成;换相电抗器是电网和换流站之间传输能量的纽带,也有滤除谐波的作用;滤波器主要是滤除交流侧谐波的作用,使波形光滑;直流侧稳压电容为换流器提供电压支持,并保持直流电压稳定。通过 SPWM 控制 IGBT 的通断,获得一系列等幅而不等宽的脉冲序列,并且通过改变脉宽来达到变压的效果。采用 PWM 调制技术可以快速而又独立地控制有功和无功功率,控制方式灵活,谐波含量低,简化换流器结构,缩小其占地面积。

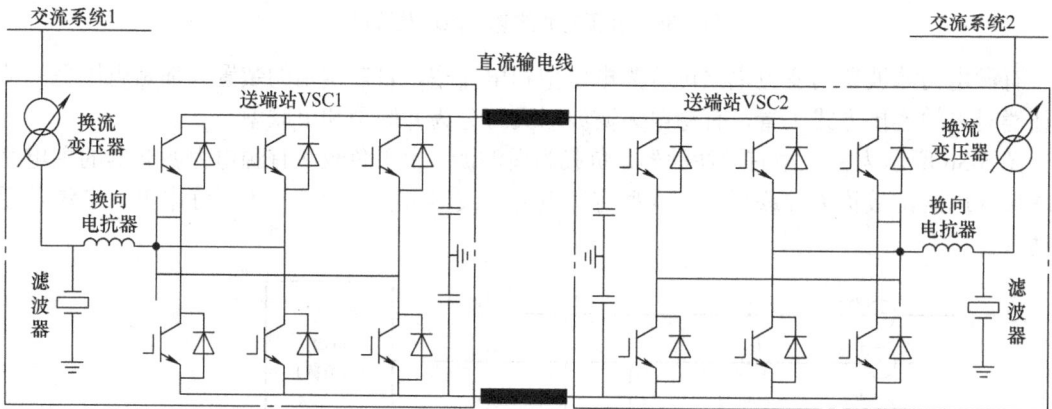

图 5-37 两端 VSC-HVDC 的结构示意图

图 5-38 为浙江舟山多端柔性直流输电示范工程,主要包括 5 个换流站工程、 4 段直流电缆工程、配套送出工程和 1 个试验能力建设项目。其中 5 个换流站是位于 5 个岛屿的±200kV 舟定、舟岱、舟衢、舟洋、舟泗换流站,容量分别为 400MW、300MW、100MW、100MW、100MW。正常运行方式下,舟定站采用定直流电压控制和定无功功率控制,作为送端运行;其他 4 站作为受端运行,一般采用定有功功率控制和定无功功率控制。

柔性输电技术的进步得益于电力电子器件技术的快速发展。目前,国际上可供直流输电应用的模块式 IGBT 最高参数为 3300V/1500A,压接式 IGBT 参数为 4500V/2000A,我国已具有 3300V/1500A 模块式 IGBT 的生产制造能力。柔性直流输电技术的输送容量及送电距离均得到了显著的提升,其供电可靠性也得到了极大的增强。

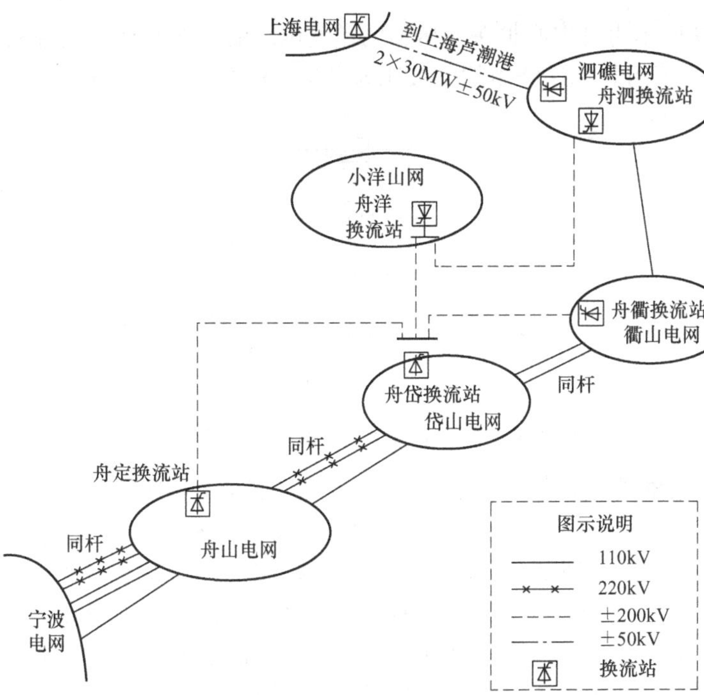

图 5-38　浙江舟山多端柔性直流输电示范工程

本 章 小 结

随着电力电子器件的发展，逆变电路中的开关器件几乎均为全控型器件，从而使逆变器高频化、小型化得以实现，同时使先进的控制技术得以应用。PWM 变流电路已成为逆变电路的主流，其核心技术——PWM 控制技术使得逆变电路日臻完善，在推进电力电子装置性能方面起到巨大的作用。在满足各种用电设备对电源要求的情况下，使各类电力电子装置和系统的输出更加趋于理想。PWM 的调制方法多种多样，常用定频 PWM 调制。这种调制方法中决定开关管开关时刻的有规则采样法和自然采样法。大多数逆变电路通过调制后输出的波形为正弦波，为了保证最终的输出波形理想，可以采用 PWM 跟踪控制技术。

方波逆变电路已经被 PWM 逆变电路所取代，但是学习方波逆变电路是分析研究逆变电路理论的基础。为了提高逆变电路的输出功率并改善逆变器输出谐波分布，在中高压场合采用三电平、五电平等多电平级联的逆变电路。本章介绍了方波逆变电路的主电路结构、输入输出特性以及相关定量计算和输出电压(电流)的谐波情况。介绍了逆变电路的多重化及多电平化。

本章重点：单相、三相桥式电压方波逆变电路的工作原理及数量关系；逆变电路的脉宽调制(PWM)控制技术；电压正弦 SPWM 逆变电路的控制原理。

思考题与习题

5-1　有源逆变电路和无源逆变电路有何不同？

5-2　什么是电压型逆变电路？什么是电流型逆变电路？二者各有什么特点？

5-3　电压型逆变电路中反馈二极管起什么作用？

5-4 如图 5-39 所示为带中心抽头变压器的逆变电路的工作原理，交替驱动两个 IGBT，在变压器的两个一次绕组和二次绕组的匝数比为 1:1:1 的情况下，试分析该电路的输出电压 u_o 和输出电流 i_o 的波形。

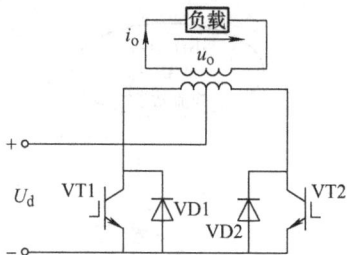

图 5-39 带中心抽头变压器的逆变电路

5-5 电压型三相桥式逆变电路，分析 180° 导电方式，U_d=100V。试求输出相电压的基波幅值 U_{UN1m} 和有效值 U_{UN1}、输出线电压的基波幅值 U_{UV1m} 和有效值 U_{UV1}。

5-6 脉冲宽度调制的原理是什么？与方波型逆变电路相比，PWM 逆变电路有何优点？

5-7 在 SPWM 的生成方法中，规则采样法和自然采样法各有何特点？

5-8 什么是同步调制？什么是异步调制？为什么要采用分段同步调制？

5-9 SPWM 是怎样实现调压功能的？又怎样实现调频功能的？

5-10 分析单相桥式 SPWM 逆变电路的工作原理，比较单极性控制和双极性控制的特点。

5-11 说明跟踪型 PWM 控制的基本原理。

第 6 章　直流–直流变换电路

【内容提要】　直流-直流变换(DC-DC)是通过对全控型电力电子器件的通、断控制,将一种幅值的直流电变换成另一幅值直流电的变换电路。直流变换电路可以实现升压、降压、升降压及电压极性的改变等,被广泛应用于直流电动机调速、蓄电池充电、开关电源等方面。本章将分别介绍隔离型、非隔离型 DC-DC 变换电路的结构、工作原理及其特性。各种 DC-DC 变换电路定量分析的基础是电感电压或电容电流的伏秒平衡特性。

【本章内容导入】　电力电子技术的应用向两端发展,一方面向更低电压领域拓展,而另一方面,而一些大功率电源则向高电压大电流方向延伸。以 DC-DC 变换电路为核心制成的直流电源,具有体积小、重量轻,效率高的特点,可以满足用电设备对直流电源的规格和性能不断提升的要求。电视机、计算机、各种仪器仪表等小功率场合集成电路使用的直流电源电压逐渐由 15V、12V 向 5V、3.3V、1.8V、1.5V 甚至 1.2V、0.8V 发展,这些小而精细化的直流电源大多由开关电源构成,而非传统的线性电源;通信电源、电镀装置及电焊机等中等容量的直流电源,也已由开关电源逐步取代相控电源。采用直流电动机驱动的电力牵引机车、地铁、城市电车,对调速的性能要求较高,通过 DC-DC 变换技术输出的直流电源具有电压脉动小、纹波低,调速的动态和稳态性能优的特点,因而使得 DC-DC 变换电路在此领域也得到广泛应用。

不同应用场所的 LED 照明灯大多是由 LED 灯珠串并联而成,其工作时需要单独配备驱动电源将输入的市电变换为驱动 LED 灯照明的直流电,图 6-1a 为由开关电源做成的大功率 LED 驱动电源。图 6-1b 为手机充电器,其用处就是将市电交流 220V 变成直流 5V 左右的直流电为手机中的锂电池充电。无论是 LED 灯的驱动电源还是手机充电器电源,其内部的核心电路都是 DC-DC 变换电路,原理框图如图 6-2 所示,也就是本章要介绍的主要内容。

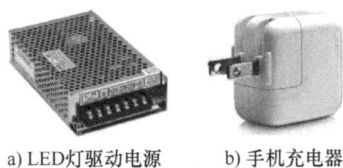

a) LED灯驱动电源　b) 手机充电器

图 6-1　开关电源构成的电源

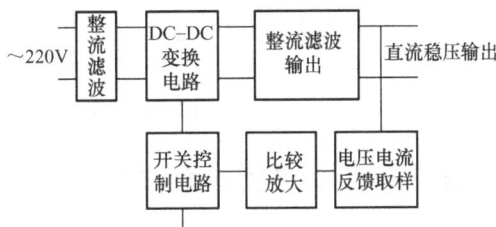

图 6-2　开关电源原理框图

6.1　概述

将一种幅值的直流电压变换成另一幅值固定或大小可调的直流电压的过程称为直流-直流电压变换。它通过对电力电子器件的通断控制,将直流电压断续地加到负载上,通过改变电力电子器件通断时间比来改变输出电压的平均值。它是一种开关型 DC-DC 变换电路。工程上,一般将以电力电子器件按一定规律调制且无变压器隔离的 DC-DC 变换装置俗称为斩波器(chopper)。直流斩波器多以全控制型电力电子器件作为电路中的开关器件。

6.1.1 直流斩波的基本工作原理

最基本的直流斩波电路及输出电压波形如图 6-3 所示，图 6-3a 中 S 为接在直流输入电源和负载之间的理想开关，一般为全控型电力电子器件。U_i 为输入直流电压，U_o 为输出电压平均值。当开关 S 闭合时，直流电流经过 S 给负载 RL 供电；开关 S 断开时，直流电源供给负载 RL 的电流被切断，L 的储能经二极管 VD 续流，负载 RL 两端的电压接近于零。图 6-3b 给出了电路输出电压波形，从输出电压波形可以得到斩波电路输出电压平均值 U_o 为

$$U_o = \frac{1}{T}\int_0^{t_{on}} U_i \mathrm{d}t = \frac{t_{on}}{T}U_i = DU_i \qquad (6\text{-}1)$$

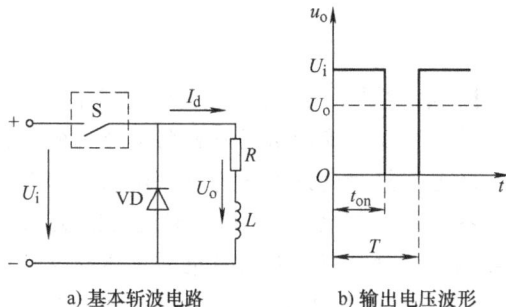

图 6-3 基本斩波电路及工作波形

式 (6-1) 中，时间 $t_{on} + t_{off} = T$，称为斩波电路的工作周期。开关导通时间 t_{on} 与开关的工作周期 T 之比称为占空比 $D = \dfrac{t_{on}}{T}$，$0 \leqslant D \leqslant 1$。从式 (6-1) 可以看出，改变开关 S 导通的时间 t_{on}，也即改变开关控制的占空比 D，就可以调节电路输出电压平均值 U_o 的大小。

由于这种变换是将恒定的直流电压"斩"变成断续的方波电压输出，所以将实现这种功能的电路称为直流斩波电路。图 6-4 给出两种不同占空比情况下输出电压的波形，可以看出不同"斩波"情况下直流电压平均值大小不等，也即通过这种方式调节了输出电压的大小。

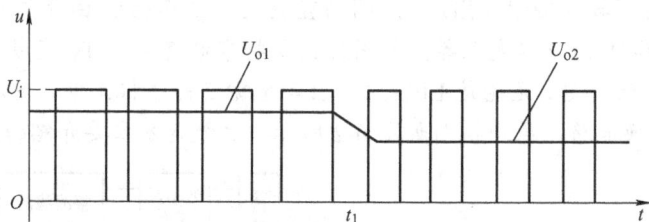

图 6-4 不同占空比输出电压波形

6.1.2 直流斩波电路的基本控制方式

斩波电路的输出电压是斩波电路导通时间 t_{on} 和斩波周期 T 的函数。无论是改变导通时间 t_{on} 还是改变斩波周期 T，都可改变输出电压。常用的有如下三种方式：

(1) 定频调宽控制（又称脉冲宽度调制，Pulse Width Modulation，PWM）

定频调宽控制是保持斩波周期 T 不变，只改变开关导通时间 t_{on}，即 t_{on}=变数，T=常数，以控制输出电压 U_o 的大小，如图 6-5a 所示。这种控制方式，由于开关的频率是固定的，所以滤除输出电压中高次谐波的滤波器设计比较容易。

(2) 定宽调频控制（脉冲频率调制，Pulse Frequeney Modulation，PFM）

定宽调频控制是保持导通时间 t_{on} 不变，改变斩波周期 T，即 t_{on}=常数，T=变数，同样达到改变占空比，从而改变斩波电路输出电压的大小，如图 6-5b 所示。这种控制方式，由于开

关频率是变化的，输出电压的频率也是变化的，输出滤波器设计较困难。

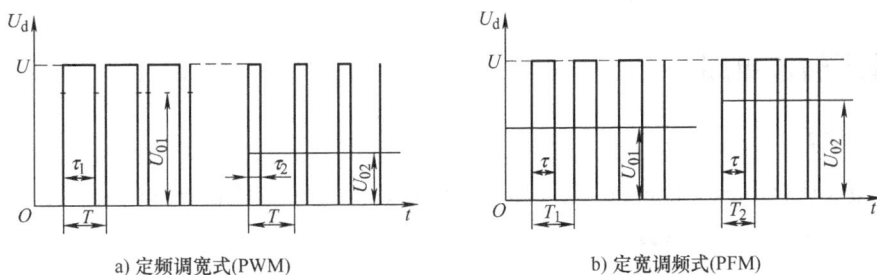

a) 定频调宽式(PWM)　　　　　　b) 定宽调频式(PFM)

图 6-5　不同控制方式的负载电压波形

(3) 调频调宽控制

同时改变斩波开关的工作周期 T 和斩波开关的导通时间 t_{on} 也称为混合控制(Mixed Control)。采用这种控制方法，输出直流电压的可调范围较宽，但是控制电路较复杂，由于频率变化所引起的输出滤波器设计较困难。

以上三种控制方式中，用的最为普遍的是脉冲宽度调制控制方式，即 PWM 控制方式。

6.1.3　DC-DC 变换电路的分类

DC-DC 变换电路有多种拓扑结构，通常根据输入输出是否隔离分为非隔离型斩波电路和隔离型斩波电路。

非隔离型电路可分为降压型斩波电路、升压型斩波电路、升降压斩波电路、Cuk 斩波电路、Sepic 斩波电路和 Zeta 斩波电路等几种形式，这种非隔离型变换器适用于输入输出电压等级相差不大，且不要求电气隔离的应用场合。

隔离型电路又可分为正激型变换电路、反激型变换电路、半桥型变换电路和全桥型变换电路等几种形式，这种变换电路适应输入和输出值相差较大且需要电气隔离的场所。

6.1.4　直流斩波电路中电感、电容的基本特性

分析直流斩波电路数量关系的基础是电感电压的伏秒平衡特性和电容电流的安秒平衡特性。

(1) 电感电压的伏秒平衡特性

稳态条件下，理想的开关变换电路中的电感电压必然周期性重复，由于每个开关周期中电感的储能为零，并且电感电流保持恒定，因此，每个开关周期中电感电压 u_L 的积分恒为零，即

$$\int_0^T u_L \mathrm{d}t = \int_0^{t_{on}} u_L \mathrm{d}t + \int_{t_{on}}^T u_L \mathrm{d}t = 0 \tag{6-2}$$

(2) 电容电流的安秒平衡特性

稳态条件下，理想开关变换电路中的电容电流必然周期性重复，每个开关周期中电容的储能为零，并且电容电压保持恒定，因此，每个开关周期中电容电流 i_C 的积分恒为零，即

$$\int_0^T i_C \mathrm{d}t = \int_0^{t_{on}} i_C \mathrm{d}t + \int_{t_{on}}^T i_C \mathrm{d}t = 0 \tag{6-3}$$

6.2 非隔离型斩波电路

6.2.1 降压斩波电路

1. 电路结构

降压斩波电路(Buck Chopper)又称 Buck 变换器,图 6-6 给出该电路结构。图中,VT 采用 IGBT 为电路控制开关,VD 为续流二极管,在 VT 关断时为电感 L 储存的能量提供续流通道;为获得平直的输出直流电压,输出端采用了 LC 低通滤波电路,R 为负载;E 为输入的直流电源。当电路输出端的滤波电容足够大时,可保证输出电压为恒定。该电路主要用于需要直流降压

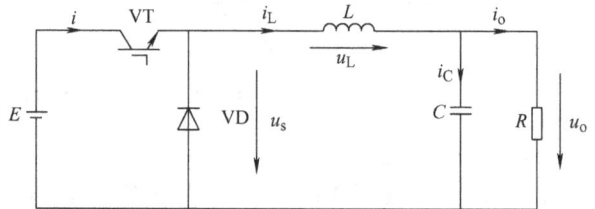

图 6-6 降压斩波电路

的斩波环节,是一种输出电压 U_o 等于或小于输入电压 E 的非隔离直流变换器。

斩波电路是一种典型的非线性开关电路,为了分析方便,忽略次要因素的影响,只考虑电路稳态工作状况,并假设所有开关器件均为理想器件,即导通时导通压降为零,关断时漏电流为零,开关损耗也为零。根据电感电流是否连续,Buck 电路有 3 种工作模式:连续导电模式、断续导电模式和临界状态。电感电流连续是指输出滤波电感 L 的电流总是大于零;电感电流断续是指在开关关断期间,有一段时间流过电感的电流为零。在电流连续与断续之间有一个边界称为电感电流临界状态,即在开关管关断期间,电感的电流刚好降为零。

2. 工作原理

当电感 L 足够大时,能够保证在开关 VT 断开期间负载电流一直存在,也就是负载电流连续的情况。下面分析电感电流连续时的工作情况。

1)在控制开关 VT 导通(t_{on})期间,电路的等效电路如图 6-7a 所示,二极管 VD 反偏,则电源 E 通过 L 向负载 R 供电,电容开始充电。期间 i_L 增加,电感 L 的储能也增加,在电感端有一个正向电压 $u_L=E-U_o$(U_o 为输出电压平均值),左边正右边负,这个电压引起电感电流 i_L 线性增加,使电感储能。

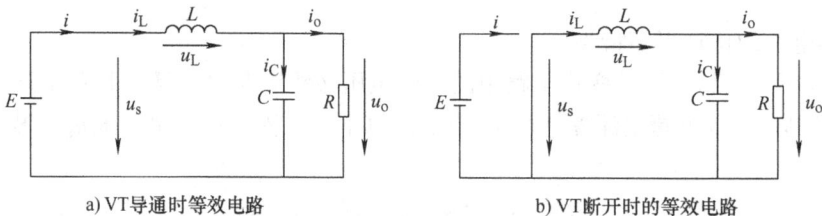

a) VT导通时等效电路　　　　b) VT断开时的等效电路

图 6-7 buck 变换器工作时的等效电路

2)在开关 VT 关断(t_{off})时,等效电路如图 6-7b 所示。电感中储存的电能产生感应电动势,使二极管导通,故电流 i_L 经二极管 VD 续流,$u_L=-U_o$(原方向设为正)。电感 L 向负载供电,电感 L 的储能逐步消耗在 R 上,电流 i_L 下降。负载 R 端的电压 U_d 仍然是上正下负。当 $i_L<I_o$ 时,电容处于放电状态,以维持 I_o 和 U_o 不变。

在稳态分析中，假设输出端滤波电容较大，输出电压可以认为是平直的，同样，由于稳态时电容的平均电流为 0，因此降压电路中电感平均电流等于平均输出电流 I_o。在连续导电模式下，电感电流不会减少到 0，前一个周期结束时刻和下一个周期开始时刻电流是连续的。电流连续时的工作波形如图 6-8 所示。

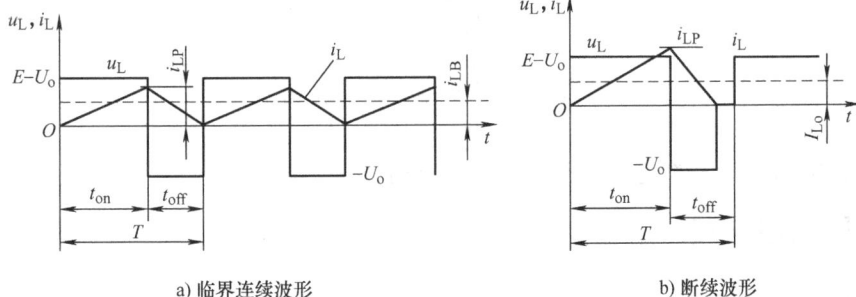

图 6-8　buck 变换器在电流连续时的工作波形

当电路中 L 值较小或负载较轻或开关频率很低时，会发生电感电路 i_L 在一个周期结束前就下降到零的情况。这样，在每个周期开始时，i_L 必然从零开始上升，这种情况就是电流断续的工作模式。

图 6-9a 为电路工作在电流临界连续状态时的电感电压、电流波形，从图中电流波形可以看出，在周期结束时电感电流正好减小为零，即在开关管关断期间，电感的电流刚好降为零。在电流临界连续状态下保持 E、T、L 及 D 不变，减少输出负载电流，此时 Buck 变换器进入电流断续运行状态，波形如图 6-9b 所示。其特征是续流二极管 VD 提早时刻关断，使电感电流断流，此时负载电流将由滤波电容供给，电感电压 u_L=0。

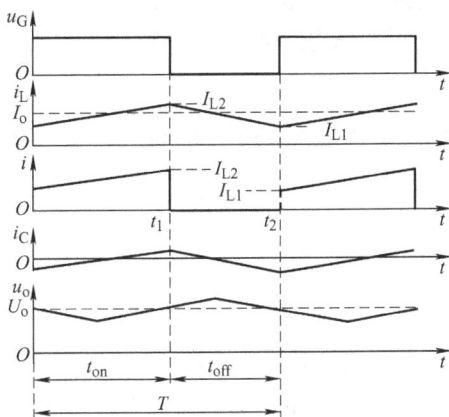

a) 临界连续波形　　　　b) 断续波形

图 6-9　Buck 变换器电流临界连续、断续时波形

3. 基本数量关系

此处仅介绍电感电流连续时的数量关系，电流不连续时的数量关系可参考有关书籍。

在稳态情况下，电感电压波形是周期变化的，根据电感电压的伏秒平衡特性，电感电压在一个周期内的积分为 0，即

$$\int_0^T u_L \mathrm{d}t = \int_0^{t_{on}} u_L \mathrm{d}t + \int_{t_{on}}^T u_L \mathrm{d}t = 0 \tag{6-4}$$

设输出电压平均值为 U_o，则在稳态时，上式可以表达为

$$(E - U_o)t_{on} = U_o(T - t_{on}) \tag{6-5}$$

$$U_o = \frac{t_{on}}{T}E = DE \tag{6-6}$$

从式(6-6)可知，负载电压平均值最大等于电源电压 E，此时占空比 D=1，即整个工作周期开关 VT 均导通。减小占空比，即减小开关导通时间，则负载电压随之减小。改变占空比，

可得到电压在 $0\sim E$ 范围内连续可调的直流输出电压，输出电压等于或低于电源电压，所以此电路称为降压型斩波电路。

不考虑电路元件的损耗，则降压型斩波电路的输入功率与输出功率相等，即

$$EI_1 = U_o I_o \tag{6-7}$$

式中，I_1 为输入电流 i 的平均值；I_o 为输出电流 i_o 的平均值，由上式可求得变换器的输入、输出关系为

$$\frac{I_o}{I_1} = \frac{E}{U_o} = \frac{1}{D} \tag{6-8}$$

它与变压器的电压电流关系相同。因此电流连续时 Buck 变换器完全相当于一个"直流"变压器。其等效电压比可通过调节占空比在 $0\sim1$ 范围内连续可调。降压型斩波电路常用于降压型直流开关电源稳压器、不可逆直流调速系统等场合。

【例 6-1】 有一降压斩波电路，输入电压为 $27(1\pm10\%)\,\mathrm{V}$，要求输出电压为 15V，求该电路占空比的变化范围。

解：降压斩波电路输出电压平均值为 $U_o = DE$，则 $D = \dfrac{U_o}{E}$，由于输入电压最大值 $E_{\max} = 29.7\mathrm{V}$，输入电压最小值为 $E_{\min} = 24.3\mathrm{V}$，因此最大和最小占空比分别为

$$D_{\max} = \frac{U_o}{E_{\min}} = \frac{15}{24.3} = 0.617$$

$$D_{\min} = \frac{U_o}{E_{\max}} = \frac{15}{29.7} = 0.505$$

所以，该电路占空比的变化范围是 $0.505\sim0.617$。

6.2.2 升压斩波电路

1. 电路结构

升压斩波电路（Boost Chopper）又称为 Boost 变换器，电路结构如图 6-10 所示。升压斩波电路通过控制开关 VT 的占空比，可以控制输出电压 U_o 等于或高于输入电压 E。

2. 工作原理

假设电路已处于稳态，输出端滤波电容足够大，可保证输出电压恒定；电感 L 也很大，保证电感电流连续。

图 6-10　升压斩波电路

1）当开关 VT 导通时，二极管承受反向电压截止，斩波电路的等效电路如图 6-11a 所示，此时，电源 E 向电感 L 提供能量，电感储能，电感电压左正右负，电感电流 i_L 逐渐增大；同时，电容为负载电阻 R 提供能量，负载电压等于电容电压，极性上正下负，即 $U_o = U_C$。在一个开关周期内，开关管 VT 导通时间为 t_{on}，此阶段电源电压 E 全部加到电感两端，所以电感上的电压 $u_L = E$。

2）当开关 VT 关断时，等效电路如图 6-11b 所示。此时，电源和电感同时向负载供电，电感电流 i_L 逐渐减小，电感两端电动势极性变为左负右正，续流二极管 VD 变为正偏；而电

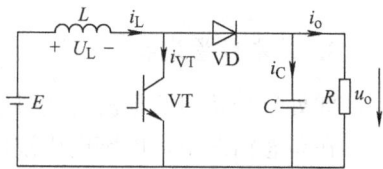

容 C 充电，充电电压极性为上正下负，随着电容的充电，电容电压将逐步升高，为电源电压与电感的感应电动势之和，所以电容电压（也即负载电压）将高于电源电压 E。升压型斩波电路中电容的作用能使负载电压保持不变，而由于电感的作用使负载电压上升，此电路输出电压可能高于电源电压。如果 VT 的关断时间为 t_{off}，则此时间内电感电压为 $-(U_o-E)$。

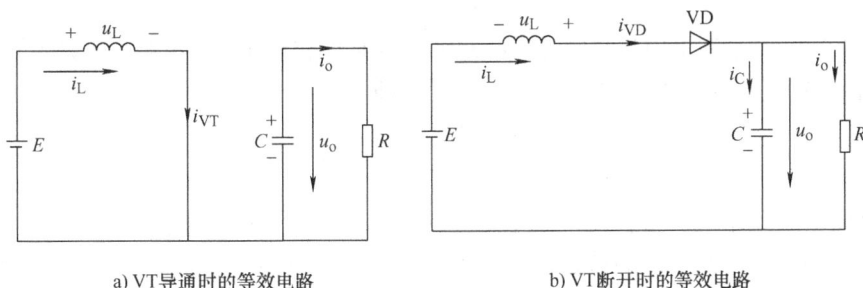

a) VT导通时的等效电路   b) VT断开时的等效电路

图 6-11 Boost 变换器工作时的等效电路

假定电感足够大，升压型斩波电路工作于电感电流连续工作模式下，则电路的工作波形如图 6-12 所示。

3. 基本数量关系

在稳态情况下，电感电压波形是周期变化的，根据电感电压的伏秒平衡特性，电感电压在一个周期内的积分为 0，即

$$\int_0^T u_L dt = \int_0^{t_{on}} u_L dt + \int_{t_{on}}^T u_L dt = 0 \qquad (6-9)$$

设输出电压平均值为 U_o，则在稳态时，上式可以表达为

$$E t_{on} - (U_o - E) t_{off} = 0 \qquad (6-10)$$

则升压型斩波电路输出电压与输入电压的关系为

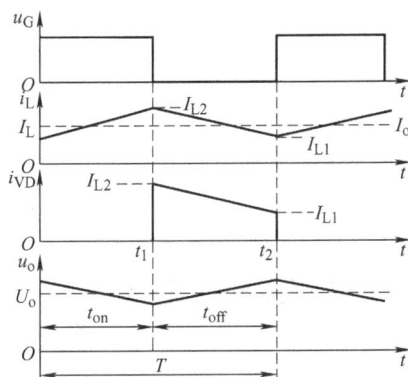

图 6-12 Boost 变换器在电流连续时的工作波形

$$U_o = \frac{t_{on} + t_{off}}{t_{off}} E = \frac{T}{t_{off}} E = \frac{1}{1-D} E \qquad (6-11)$$

由式 (6-11) 可知，因为占空比 D 的取值范围为 0~1，周期 $T \geqslant t_{off}$，故负载上的输出电压 U_o 高于电路输入电压 E，该变换电路称为升压式斩波电路。值得注意的是，如果 D 趋向于 1，即占空比很大时，输出电压 $U_o \rightarrow \infty$，这是因为这种情况下电感中储存的能量无法释放，所以升压斩波电路要避免使占空比 D 接近 1，以免造成电路损坏。

式 (6-11) 中 T/t_{off} 表示升压比，升压比的倒数记为 β，则 $\beta = \dfrac{t_{off}}{T}$，故存在 $D+\beta=1$ 的关系。

式 (6-11) 表达式也可以表示成如下形式：

$$U_o = \frac{1}{\beta} E = \frac{1}{1-D} E \qquad (6-12)$$

升压斩波电路之所以能使输出电压高于电源电压的原因主要有两个：电感 L 储能之后有

使电压泵升的作用；电容 C 可将输出电压保持住。以上分析的前提是认为 VT 处于导通期间，因电容的作用会使输出电压 U_o 保持不变，但实际上 C 值不可能无穷大，在此情况下，输出电压 U_o 必然会有所下降，实际输出电压会略低。

如果忽略电路中的损耗，则电源提供的能量全部由负载电阻消耗，即

$$EI_1 = U_o I_o \qquad (6\text{-}13)$$

式中，I_1 为输入电流 i_L 的平均值。式(6-13)表明，升压型斩波电路也可看作直流升压变压器。根据电路结构及表达式(6-13)得出输出电流的平均值 I_o 为

$$I_o = \frac{U_o}{R} = \frac{1}{\beta}\frac{E}{R} \qquad (6\text{-}14)$$

升压型斩波电路常用于将直流电源电压变换为高于电源电压的直流电压的场合，实现能量从低压侧电源向高压侧负载的传递，如电池供电的升压设备、液晶背光电源、功率因数校正电路等。

【例 6-2】 如图 6-10 所示的升压斩波电路中，已知 $E=50\text{V}$，L 和 C 值极大，$R=20\Omega$，采用脉宽调制控制方式，当开关周期 $T=40\mu s$，$t_{on}=25\mu s$ 时，计算电路输出电压平均值 U_o 和输出电流平均值 I_o。

解：输出电压平均值为

$$U_o = \frac{T}{t_{off}}E = \frac{40}{40-25}\times 50\text{V} = 133.3\text{V}$$

输出电流平均值为

$$I_o = \frac{U_o}{R} = \frac{133.3}{20}\text{A} = 6.667\text{A}$$

6.2.3 升降压斩波电路

1. 电路结构

升降压斩波电路（Buck-Boost Chopper）又称 Buck-Boost 变换器，电路结构如图 6-13 所示。电路的特点是输出电压 U_o 可以小于(降压)也可以大于(升压)输入电压 E；输出电压与输入电压极性相反。设电路中电感 L 值很大，电容 C 值也很大。使电感电流 i_L 和电容电压 u_C 基本为恒值。

2. 工作原理

稳态时电路的工作过程为：

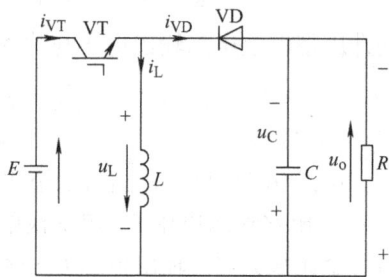

图 6-13 升降压型斩波电路

1)当开关 VT 导通时，等效电路如图 6-14a 所示，电容 C 充电极性为下正上负，二极管 VD 承受反向电压截止。电路输入和输出隔离，电源向电感供电，电感储存能量，电感电压 $u_L=E$；负载部分，电容电压基本维持恒定，由电容向负载提供能量。负载电压与电容电压相等，极性也是下正上负，和电源极性相反。

2)当开关 VT 断开时，等效电路如图 6-14b 所示，电源断开，不再向负载提供能量。电感储存的能量释放出来，一方面向负载电阻提供能量，另一方面向电容 C 充电，电感感应电动势极性为下正上负，所以电容电压极性也为下正上负，且电压大小为 $u_L = u_C = u_o$。由于升

降压型斩波电路输出电压极性与电源极性相反，所以也称为反极性斩波电路。

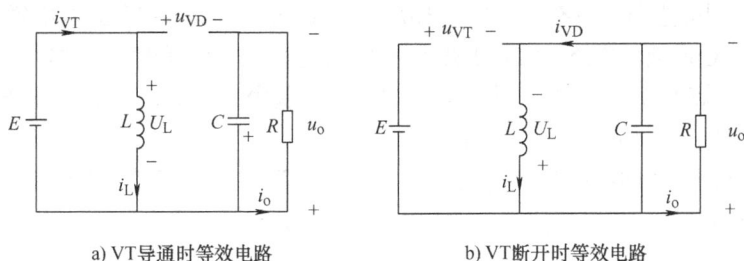

a) VT导通时等效电路　　　　　　b) VT断开时等效电路

图 6-14　Buck-Boost 变换器工作时的等效电路

图 6-15 是 Buck-Boost 变换器在电感电流连续时的工作波形。

3. 基本数量关系

由于电路中电感足够大，稳态时电感电流基本恒定，一周期内电感上的电压平均值为零，即电感电压积分为零，即

$$\int_0^T u_L dt = \int_0^{t_{on}} u_L dt + \int_{t_{on}}^T u_L dt = 0 \quad (6\text{-}15)$$

则有

$$Et_{on} + (-U_o)t_{off} = 0$$

$$U_o = \frac{t_{on}}{t_{off}}E = \frac{t_{on}}{T - t_{on}}E = \frac{D}{1 - D}E \quad (6\text{-}16)$$

式 (6-16) 表明，改变占空比可以改变电路输出电压的大小，且输出电压可以低于也可以高于电源电压。当 $0.5 < D < 1$ 时，电路为升压斩波电路；当 $0 \leqslant D < 0.5$ 时，电路为降压斩波电路。所以，此电路称为升降压斩波电路。

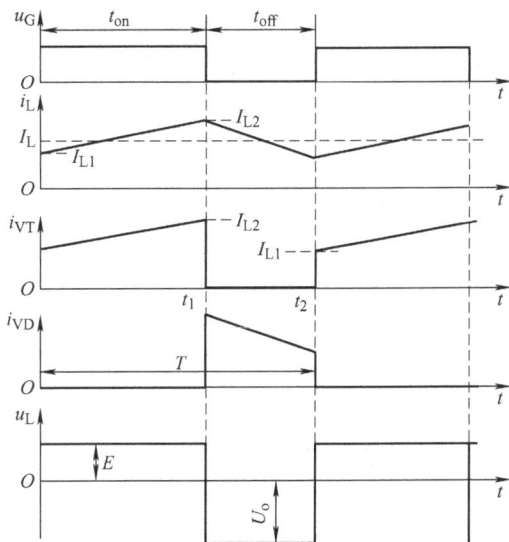

图 6-15　Buck-Boost 变换器在电流连续时的工作波形

根据图 6-15 可以看出升降压斩波电路电源电流 i_{VT} 和负载电流 i_{VD} 的波形为不连续的，设 i_{VT} 和 i_{VD} 电流的平均值分别为 I_1 和 I_2，则有

$$\frac{I_1}{I_2} = \frac{t_{on}}{t_{off}} \quad (6\text{-}17)$$

忽略电路中的损耗，则电路输入功率与输出功率相等，同样有

$$EI_1 = U_o I_2 \quad (6\text{-}18)$$

即升降压型斩波电路可看作一个直流升降压变压器。升降压斩波电路可以灵活地改变输出电压的高低，同时还能改变输出电压极性，但输入和输出电流均不连续，增加了滤波器设计难度。升降压斩波电路常用于电池供电设备产生负电源的电路中，也可用于各种开关稳压器中。

6.2.4　Cuk 斩波电路

1. 电路结构

6.2.3 节的升降压斩波电路虽然简单，但负载与电容并联，实际电容不可能为无限大。在

电容充放电过程中，电容电压存在波动，从而引起负载电流波动；而输入端的输入电流也总是断续，所以升降压型斩波电路输入和输出端电流波动大，对电源和负载的电磁干扰也大，为此提出了性能改进的 Cuk 斩波电路。Cuk 斩波电路的特点就在于输入和输出端都串联电感，减小了输入和输出电流的脉动。图 6-16 所示为 Cuk 斩波电路，其中，电感 L_1 和 L_2 为储能电感，电容 C 为传递能量的耦合电容。如果 L_1、L_2 和 C 足够大，可以保证输入电流和输出电流基本平直。

2. 工作原理

1）当 VT 导通时，由于电容 C 上的充电电压使二极管 VD 反偏，二极管处于截止状态，Cuk 斩波电路等效电路如图 6-17a 所示；此时，电源 E 经 $L_1 \rightarrow$ VT 回路给 L_1 充电储能，C 通过 $C \rightarrow L_2 \rightarrow R \rightarrow$ VT 回路放电，放电电流 i_2 使 L_2 储能，并向负载 R 输出电压，负载电压极性为下正上负。开关管 VT 中流过的电流为输入和输出电流之和。

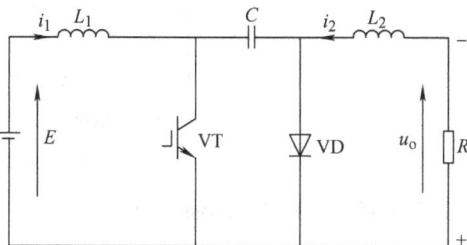

图 6-16　Cuk 斩波电路

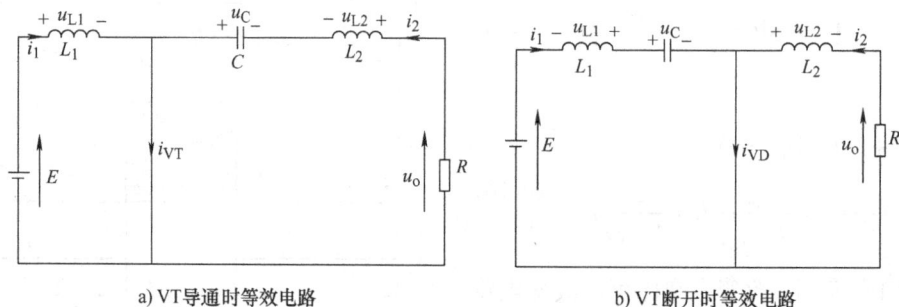

a) VT导通时等效电路　　　　b) VT断开时等效电路

图 6-17　Cuk 斩波电路工作时的等效电路

2）当 VT 关断时，电感 L_1 释放能量，其感应电动势改变方向，使二极管 VD 承受正向电压导通，Cuk 斩波电路的等效电路如图 6-17b 所示。此时，电源 E 通过 $L_1 \rightarrow C \rightarrow$ VD 回路向电容 C 充电，电容上电压的极性为左正右负；同时 L_2 释放电流 i_2，通过 $L_2 \rightarrow$ VD $\rightarrow R \rightarrow L_2$ 回路向负载 R 输出电压，电压的极性为下正上负，与电源电压相反。此时流过 VD 的电流为输入、输出电流之和。图 6-18 为 Cuk 变换器电流连续时的波形图。

从上面的分析可知，在电路一个工作周期中，电容 C 在开关 VT 关断期间被充电吸收能量，在开关 VT 导通期间释放出来，将能量从输入端传向输出端，起到了传递能量的作用。忽略电路损耗，电容 C 足够大，维持电容上电压基本不变，而电感 L_1 和 L_2 上的电压在一个周期内的积分都等于零。所以，对电感 L_1 有

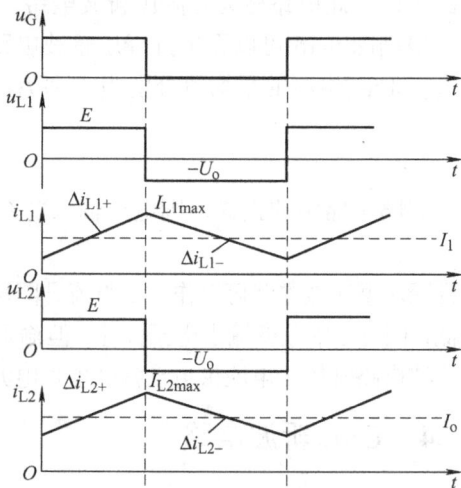

图 6-18　Cuk 变换器电流连续时的波形图

$$\int_0^{t_{\text{on}}} u_{\text{L1}} \mathrm{d}t + \int_{t_{\text{on}}}^T u_{\text{L1}} \mathrm{d}t = 0 \tag{6-19}$$

从图 6-17a 可以看出，在开关导通的 t_{on} 期间，有

$$u_{\text{L1}} = E \tag{6-20}$$

从图 6-17b 可以看出，在开关关断的 t_{off} 期间，有

$$u_{\text{L1}} = E - U_{\text{C}} \tag{6-21}$$

将式 (6-20) 和式 (6-21) 代入式 (6-19)，可得

$$E t_{\text{on}} + \left(E - U_{\text{C}} \right) t_{\text{off}} = 0 \tag{6-22}$$

从式 (6-22) 可以得到电容电压 U_{C} 与电源电压 E 的关系为

$$U_{\text{C}} = \frac{ET}{t_{\text{off}}} = \frac{E}{1-D} \tag{6-23}$$

对于电感 L_2，同样有

$$\int_0^{t_{\text{on}}} u_{\text{L2}} \mathrm{d}t + \int_{t_{\text{on}}}^T u_{\text{L2}} \mathrm{d}t = 0 \tag{6-24}$$

从图 6-17a、b 可以得到，在开关导通和关断期间，分别有

$$u_{\text{L2}} = U_{\text{C}} - U_{\text{o}} \tag{6-25}$$

$$u_{\text{L2}} = -U_{\text{o}} \tag{6-26}$$

将式 (6-25) 和式 (6-26) 代入式 (6-24)，可得

$$\left(U_{\text{C}} - U_{\text{o}} \right) t_{\text{on}} + \left(-U_{\text{o}} \right) t_{\text{off}} = 0 \tag{6-27}$$

从式 (6-27) 可以得到电容电压 U_{C} 与输出电压 U_{o} 的关系为

$$U_{\text{C}} = \frac{T}{t_{\text{on}}} U_{\text{o}} = \frac{1}{D} U_{\text{o}} \tag{6-28}$$

根据式 (6-23) 和式 (6-28)，可以得到 Cuk 斩波电路输出电压与输入电压的关系为

$$U_{\text{o}} = \frac{D}{1-D} E \tag{6-29}$$

从式 (6-29) 可以看出，Cuk 斩波电路的电压输入输出关系与升降压斩波电路相同，而输出电压极性也与电源极性反向，也是反极性电路。

不考虑电路损耗时，Cuk 斩波电路也有输出功率等于输入功率，即

$$EI_1 = U_{\text{o}} I_2 \tag{6-30}$$

所以，Cuk 电路也可以看作具有升降压功能的直流变压器。Cuk 斩波电路与升降压型斩波电路比较，最明显的优点就是输入电流和输出电流均连续，且脉动小，减小电路的电磁干扰，也有利于对输入和输出进行滤波。但缺点是需要足够大的储能电容 C。

6.2.5 Sepic 斩波电路

Sepic 斩波电路如图 6-19 所示。稳态情况下电路工作过程为：

177

开关 VT 导通期间，电源向电感 L_1 供电，L_1 储能，电容 C_1 极性为左正右负，通过 VT 向电感 L_2 提供能量，L_2 储能。由于电容 C_2 的存在，使二极管 VD 反偏截止，此时电容 C_2 向负载供电，等效电路如图 6-20a 所示。

图 6-19　Sepic 斩波电路

开关 VT 关断期间，电源 E、电感 L_1 向电容 C_1 充电，使电容 C_1 极性为左正右负，以保证 C_1 能在开关导通期间向电感 L_2 提供能量；同时电源 E、电感 L_1 和电感 L_2 构成两个并联支路向负载供电，并为电容 C_2 充电，所以电容 C_2 的极性为上正下负，输出电压极性与电源电压极性相同，VT 关断期间等效电路如图 6-20b 所示。可知此电路输入回路由于电感的存在，使输入电流连续，有利于输入滤波。

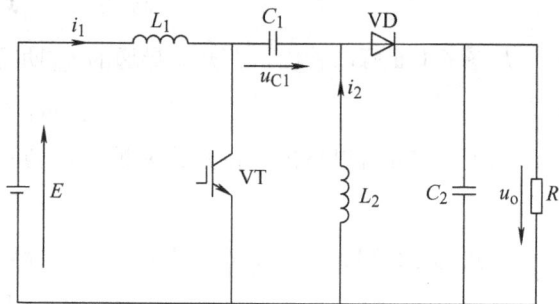

a) VT开通时等效电路

b) VT关断时等效电路

图 6-20　Sepic 斩波电路工作时的等效电路

按照与 Cuk 斩波电路相同的分析方法，可得到 Sepic 斩波电路输入输出电压的关系为

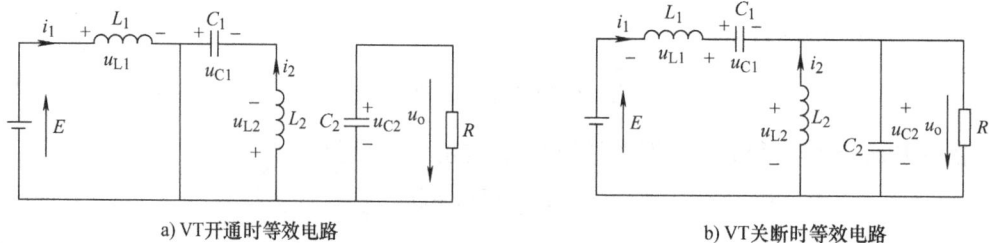

$$U_o = \frac{D}{1-D} E \tag{6-31}$$

Sepic 斩波电路结构也较复杂，限制了其使用范围。由于其输出电压调节方便，此电路可用于要求输出电压较低的单相功率因数校正电路。

6.2.6　Zeta 斩波电路

Zeta 斩波电路如图 6-21 所示。电路稳态时，VT 导通期间，二极管 VD 反偏，处于截止状态，电源 E 一方面向电感 L_1 提供能量，L_1 储能，另一方面，电源 E、电容 C_1 经电感 L_2 向负载供电，同时向电容 C_2 充电，等效电路如图 6-22a 所示。VT 关断期间，二极管 VD 导通，一方面 L_1、C_1 和二极管 VD 构成振荡回路，L_1 向电容 C_1 充电，L_1 中储存的能量转移至 C_1。另一方面 L_2 经负载和二极管续流，L_2 向负载供电，其等效电路如图 6-22b 所示。可知，此电路输出电

图 6-21　Zeta 斩波电路

压与输入电压极性相同，而输入和输出回路均有电感，可以保证输入和输出电流均连续，有利于输入输出滤波。

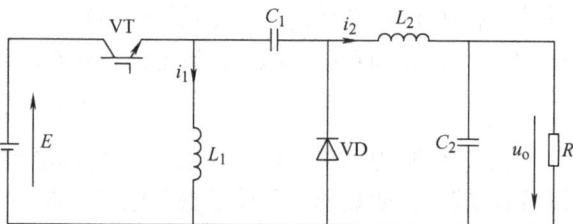

Zeta 斩波电路的输入输出关系也为

$$U_o = \frac{D}{1-D}E \tag{6-32}$$

与 Sepic 斩波电路类似，Zeta 斩波电路也较复杂，限制了其应用。

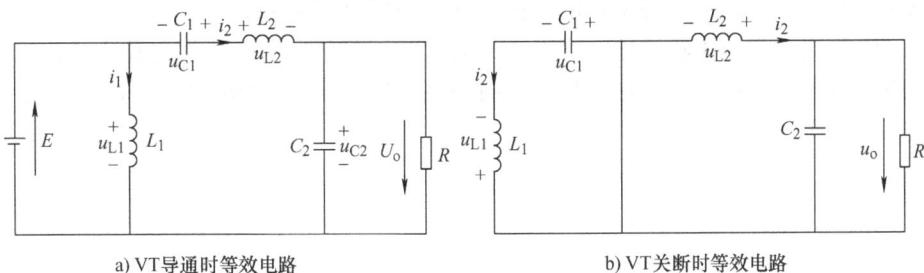

a) VT导通时等效电路   b) VT关断时等效电路

图 6-22 Zeta 斩波电路工作时的等效电路

以上介绍了几种基本的非隔离型斩波电路结构及工作原理，表 6-1 给出各种非隔离型直流斩波电路的比较。

表 6-1 各种非隔离型直流斩波电路的比较

电路	特点	输出电压公式	应用领域
降压型	只能降压不能升压，输出与输入同相，输入电流脉动大，输出电流脉动小，结构简单	$U_o = DE$	直流电动机调速和开关稳压电源
升压型	只能升压不能降压，输出与输入同相，输入电流脉动小，输出电流脉动大，不能空载工作，结构简单	$U_o = \frac{1}{1-D}E$	开关稳压电源和功率因数校正电路
升降压型	能降压能升压，输出与输入反相，输入、输出电流脉动大，不能空载工作，结构简单	$U_o = \frac{D}{1-D}E$	开关稳压电源
Cuk	能降压能升压，输出与输入反相，输入、输出电流脉动小，不能空载工作，结构复杂	$U_o = \frac{D}{1-D}E$	对输入输出纹波要求高的反相型开关稳压电源
Sepic	能降压能升压，输出与输入同相，输入电流脉动小，输出电流脉动大。不能空载工作，结构复杂	$U_o = \frac{D}{1-D}E$	升压型功率因数校正电路
Zeta	能降压能升压，输出与输入同相，输入电流脉动大，输出电流脉动小，不能空载工作，结构复杂	$U_o = \frac{D}{1-D}E$	对输出纹波要求高的升降压型开关稳压电源

6.3 复合斩波电路和多相、多重斩波电路

在前面介绍的基本斩波电路中，能量传递都是单向的。而在使用直流电机的场合，比如电动汽车或电力机车，电机经常需要正转和反转、电动运行和回馈制动运行，这就要求为其供电的直流斩波电路中能量可双向传递，即电压和电流都能反向。将基本斩波电路组合起来可构成复合斩波电路。

6.3.1 电流可逆斩波电路

当斩波电路的负载为直流电机时，电机既要工作在电动状态又要工作在回馈制动状态，也就是在回馈制动状态时需要将电机的动能转化为电能回馈电源。

将降压斩波电路和升压斩波电路组合在一起可构成电流可逆的斩波电路，当拖动直流电机时，其电枢电流可正可负，但电压极性保持不变，因此电机工作在第 1 和第 2 象限，其原理图如图 6-23a 所示。

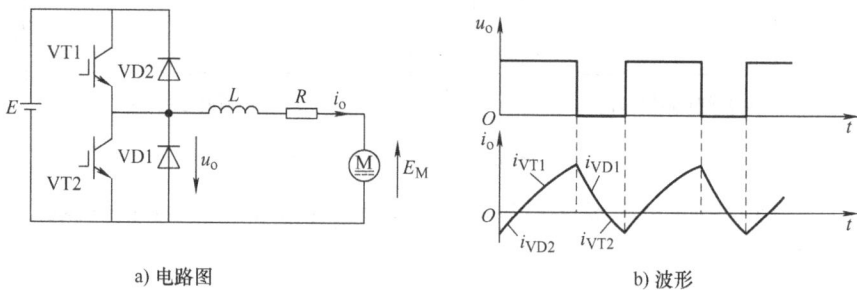

a) 电路图   b) 波形

图 6-23　电流可逆斩波电路及其波形

该电路有三种运行方式：

1）降压斩波运行：VT1 和 VD1 构成降压斩波电路，由电源向直流电机供电，电机为电动运行，工作于 I 象限，此时 VT2 和 VD2 总处于断态；

2）升压斩波运行：VT2 和 VD2 构成升压斩波电路，把电机的动能转变为电能反馈到电源，电机作回馈制动运行，工作于 II 象限，此时 VT1 和 VD1 总处于断态；

3）双组交替运行：在一个周期内交替地作为降压斩波和升压斩波工作。在这种运行方式中，VT1、VT2 被交替驱动，电机电流不会断续。

当 VT1 导通时，电源为负载提供正向电流，并逐渐增大；VT1 关断后，电感 L 经 VD1 续流释放能量，电流下降直至为零。使 VT2 导通，电机的反电势 E_M 驱使电枢电流反向，并逐渐增大，L 存储能量；VT2 关断后，L 中产生负的感应电势，与 E_M 串联，经 VD2 导通，向电源反馈能量。当 L 储能释放完毕，反向电流降为零时，再次使 VT1 导通，又有正向电流流通，如此循环，两个斩波电路交替工作。图 6-23b 给出了此种工作方式下的输出电压、电流波形。

6.3.2 桥式可逆斩波电路

电流可逆斩波电路可使电机的电枢电流反向，实现电机的两象限运行，但为电机提供的电压极性是单方向的。当需要电机正反转以及既能电动又能制动的场合，必须将两个可逆斩波电路组合起来，分别向电机提供正向和反向电压，构成桥式可逆斩波电路，如图 6-24 所示，使电机四象限运行。

桥式可逆斩波电路的 4 个桥臂相当于 4 个开关，对 4 个开关管的控制可采用如下斩波控制：

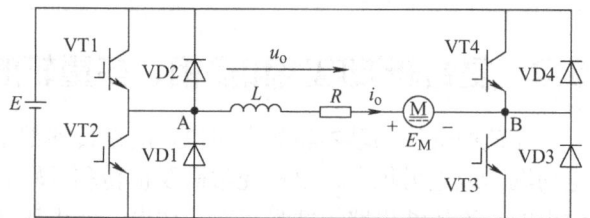

图 6-24　桥式可逆斩波电路

若保持 VT4 恒导通，VT3 截止，使 VT1，VT2 按 PWM 控制方式交替导通，则该电路等效为图 6-23a 所示半桥电流可逆斩波电路，向电机提供正向电压，使电机工作在 1、2 象限，即正转电动及正转回馈制动状态。

如果保持 VT2 导通，VT1 截止，使 VT3，VT4 按 PWM 控制方式交替导通，则该电路等效为另一组半桥电流可逆斩波电路，向电机提供负向电压，其中 VT3 和 VD3 构成降压斩波电路，使电机工作在 3 象限，即反转电动状态，而 VT4 和 VD4 构成升压斩波电路，可使电机工作在第 4 象限，即反转回馈制动状态。

6.3.3 多相多重斩波电路

多相多重斩波电路是另一种复合概念的斩波电路。多相多重斩波电路是在电源和负载之间接入多个结构相同的基本斩波电路而构成的。一个控制周期中电源侧的电流脉波数称为斩波电路的相数，负载侧电流脉波数称为斩波电路的重数。

图 6-25 给出了三相三重降压斩波电路及其波形。该电路相当于由 3 个降压斩波电路单元并联而成，总输出电流为 3 个斩波电路单元输出电流之和，其平均值为单元输出电流平均值的 3 倍，脉动频率也为斩波电路单元脉动频率的 3 倍。而 3 个单元电流的脉动幅值互相抵消，使总的输出电流脉动幅值变小。多相多重斩波电路的总输出电流最大脉动率与相数的二次方成反比地减少，且输出电流脉动频率提高，因此多相多重斩波电路和单相斩波电路相比，在输出电流最大脉动频率一定时，所需平波电抗器总重量大大减轻。

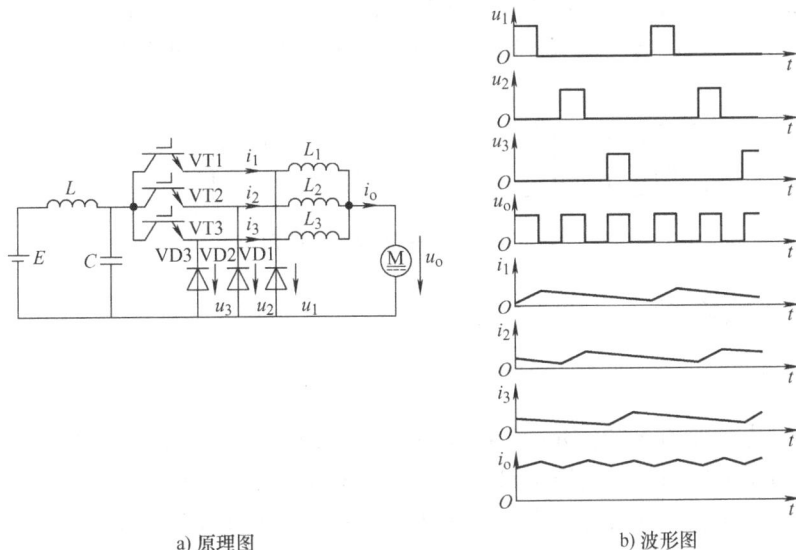

a) 原理图   b) 波形图

图 6-25 多相多重斩波电路及其波形

此时，电源电流为各可控开关的电流之和，其脉动频率为单个斩波电路时的 3 倍，谐波分量比单个斩波电路时显著减小，且电源电流的最大脉动率也是与相数的二次方成反比。这使得由电源电流引起的干扰大大减小，若需滤波，只需接上简单的 LC 滤波器就可充分防止感应干扰。

上述电路，当电源公用而负载为 3 个独立负载时，为三相一重斩波电路；而当电源为 3 个独立电源，向一个负载供电，则为一相三重斩波电路。

多相多重斩波电路还有备用功能，各斩波电路单元可互为备用，万一某斩波单元发生故障，其余各单元仍可继续运行，使得总体可靠性提高。

6.4 隔离型斩波电路

前面介绍的基本 DC-DC 变换器输入与输出之间存在直接电联系，其输入电压一般是从电网直接经整流滤波取得，而输出直接给负载供电，若输出电压等级与输入电压等级相差太大，势必影响调节控制范围。可以采用如下解决方法：先将电网电压整流滤波得到初级直流电压，然后经过斩波或逆变电路将直流电变换成高频的脉冲或交流电，再经过高频变压器将其变换成合适电压等级的高频交流电，最后将这一交流电进行整流滤波获得负载所需要的直流电压。这种从初级直流电压到负载所需要的直流电压的变换称隔离型 DC-DC 变换。

采用这种结构较为复杂的电路来完成直流-直流变换的原因主要有如下几点：

1）输出端与输入端需要隔离。

2）某些应用中需要相互隔离的多路输出。

3）输出电压与输入电压的比例远小于 1 或远大于 1。

4）在变换过程中交流环节采用 20kHz 以上的工作频率，可以减小变压器和滤波电感、电容的体积和重量。

隔离型斩波电路结构如图 6-26 所示，从图中可以看出，电路中增加了高频变压器，即在基本直流斩波电路中增加了交流环节，这种变换也称为直-交-直变换电路。这是各种开关电源常采用的电路结构。由于变压器可以放在基本斩波电路中的多个位置，从而得到各种不同形式的隔离型斩波电路，这里主要介绍常见的正激变换电路、反激变换电路、半桥变换电路及全桥变换电路等。

图 6-26　隔离型斩波电路结构

6.4.1 正激变换电路

1. 电路结构

降压型斩波电路如图 6-27a 所示，在开关 VT 和二极管 VD 处断开，接入变压器，则得到如图 6-27b 所示的理想正激变换电路。从图 6-27b 可以看出，变压器一次绕组与开关管串联，所以变压器一次绕组中只有单方向的脉动电流流过，变压器存在直流磁化现象，铁心容易饱和。为了使变压器铁心不饱和，电路需增加防铁心饱和的措施，使变压器铁心磁场周期性复位。磁芯复位的方法很多，图 6-28 所示是一种典形的带有磁芯复位的正激变换电路，这里输入电压统一用 U_i 表示。

2. 工作原理

在图 6-28 中，当 VF 导通时，直流电源加在变压器一次绕组 W1 上，W1 的电流从零开始线性增加，绕组两端感应电动势的极性为上正下负，其二次绕组 W2 上感应电动势的极性也为上正下负，二极管 VD1 正向导通，VD2 反向截止，此时电源向负载提供能量，电感 L 储能，电感上的电流逐渐增大。当开关 VT 关断时，变压器一次电流为零，则二次电流也为零，二极管 VD1 截止，VD2 导通，电感 L 通过 VD2 续流，电感上的电流逐渐下降，电感储存的能量通过二极管释放给负载。电路工作波形如图 6-29 所示。

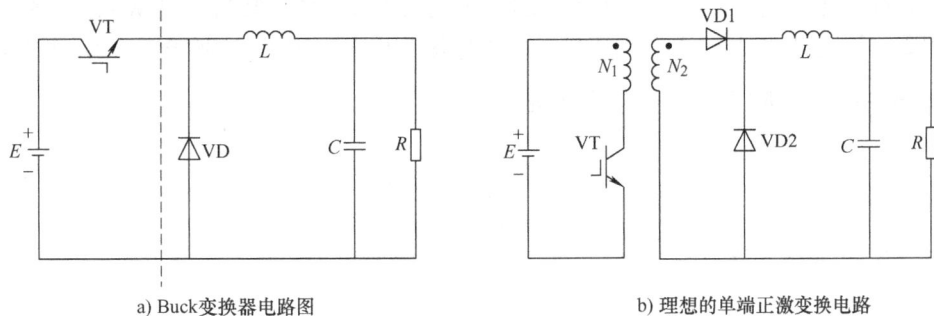

a) Buck变换器电路图   b) 理想的单端正激变换电路

图 6-27   正激变换电路的结构

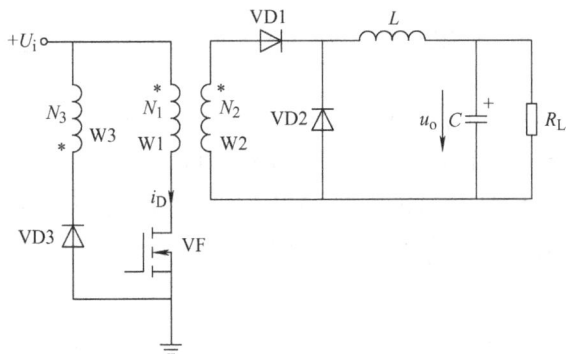

图 6-28   典型的带有磁心复位的正激变换电路

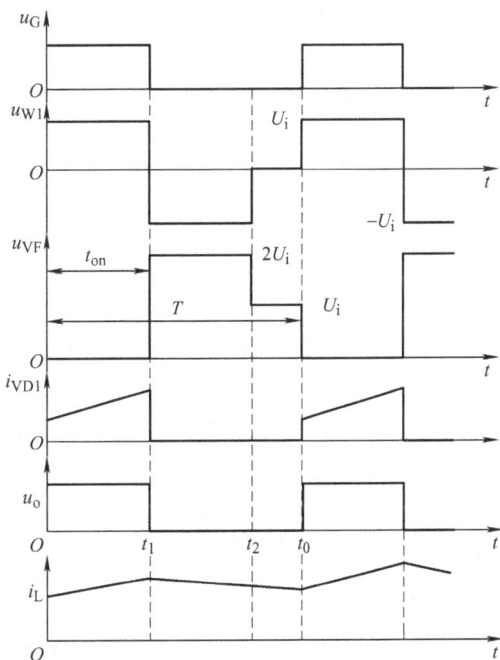

图 6-29   正激变换电路的工作波形

在 VF 关断后直到下一周期重新开通的一段时间内，即 t_{off} 时间内，必须使变压器励磁电流减小为零，否则下一个开关周期中，励磁电流将在本周期结束时的电流值基础上增加，并在以后的每个开关周期逐渐累加，使励磁电流越来越大，最终将导致变压器铁心越来越饱和，开关器件损坏。所以，在 VF 关断后，必须设法使变压器励磁电流减小为零，这个过程就称为变压器的磁芯复位。图 6-28 所示电路中，变压器的第三绕组 W3 与二极管 VD3 组成了磁芯复位电路。VF 导通时，绕组 W3 感应电动势的极性为下正上负，二极管 VD3 截止，磁芯复位电路不工作。当 VF 关断，变压器一次绕组 W1 电流减小为零，由于变压器铁心中磁通不能突然变化，所以变压器将感应电动势产生感应电流阻止磁通的改变，此时绕组 W1 和 W2 电流无通路，则绕组 W3 上将感应电动势产生电流，而 W3 的感应电动势极性改变方向，为上正下负，使二极管 VD3 导通，将变压器中的磁场能转变为电能传递回电源，由于回路存在电阻导致电流逐渐减小至零，磁芯复位过程波形如图 6-30 所示。VF 关断期间，变压器中励磁电流减小到零之前，VF 上承受的电压不是电源电压，而是电源电压与绕组 W1 的感应电动势之和，高于电源电压 U_i。绕组 W1 上的感应电动势大小通过其与绕组 W3 之间的匝数关系可以得到，因为 W3 与输入电源连接，其上电压为电源电压 U_i，则 W1 上感应电动势为 $u_1 = \dfrac{N_1}{N_3}u_3 = \dfrac{N_1}{N_3}U_i$，则 VF 所承受的电压为

$$u_{VF} = \left(1 + \frac{N_1}{N_3}\right)U_i \tag{6-33}$$

式中，N_1，N_3 为变压器绕组 W1 和 W3 的匝数。

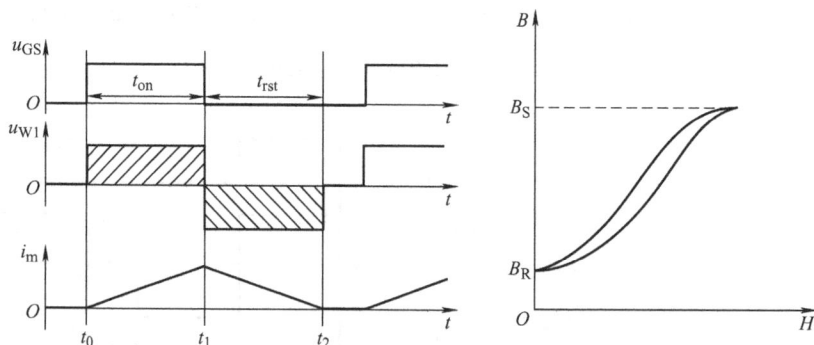

图 6-30　磁心复位过程波形

当变压器励磁电流减小为零后，绕组 W1 上的感应电动势为零，VF 上承受的电压成为电源电压。

为了保证励磁电流在 VF 下一周期开通前下降为零，以确保变压器磁芯可靠复位，则 VF 处于断态的时间必须大于励磁电流减小为零所需要的时间。如果励磁电流下降到零的时间为 t_{rst}，不考虑变压器绕组电阻，可以认为励磁电流线性增加和减小，VF 开通时励磁电流从零增加到最大值，电流上升时间为 t_{on}；VF 关断时励磁电流从最大值减小到零，电流下降时间为 t_{rst}，则有

$$U_i t_{on} = \frac{N_1}{N_3}U_i t_{rst} \tag{6-34}$$

从而得到 t_{rst} 与 t_{on} 之间的关系为

$$t_{rst} = \frac{N_3}{N_1}t_{on} \tag{6-35}$$

所以，单端正激电路为了保证磁芯正常复位，开关管 VF 的关断时间应满足关系：

$$t_{off} \geqslant t_{rst} = \frac{N_3}{N_1}t_{on}$$

如果输出滤波电感 L 足够大，能保证在 VF 关断期间电感电流连续，则正激型变换电路输出电压与输入电压的关系为

$$\frac{U_o}{U_i} = \frac{N_2 t_{on}}{N_1 T} = \frac{N_2}{N_1}D \tag{6-36}$$

如果输出电感电流不连续，输出电压将高于式(6-36)的计算值，并随负载减小而升高，

在负载为零的极限情况下，$U_o = \dfrac{N_2}{N_1} U_i$。

从式(6-36)可以看出，正激变换电路的电压输入输出关系与降压型斩波电路相似，所不同的是增加了变压器的电压比。所以，正激变换电路可看作具有隔离变压器的降压型斩波电路，因而其具有降压型斩波电路的一些特性。

下面给出图 6-28 中各个二极管两端承受的电压：

当 VF 截止时，变压器剩磁能量通过 VD3 和 W3 释放出来，这时，W3 承受上正下负的电压，W1 和 W2 将承受下正上负的电压，二极管 VD1 截止，VD2 导通为滤波电感 L 提供续流回路，二极管 VD1 承受的电压为

$$U_{RVD1} = U_i \frac{N_2}{N_3} \tag{6-37}$$

当 VF 导通时，二极管 VD2 承受的反向电压为

$$U_{RVD2} = U_i \frac{N_2}{N_1} \tag{6-38}$$

二极管 VD3 承受的反向电压为

$$U_{RVD3} = U_i \left(1 + \frac{N_3}{N_1}\right) \tag{6-39}$$

正激变换电路还有很多其他电路拓扑，它们的工作原理及分析方法基本相同，这里不再讨论。正激变换电路具有电路简单可靠的优点，广泛应用于较小功率的开关电源中。但由于其变压器铁心工作点只在其磁化曲线的第一象限，变压器铁心未得到充分利用，因此相同功率条件下，正激变换电路中变压器体积、重量和损耗都较后面介绍的全桥、半桥变换电路大。在对开关电源体积、重量和效率有较高要求时，不适合采用正激变换电路。

6.4.2 反激变换电路

1. 电路结构

反激变换电路如图 6-31 所示，与升降压型斩波电路比较，反激变换电路中用变压器代替升降压型斩波电路中的储能电感，所以，此电路中，变压器不仅起了输入输出电路隔离的作用，还起储能电感的作用，可以看作是一对相互耦合的电感。变压器在工作中不断经历储能——放电过程，这一点与正激变换电路及后面要介绍的几种隔离电路中变压器的作用均不相同。

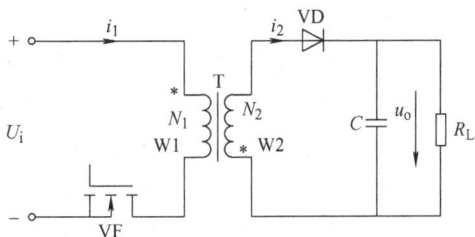

图 6-31 反激变换电路

2. 工作原理

反激变换电路稳态情况下电路工作过程为：当开关管 VF 导通时，直流电源加在变压器一次绕组 W1 上，线圈流过电流，W1 上的感应电动势极性为上正下负，所以变压器二次绕组 W2 上感应电动势极性为下正上负，二极管 VD 反偏截止，负载由电容 C 供电，电源能量未传递至负载，储存在变压器中，变压器起储能电感的作用。当开关管 VF 关断时，

一次绕组 W1 的电流被切断，线圈中磁场储能急剧减小，二次绕组 W2 的感应电动势改变极性，为上正下负，使得二极管 VD 导通，变压器的储能逐步释放，即为负载提供能量，又向电容 C 充电，一次侧电源能量传递至负载。反激变换电路的工作波形如图 6-31 所示。这里所谓反激，就是指开关器件导通时，变压器一次绕组只起电感作用储存能量，不是立即将能量传递到负载侧，而在开关器件关断期间，变压器中储存的能量才通过变压器传递到负载。

由于变压器感应电动势的存在，在开关器件关断期间，器件承受的电压为电源电压与变压器一次绕组感应电动势之和，将高于电源电压，VF 承受的电压波形如图 6-32 所示。开关关断期间，变压器一次绕组感应电动势为 $u_1 = \dfrac{N_1}{N_2}u_2 = \dfrac{N_1}{N_2}U_o$，所以 VF 承受的电压大小为

$$u_{VF} = u_i + \frac{N_1}{N_2}U_o \tag{6-40}$$

当电路工作在电流连续模式时，电压输入输出关系为

$$\frac{U_o}{U_i} = \frac{N_2 t_{on}}{N_1 t_{off}} \tag{6-41}$$

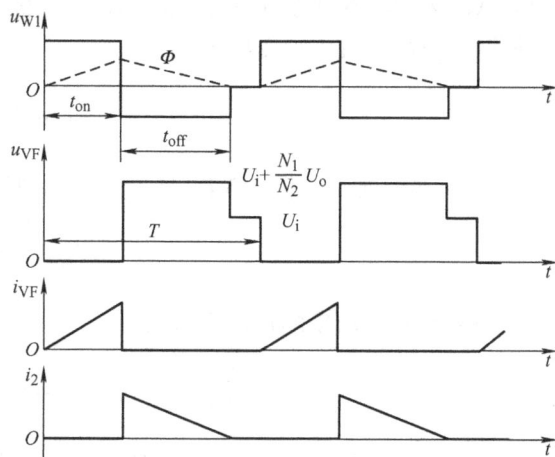

图 6-32　反激变换电路的工作波形

当电路工作在电流断续模式时，输出电压将高于式(6-41)中的计算值，并且输出电压高低与负载大小有关。随着负载的减小，输出电压将升高，在负载为零的极限情况下，输出电压 U_o 将趋于无穷大，所以反激变换电路不能工作在开路状态下。

反激变换电路结构简单，元器件数量少，成本低。广泛应用在各种家电、计算机设备、工业设备中的小功率开关电源中。

6.4.3　半桥型变换电路

在正激、反激变换器中，变压器一次侧通过的是单向脉动电流，磁场易饱和。半桥和全桥式隔离变换器可克服此缺点。半桥型变换电路如图 6-33 所示，它是将两个开关器件 VF1 和 VF2 串接在电源 U_i 上，电源侧接两个相同的大电容 C_1 和 C_2，每个电容上电压为 $U_i/2$，变压器一次绕组分别接在电容和开关的中点。VF1 和 VF2 交替导通，使变压器一次绕组有幅值为 $U_i/2$ 的交流电压，改变开关管导通的占空比，就可改变二次整流电压，也即改变电路输出电压 U_o。从电路可以看出，VF1 和 VF2 关断期间，器件承受的最高电压为电源电压 U_i，电感 L 足够大时，负载电流连续，电路的工作波形如图 6-34 所示。图中 $u_G(VF1)$、$u_G(VF2)$ 为加到开关管 VF1、VF2 的驱动信号。

由于电容的隔直流作用，半桥型变换电路对由于两个开关管导通时间不对称而造成的变压器一次电压的直流分量有自动平衡作用，因此这种电路不容易发生变压器偏磁和磁饱和问题。半桥型变换电路中两个开关管的占空比也不能大于 0.5，并应留一定裕量。

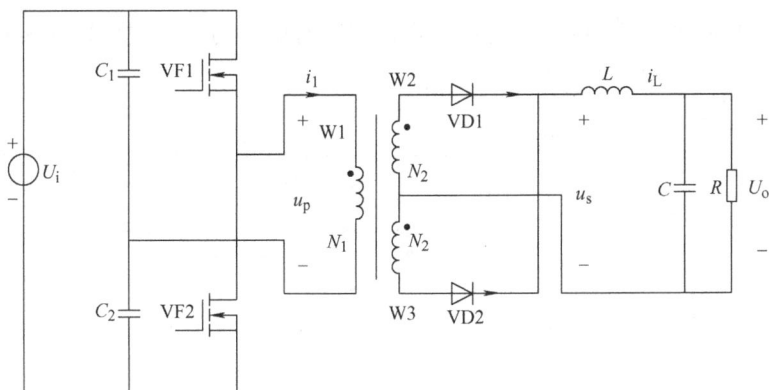

图 6-33 半桥型变换电路

当电感 L 中电流连续时，电路输入输出电压关系为

$$\frac{U_o}{U_i} = \frac{N_2}{N_1}\frac{t_{on}}{T} = \frac{N_2}{N_1}D \qquad (6\text{-}42)$$

如果电感 L 中电流不连续则电路输出电压较式(6-42)中的计算值高，并且随负载减小而升高，负载为零，即输出开路的极限情况下输出电压为

$$U_o = \frac{N_2}{N_1}\frac{U_i}{2} \qquad (6\text{-}43)$$

半桥型变换电路变压器利用率高，且没有偏磁问题，所以广泛应用于数百瓦至数千瓦的开关电源中，与后面介绍的全桥型变换电路比较，半桥型变换电路所需要的开关器件少(但输出相同电压时器件的电压等级要高)，输出同样功率时，成本低一些。

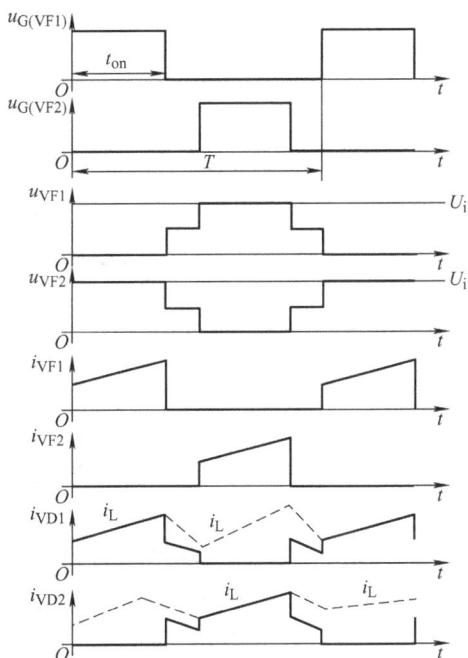

图 6-34 半桥型变换电路电流连续时电路的工作波形

6.4.4 全桥型变换电路

全桥型变换电路如图 6-35 所示，它是将半桥型变换电路中的两个电容用两个开关器件代替得到的。开关 VF1 和 VF4 为一组，VF2 和 VF3 为另一组，交替控制两组开关的导通和关断，就可以利用变压器将电源能量传递到负载侧。

电路的工作过程为：当 VF1 和 VF4 导通时，直流电源加在变压器一次绕组，变压器二次侧二极管 VD5 导通，电感 L 中的电流逐渐上升，此时 VF2 和 VF3 均不导通，其上承受的电压为电源电压 U_i；当 VF2 和 VF3 导通时，直流电源反极性加在变压器一次绕组，变压器一次绕组感应电动势也反向，二极管 VD6 导通，电感 L 中的电流也逐渐增大。当四个开关管均断开时，直流电源侧没有能量传递到负载侧，负载由电感提供能量，两个二极管均导通，各承担一半的负载电流，电感释放能量，电感电流逐渐减小。可以看出，全桥型变换电路中，每个开关管关断时承受的电压为电源电压 U_i。如果电感 L 足够大，保证在 4 个开关管均不导通时能向负载提供能量，则负载电流连续，电流连续时电路的工作波形如图 6-36 所示。

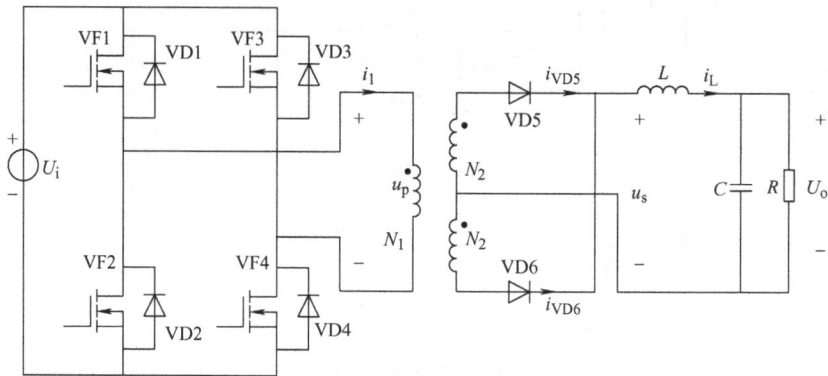

图 6-35　全桥型变换电路

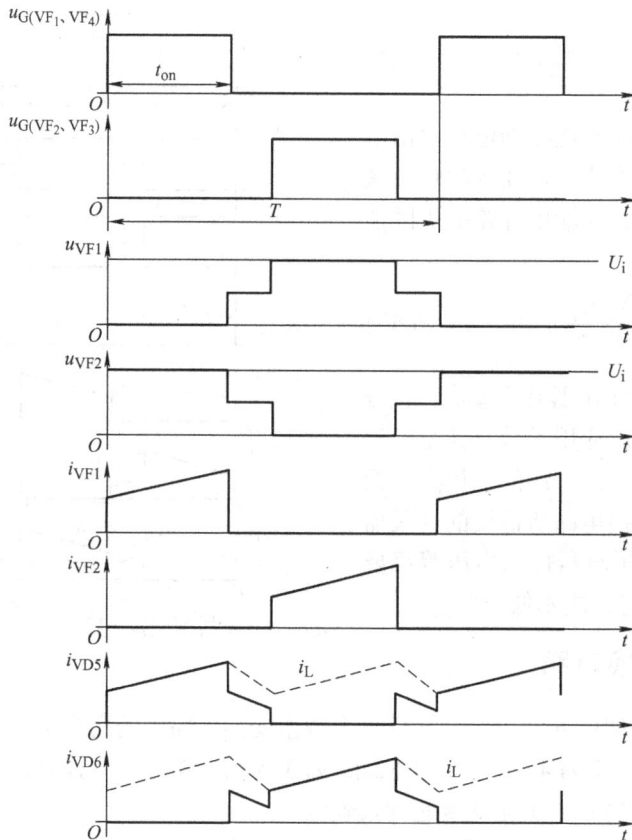

图 6-36　全桥型变换电路电流连续时电路的工作状态

　　值得注意的是，如果两组开关管 VF1、VF4 和 VF2、VF3 的导通时间不对称，则加在变压器一次绕组的交流电压不对称，含有直流分量，将在变压器一次绕组产生很大的直流电流，可能造成铁心饱和，影响电路正常工作。为了避免这个问题，常在变压器一次侧串联一个电容 C_0，以隔断直流电流，防止铁心饱和，通常此电容上的电压很小。同样，全桥变换电路中如果同一侧半桥的上下两个开关管同时导通，也将引起电源短路，所以每个开关管工作的占空比必须小于 50%，并考虑足够裕量。

如果电感 L 足够大，保证负载电流连续，全桥变换电路输入输出电压关系为

$$\frac{U_o}{U_i} = \frac{N_2}{N_1} \frac{2t_{on}}{T} \tag{6-44}$$

如果电感 L 不足够大，则负载电流断续，此时输出电压 U_o 将大于式 (6-44) 的计算值，并随负载减小而升高。在负载为零的极限情况下，有

$$U_o = \frac{N_2}{N_1} U_i \tag{6-45}$$

表 6-2 为隔离型 DC-DC 变换电路的比较，当采用相同电压和电流容量的开关器件时，全桥型变换电路输出功率最大，该电路常用于中大功率电源中。同时，由于电路结构简单，效率高，得到广泛应用。目前，全桥型变换电路广泛应用于数百瓦至数十千瓦的各种工业用开关电源中。

表 6-2　隔离型 DC-DC 变换电路的比较

电路	优 点	缺 点	功率范围	应用领域
正激	电路较简单，成本低，可靠性高，驱动电路简单	变压器单向励磁，利用率低	几百瓦~几千瓦	各种中、小功率电源
反激	电路非常简单，成本很低，可靠性高，驱动电路简单	难以达到较大的功率，变压器单向励磁，利用率低	几瓦~几十瓦	小功率电子设备、计算机设备、消费电子设备电源
全桥	变压器双向励磁，容易达到大功率	结构复杂，成本高，有直通问题，可靠性低，需要复杂的多组隔离驱动电路	几百瓦~几百千瓦	大功率工业用电源，焊接电源、电解电源等
半桥	变压器双向励磁，没有变压器偏磁问题，开关较少，成本低	有直通问题，可靠性低，需要复杂的隔离驱动电路	几百瓦~几千瓦	各种工业用电源，计算机电源等

6.5　直流-直流变换电路的典型应用案例

本节将根据 DC-DC 直流变换电路的原理特性，分析实际应用案例的电路原理。

6.5.1　Boost 电路在 LED 应急照明电路中的应用

应急照明是在正常照明系统因电源发生故障，不能提供正常照明的情况下，供人员疏散、保障安全或继续工作的照明。应急照明大多是由锂电池来供电的，由 LED 灯组成应急照明电路。在 LED 照明电路中，锂电池的典型电压为 3.7V（2.8~4.3V 浮动），LED 的电压一般为 2~3V（不同颜色的有所区别）。由于 LED 的发光强度和电流是成正比的，要控制 LED 灯的发光强度只要对 LED 灯的电流进行控制即可。采用传统的控制电路如图 6-37a 所示，图 6-37b 为实际应急照明灯。

这个电路中，每个发光 LED 的电流理论上是一致的，但是由于器件的差异（如限流电阻本身的误差、发光 LED 本身电压的差异），导致实际每路发光 LED 的电流是不一致的。要调节发光 LED 的电流，需要在锂电池和发光 LED 间接一个可调稳压源。当电压接近 LED 导通电压时电流控制是非线性的，即越接近 LED 导通电压则电流越难控制，电压的一点点波动会

引起电流巨大变化，这种方式在实际应用过程中存在较大问题。

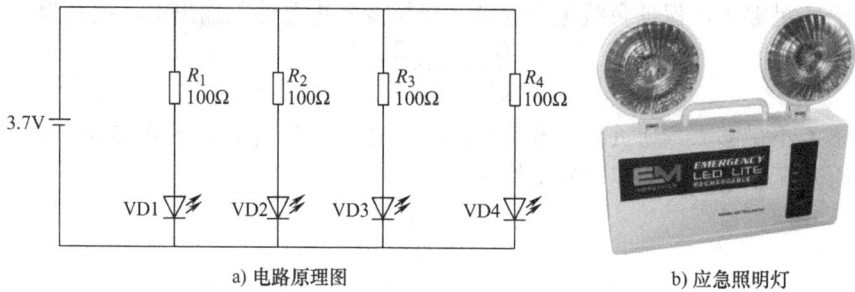

a) 电路原理图   b) 应急照明灯

图 6-37 低电压驱动型发光 LED 电路及实物图

把发光 LED 串联起来，则可以保证每个发光 LED 的电流一致，发光亮度保持一致，而可以采用电流反馈来控制整体发光 LED 的亮度，但发光 LED 串联后，需要更高的电压来驱动，这种场合需要用 Boost 电路来把锂电池电压升高。

图 6-38 电路采用典型的 Boost 电路，且利用一个 PWM 控制芯片来取代典型 Boost 电路中的开关。

CAT4139 是 Catalyst 公司的一款典型升压发光 LED 驱动芯片，内置一个 MOSFET，用于充当 Boost 电路的高频开关，需要一个反馈电压来调节内部的 PWM 占空比，这里用发光 LED 的电流采样电阻作为反馈电压

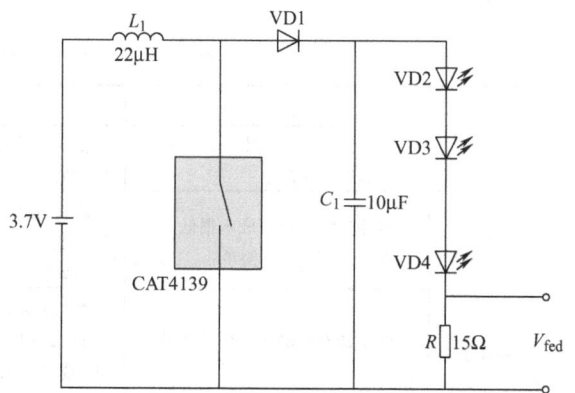

图 6-38 Boost 电路驱动发光 LED

V_{fed}，通过此电压可以精确地反应出实际串联发光 LED 电路的电流变化，CAT4139 内部电路如图 6-39 所示。

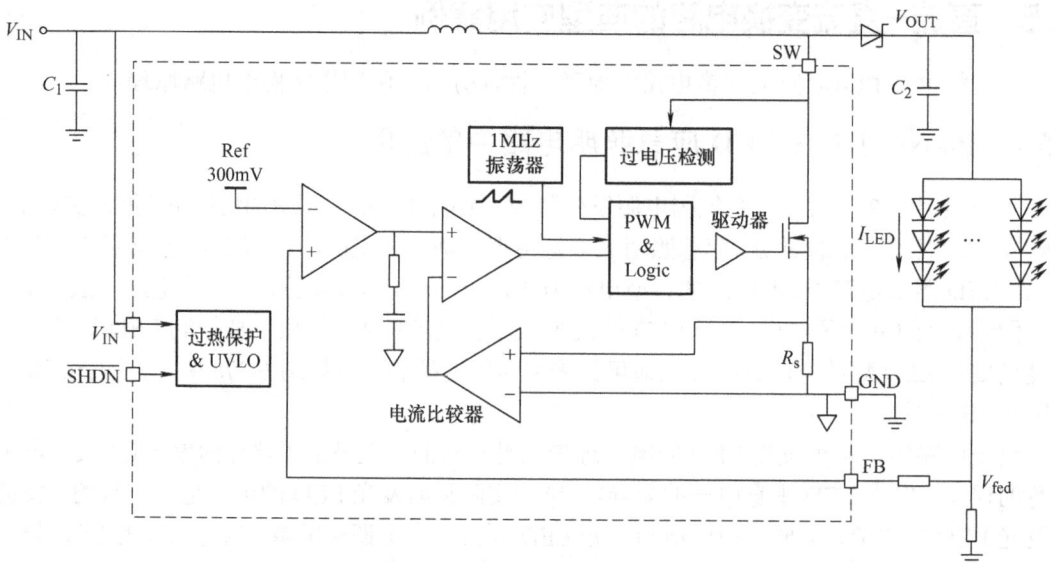

图 6-39 CAT4139 内部原理框图

190

图 6-39 中的 V_{fed} 电压反馈到 CAT4139 的 FB 脚，与内部参考电压（Ret300mV）作比较，若大于 300mV，则会使得后面的积分电路电压升高（积分电路可以防止阶跃，平缓上升电压），该积分电路的输出电压会和 1MHz 的三角波作比较，输出一个 1MHz 的方波脉冲，如前所述，当积分电压升高时和三角波对比后，会使得高电平的占空比减小，此过程见图 6-40，则最终 MOSFET 的开关导通率会变低，使得输出电流下降，形成负反馈；同样可以推理当 V_{fed} 小于 300mV 时，形成负反馈调高电流。

关于该电路的二极管参数选型说明如下：

该电路的开关频率比较高，达到了 1MHz，需要极快恢复的二极管才能有效工作，若二极管的恢复时间较慢，则反向恢复电流会影响系统工作，如图 6-41 所示。

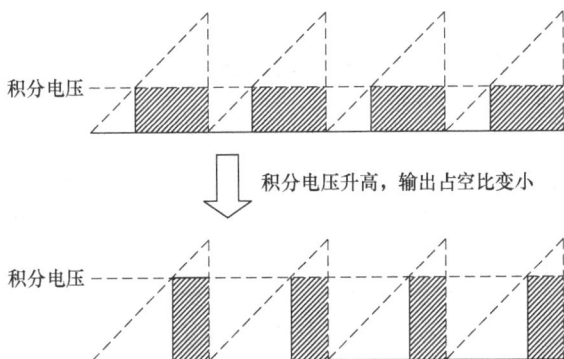

图 6-40　负反馈电压与三角波调制 PWM 说明示意图

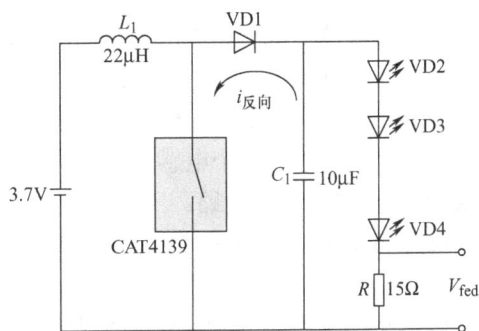

图 6-41　二极管反向恢复电流

在 MOSFET 闭合时，二极管必然存在反向恢复电流，这个反向恢复电流希望越小越好，反向恢复时间希望越短越好，当二极管不是快恢复时，若该恢复时间和开关周期在同数量级，则此时会导致 C_1 上急骤升上去的电压在此段时间内快速下降，最终电路起不到升压的作用，故在高频电路里面，选用快恢复二极管是非常关键的，在实际工程中，仅一个二极管选型不当就会导致整个升压电路完全无法工作。

该电路选择 CMSH1-40 型号的肖特基二极管。由于肖特基二极管是一种多数载流子导电器件，不存在少数载流子的反向恢复问题，故开关速度非常快，开关损耗也特别小，尤其适合于高频应用。

6.5.2　反激式电路在手机充电器中的应用

日常使用的锂电池，如手机、照相机中的锂电池等，需要由 AC220V 转为 DC3.7V 的电压来充电，这类充电器一般都采用前端整流，后端 DC-DC 正激或反激式变换电路。下面先对正反激电路的优缺点进行对比说明。

1. 正激和反激电路的对比

正激 DC-DC 电路的典型拓扑如图 6-42 所示。

该电路的前端由直流供电电压和高频开关组成，后端由 2 个二极管和电感、电容组成，当开关闭合时，变压器二次侧电压上正下负，VD1 导通，L_1 电流突增，形成降压趋势，锂电池端的电压等于变压器二次侧电压减掉 L_1 的压降；当开关断开时，变压器二次侧电压上负下正，VD1 截止，VD2 导通续流，此时电感电流突降，形成左负右正的电压，锂电池端电压等于电感感应电压。

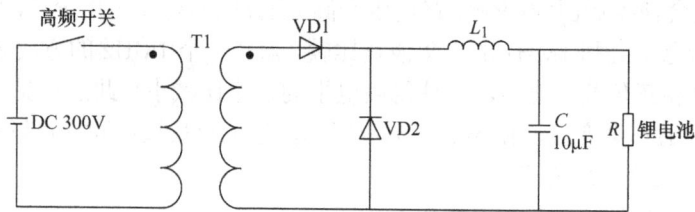

图 6-42　正激 DC-DC 典型拓扑

这个电路其实就是隔离型 Buck 电路，去掉变压器和 VD1 后，就是一个典型的 Buck 电路，其特点是：

1) 变压器的一次侧和二次侧是同时工作的，即在一次侧有电流时二次侧也有电流；

2) 由于变压器是在开关导通瞬间二次侧才有电压的，若要调节负载端的输出电压，则电路需要有 2 个二极管和 1 个电感，如图 6-42 所示，形成一个隔离型 Buck 电路。

反激 DC-DC 电路的典型拓扑如图 6-43 所示。

该电路的前端由直流供电电压和高频开关

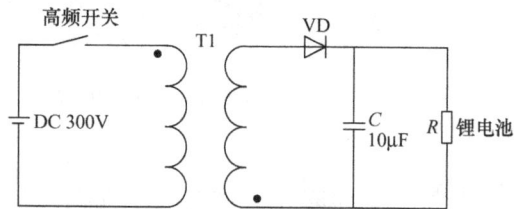

图 6-43　反激 DC-DC 典型拓扑

组成，后端由 1 个二极管和 1 个电容组成，当开关闭合时，变压器二次侧输出电压上负下正，VD 截止，此时变压器二次侧绕组充当电感储存磁场能量，此时负载端由电容放电来维持电流；当开关断开时，变压器二次侧绕组充当电感的磁能释放，形成上正下负的电压，VD 导通，给负载供电。

这个电路相对于正激式电路比较简单，特点是：

1) 变压器一次侧和二次侧不是同时工作的，二次侧在一次侧截止时放电；

2) 由于变压器二次侧充当了放电电感，故电路比较简单，后端只需 1 个二极管和 1 个电容即可完成调制工作。

2. 典型手机充电器电路

手机充电器大多数采用反激式电路，下面举一个典型 3.7V 锂电池充电器电路的例子来说明。充电器电路如图 6-44 所示。

本电路的工作原理分析如下：

1) VD3、VD4、VD7、VD8 把 AC220V 整流成脉动直流电压，结合 C_2 滤波后，形成直流 300V 左右的直流电压；

2) 选用 SM8002C 芯片，作为高频开关及调制控制器，R_3、C_5、R_4、VD5 构成一个功率稳压电路，提供 SM8002C 芯片的 6 脚起动电压，使芯片工作，高频开关开始动作；

3) 芯片开始工作后，T1 变压器的两个一次绕组开始有电流，当开关关断时，靠 VD2 和 R_1、R_2、C_1 续流。

4) 反激电路二次侧感应出电压后，稳压过程如下：若输出电压大于设定电压，则使得 U2 芯片吸入电流，开通 O1 光耦芯片，使得变压器二次侧感应出的电压输给 SM8002C 芯片的 1 脚，告诉芯片需要减小脉冲占空比，然后调制使得输出电压减小；当输出电压大于设定电压时，过程相反。

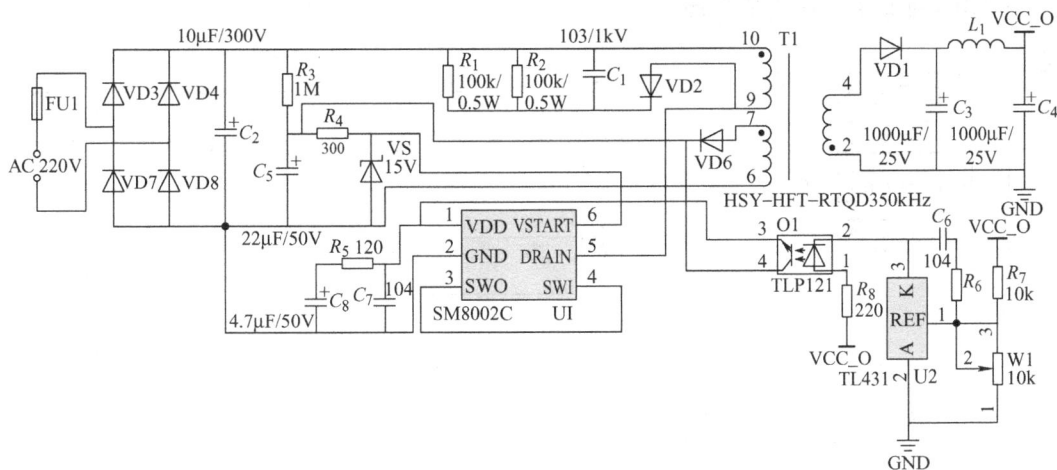

图 6-44　反激式锂电池充电器电路图

上述电路做到了输出稳压功能，若要做到限电流或过电流保护功能，则需要再增加一个电流反馈电路，电流反馈一般用串联在主回路中的取样小电阻来获取（图 6-45 中 R_5），得到一个小电压，经过放大后与电压反馈形成与的关系，当电流大于某个设定值时，开通光耦 O2，来降低占空比，分析过程和电压反馈一致，原理图如图 6-45 所示。

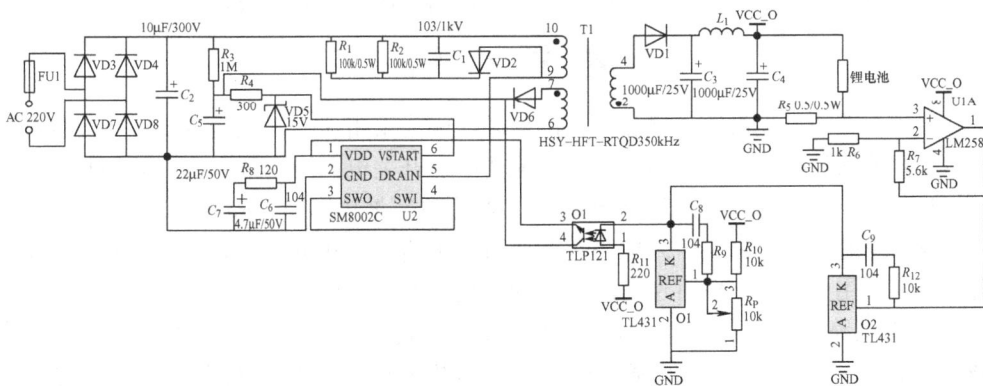

图 6-45　加入过电流保护后的反激式锂电池充电电路图

6.5.3　多相多重升压斩波技术在船用逆变器中的应用

在船舶上，有些重要负载需要配备 UPS，UPS 的输出电源通常是 AC220V，而输入通常是多组蓄电池串联起来的直流电压，蓄电池在充满和即将放电完成时电压差很大，如用 10 组 24V 蓄电池串联，在蓄电池放电至 80%，即输入电压会降至 192V，而逆变器的直流母线端需要有至少为 220V 的 $\sqrt{2}$ 倍的电压，即输出母线必须大于 310V 电压，这时候需要在逆变器前端进行 DC-DC 升压。图 6-46 为船用 UPS 电源逆变器的前端 DC-DC 变换电路。

在斩波电路中，不管是 Boost 还是 Buck，当输出功率较大时，为了使得器件选型更加容易、产品质量更加可靠、产品布局更加合理紧凑，一般都需要用多路并联、错相调制的方法来设计，也就是多相多重斩波电路，下面是一例典型的多相多重升压斩波电路(Boost)，该电路用于船用逆变器的前端直流母线升压。

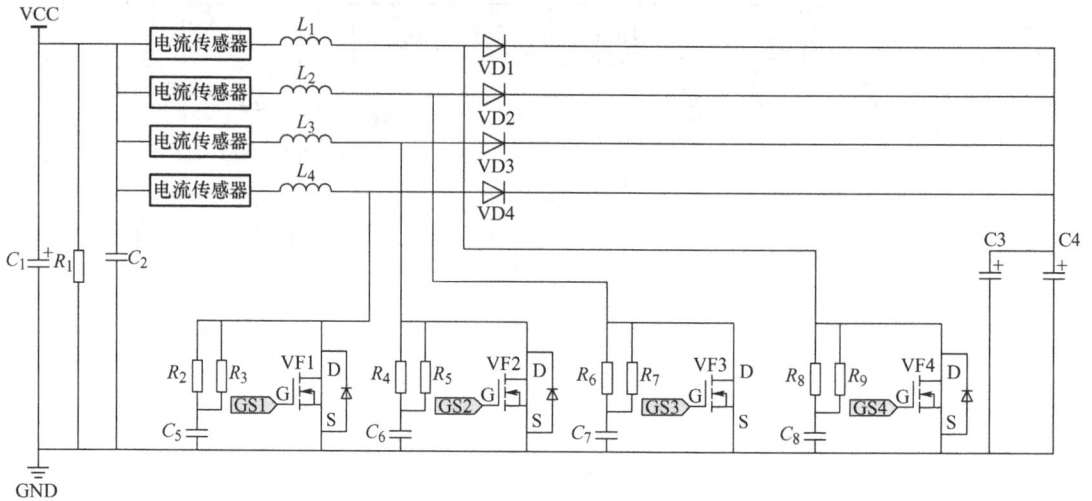

图 6-46　船用逆变器的前端直流母线升压电路

图 6-46 中，有 4 路 Boost 交错并联，4 路输入端各接一个电流传感器，用于反馈和保护，每路高频开关都用 MOSFET 器件，其中 GS1-GS4 为 MOSFET 的控制脚，由 MCU 输出进行脉宽调制，脉宽进行错相控制，可以降低纹波输出电压的纹波系数。

本 章 小 结

电力电子电路较好地解决了直流变换的问题，因为采用 PWM 控制方式，因此也称为直流斩波器。直流斩波电路主要应用领域是直流传动和开关电源。本章介绍了 6 种基本斩波电路、2 种复合斩波电路(桥式可逆斩波电路)、多相多重斩波电路及带隔离变压器的 DC-DC 斩波电路。其中最基本的是降压斩波电路和升压斩波电路。桥式可逆斩波电路在直流伺服与驱动中有广泛的应用，尤其全桥可逆斩波电路应用更广泛，它可以在 4 个象限运行。

复合斩波电路是由不同的基本斩波电路组合而成的。而多相多重斩波电路是在电源和负载之间接入多个结构相同的基本斩波电路而构成的，使总的输出电流脉动幅值变得很小。

在基本斩波电路中引入隔离变压器，使变压器的输入电源与负载之间实现电气隔离，来提高变换电路的安全可靠性和电磁兼容性，本章主要介绍四种带隔离变压器的 DC-DC 斩波电路：单端电路包括正激和反激两类，双端电路包括全桥、半桥，每一类电路都可能有多种不同的拓扑形式或控制方法。

本章重点：基本降压斩波电路和升压斩波电路的工作原理及数量关系；正激和反激的工作原理及输入与输出的关系。

思考题与习题

6-1　直流斩波电路有哪些类型？说明其主要用途。

6-2　在图 6-47 所示的降压斩波电路中，已知 $E = 150\,V$，$R = 10\,\Omega$，$L = \infty$，$E_m = 30V$，

采用脉宽调制控制方式，当 $T = 40\mu s$, $t_{on} = 15\mu s$ 时，求：输出电压平均值 U_o 和输出电流平均值 I_o。

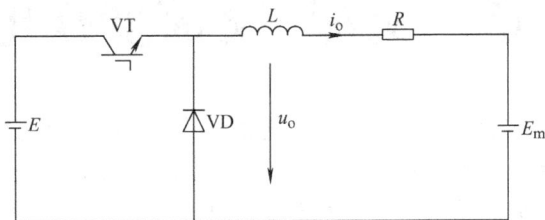

图 6-47　题 6-2 图

6-3　在图 6-10 所示的升压斩波电路中，已知 $E = 100\,\text{V}$，$R = 20\Omega$，L 和 C 极大，采用脉宽调制控制方式，当 $T = 45\mu s$, $t_{on} = 25\mu s$ 时，求：输出电压平均值 U_o 和输出电流平均值 I_o。

6-4　试分别简述升降压斩波电路和 Cuk 斩波电路的基本原理，并比较其异同点。

6-5　对于图 6-24 所示的桥式可逆斩波电路，若需要使电机工作在正转电动状态，试分析此时电路的工作情况，并绘出相应的电流流通路径图，标明电流方向。

6-6　隔离型 DC-DC 变换电路中变压器的主要作用是什么？

6-7　定性分析反激变换器电流连续和断续两种工作模式下负载变化对输出电压的影响。

6-8　上网查找资料，列举 1-2 个采用直流-直流变换的实际应用电路。

第7章 交流-交流变换电路

【内容提要】 交流-交流变换电路(AC-AC)是把一种形式的交流电变成另一种形式交流电的电路, 在进行交流变换时, 可以改变相关的电压(电流)、频率和相数, 也可以对电路进行通断控制来改变交流电的输出功率。本章讲述交流调压电路、交流调功电路、交-交变频电路的构成及工作原理; 介绍交流电力电子开关的应用特点。

【本章内容导入】 在日常生活和工作中, 经常需要对接在交流电源中的负载进行调压控制以期达到调光、调温、调速的效果。传统的交流调压是用自耦变压器实现的, 这种调压技术多属于机械式的, 调压不方便、体积大, 消耗的金属材料多且效率比较低。采用电力电子器件构成的调压电路不仅能实现电压的连续调节, 而且具有控制简便灵活, 装置体积小、重量轻的特点。图7-1所示为台灯调光电路, 通过控制晶闸管 VT 的导通角来改变白炽灯两端电压的大小进行白炽灯亮度调节。该交流调压电路就是本章所讲的交流-交流变换电路的一种形式, 即改变电压(电流)的变换电路。

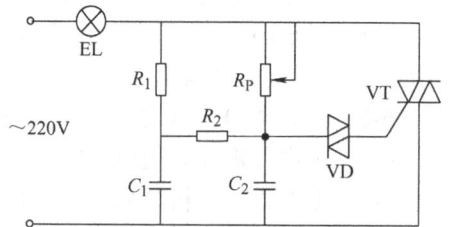

图 7-1 双向晶闸管的调光灯电路

交流-交流变换电路根据变换参数的不同, 有以下几种形式:

1) 交流调压电路。维持频率不变, 以相控或斩控的方式调节电路输出电压有效值。

2) 交流调功电路。以交流电周期为单位, 通过改变接通周波数与断开周波数的比值来调节负载所需平均功率。

3) 交流电力电子开关。并不去控制电路的平均输出功率, 只是根据需要接通或断开电路。

4) 交-交变频电路。也称为直接的变频电路, 是不通过中间环节把电网频率的交流电直接变换为不同频率交流电的变换电路。

7.1 单相交流调压电路

交流调压电路广泛应用于灯光控制, 异步电动机软起动, 异步电动机调速, 供用电系统对无功功率的连续调节, 在高压小电流或低压大电流直流电源中, 用于调节变压器一次电压。

交流调压电路按照变换的电源相数不同, 可分为单相交流调压电路和三相交流调压电路; 按照控制方式的不同分为相控式与斩控式; 按负载的性质不同又可分为电阻性负载和电感性负载。下面就单相相控和斩控电路方式分别予以介绍。

7.1.1 单相相控式交流调压电路

通过改变晶闸管触发角的大小来调节负载上输出交流电压的波形及其有效值, 这种电路称为相控交流调压电路。下面就电阻性负载和电感性负载分别介绍。

1. 电阻性负载

(1)电路结构及工作原理

单相交流调压电路是交流电路中最基本的电路，图 7-2 为电路结构及波形。在负载和交流电源间采用两只反并联的晶闸管 VT1、VT2，或用一只双向晶闸管 VT 代替两只反并联的晶闸管。当电源 u_1 处于正半周时，在 α 角触发 VT1 使其导通，电源的正半周电压加到负载上，负载上便得到缺 α 角的正弦正半波电压；当电源处于负半周时，在 $\pi+\alpha$ 时，触发 VT2 导通，则负载上又得到了缺角的正弦负半波电压。电压过零时晶闸管关断。当交替触发 VT1、VT2 时，负载上就可获得正、负半周对称的缺角的正弦电压。通过控制晶闸管在每一个电源周期内导通角 α 的大小来调节输出电压的大小。

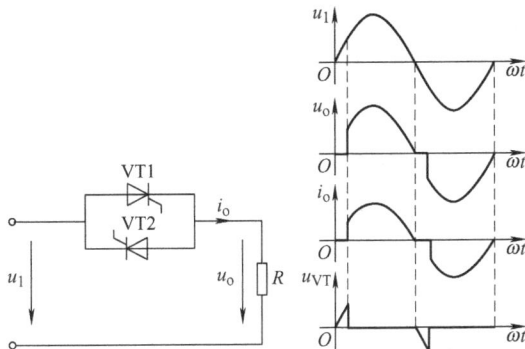

图 7-2 单相交流调压器的电路及波形

(2)数量关系

设输入电压为 $u_1=\sqrt{2}U\sin\omega t$，则负载电压的有效值为

$$U_{\mathrm{o}} = \sqrt{\frac{1}{\pi}\int_{\alpha}^{\pi}\left(\sqrt{2}U_1\sin\omega t\right)^2 \mathrm{d}\left(\omega t\right)} \tag{7-1}$$
$$= U_1\sqrt{\frac{1}{2\pi}\sin 2\alpha + \frac{\pi-\alpha}{\pi}}$$

负载电流的有效值为

$$I_{\mathrm{o}} = \frac{U_{\mathrm{o}}}{R} \tag{7-2}$$

晶闸管电流有效值为

$$I_{\mathrm{VT}} = \sqrt{\frac{1}{2\pi}\int_{\alpha}^{\pi}\left(\frac{\sqrt{2}U_1\sin\omega t}{R}\right)^2 \mathrm{d}\left(\omega t\right)} = \frac{U_1}{R}\sqrt{\frac{1}{2}\left(1-\frac{\alpha}{\pi}+\frac{\sin 2\alpha}{2\pi}\right)} \tag{7-3}$$

功率因数为

$$\lambda = \frac{P}{S} = \frac{U_{\mathrm{o}}I_{\mathrm{o}}}{U_1 I_{\mathrm{o}}} = \frac{U_{\mathrm{o}}}{U_1} = \sqrt{\frac{1}{2\pi}\sin 2\alpha + \frac{\pi-\alpha}{\pi}} \tag{7-4}$$

由图 7-2 及上述各式可以看出，输出电压 U_{o} 与 α 的关系：

移相范围为 $0\leqslant\alpha\leqslant\pi$，在 $\alpha=0$ 时，输出电压为最大，$U_{\mathrm{o}}=U_1$。随着 α 的增大，U_{o} 降低，$\alpha=\pi$ 时，$U_{\mathrm{o}}=0$。

λ 与 α 的关系：$\alpha=0$ 时，功率因数 $\lambda=1$，α 增大，输入电流滞后于电压且畸变，λ 降低。

2. 阻感性负载

(1)电路结构与工作原理

图 7-3 为阻感性负载的电路及波形。设负载阻抗角 $\varphi=\arctan(wL/R)$，如果用导线把

晶闸管完全短接，稳态时负载电流为正弦波，相位滞后于 u_1 的角度为 φ。当用晶闸管控制时，只能进行滞后控制，使负载电流更为滞后。为了方便，把 $\alpha=0$ 时刻仍定为 u_1 过零的时刻，显然阻感性负载稳定时 α 的移相范围应为 $\varphi \leqslant \alpha \leqslant \pi$。图中 u_{G1}、u_{G2} 为 VT1、VT2 的触发电压。

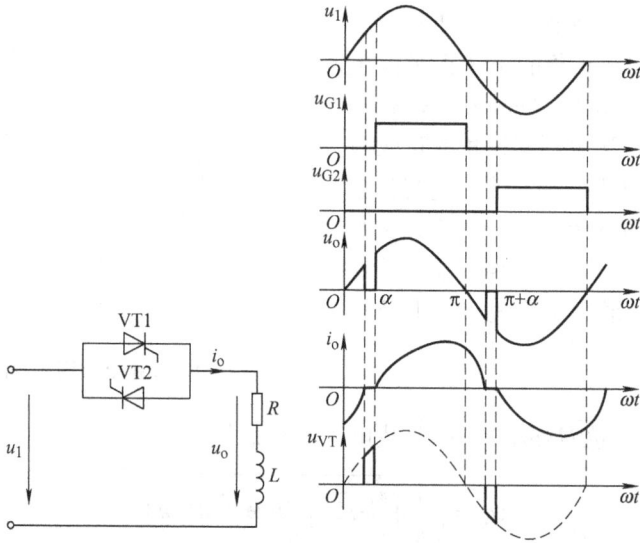

图 7-3　阻感性负载单相交流调压电路及波形

在 $\omega t = \alpha$ 时刻开通晶闸管 VT1，负载电流应满足如下的微分方程和初始条件：

$$\begin{cases} L\dfrac{di_o}{dt}+Ri_o=\sqrt{2}U_1\sin\omega t \\ i_0\big|_{\omega t=\alpha}=0 \end{cases} \tag{7-5}$$

解方程得：

$$i_o = \frac{\sqrt{2}U}{Z}[\sin(\omega t - \varphi) - \sin(\alpha - \varphi)e^{\frac{1}{\tan\varphi}(\alpha-\omega t)}] \quad \alpha \leqslant \omega t \leqslant \alpha + \theta \tag{7-6}$$

式中，$Z=\sqrt{R^2+(\omega L)^2}$，$\varphi=\arctan(\omega L/R)$，$\theta$ 为晶闸管导通角。

利用边界条件 $\omega t=\alpha+\theta$ 时，$i_o=0$，将此条件带入式(7-6)，可求出导通角 θ 与控制角 α、负载阻抗角 φ 的定量关系表达式为

$$\sin(\alpha + \theta - \varphi) = \sin(\alpha - \varphi)e^{\frac{-\theta}{\tan\varphi}} \tag{7-7}$$

由上式可知，晶闸管的导通角 θ 的大小，不但与控制角 α 有关，也与负载阻抗角 φ 有关。

以 φ 为参变量，利用式(7-7)，可以把 α 和 θ 的关系用图 7-4 所示的一簇曲线来表示。晶闸管 VT2 导通时，上述关系相同，只是 i_o 极性相反，相位差 180°。

下面分别就 $\alpha > \varphi$、$\alpha = \varphi$、$\alpha < \varphi$ 三种情况来讨论调压电路的工作情况。

1）当 $\alpha > \varphi$ 时，由式(7-7)可以判断出导通角 $\theta < 180°$ ，正负半波电流断续。α 越大，θ 越小，波形断续越严重，但输出电压可调。

2）当 $\alpha = \varphi$ 时，由式(7-7)可以计算出每个晶闸管的导通角 $\theta = 180°$ 。此时每个晶闸管轮流导通 $180°$ ，相当于晶闸管轮流被短接，负载电流处于连续状态，输出完整的正弦波。

3）当 $\alpha < \varphi$ 时，电源接通后，在电源的正半周，如果先触发 VT1，再根据式(7-7)可以判断出它的导通角 $\theta > 180°$ 。如果采用窄脉冲触发，VT1 的电流下降为零而关断时，VT2 的门极脉冲已经消失，VT2 无法导通。到了下一周期，VT1 又被触发导通重复上一周期的工作，结果形成单向半波整流现象，回路中出现很大的直流电流分量，无法维持电路的正常工作。解决上述失控现象的办法是：采用宽脉冲或脉冲列触发，以保证 VT1 管电流下降到零时，VT2 管的触发脉冲信号还未消失，VT2 可在 VT1 电流为零关断后接着导通，但 VT2 的初始触发延迟角 $\alpha + \theta - \pi > \varphi$ 时，即 VT2 的导通角 $\theta < 180°$ 。第 2 周开始，由于 VT2 的关断时刻向后移，因此 VT1 的导通角逐渐减小，VT2 的导通角逐渐增大，直到两个晶闸管的导通角 $\theta = 180°$ 时达到平衡，波形如图 7-5 所示。图中 i_{G1} 、i_{G2} 为 VT1、VT2 的触发电流。

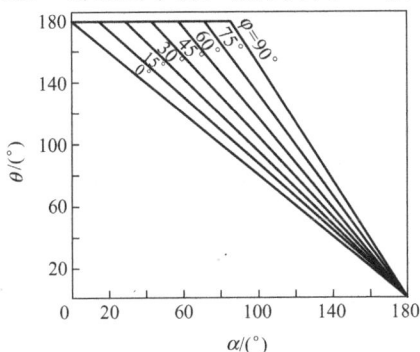

图 7-4　单相交流调压电路以 φ 为参考量的 θ 和 α 关系曲线

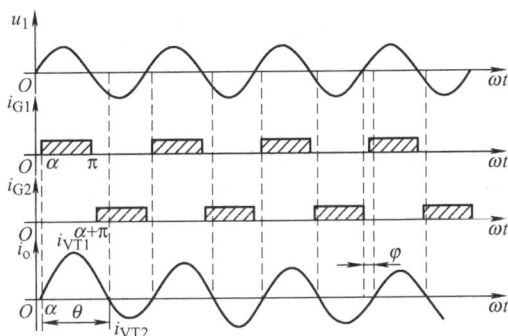

图 7-5　感性负载宽脉冲触发时 $\alpha < \varphi$ 的工作波形

根据上述分析，当 $\alpha \leqslant \varphi$ 并采用宽脉冲触发时，负载电压、电流总是完整的正弦波，改变触发延迟角 α ，负载电压、电流的有效值不变，即电路失去交流调压作用。在感性负载时，要实现交流调压的目的，则最小触发延迟角 $\alpha = \varphi$ （负载的功率因数角），所以 α 的移相范围是 $\varphi \leqslant \alpha \leqslant \pi$ 。

(2)基本的数量关系

以 φ 为参变量，在 $\alpha > \varphi$ 的条件下，负载电压有效值

负载电压有效值 U_o

$$
\begin{aligned}
U_o &= \sqrt{\frac{1}{\pi} \int_{\alpha}^{\alpha+\theta} (\sqrt{2}U_1 \sin \omega t)^2 \mathrm{d}(\omega t)} \\
&= U_1 \sqrt{\frac{\theta}{\pi} + \frac{1}{2\pi}\left[\sin 2\alpha - \sin(2\alpha + 2\theta) \right]}
\end{aligned}
\tag{7-8}
$$

晶闸管电流有效值 I_{VT}

$$
\begin{aligned}
I_{VT} &= \sqrt{\frac{1}{2\pi} \int_{\alpha}^{\alpha+\theta} \left\{ \frac{\sqrt{2}U_1}{Z}\left[\sin(\omega t - \varphi) - \sin(\alpha - \varphi)\mathrm{e}^{\frac{\alpha - \omega t}{\tan \varphi}} \right] \right\}^2 \mathrm{d}(\omega t)} \\
&= \frac{U_1}{\sqrt{2\pi}Z} \sqrt{\theta - \frac{\sin \theta \cos(2\alpha + \varphi + \theta)}{\cos \varphi}}
\end{aligned}
\tag{7-9}
$$

负载电流有效值 I_o。

$$I_o = \sqrt{2}I_{VT} \tag{7-10}$$

晶闸管电流 I_{VT} 的标幺值

$$I_{VTN} = I_{VT} \frac{Z}{\sqrt{2}U_1} \tag{7-11}$$

式中

$$Z = \sqrt{R^2 + (\omega L)^2}$$

【例 7-1】 一个单相交流调压器，输入交流电压为 220V，50Hz，负载为电阻电感，其中 $R=8\Omega$，$X_L=6\Omega$。试求 $\alpha=\pi/6$、$\pi/3$ 时的输出电压、电流有效值及输入功率和功率因数。

解： 负载阻抗及负载阻抗角分别为

$$Z = \sqrt{R^2 + X_L^2} = 10\Omega$$

$$\varphi = \arctan\left(\frac{X_L}{R}\right) = \arctan\left(\frac{6}{8}\right) = 0.6435 = 36.87°$$

因此触发延迟角 α 的变化范围为

$$\varphi \le \alpha < \pi$$

$$0.6435 \le \alpha < \pi$$

1）当 $\alpha=\pi/6$ 时，由于 $\alpha<\varphi$，因此晶闸管调压器全开放，输出电压为完整的正弦波，负载电流也为最大，此时输出功率最大，为

$$I_m = I_o = \frac{220}{Z} = 22A$$

$$P_{in} = I_{in}^2 R = 3872W$$

功率因数为

$$\lambda = \frac{P_{in}}{U_1 I_o} = \frac{3872}{220 \times 22} = 0.8$$

实际上，此时的功率因数也就是负载阻抗角的余弦。

2）当 $\alpha=\pi/3$ 时，先计算晶闸管的导通角，由式（7-7）得

$$\sin\left(\frac{\pi}{3} + \theta - 0.6435\right) = \sin\left(\frac{\pi}{3} - 0.6435\right)e^{\frac{-\theta}{\tan\varphi}}$$

解上式可得晶闸管导通角为

$$\theta = 2.727 = 156.2°$$

$$I_{VT} = \frac{U_1}{\sqrt{2}\pi Z}\sqrt{\theta - \frac{\sin\theta\cos(2\alpha + \varphi + \theta)}{\cos\varphi}}$$

$$= \frac{220}{\sqrt{2}\pi \times 10} \times \sqrt{2.727 - \frac{\sin 2.727 \times \cos\left(\frac{2\pi}{3} + 0.6435 + 2.727\right)}{0.8}}A$$

$$= 13.55A$$

$$I_{in} = I_o = I_{VT} = 19.16A$$

$$P_{in} = I_{in}^2 R = 2937W$$

$$\lambda = \frac{P_{in}}{U_1 I_o} = \frac{2937}{220 \times 19.16} = 0.697$$

3. 单相交流调压电路的谐波分析

单相交流调压电路负载电压和电流均不是正弦波，其中含有大量谐波。下面以电阻负载为例，对负载电压 u_o 进行谐波分析，由于波形正负半波对称，所以不含直流分量和偶次谐波，用傅里叶级数表示如下：

$$u_o(\omega t) = \sum_{n=1,3,5,\cdots}^{\infty} (a_n \cos n\omega t + b_n \sin n\omega t) \tag{7-12}$$

其中：

$$a_1 = \frac{\sqrt{2}U_1}{2\pi}(\cos 2\alpha - 1)$$

$$b_1 = \frac{\sqrt{2}U_1}{2\pi}\left[\sin 2\alpha + 2(\pi - \alpha)\right]$$

$$a_n = \frac{\sqrt{2}U_1}{\pi}\left\{\frac{1}{n+1}\left[\cos(n+1)\alpha - 1\right] - \frac{1}{n-1}\left[\cos(n-1)\alpha - 1\right]\right\} \quad n=3,5,7,\cdots$$

$$b_n = \frac{\sqrt{2}U_1}{\pi}\left[\frac{1}{n+1}\sin(n+1)\alpha - \frac{1}{n-1}\sin(n-1)\alpha\right] \quad n=3,5,7,\cdots$$

基波和各次谐波的有效值可按下式求出：

$$U_{on} = \frac{1}{\sqrt{2}}\sqrt{a_n^2 + b_n^2} \tag{7-13}$$

负载电流基波和各次谐波的有效值为

$$I_{on} = U_{on} / R \tag{7-14}$$

电流基波和各次谐波标幺值随 α 变化的曲线如图 7-6 所示，其中基准电流为 $\alpha=0°$ 时的电流有效值。

在阻感负载的情况下，电流谐波次数和电阻负载时相同，也含有 3、5、7⋯等次谐波，随着次数的增加，谐波含量减少。和电阻负载时相比，阻感负载时的谐波电流含量少一些。当 α 角相同时，随着阻抗角 φ 的增大，谐波含量有所减少。

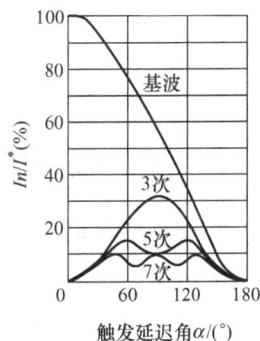

图 7-6 电阻负载单相交流调压电路基波和谐波电流含量

7.1.2 单相斩控式交流调压电路

把斩波控制技术应用于交流调压电路即为斩控式交流调压电路。所谓斩波控制技术是指利用电力电子器件的快速通断，把恒定幅值的电压或可变幅值的电压斩成一系列幅值恒定或变化的脉冲电压，通过改变脉冲宽度及其间隔的比例(占空比)来调节电压的平均值的方法。通过斩波控制交流电路也可以达到调节输出电压的目的。斩控式交流调压电路如图 7-7 所示，图中 VT1、VT2、VD1、VD2 构成一双向可控开关。斩控电路一般采用全控型器件作为开关器件(图中用 IGBT)，其中用 VT1，VT2 进行斩波控制，用 VT3，VT4 给负载电流提供续流通道。在交流电源 u_1 的正半周，用 VT1 进行斩波控制，用 VT3 给负载电流提供续流通道；在交流电源 u_1 的负半周，用 VT2 进行斩波控制，用 VT4 给负载电流提供续流通道。另设斩波器件（VT1，VT2）导通时间为 t_{on}，开关周期为 T，则导通比 $D=t_{on}/T$，也可以通过改变 D 来调节输出电压。

图 7-8 给出了电阻负载斩控式交流调压电路波形，可以看出电源电流 i_1 的基波分量是和电源电压 u_1 同相位的，即位移因数为 1。通过傅里叶分析可知，电源电流中不含低次谐波，只含和开关周期 T 有关的高次谐波，这些高次谐波用很小的滤波器即可滤除，这时电路的功率因数接近 1。若为电感性负载，负载电流滞后负载电压 u_o，斩控式交流调压电路与相控调压电路相比具有调节方便、功率因数高，动态性能好的优点，适用于中小功率应用场合。

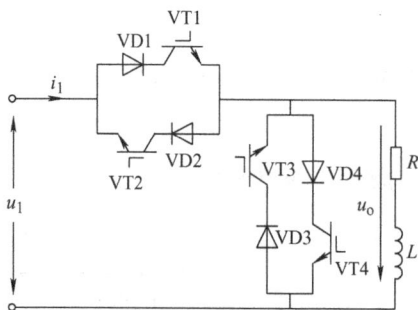

图 7-7　斩控式交流调压电路

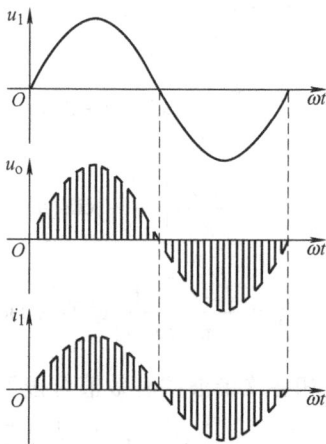

图 7-8　电阻负载斩控式交流调压电路波形

7.2　三相交流调压电路

三相交流负载需要可变的三相交流电压时，可将电力电子开关分别接入三相交流电路中即可组成三相交流调压电路。三相交流调压电路同样分为相控和斩控两种方式。

7.2.1　三相相控式交流调压电路

三相相控交流调压电路根据晶闸管接入方式的不同，电路联结有多种形式。常用的有三相星形联结（见图 7-9a）、线路控制的三角形联结（见图 7-9b）、支路控制的三角形联结（见图 7-9c）、中性点控制的三角形联结（见图 7-9d），其中三相星形联结和支路控制的三角形联结两种电路最常用。下面以星形联结的三相交流调压电路为例分析。

1. 三相四线星形联结

图 7-9a 中性线开关闭合时即为三相四线星形联结。该电路各相通过中性线自成回路，相当于三个单相交流调压电路的组合，三相互相错开 120° 工作。单相交流调压电路的工作原理和分析方法均适用于这种电路。在单相交流调压电路中，电流中含有基波和各奇次谐波。组成三相电路后，基波和 3 的整数倍次以外的谐波在三相之间流动，不流过中性线。而三相的 3 的整数倍次谐波都是同相位的，不能在各相之间流动，全部流过中性线。因此中性线中会有很大的 3 次谐波电流及其他的 3 的整数倍次谐波电流。当 $\alpha=90°$ 时，中性线电流甚至和

各相电流的有效值接近，在选择导线线径和变压器时必须注意这一问题，一般大容量设备不采用这种电路。

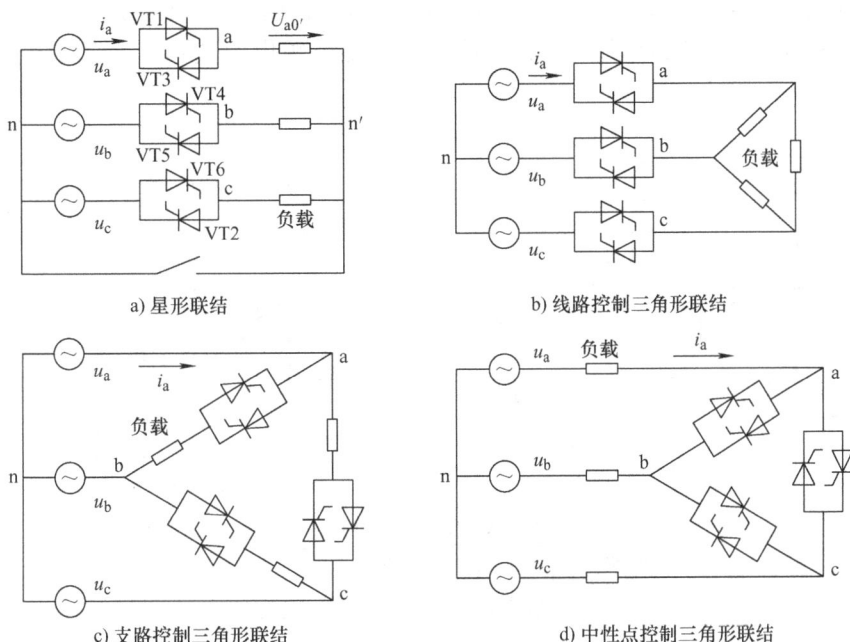

a) 星形联结   b) 线路控制三角形联结

c) 支路控制三角形联结   d) 中性点控制三角形联结

图 7-9   三相交流调压电路

2. 三相三线星形联结

分析三相三线星形联结带电阻负载时的工作原理。此类电路因为没有零线，要构成回路必须有两相同时导通，与三相全控整流电路一样应采用宽脉冲或双窄脉冲触发。三相上同方向的晶闸管触发脉冲彼此相差 120°，同一相的两个反并联晶闸管触发脉冲应相差 180°。因此，和三相桥式全控整流电路一样，触发脉冲顺序为 VT1～VT6，依次相差 60°。

把相电压过零点定为触发角 α 的起点，三相三线电路中，两相间导通时 α 是靠线电压导通的，而线电压超前相电压 30°，因此 α 角的移相范围是 0°～150°。

当改变 α 时，该三相交流调压电路有两种工作状态：在任一时刻，三相中各相均有一个晶闸管导通，此时负载电压为电源相电压；在任一时刻，三相中只有两相各有一个晶闸管导通，另一相两个晶闸管均不导通，此时负载电压应为电源线电压的一半。根据任一时刻导通晶闸管个数以及半个周波内电流是否连续可将 0°～150° 的移相范围分为如下三段：

1)0°≤α<60° 范围内，电路处于 3 个晶闸管导通与 2 个晶闸管导通的交替状态，电流连续，每个晶闸管导通角度为 180°–α，但 α=0° 时是一种特殊情况，一直是三个晶闸管导通。

2)60°≤α<90° 范围内，任一时刻都是两个晶闸管导通，每个晶闸管的导通角度为120°。

3)90°≤α<150°范围内，电路处于两个晶闸管导通与无晶闸管导通的交替状态，此时电流不连续，每个晶闸管导通角度为 300°－2α,而且这个导通角度被分割为不连续的两部分，在半周波内形成两个断续的波头，各占 150°－α。

图 7-10 给出α角分别为 30°、60°、120°时 a 相负载上电压波形及晶闸管导通区间示意图。因为是电阻性负载，所以负载电流也是电源电流波形，与其负载相电压波形一样。

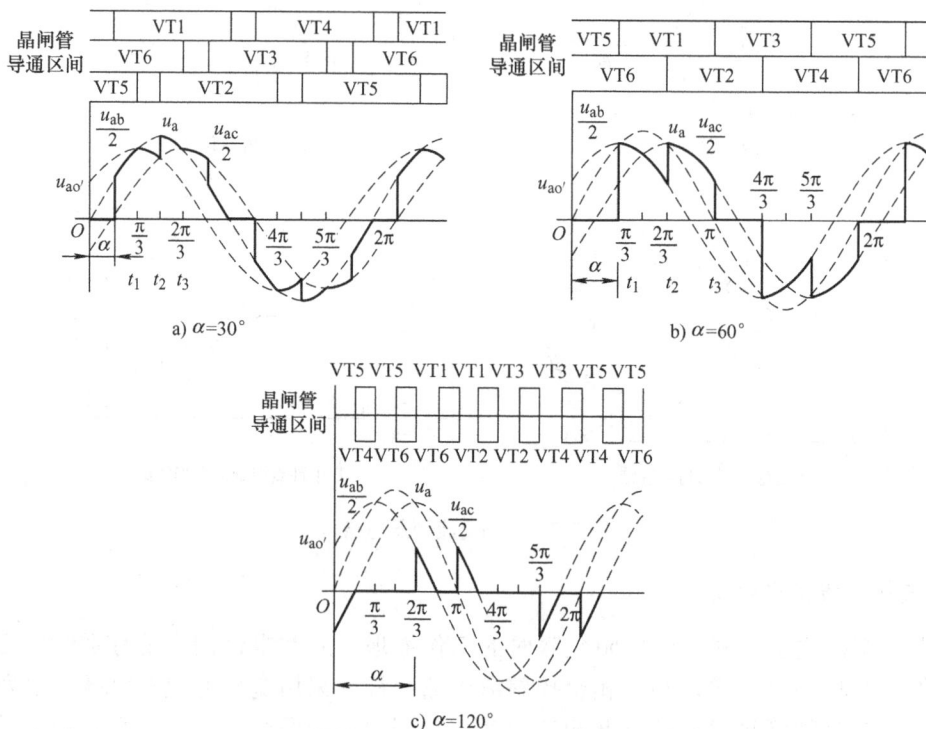

a) α=30°
b) α=60°
c) α=120°

图 7-10 不同α角时负载相电压波形

从波形上看，电流中也含有很多谐波。进行傅里叶分析可知，其中含有谐波次数为 $6k\pm1(k=1,2,3,\ldots)$，与三相桥式全控整流电路交流侧电流所含谐波的次数完全相同，而且谐波次数越低，含量越大。和单相交流调压电路相比，没有 3 倍次谐波，因为在三相对称时，它们不能流过三相三线电路。

在三相阻感负载时，可以参照单相阻感负载时的分析方法分析。只是情况更复杂一些。$\alpha=\varphi$ 时，负载电流最大且为正弦波，相当于晶闸管全部被短接时的情况。

7.2.2 三相斩控式交流调压电路

电路如图 7-11a 所示，它由三只串联开关 VT1、VT2、VT3 以及续流开关 VT_N 组成，串联开关共用一个控制信号 u_G，它与续流开关的控制信号 u_{GN} 在相位上互补。这样当 VT1、VT2、VT3 导通时，VT_N 即关断，负载电压等于电源电压；反之，当 VT_N 导通时，VT1、VT2、VT3 均关断，负载电流沿 VT_N 续流，负载电压为零。工作波形如图 7-11b 所示。

a)

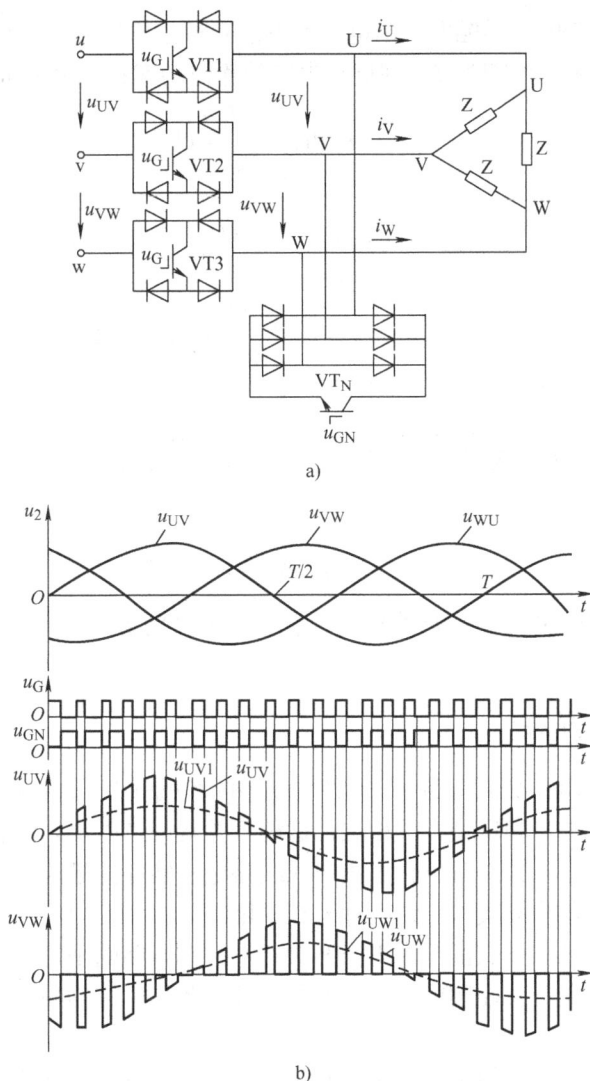

b)

图 7-11 三相斩控式交流调压电路及工作波形

7.3 交流调功电路及电力电子开关

7.3.1 交流调功电路

交流调功电路和交流调压电路的电路形式完全相同，只是控制方式不同。交流调功电路不是在每个交流电源周期都通过触发延迟角 α 对输出电压波形进行控制，而是将负载与交流电源接通几个整周波，再断开几个整周波，通过改变接通周波数与断开周波数的比值调节负载所消耗的平均功率。这种电路常用于电炉的温度控制，因其直接调节对象是电路的平均输出功率，所以被称为交流调功电路。像电炉温度控制这样的控制对象，其时间常数往往很大，没有必要对交流电源的每个周期进行频繁控制，只要以周波数为单位进行控制就足够了。通常控制晶闸管导通的时刻都是在电源电压过零时刻，这样，在交流电源接通期间，负载电压电流都是正弦波，不对电网电压电流造成通常意义的谐波污染。

图 7-12 为设定周期为 T_c 的过零触发输出电压波形的两种工作形式，如在设定周期 T_c 内导通的周波数为 n，每个周波的周期为 T，则调功电路的输出功率和输出电压有效值分别为

$$P = \frac{nT}{T_c} P_n \text{ 和 } U = \sqrt{\frac{nT}{T_c}} U_n \tag{7-15}$$

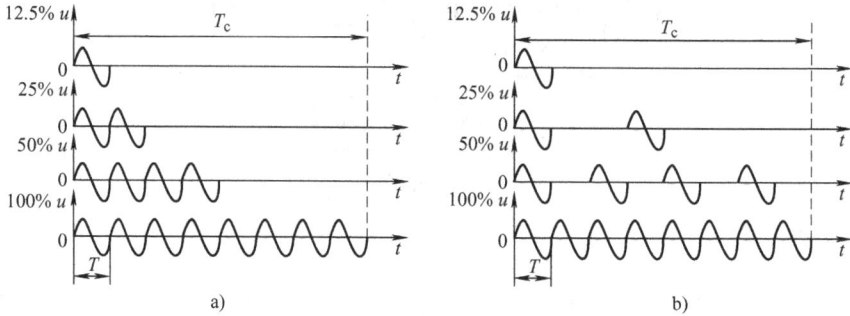

图 7-12　过零触发输出电压波形

式中，P_n、U_n 为设定周期 T_c 内全部周波导通时装置输出的功率和输出的电压有效值。改变导通周波数 n 即可改变电压和功率。

7.3.2　晶闸管交流开关

把晶闸管反并联后串入交流电路中，代替电路中的机械开关，起接通和断开电路的作用。这就是交流电力电子开关。和机械开关相比，这种开关响应速度快，没有触点，寿命长，它总是在电流过零时关断，在关断时不会因负载或线路电感储存能量而造成暂态过电压和电磁干扰，因此特别适用于操作频繁、可逆运行及有易燃气体、多粉尘的场合。

与交流调功电路的区别是交流电力电子开关并不控制电路的平均输出功率，通常没有明确的控制周期，只是根据需要控制电路的接通和断开。此外，控制频率通常比交流调功电路低得多。

由于晶闸管存在漏电流，为了让电路断开时把负载和交流电源真正隔离，通常需要在晶闸管开关前设置"机械式有触点开关"来保证用电安全。机械开关应先通后断。图 7-13 为两种简单的晶闸管交流电力开关。图 7-13a 中控制开关 S 闭合时，电源的正负半周分别通过二极管 VD1、VD2 接通 VT1、VT2 的门极电路，使相应晶闸管在正负半周分别导通。如果 S 断开，晶闸管门极开路，不能导通，相当于电力开关断开。所以通过对小电流开关 S 的操作，可实现对主电路的通断控制。图 7-13b 中采用双向晶闸管构成电力电子开关。控制开关 S 闭合时，正负半周双向晶闸管都可以导通，相当于电力电子开关闭合。如果 S 断开，门极开路，双向晶闸管不能导通，相当于电力电子开关断开。

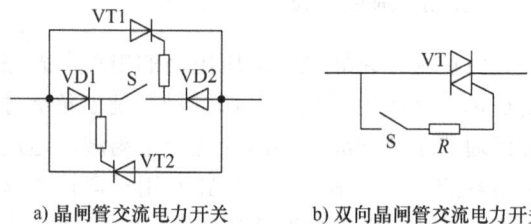

a) 晶闸管交流电力开关　　b) 双向晶闸管交流电力开关

图 7-13　简单的晶闸管交流电力开关

固态继电器是一种以双向晶闸管为基础构成的无触点通断组件，具有体积小、工作频率高的特点，适合于频繁工作或在潮湿、有腐蚀性或易燃易爆的环境中工作。图 7-14 为

光电双向晶闸管耦合器非零电压开关，是固态继电器的一种结构形式。当输入端 1 和 2 之间加控制信号时，光电耦合器 B 导通，从 3 端经 R_2、B 到双向晶闸管 VT 的门极形成电流回路，使晶闸管导通。这种电路对输入信号为交流电源的任意相位都能接通，因而称为非零电压开关。

利用晶闸管交流开关代替交流接触器，通过改变供电电压相序可以实现电动机的正反转控制，图 7-15 采用了 5 组反并联的晶闸管来实现无触点的切换。图中晶闸管 1～6 供给电动机定子正相序电源；而晶闸管 7～10 及 1、4 则供给电动机定子反相序电源，如此可以实现电动机正、反转。

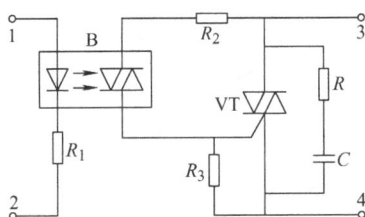

图 7-14 非零电压固态继电器电路及实物图

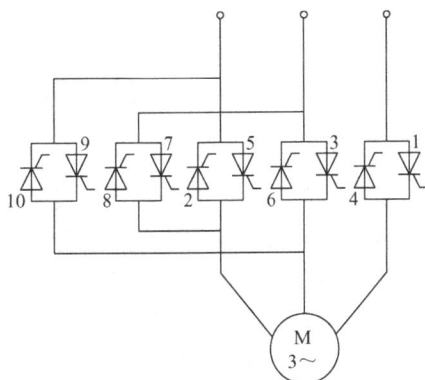

图 7-15 晶闸管三相交流无触点开关电动机的正反转控制

7.4 交-交变频电路

交-交变频电路是把电网频率的交流电直接换成可调频率的交流电的变流电路。因为没有中间环节，因此是一种直接变频电路，这种电路也称为周波变流器。

交-交变频电路广泛用于大功率交流电动机调速传动系统，实际使用的是三相输出交-交变频电路。单相输出交-交变频电路是三相输出交-交变频电路的基础。因此首先介绍单相输出交-交变频电路。

7.4.1 单相交-交变频电路

1. 电路结构及工作原理

图 7-16 是单相交-交变频电路的基本原理图和输出电压波形。电路由 P 组和 N 组反并联的晶闸管相控整流电路构成。P 组工作时，负载电流 i_o 为正，N 组工作时，i_o 为负。两组变流器按一定的频率交替工作，负载就得到该频率的交流电。改变两组变流器的切换频率，就可以改变输出频率 ω_o。改变变流电路工作时的控制角 α，就可以改变交流输出电压的幅值。

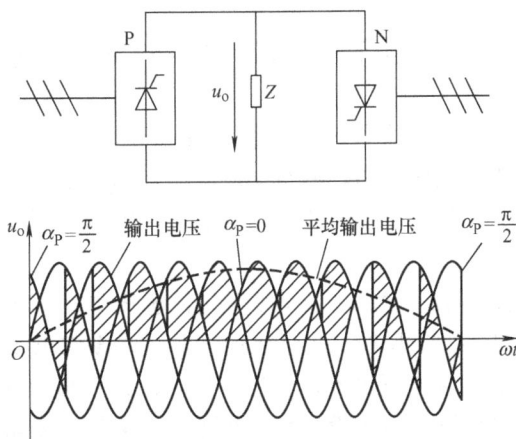

图 7-16 单相交-交变频电路的基本原理图和输出电压波形

若一个周期内控制角 α 始终不变，则输出电压为矩形波，矩形波中含有大量的低次谐波。为使输出电压 u_o 波形接近正弦波，可按正弦规律对触发延迟角 α 进行调制。如图 7-16 所示的波形，在半个周期内让 P 组 α 角按正弦规律从 90°减到 0°或某个值，再增加到 90°，每个控制间隔内的平均输出电压就按正弦规律从零增至最高，再减到零，如图中虚线所示。另外半个周期可对 N 组进行同样的控制。

图 7-16 中的波形是变流器 P 和 N 都是三相半波可控整流电路时的波形。可以看出 u_o 由若干段电源电压拼接而成，在 u_o 的一个周期内，包含的电源电压段数越多，其波形就越接近正弦波。因此交-交变频电路通常采用 6 脉波的三相桥式电路或 12 脉波变流电路。

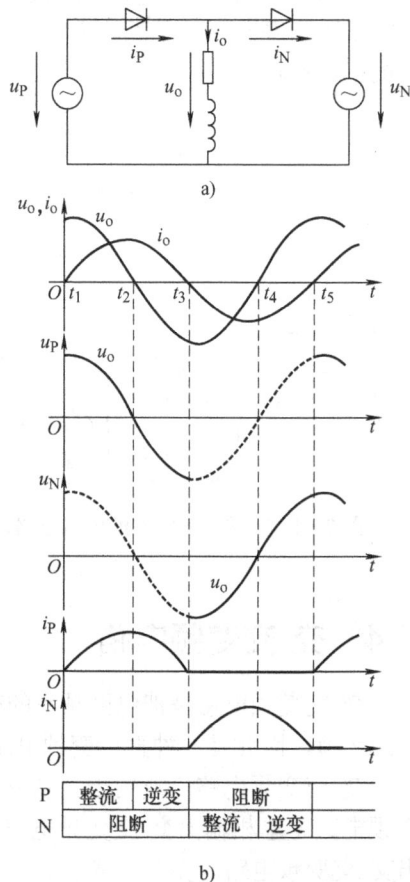

a)

2. 整流与逆变工作状态

以阻感负载为例，把电路等效成图 7-17a 所示的正弦波交流电源和二极管的串联，二极管体现了交流电路电流的单方向性。设负载阻抗角为 φ，则输出电流滞后输出电压 φ 角，两组变流电路采取无环流工作方式，即一组变流电路工作时，封锁另一组变流电路的触发，图 7-17b 是一个周期内负载电压、电流波形正反两组交流电路的电压、电流波形。大致可以分为以下几个状态：

$t_1 \sim t_3$ 期间：i_o 处于正半周，正组工作，反组被封锁。

$t_1 \sim t_2$ 阶段：u_o 和 i_o 均为正，正组整流，输出功率为正。

$t_2 \sim t_3$ 阶段：u_o 反向，i_o 仍为正，正组逆变，输出功率为负。

$t_3 \sim t_5$ 期间：i_o 处于负半周，反组工作，正组被封锁。

$t_3 \sim t_4$ 阶段：u_o 和 i_o 均为负，反组整流，输出功率为正。

$t_4 \sim t_5$ 阶段：u_o 反向，i_o 仍为负，反组逆变，输出功率为负。

图 7-17 理想化交-交变频电路的整流和逆变工作状态

通过上述信息，可以看出，在阻感负载的情况下，在一个输出电压周期内，交-交变频电路有 4 种工作状态。哪组变流电路工作是由输出电流 i_o 方向决定，与输出电压 u_o 极性无关。变流电路工作在整流还是逆变状态，则是根据输出电压 u_o 与输出电流 i_o 的方向是否相同来确定。

图 7-18 是单相交-交变频电路输出电压和电流的波形图。考虑到无环流工作方式下负载电流过零的正反组切换死区时间，一周期的波形可分为 6 段：第 1 段 $i_o<0$，$u_o>0$，为反组逆变；第 2 段电流过零，为切换死区；第 3 段 $i_o>0$，$u_o>0$，为正组整流；第 4 段 $i_o>0$，$u_o<0$，为正组逆变；第 5 段又是切换死区；第 6 段 $i_o<0$，$u_o<0$，为反组整流。

当输出电压和电流的相位差小于 90°时，一周期内电网向负载提供能量的平均值为正，若负载为电机，则电机工作在电动状态；当二者相位差大于 90° 时，一周期内电网向负载提供能量的平均值为负，即电网吸收能量，电机工作在发电状态。

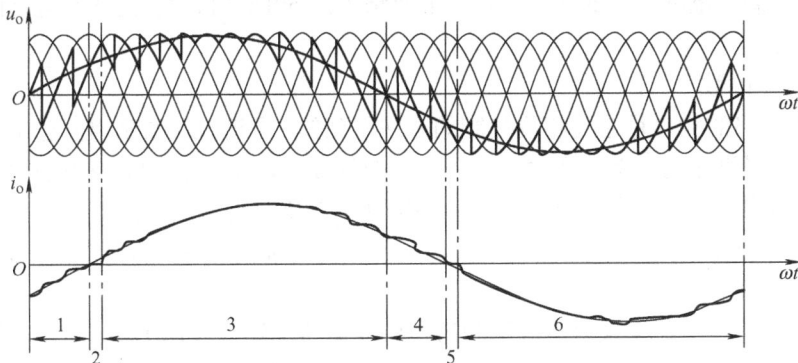

图 7-18 单相交-交变频电路输出电压和电流波形

3. 输出正弦波电压的调制方法

通过不断改变触发延迟角 α，使交-交变频电路的输出电压波形基本为正弦波的调制方法有很多种。这里主要介绍最基本的余弦交点法。

晶闸管触发延迟角为 α 时变流电路的输出电压为

$$\bar{u}_o = U_{d0} \cos \alpha \tag{7-16}$$

式中，设 U_{d0} 为 $\alpha=0$ 时整流电路的理想空载电压，$\bar{u}_o$ 为每次控制间隔内输出电压的平均值。

设要得到的正弦波输出电压为

$$u_o = U_{om} \sin \omega_o t \tag{7-17}$$

比较式(7-16)和式(7-17)，应使

$$\cos \alpha = \frac{U_{om}}{U_{d0}} \sin \omega_o t = \gamma \sin \omega_o t \tag{7-18}$$

式中，γ 称为输出电压比，
所以

$$\gamma = \frac{U_{om}}{U_{d0}} \qquad 0 \leqslant \gamma \leqslant 1 \tag{7-19}$$

$$\alpha = \arccos(\gamma \sin \omega_o t) \tag{7-20}$$

式(7-20)就是用余弦交点法求 α 角的基本公式。

改变给定正弦波的幅值和频率，它与余弦同步信号的交点也改变，从而改变了正、反组电源周期各相中的 α，达到调压和调频的目的。

4. 输入输出特性

(1)输出上限频率

交-交变频电路的输出电压是由若干段电网电压拼接而成的，当输出频率增高时，其输出电压一周期所含电网电压段数减少，波形畸变严重，其所含谐波就较多，这是限制输出频率

209

提高的一个主要因素。此外，负载功率因数也会对输出特性有一定的影响。就输出波形畸变和输出上限频率的关系而言，很难确定一个明确的界限。当采用三相桥式电路时，一般认为输出上限频率不高于电网频率的 1/3～1/2，电网频率为 50Hz 时，交-交变频电路的输出上限频率约为 20Hz。

(2)输入功率因数

交-交变频电路的输出是通过相位控制的方法得到的，因此输入电流相位总是滞后于输入电压，需要电网提供无功功率。在输出电压的一个周期内，α 角以 90°为中心而前后变化，输出电压比 γ 越小，半周期内 α 的平均值越靠近 90°，位移因数越低；负载功率因数越低，输入功率因数也越低。不论负载功率因数是滞后的还是超前的，输入的无功电流总是滞后的。

(3)输入电流谐波

单相交-交变频电路的输入电流波形和可控整流电路的输入波形类似，但是其幅值和相位均按正弦规律被调制。采用三相桥式电路的交-交变频电路输入电流谐波频率为

$$f_{in} = |(6k \pm 1)f_i \pm 2lf_o| \tag{7-21}$$

$$f_{in} = f_i \pm 2kf_o \tag{7-22}$$

式中，$k=1$，2，3，…；$l=0$，1，2，…；f_i、f_o 分别为输入电网电压和输出电压的频率。

和可控整流电路输入电流的谐波相比，交-交变频电路输入电流的频谱要复杂得多，但各次谐波的幅值要比可控整流电路的谐波幅值小。

(4)输出电压的谐波

交-交变频电路输出电压的谐波频谱非常复杂，既和输入频率 f_i 以及变流电路的脉波数有关，也和输出频率 f_o 有关。采用三相桥时，输出电压所含主要谐波的频率为：$6f_i \pm f_o$，$6f_i \pm 3f_o$，$6f_i \pm 5f_o$…；$12f_i \pm f_o$，$12f_i \pm 3f_o$，$12f_i \pm 5f_o$，…等。

7.4.2 三相交-交变频电路

交-交变频电路主要应用于大功率交流电机调速系统，这种系统使用的是三相交-交变频电路，三相交-交变频电路是由三组输出电压相位各差 120°的单相交-交变频电路组成的。主要有两种接线方式，即公共交流母线进线方式和输出星形联结方式。

1. 公共交流母线进线方式

图 7-19 为公共交流母线进线方式的三相交-交变频电路图。它由三组彼此独立的、输出电压相位相互错开 120°的单相交-交变频电路构成。它们的电源进线通过进线电抗器接在公共的交流母线上。因为电源进线端公用，所以三组的输出端必须隔离；为此，交流电动机的三个绕组必须拆开，共引出 6 根线。这种电路主要用于中等容量的交流调速系统。

2. 输出星形联结方式

图 7-20 是输出星形联结方式三相交-交变频电路的电路原理图。三组单相交-交变频电路的输出端是星形联结，电动机的三个绕组也是星形联结，电动机中点不和变频器中点接在一起，电动机只引出三根线即可。因为三组单相交-交变频电路的输出连接在一起，其电源进线必须隔离，因此三组单相交-交变频电路分别用三个变压器供电。

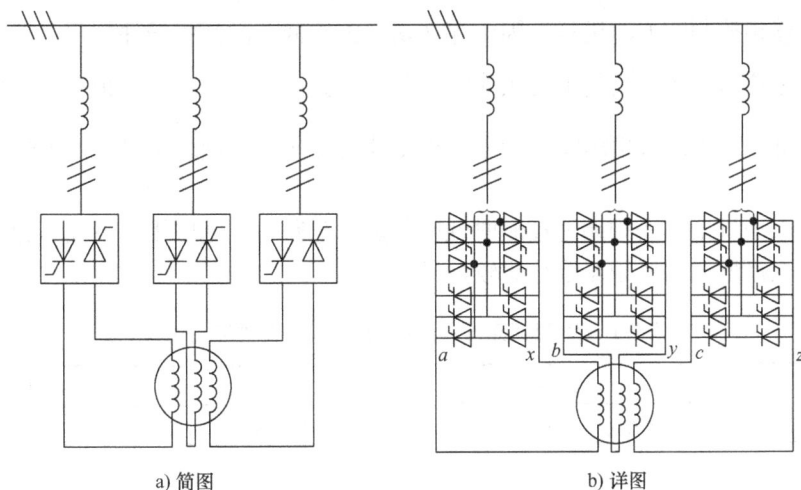

a) 简图　　　　　　　　　　b) 详图

图 7-19　公共交流母线进线三相交-交变频电路

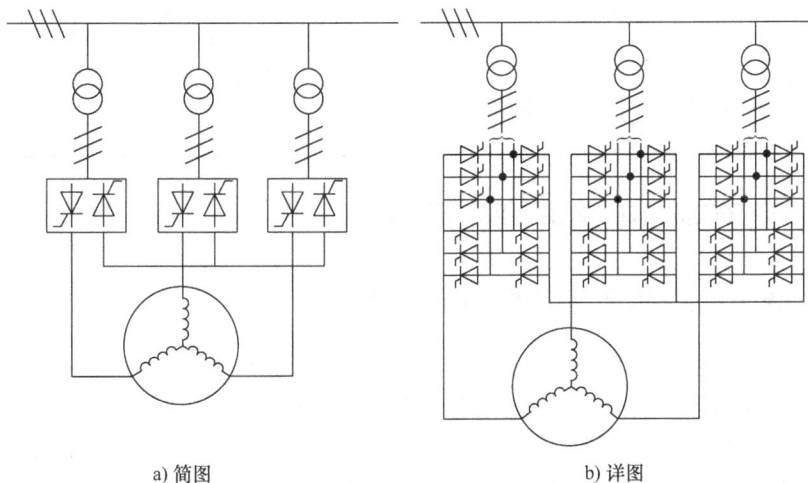

a) 简图　　　　　　　　　　b) 详图

图 7-20　输出星形联结方式三相交-交变频电路

由于变频器输出端中点不和负载中点相连接，所以在构成三相变频电路的六组桥式电路中，至少要有不同输出相的两组桥中的 4 个晶闸管同时导通才能构成回路，形成电流。和整流电路一样，同一组桥内的两个晶闸管靠双触发脉冲保证同时导通，两组桥之间则是靠各自的触发脉冲有足够的宽度，以保证同时导通。

三相交-交变频电路由三组单相交-交变频电路组成，每组单相交-交变频电路都有自己的有功功率、无功功率和视在功率。总输入功率因数为

$$\lambda = \frac{P}{S} = \frac{P_a + P_b + P_c}{S} \tag{7-23}$$

从式子当中可以看出，三相电路总的有功功率为各相有功功率之和，但是视在功率不能简单相加，而应该由总输入电流有效值和输入电压有效值来计算，比三相各自的视在功率之和要小，因此三相交-交变频电路总输入功率因数要高于单相交-交变频电路。

本节介绍的交-交变频由于其直接变换的优点，具有效率较高的特点。但是该变换电路变

频采用晶闸管移相控制的方法进行，因此存在功率因数低、晶闸管器件数目多、控制电路复杂的缺点。同时输出频率受到其电网频率的限制，最大变频范围在电网频率的 $\frac{1}{2}$ 以下。这种交-交变频器一般只适用于球磨机、矿井提升机、电动车辆、大型轧钢设备等低速大容量拖动场合。

三相异步电动机采用变频调速控制时性能优越，已获得广泛应用。下面将第 5 章和第 7 章介绍的变换电路形成的变频器进行比较，见表 7-1。

表 7-1   交-交变频器和交-直-交变频器的性能比较

比较项目	交-交变频器	交-直-交变频器
换能形式	一次换流，效率较高	两次换流，效率较低
换流方式	电网换流	负载换流或器件换流
器件数量	器件数量较多，三相桥式变流电路组成的三相交-交变频器，至少 36 个晶闸管	器件数量较少
调频范围	一般情况下，输出最高频率为电网频率的 1/3～1/2	频率调节范围宽
功率因数	低，输入电流谐波含量大	用可控整流调压时，功率因数低；用斩波电路或 PWM 方式调压时，功率因数高
应用场合	主要用于 500kW 或 1000kW 以上的大功率、低转速的交流调速电路中。	可用于各种电力拖动系统

7.5   交流-交流变换电路典型应用案例

7.5.1   交流调压电路在调光台灯中的应用

晶闸管交流调压电路广泛用于工业加热、灯光控制、感应电动机调压调速以及电焊、电解、电镀的交流侧调压等场合。单相交流调压用于小功率调节，广泛用于民用电气控制。

白炽灯调光原理是利用控制晶闸管调压电路实现的。利用双向晶闸管的导通性，可以把白炽灯的电压从 AC110V 调到 AC220V，实现灯光从暗到亮的调节。

1. 调光的原理

图 7-21 是一个简单的调光电路，采用 220V 交流供电，电路主要由触发电路和双向晶闸管两部分组成，其中电阻 R、可调电阻 R_p，电容 C 和双向二极管 VD 组成触发电路。当交流电为正半周时通过电位器 RP 和电阻 R 向电容 C 充电，随着电容 C 上的充电电压升高，达到双向二极管 VD 的正向转折电压时，二极管呈低阻态导通，从而触发晶闸管导通，当电源至过零时双向晶闸管截止。当双向触发二极管两端电压达到一定值时就会导通，不管是正向还是反向，所以在负半周到来时，电容被反向充电，当反向电压达到双向二极管的转折电压时，也可触发晶闸管。由于触发电路工作在交流电路中，交流电压的正、负半周分别会发出正、负触发脉冲送到双向晶闸管的控制极，使管子在正、负半周内对称地导通一次。改变 R_p 的阻值，就改变了 C 的充电速度，从而改变触发脉冲出现的时刻，也就改变了双向晶闸管的导通角，相应地改变了加在负载上的交流电压的大小。这样，只需调节电位器阻值，就可以改变 RC 充电时间常数，进而改变晶闸管的导通角，达到调压的目的。

2. 电压的调节范围

当交流电 L 端为正、N 端为负时，电流通过 R、R_p 给 C 充电，当充电到达 VT 晶闸管导通电压时，VT 导通，灯泡点亮。假设晶闸管导通电压为 15V，则可以推算出这时加载在电容 C 端的正弦波电压的相位为

$$\theta = \arcsin\left(\frac{15}{220\sqrt{2}}\right) = 2.76° \tag{7-24}$$

图 7-22 给出导通电压角度示意图。对于 RC 电路，正弦激励下，C 上电压的积累也是正弦波，其计算方式为

$$u_C = 220 \times \sqrt{2} \sin\omega t \times \frac{\dfrac{1}{j\omega C}}{R_p + j\omega C} \tag{7-25}$$

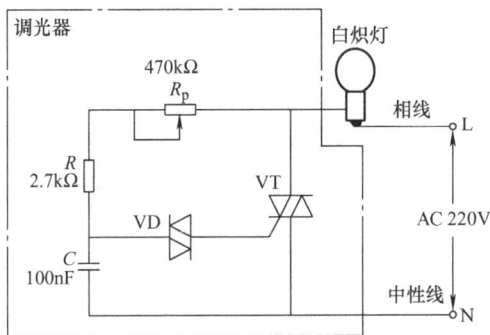

图 7-21　小功率白炽灯调光电路图

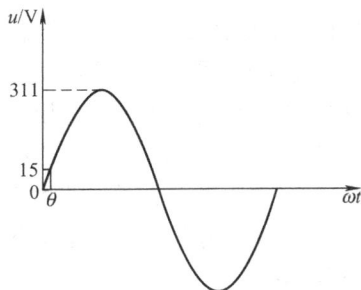

图 7-22　导通电压角度示意图

在上述表达式中，当 R_p 趋向于 0 或 C 趋向于无穷大时，U_C 与正弦激励源同相，表明如果调节可调电阻，R_p 值越小，则 C 上充电电压越接近正弦激励源，也就是可以使得晶闸管越早导通，灯泡输出电压越大，灯泡越亮，反之则灯泡越暗。

由式 (7-25)，可计算出 U_C 相对于激励源 $\sin\omega t$ 的移相角为

$$\alpha = -90° + \arctan\frac{1}{\omega R_p C} \tag{7-26}$$

由式 (7-26)，可以得到 u_C 和输入正弦电压之间的波形对比，如图 7-23 所示。

由式 (7-26) 可知，当 R_p 调到最大，即 470kΩ 时，计算出 α 值接近 90°，即晶闸管在正弦输入的最高点导通，也即在正弦波的正半周，前一半波形被削掉，输出约 110V。

当 R_p 逐渐调小，接近 0 时，可以算出 α 值接近 0，这个时候晶闸管的导通时刻为 $\alpha + \theta$，也接近 0（2.76°），即晶闸管在正弦输入的起点附近就导通，也即在正弦波的正半周，基本上全过程都被导通，输出约 220V。

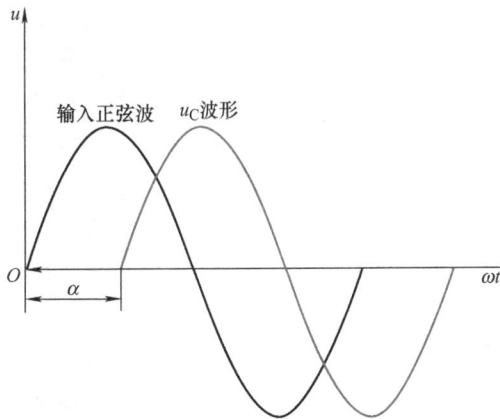

图 7-23　电压 u_C 和输入正弦电压对比示意图

7.5.2　交流调压电路在电动机软起动器中的应用

　　三相异步电动机有很多优点，但也有两个致命的弱点：一是起动性能差；二是调速性能差。随着电力半导体技术的发展以及大功率晶体管在工业控制领域里的应用，有两个典型的产品大大改善了异步电动机的这两个弱点，一是变频器，二是软起动器。变频器改善异步电动机的调速性能；而软起动器改善了异步电动机的起动性能。

　　软起动器是一种集电机软起动、软停车、轻载节能和多种保护功能于一体的电机控制装置。主回路电气拓扑如图 7-24 所示，软起动器采用三相反并联晶闸管作为调压器，将其接入电源和电动机定子之间，当电动机起动时，晶闸管的输出电压逐渐增加，电动机逐渐加速，直到晶闸管全导通，电动机工作在额定电压的机械特性上，实现平滑起动，降低起动电流。待电动达到额定转速时，起动过程结束，软起动器自动用旁路开关 S（一般为接触器）取代已完成任务的晶闸管，为电动机正常运转提供额定电压，以降低晶闸管的热损耗，延长软起动器的使用寿命，提高其工

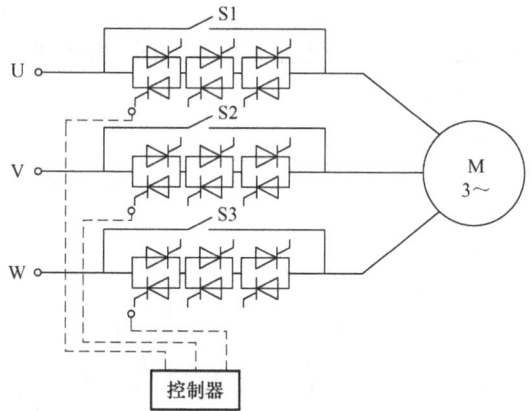

图 7-24　软起动器电气拓扑图

作效率，又使电网避免了谐波污染。软起动器同时还提供软停车功能，软停车与软起动过程相反，电压逐渐降低，转速逐渐下降到零，避免自由停车引起的转矩冲击。图 7-25 给出软起动器实际接线。

214

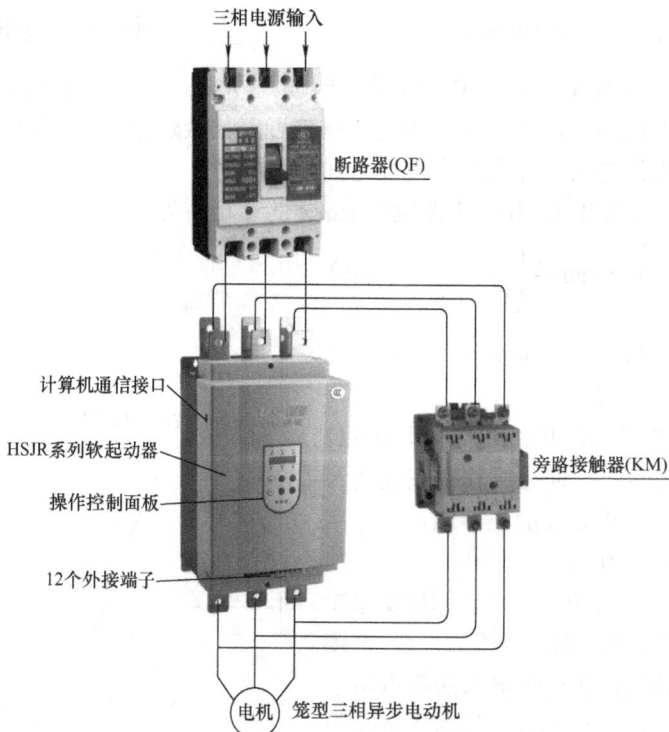

图 7-25　软起动器实际接线

异步电机要实现软起动，需要对定子输入电压进行平稳控制，使其按照给定的特性曲线从零逐渐上升。实现的方法就是通过软件使 6 个晶闸管按照一定时序进行导通和关断。

通过控制晶闸管导通角度后，输出电压波形如图 7-26 所示。

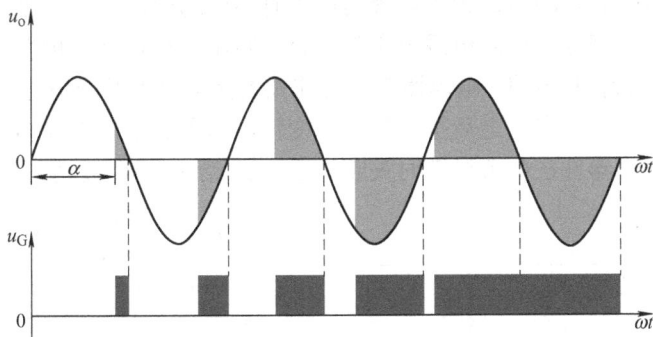

图 7-26 软起动器任意相晶闸管输出电压波形图

晶闸管导通的脉冲角度由 180° 逐渐变小，输出电压(灰色面积部分)逐渐增大，最后晶闸管导通脉冲角度变为 0，输出全电压，电机此时运行在额定工况下，这时为了使得起动器更加可靠地工作，用旁路开关直接把晶闸管短路，由电源输入端直接给电动机供电。

7.5.3 电力电子开关在静止无功补偿装置中的应用

灵活的交流输电系统(Flexible AC Transmission System，FACTS)是应用现代电力电子技术实现对交流输电系统中部分元件的控制或投切,从而使交流系统灵活地控制线路潮流、节点电压、相位角、阻抗，使得原来基本不可控的电网变得可以全面控制，从而大幅提高了电力系统的灵活性和稳定性，使得现有输电线路的输送能力大大提高，降低了电力传输的成本。

静止无功补偿装置(Static Var Compensator，SVC)被认定为现代电力系统中一种重要的并联型 FACTS 装置之一，SVC 是一种快速调节无功功率装置，它可以根据电网所需无功功率随时调整，从而保持冲击性负荷系统电压水平的恒定。它可以有效抑制冲击性负荷引起的电压波动、闪变和高次谐波，提高功率因数，还可以按各相无功功率快速补偿调节 ，从而实现三相无功功率的平衡，使负荷处于稳定、安全和可靠的运行状态。SVC 的类型主要有：晶闸管控制电抗器(TCR)型、晶闸管投切电容器(TSC)型、晶闸管投切电抗器(TSR)型等。近年来，SVC 在电力系统中得到了广泛应用。

1. 晶闸管投切电容器(TSC)型

交流电力电容器的投入与切断是控制电力系统无功功率的重要手段。通过对无功功率的控制，可以提高功率因数，稳定电网电压，改善供电质量。晶闸管投切电容器是一种性能优良的无功补偿方式，结构上常用三相，可以是三角形联结，也可以是星形联结。

图 7-27a 为 TSC 基本原理图，TSC 由两个反并联的晶闸管构成的电力电子开关与电容器串联组成。工作时，TSC 与电网并联，当控制电路检测到电网需要无功补偿时，触发晶闸管开关并使之导通，这样，便将电容器接入电网，进行无功补偿；当电网不需要无功补偿时，关断晶闸管开关，从而切断电容器与电网的连接。因此，TSC 实际上就是断续可调的吸收容性无功功率的动态无功补偿装置。图中串联的电感很小，用来抑制电容器投入电网时可能出现的电流冲击，7-27b 中把电容器分为几组，这样可以实现电容器的分级动态无功补偿，级

数越多，切换的平滑性也就越好，精度越高。

TSC 无功补偿装置的电容器在投入电网时，若晶闸管导通时的电网电压与电容器残压相差较大，就会由于电容器上的电压不能突变，而产生很大的电流冲击，这一冲击很可能损坏晶闸管，或给电网带来高频冲击。为了电容器投入时不引起涌流冲击，必须选准晶闸管触发的理想时刻，即保证晶闸管导通时电网电压与电容器残压大小相等、极性一致。

TSC 运行时晶闸管投切原则：电容器投入之前预先充电至电源峰值电压，电容器投入时，使流经其电流为零，没有冲击，之后按正弦规律变化。如果需要切除电容器，去掉晶闸管上的触发脉冲即可，两个器件在电流过零时关断。图 7-28 给出 TSC 投切时刻的波形。

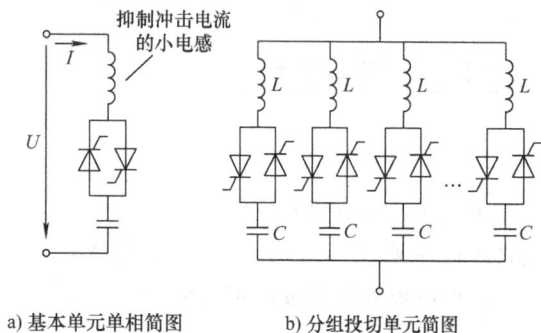

a) 基本单元单相简图　　　b) 分组投切单元简图

图 7-27　TSC 基本原理图

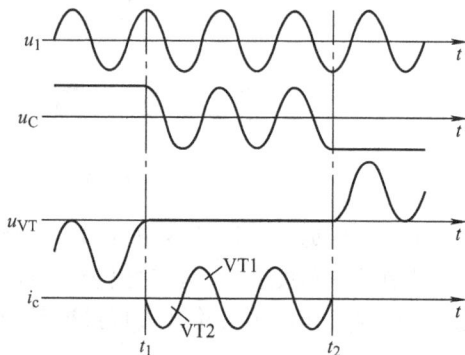

图 7-28　TSC 投切时刻的波形

2. 晶闸管控制电抗器(TCR)

电力系统中可控电抗器作为一种特殊的电抗器，可根据运行工况实时调节自身容量，用以稳定系统电压和控制无功功率，提高系统稳定性并改善电能质量。晶闸管控制电抗器是相控交流调压电路感性负载的一个典型应用。图 7-29 是 TCR 的典型电路，可以看出这是支路控制三角形连接方式的相控三相交流调压电路。它采用线性电抗器与反并联晶闸管串联的接线方式，通过控制晶闸管的触发角就可以控制电抗器的等效电抗值。

图中电抗器的电阻很小，负载近似为纯感性负载，晶闸管的移相范围是 90°～180°。调节触发角 α，可连续调节流过电抗器的电流，从而调节电路从电网中吸收的无功功率。与电容器相配合，可以在从感性到容性变化的范围内对无功功率进行连续调节。TCR 控制灵活，响应速度快，缺点是在调节时会产生大量的谐波，需要加装谐波装置。

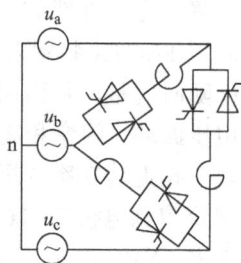

图 7-29　TCR 的典型电路

本 章 小 结

本章讲述的交流调压电路、交流调功电路、交流电力电子开关及交-交变频电路都属于交流-交流直接变换电路。除交-交变频电路外，其他电路要么改变电路电压的大小，要么改变电路的输出功率，要么进行电路的通断控制，其本质均为分时分段截取电压片段并重新组合的思路，控制方式上可以采用相位控制、通断控制或斩波控制。

1) 改变反并联晶闸管的控制角，就可方便地实现交流调压。当带电感性负载时，必须防止由于控制角小于阻抗角造成的输出交流电压中出现直流分量的情况。

2)过零触发是在电压零点附近触发晶闸管使其导通，改变晶闸管的通断比，以实现交流调压或调功。过零触发克服了移相触发有谐波干扰的不足。

3)交-交变频不通过中间直流环节而把工频交流电直接变换成不同频率的交流电。根据控制角变化方式的不同，有方波型交-交变频器、正弦波型交-交变频器。

本章重点：单相交流调压电路在不同负载时的工作原理和工作波形；交-交变频电路的工作原理、工作波形。

思考题与习题

7-1 单相相控交流调压电路中，负载阻抗角为 30°，问触发延迟角 α 的有效移相范围是多少？如果为三相相控交流调压电路，则 α 的有效移相范围是多少？

7-2 在单相交流调压电路中，当触发延迟角小于负载功率因数角时，为什么输出电压不可控？

7-3 晶闸管相控直接变频的基本原理是什么？为什么只能降频、降压，而不能升频、升压？

7-4 晶闸管相控整流电路和晶闸管交流调压电路在控制上有何区别？

7-5 交流调压和交流调功电路有何区别？二者各应用于什么样的负载？为什么？

7-6 一电阻炉由单相交流调压电路供电，如 $\alpha=0°$ 时为输出功率最大值，试求功率为 80%、50%时的触发延迟角 α。

7-7 单相交流调压电路带电阻性负载，输入电压为 220V，$R=1.5\Omega$，触发延迟角 α 为 30° 时，试求：(1)负载电压有效值 U_o；(2)负载功率 P_L；(3)电源功率因数 λ。

7-8 查阅资料阐述固态开关的作用及控制方式。举例说明固态开关的应用。

7-9 查阅资料阐述软起动器实现调压的原理。

7-10 如何控制交-交变频电路的正反组晶闸管，才能获得按正弦规律变化的平均电压？

7-11 在单相交-交变频电路中，要改变输出电压的频率和幅值，应该分别改变变流电路的什么参数？

第 8 章 PSIM 仿真软件的应用

【内容提要】 随着电力电子技术的迅速发展与推广应用，利用计算机进行仿真分析和研究电力变换电路已成为从事电力电子科研和控制工程的人员必须掌握的一门技术。计算机仿真具有效率高、可靠性高和成本低的特点，不仅可以取代繁琐的人工分析，而且可以最大限度降低设计成本。本章将介绍 PSIM 仿真软件的使用方法、PSIM 软件中元器件的摆放及连接的简单操作，介绍仿真电路图构建界面的创建流程，以及仿真结果输出界面的使用等内容。

【本章内容导入】 "电力电子技术"课程涉及 AC-DC、DC-AC、DC-DC 及 AC-AC 四种变换电路，每种变换电路又有不同的电路形式。受结构、参数的影响，电路原理、波形分析比较复杂。仿真软件是建立电力电子电路仿真模型和仿真结果的有力工具。通过仿真软件可以将抽象、固化的电路变为具体、动态模拟的电路，并可获得不同结构电路的输出波形，帮助学生更好地理解各种电路的工作原理和控制方法，提高学习过程的生动性、直观性和有效性。PSIM 软件就是电力电子技术中常用的仿真软件之一。

8.1 PSIM 仿真软件介绍

PSIM（Power Simulation）是一款用于电力电子和电机控制领域的专业仿真软件，为电力电子电路的解析、模拟/数字控制系统的设计以及电动机驱动系统的研究提供了强有力的仿真环境。PSIM 提供了功率级电路和控制电路中的常用元器件模型，可以搭建控制级电路和功率级电路，用于验证电路的正确性。PSIM 提供了与 C 语言的接口，可生成 dll 文件以创建用户自定义模型模块，为实现控制策略以及控制部分的建模提供了途径。采用 C 语言编写的控制程序，可以通过仿真验证其正确性，并方便地将程序移植到实际工程的控制器（如 DSP、ARM、单片机等）中，缩短开发周期。此外能够实现 PSIM 与 MATLAB 的联合仿真，利用 MATLAB 强大的计算功能和 PSIM 构建电路模型方便的优点对电力电子电路进行研究。

PSIM 提供的所有元器件均是理想化的状态，不考虑开关损耗、时间延迟等实际问题；采用较为简单的梯形法求解系统方程，算法简单，收敛速度快，在一定程度上兼顾了线路与系统层面的仿真需求；同时 PSIM 提供了较为丰富的功率级电路和控制电路常用元器件模型，为电力电子技术理论知识的学习和系统设计开发的验证提供了一个便捷易用的平台。

8.1.1 PSIM 使用介绍

PSIM 软件（9.0 版本）可以在 Windows XP/Vista 及以上的操作系统运行，要求系统内存不少于 128M。整个 PSIM 软件主要由绘制仿真电路原理图编辑器（PSIM Schematic）和显示仿真波形、分析仿真结果的 Simview 构成。电路原理图编辑器界面如图 8-1 所示，单击图中左侧的图标运行 Simulation 实施计算，计算完成后自动打开 Simview；单击右侧的图标可以直接打开 Simview，Simview 界面如图 8-2 所示。需要说明的是，如果没有先运行仿真直接打开 Simview，只是打开 Simview 界面而没有波形显示。

图 8-1　PSIM 界面

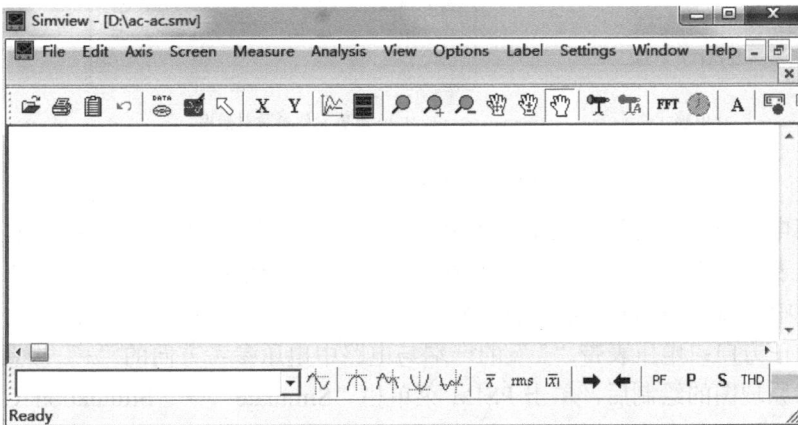

图 8-2　Simview 界面

8.1.2　PSIM 软件的元件选取

PSIM 中的元件类型丰富，有两种方法选取元件。一是菜单栏单击 Elements 显示 PSIM 中所有元件模型的种类；另外在窗口底部有常用元件可供选取。图 8-3 所示为在 PSIM 软件中选取元件的方法。

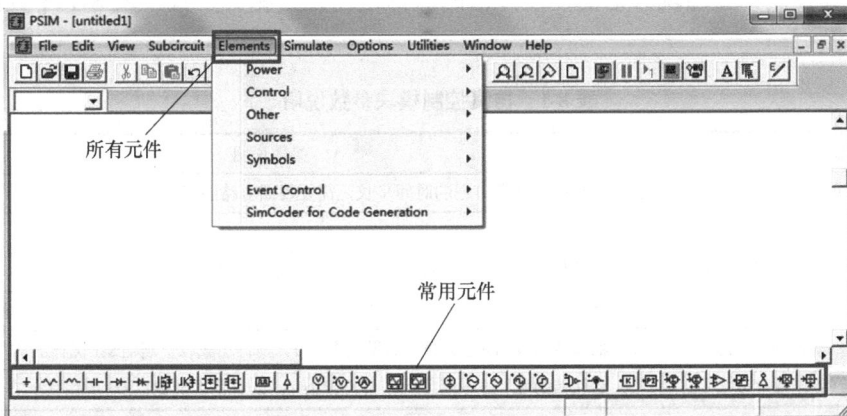

图 8-3　PSIM 选取元件的方法

选取完相应的元件后可以绘制仿真原理图，部分元件的左上角带有"°"标记，表示流过元件电流的正方向，在放置电流或者电压表时需注意，否则显示的波形正好与实际相反。另外在进行仿真前需要设置元件参数，双击元件的图标，在弹出的对话框中根据需要进行设置。如果该元件的参数对话框中有"Current Flag"项，将该参数设置为"1"，可以观察流过该元件的电流波形。如图 8-4 所示的电感元件，其左上角有"°"标记，另外在其参数对话框中有"Current Flag"项，可以设置是否观察电感电流波形。

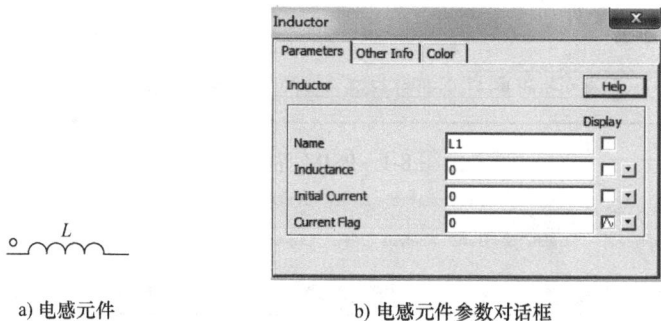

a) 电感元件　　　　　　　　　　b) 电感元件参数对话框

图 8-4　电感元件及其参数设置

为了观察电路中其他支路的电压或者电流波形，可以放置如图 8-5 所示的电压或者电流表。其中电压表有单端与双端两种，使用单端电压表时表示测量该参考点与 GND 之间的电位，仿真电路中需放置 GND。双端电压表和电流表左上角同样有"°"标记，对于电流表表示电流流入的正方向；电压表带"°"的一端与电路中电压参考方向的"+"极意义相同。

完成电路原理图的绘制后，单击 PSIM 菜单栏"Simulate"→"Simulation Control"，在原理图任意位置放置仿真控制标签（如图 8-6 所示），该模块用于设置仿真条件，在仿真前根据需要设定相关参数。

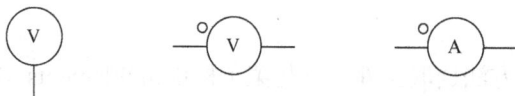

图 8-5　单端/双端电压表和电流表　　　　　图 8-6　仿真控制模块

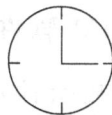

双击仿真控制标签出现对话框，在弹出的对话框内设定相关参数，表 8-1 中列出相关参数的说明。

表 8-1　仿真控制模块参数说明

参数名称	参数说明
Time Step（时间步长）	求解电路状态方程的时间步长，需要根据电路的工作频率合理设置
Total Time（仿真时长）	单位：秒
Print Time（数据输出开始时间）	默认值为 0；改变该参数，则改变开始输出数据的时刻
Print Step（数据间隔）	默认值为 1，即所有数据点都保存；如改为 10，则只保存 10 个数据点中的 1 个
Load Flag（数据加载标志）	默认值为 0，即不加载；如果设置为 1，则将加载以扩展名.ssf 保存的前次仿真结果
Save Flag（数据保存标志）	默认值为 0，即不保存；如果设置为 1，则将仿真数据以.ssf 的格式保存

完成仿真电路原理图绘制，设置好元件及仿真控制模块的参数后，单击图 8-1 所示"Run

Simulation"即可进行电路仿真。计算完成后自动打开Simview，弹出如图8-7所示属性对话框，在对话框中可以选取需要观察的波形，单击"Add"按钮添加到右侧显示栏，再单击"OK"后显示波形。

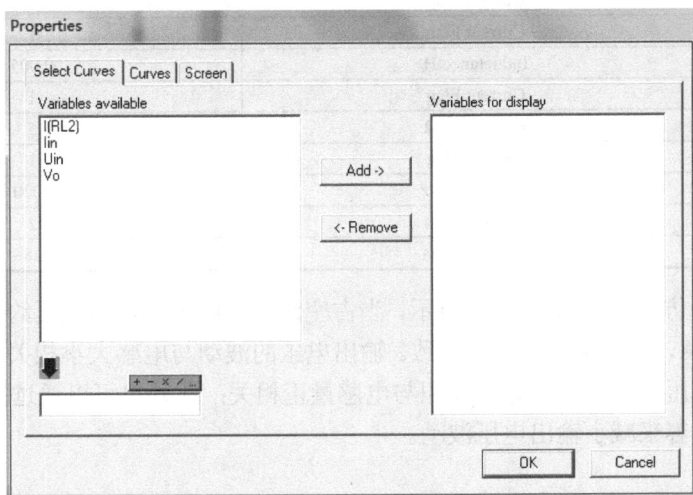

图8-7 Simview显示波形属性对话框

8.2 直流斩波电路的仿真

8.2.1 降压斩波电路仿真（CCM模式）

利用 PSIM 构建降压斩波电路时需要用到如图 8-8 所示的开关驱动模块（Switch Gating Block），用于产生 PWM 波形。

图8-8 开关驱动模块

开关驱动模块的参数说明如表8-2所示，仿真时根据需要进行设置。

表8-2 开关驱动模块参数说明

参数名称	参 数 说 明
Frequency（频率）	默认值5000Hz，根据需要修改
No. of Points（开关点数量）	定义为一个周期内开和关的总次数。默认值2，即一周期内开关各1次
Switch Points（开关时刻）	该参数将 1 个周期的信号用 0°～360°的电角度表示，用于设定脉冲宽度。默认值(0180)表示高电平起始时间为0°，高电平跳变为低电平的时刻是180°，即产生占空比为50%的方波。如需产生占空比40%的PWM波，则将该参数设置为(0144)。(40%×360°=144°)

图 8-9 所示为降压斩波电路模型，所有元件或模块可以从 PSIM 底部常用元件中选取。降压斩波电路输入直流电压 20V，输出直流电压 10V，负载电阻 R=5Ω，电感 L=5mH，开关频率 5kHz。仿真电路各元件的参数设置列于表 8-3 中。

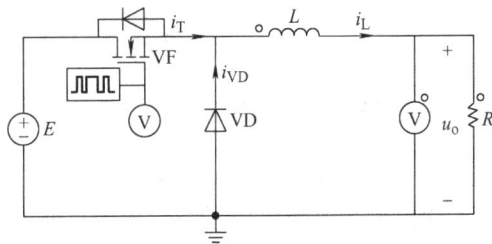

图8-9 降压斩波仿真电路

表 8-3 降压斩波电路元件/模块参数

元件/模块	参数名/单位	参数值
直流电源 E	Amplitude/V	20
场效应晶体管 VT	Current Flag	1
二极管 VD	Current Flag	1
电感 L	Inductance/H	0.005
	Current Flag	1
负载电阻 R	Resistance/Ω	5
	Current Flag	1
开关驱动模块 Switch Gating Block	Frequency/Hz	5000
	No. of Points	2
	Switch Points	0 180

　　降压斩波电路仿真结果如图 8-10 所示，当占空比为 50%时，输出电压约 10V，输出电流（即电感电流）约 2A，与理论计算结果一致。输出电压的波动与电感大小相关，可以通过增加电感量减小输出电压波动，但电感的体积与电感量正相关；此外也可以通过提高开关频率或输出侧增加滤波电容来减小输出电压波动。

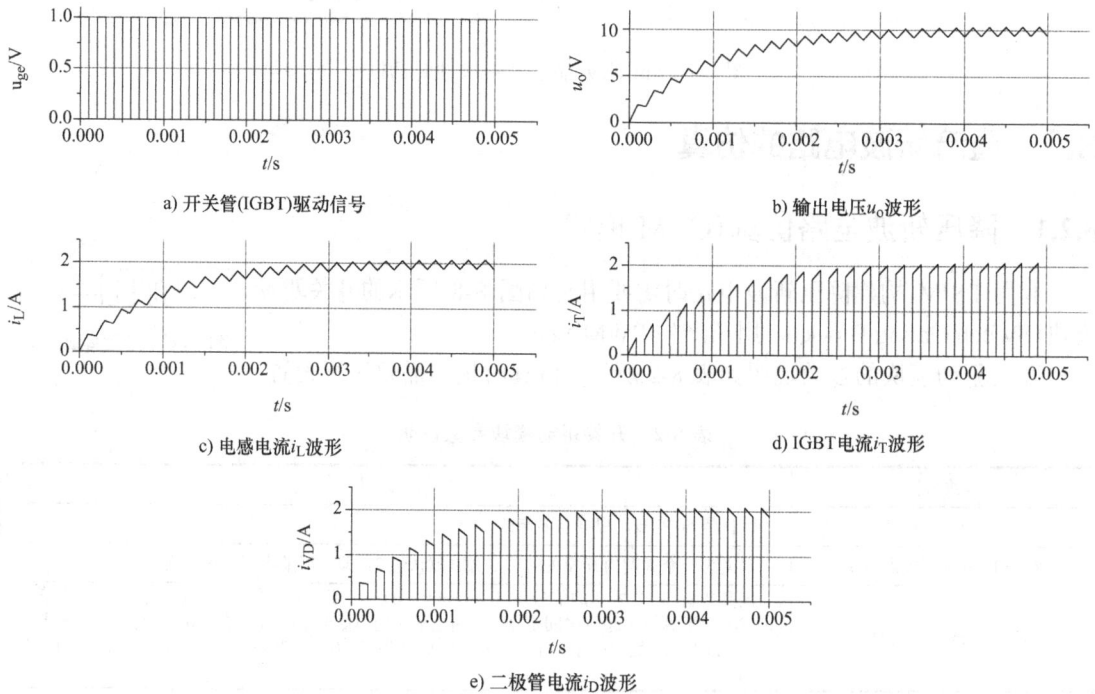

a) 开关管(IGBT)驱动信号

b) 输出电压 u_O 波形

c) 电感电流 i_L 波形

d) IGBT电流 i_T 波形

e) 二极管电流 i_D 波形

图 8-10 降压斩波电路仿真波形

8.2.2 升压斩波电路仿真(CCM 模式)

　　图 8-11 所示为升压斩波电路模型，所有元件或模块可以从 PSIM 底部常用元件中选取。升压斩波电路输入直流电压 15V，输出直流电压 30V，负载电阻 R=10Ω，开关频率 5kHz。仿真电路各元件的参数设置列于表 8-4 中。

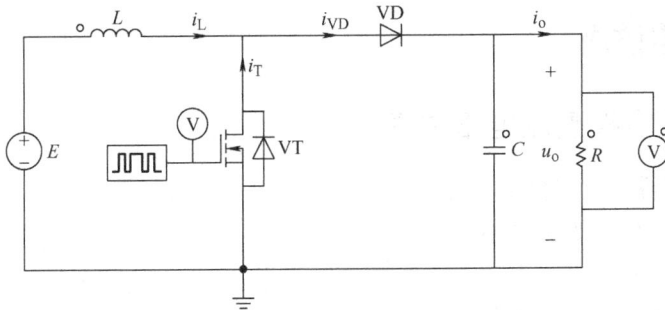

图 8-11 升压斩波仿真电路

表 8-4 升压斩波电路元件/模块参数

元件/模块	参数名/单位	参数值
直流电源 E	Amplitude/V	15
场效应晶体管 VT	Current Flag	1
二极管 VD	Current Flag	1
电感 L	Inductance/H	0.005
	Current Flag	1
电容 C	Capacitance/F	0.00009
负载电阻 R	Resistance/Ω	10
	Current Flag	1
开关驱动模块 Switch Gating Block	Frequency/Hz	5000
	No. of Points	2
	Switch Points	0180

升压斩波电路仿真波形如图 8-12 所示，当占空比为 50%时，输出电压约 30V，输出电流约 3A，与理论计算结果一致。

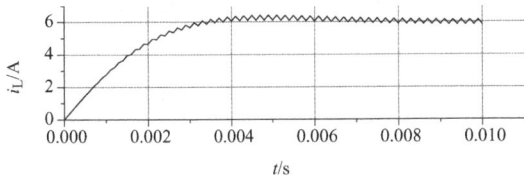

a) 电感电流 i_L 波形

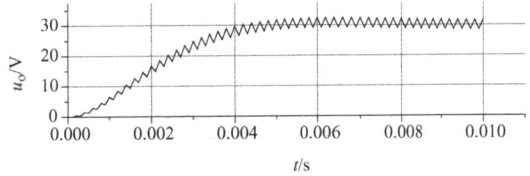

b) 输出电压 u_o 波形

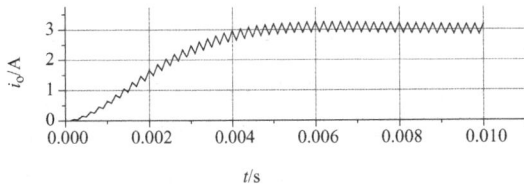

c) 输出电流 i_o 波形

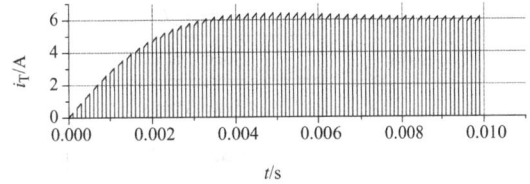

d) IGBT电流 i_T 波形

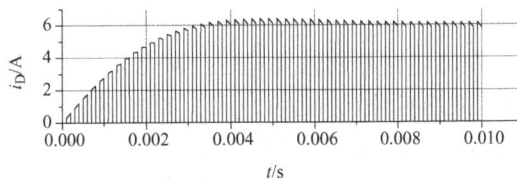

e) 二极管电流 i_{VD} 波形

图 8-12 升压斩波电路仿真波形

223

8.3 整流电路仿真

8.3.1 单相桥式全控整流电路仿真

图 8-13 为单相桥式全控整流电路模型，仿真电路的移相控制信号连接使用了标签，标签提供了一种多节点的连线方式。在工具栏中找到 按钮会弹出标签属性对话框，在对话框内填入标签名然后单击 OK 生成标签，图 8-13 中标签"G1"出现 3 处，其中开关驱动模块 1 接标签"G1"表示产生的触发信号，VT1 和 VT4 门极的标签"G1"表示两个晶闸管门极接入移相控制信号；开关驱动模块 2 用于产生 VT2 和 VT3 的触发信号，用标签"G2"表示其信号连接。仿真电路各元件的参数设置列于表 8-5 中。

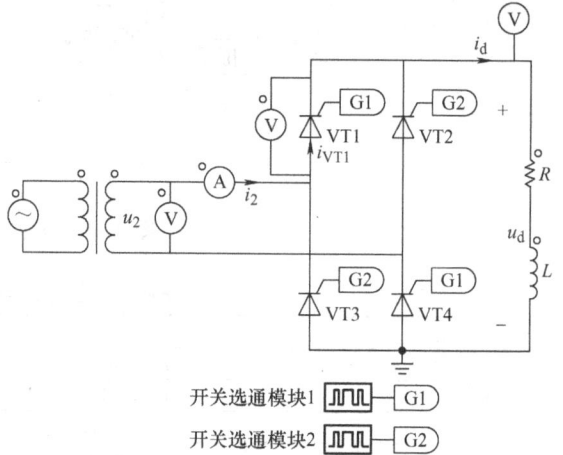

图 8-13　单相桥式全控整流仿真电路

表 8-5　单相桥式全控整流电路元件/模块参数

元件/模块	参数名/单位	参数值	备　注
交流电源	Peak Amplitude/V	311	其余参数采用默认值
	Frequency/Hz	50	
晶闸管 (VT1) Thyristor	Current Flag	1	其余参数采用默认值 根据需要设置其他晶闸管的 Current Flag
变压器 Ideal Transformer	Np (primary)	1	
	Ns (sencondary)	1	
阻感负载 RL	Resistance/Ω	5	
	Inductance/H	0.1	
	Current Flag	1	
开关驱动模块 1	Frequency/Hz	50	
	No. of Points	2	
	Switch Points	30 180.	触发延迟角为 30° 时，VT1、VT4 移相触发信号，改变前面的数字即可改变移相触发角
开关驱动模块 2	Frequency/Hz	50	
	No. of Points	2	
	Switch Points	210 360.	触发延迟角为 30° 时，VT2、VT3 移相触发信号，改变前面的数字即可改变移相触发角

图 8-14 为单相桥式全控整流电路移相触发延迟角 α =30° 时的仿真波形，各观察点的波形时间轴设置为 0.16~0.20s，此时电路已经稳定工作。观察其他移相控制角的波形时，需修改开关驱动模块 1 和 2 的 Switch Points 参数值。也可以在菜单栏 Elements→Power→RLC Branches 中，找到电阻、电感、电容等其他类型的负载，研究不同性质负载时电路的工作波形。

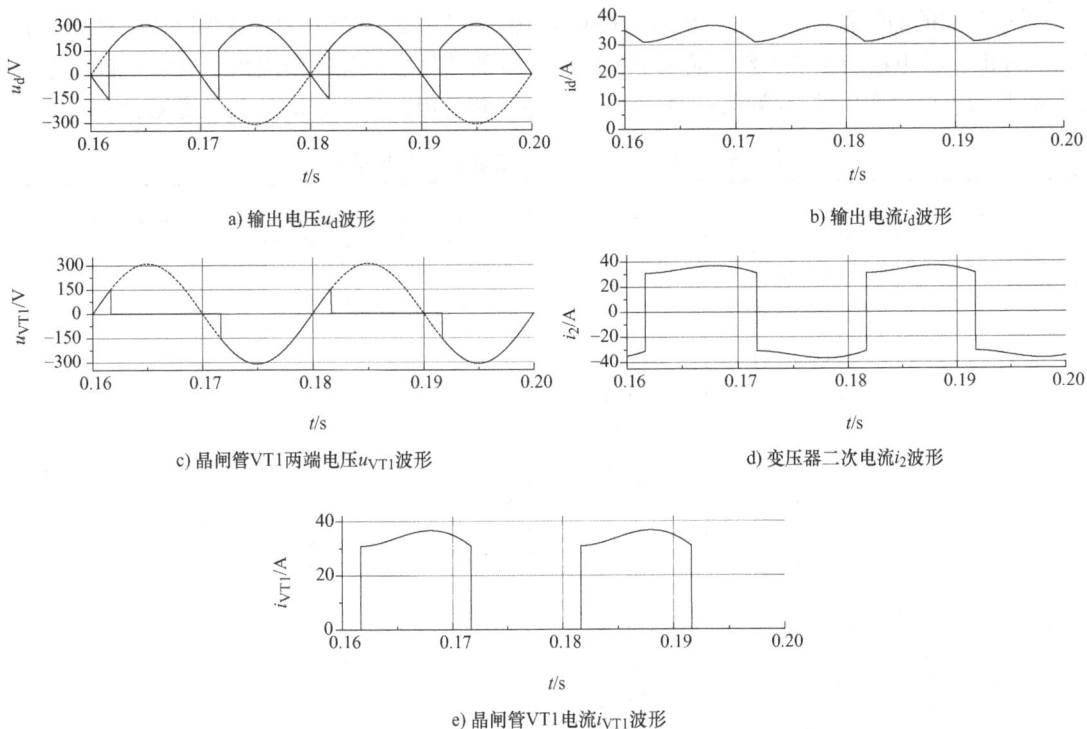

a) 输出电压u_d波形

b) 输出电流i_d波形

c) 晶闸管VT1两端电压u_{VT1}波形

d) 变压器二次电流i_2波形

e) 晶闸管VT1电流i_{VT1}波形

图 8-14　$\alpha=30°$ 时单相桥式全控整流仿真波形

8.3.2　三相桥式全控整流电路仿真

利用 PSIM 软件构建整流电路有两种方式，可以利用晶闸管和开关驱动模块来构建仿真电路；也可以利用 PSIM 提供的整流电路模块和 α 控制器来构建仿真电路。

(1) 晶闸管和开关驱动模块构建的三相桥式全控整流电路

利用晶闸管构建的三相桥式全控整流电路的主电路模型如图 8-15 所示，其中 6 个晶闸管的移相控制信号连接使用了标签。

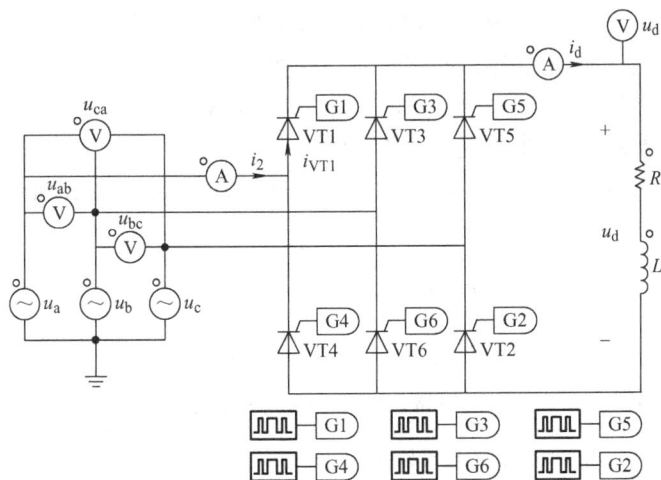

图 8-15　三相桥式全控整流仿真电路

采用分立的晶闸管构成的三相桥式全控整流电路，需要给每个晶闸管施加准确的移相控制电压，才能保证电路的正常工作。晶闸管 VT1～VT6 的移相触发脉冲依次相差 60°，因此需要 6 个开关驱动模块来产生每个晶闸管的移相控制电压，仿真电路各元件的参数设置见表 8-6。

表 8-6　三相桥式全控整流电路元件/模块参数

元件/模块	参数名/单位	参数值	备　注
交流电源	Peak Amplitude/V	311	其中 u_a 的 Phase Angle（初相位）设置为 0；u_b、u_c 的 Phase Angle 分别设置为-120°、-240°
	Frequency/Hz	50	
晶闸管 (VT1) Thyristor	Current Flag	1	其余参数采用默认值 根据需要设置其他晶闸管的 Current Flag
阻感负载 RL	Resistance/Ω	5	
	Inductance/H	0.01	
	Current Flag	1	
开关驱动模块 1	Frequency/Hz	50	开关驱动模块 1～6 设置的 Frequency 和 No. of Points 两个参数值相同
	No. of Points	4	
	Switch Points	90　95 150　155	产生双窄脉冲，触发延迟角为 60°
开关驱动模块 2	Switch Points	150　155 210　215	
开关驱动模块 3	Switch Points	210　215 270　275	
开关驱动模块 4	Switch Points	270　275 330　335	
开关驱动模块 5	Switch Points	330　335 30　35.	
开关驱动模块 6	Switch Points	30　35 90　95	

（2）整流电路模块和 α 控制器构建的三相桥式全控整流电路

PSIM 提供了如图 8-16 所示的整流电路模块，其中图 a 为单相全桥整流电路模块（8 ph. Thyristor Bridge），图 b 为三相半波整流电路模块（3 ph. Thyristor Half-Bridge），图 c 为三相全桥整流电路模块（3 ph. Thyristor Bridge），这些模块可以通过单击菜单栏 Elements→Power→Switches 找到。3 个模块的左侧接交流输入电源，右侧为整流输出端，下端为触发控制信号的输入端。

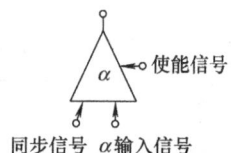

晶闸管的触发控制信号由图 8-17 所示的 α 控制器（Alpha Controller）来实现，单击菜单栏 Elements→Other→Switch Controllers 可以找到 α 控制器。α 控制器有 3 个输入信号，分别是同步信号、α 输入信号和使能信号。同步信号是移相触发信号的基准，用于提供控制角等于 0° 的时刻。α 输入信号直接给定一个常数，该数值表示触发控制角（如给定值为 30 即表示控制角为 30°）。使能信号决定 α 控制器是否工作，使能信号为高电平时 α 控制器工作。另外该模块有两个可设置参数，分别是频率 Frequency（单位 Hz）和脉冲宽度 Pulse Width（单位 "°"）。

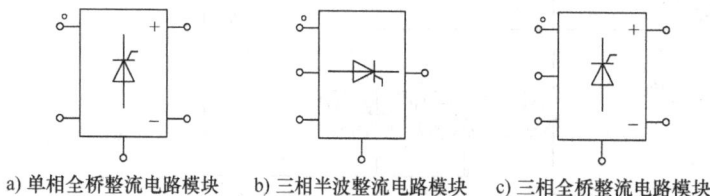

a) 单相全桥整流电路模块　　b) 三相半波整流电路模块　　c) 三相全桥整流电路模块　　　　同步信号　α 输入信号

图 8-16　整流电路模块　　　　　　　　　　图 8-17　α 控制器

利用三相全桥整流电路模块和 α 控制器构建的三相桥式全控整流电路模型如图 8-18 所

示。其中三相全桥整流模块的移相控制电压由电压采样模块、比较器、α控制器、直流电源和阶跃信号发生器构成。电压采样模块采样得到与u_{ac}线电压同相的交流信号，该信号接比较器同相输入端，比较器输出的方波作为α控制器的同步输入信号；α控制器的α输入信号接直流电源，该直流电源的 Amplitude 参数值即决定了α移相控制角；α控制器的使能信号接阶跃信号发生器，阶跃信号发生器采用默认值。α控制器的输出端接三相全桥整流电路模块。

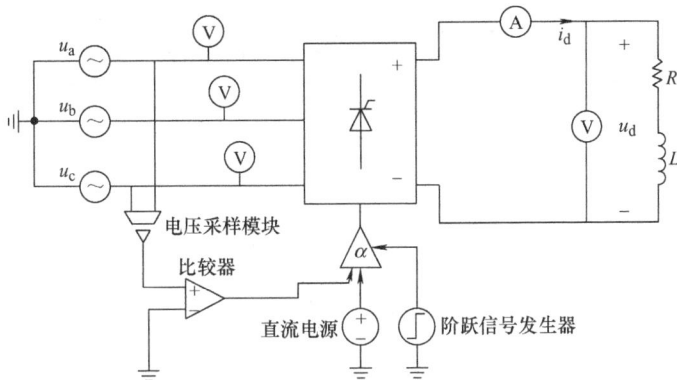

图 8-18　三相桥式全控整流仿真电路

为了便于观察，晶闸管两端的电压波形采用图 8-15 的三相桥式全控整流电路进行仿真，图 8-19 所示为移相控制角α=60°时的各点仿真波形，波形时间轴设置为 0.16～0.20s，此时整流电路工作已经稳定。需要说明的是，采用图 8-15 的仿真电路观察其他移相控制角的波形时，需修改 6 个开关驱动模块的 Switch Points 参数值；而采用图 8-18 的电路进行仿真时，只需要修改直流电源的 Amplitude 参数值即可改变移相控制角。

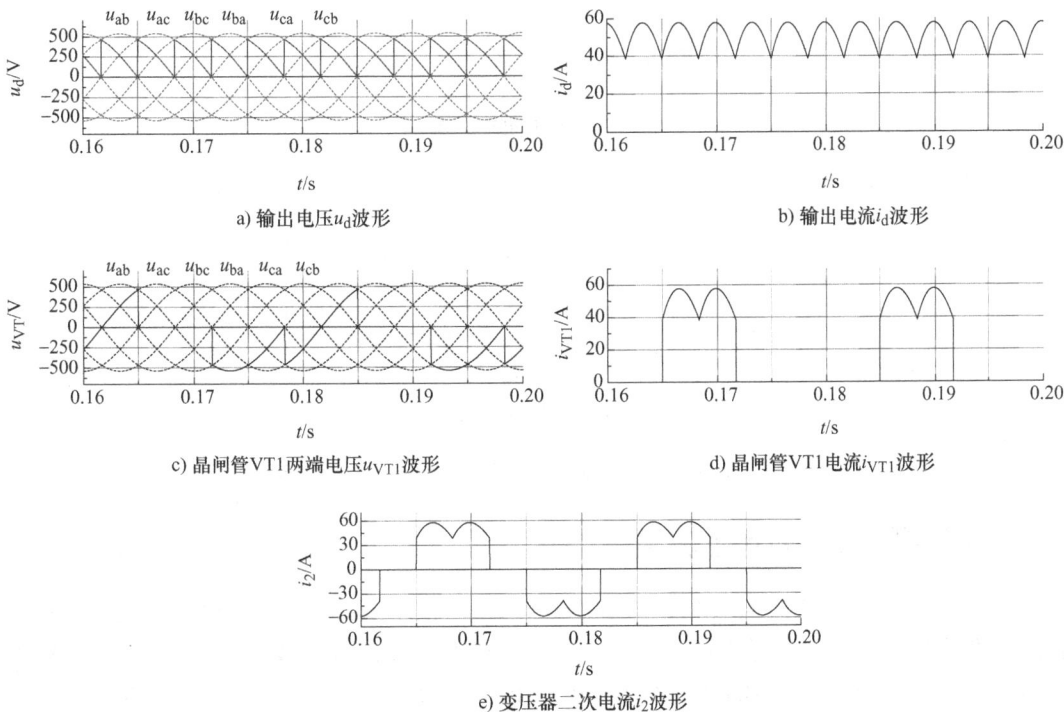

a) 输出电压u_d波形

b) 输出电流i_d波形

c) 晶闸管VT1两端电压u_{VT1}波形

d) 晶闸管VT1电流i_{VT1}波形

e) 变压器二次电流i_2波形

图 8-19　三相桥式全控整流仿真波形(α=60°，阻感性负载)

由于电感值(10mH)较小的原因，图 8-19b 所示的输出电流 i_d 波形纹波较大。当负载的感抗 ωL 远大于负载电阻 R 时，认为负载是电感性负载，一般工程上认为 $\omega L \geqslant 10R$，即可认为是电感性负载。图 8-20 所示波形为设置电感 $L=1H$，$R=5\Omega$（即认为电感性负载），控制角 $\alpha = 60°$ 时的仿真结果。

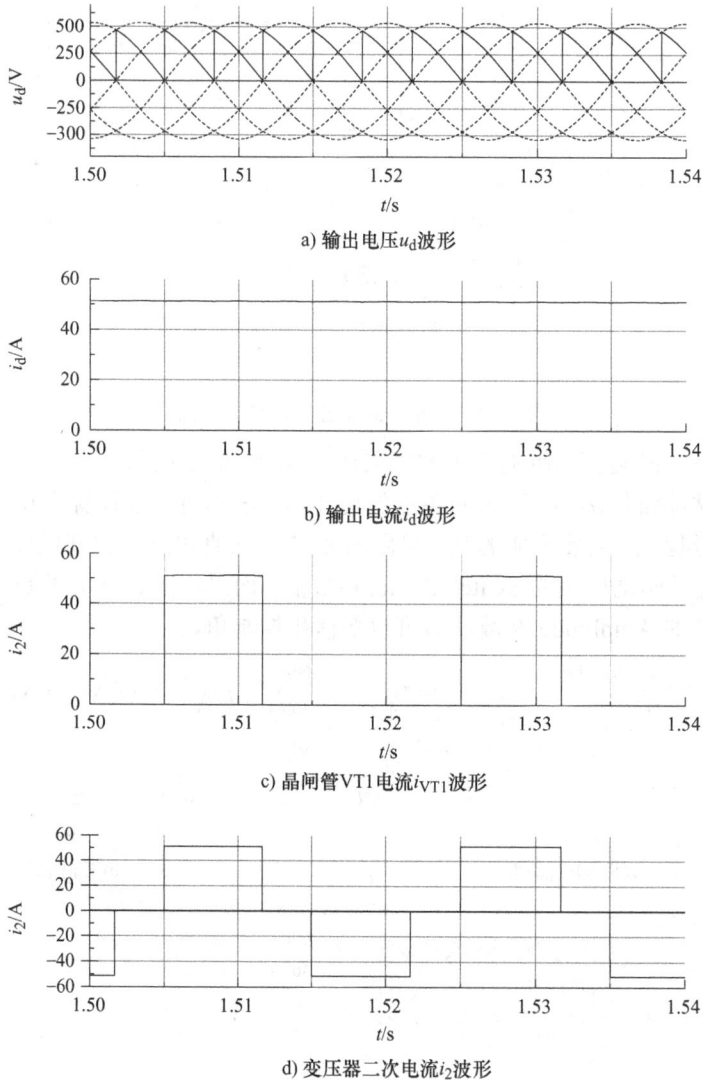

a) 输出电压 u_d 波形

b) 输出电流 i_d 波形

c) 晶闸管 VT1 电流 i_{VT1} 波形

d) 变压器二次电流 i_2 波形

图 8-20　三相桥式全控整流仿真波形（$\alpha = 60°$，电感性负载）

8.4　单相桥式逆变电路仿真

如图 8-21 所示为利用 PSIM 构建的单相桥式逆变电路，该逆变电路采用双极性 PWM 控制模式。仿真电路中控制信号由正弦信号 u_r 和三角载波信号 u_c 经比较器产生双极性 PWM 波形，其中一路经开关控制器(On-Off Controller)作为场效应管 VF1 和 VF4 的驱动信号；另一路经非门和开关控制器作为场效应管 VF2 和 VF3 的驱动信号。

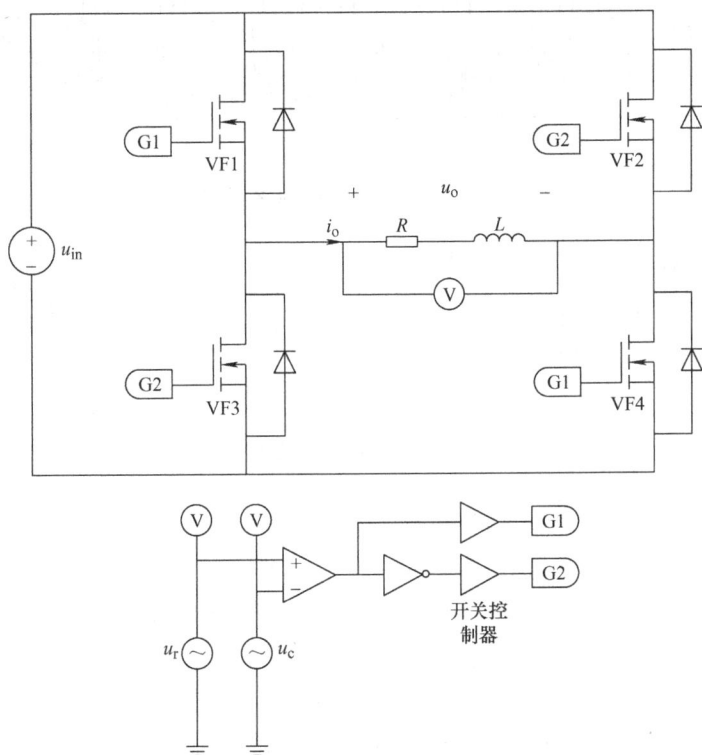

图 8-21 单相桥式逆变仿真电路

单相桥式逆变电路各仿真模块及其参数设置见表 8-7。

表 8-7 单相桥式逆变电路元件/模块参数

元件/模块	参数名/单位	参数值
直流电源	Amplitude/V	200
阻感负载 RL	Resistance/Ω	2
	Inductance/H	0.1
	Current Flag	1
正弦电压源	Peak Amplitude/V	0.8
	Frequency/Hz	50
三角波电压源	V_peak_to peak/V	2
	Frequency/Hz	1500
	Duty Cycle	0.5
	DC Offset	−1

单相桥式逆变电路仿真波形如图 8-22 所示，波形时间轴设置为 0.26～0.30s，此时逆变电路工作已经稳定。

a) 正弦信号u_r与三角载波信号u_c波形

b) 输出电压u_o波形

c) 输出电流i_o波形

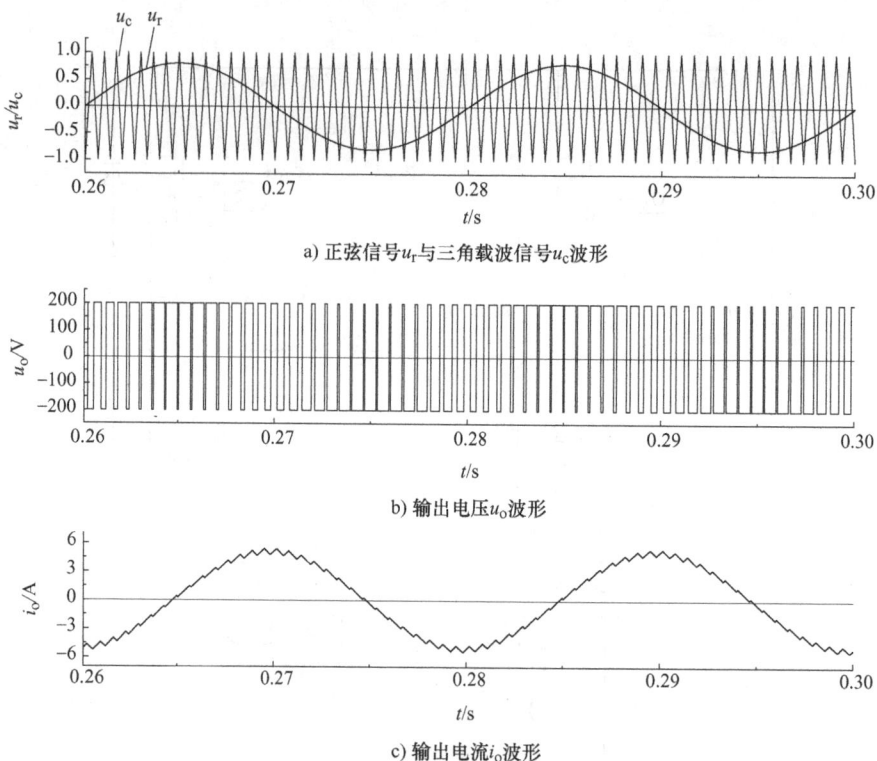

图 8-22　单相桥式逆变电路仿真波形

8.5　单相斩控式交流调压电路仿真

如图 8-23 所示为利用 PSIM 构建的单相斩控式交流调压电路，阻感性负载。仿真电路中控制信号由电压采样模块、比较器、非门、与门、开关控制器以及方波电压源（Square-wave voltage source）等构成，采用标签标出了每个开关管的控制信号接线。

表 8-8 列出了单相斩控式交流调压电路主要仿真模块及其参数设置，输入交流电压峰值 100V，频率 50Hz；方波频率 1000Hz，占空比 50%。

表 8-8　单相斩控式交流调压电路元件/模块参数

元件/模块	参数名/单位	参数值
交流电源	Peak Amplitude/V	100
	Frequency/Hz	50
阻感负载 RL	Resistance/Ω	100
	Inductance/H	0.1
	Current Flag	1
方波电压源	Vpeak_peak/V	1
	Frequency/Hz	1000
	Duty Cycle	0.5

单相斩控式交流调压仿真波形如图 8-24 所示。

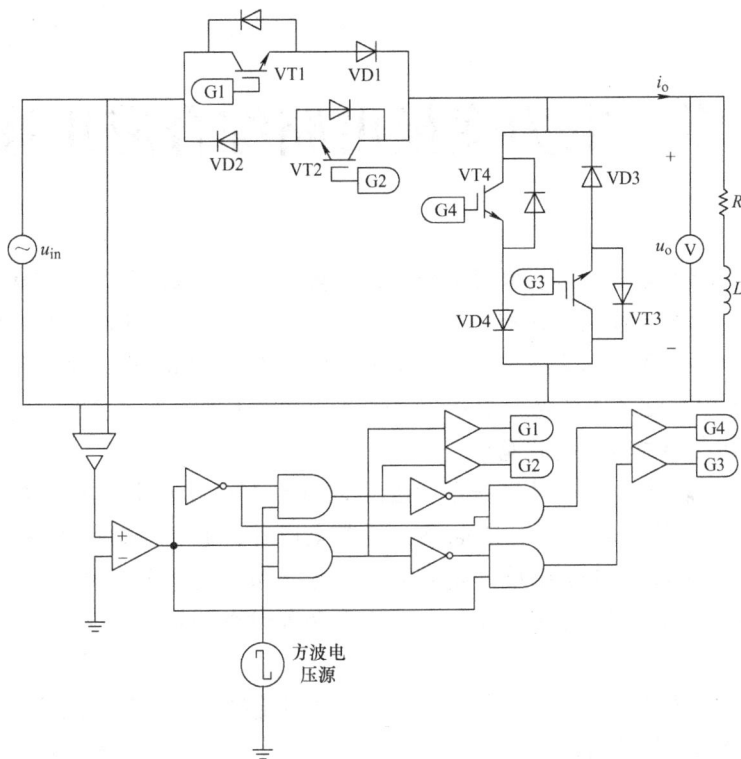

图 8-23　单相斩控式交流调压仿真电路

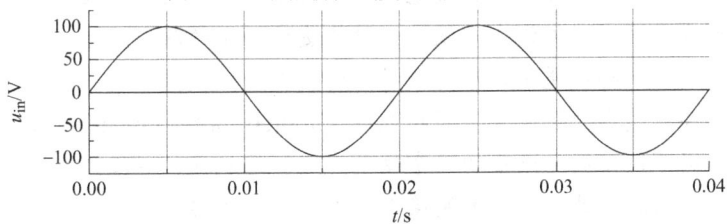

a) 输入电压u_{in}波形

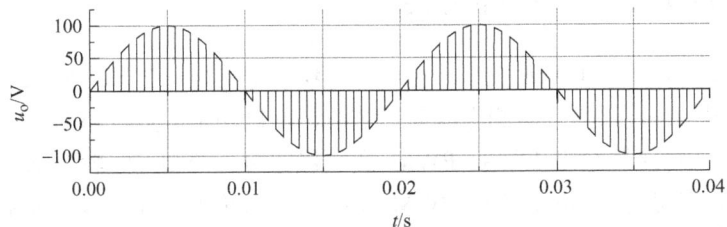

b) 输出电压u_o波形

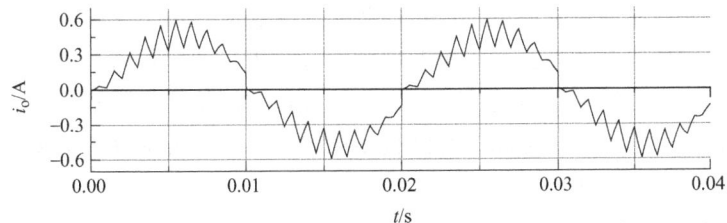

c) 输出电流i_o波形

图 8-24　单相斩控式交流调压仿真波形

231

第9章　电力变换电路综合应用案例

【内容提要】　电力电子技术在家用电器、工业生产、军工国防等各个领域都有着广泛应用，实际中一个电力电子系统涉及知识面一般较宽，如微处理器、模拟和数字电路、嵌入式编程以及各种控制算法等。本章将以一个四象限变频器为例，简要介绍该变频器电路设计的基本方法和步骤；以典型不间断电源 UPS 为例分析其工作原理。通过综合应用电路的分析与设计提升学生解决复杂工程问题的能力。

【本章内容导入】　电力电子装置一般由主电路和控制电路构成。主电路一般为电力电子器件构成的电能变换电路，如整流电路、逆变电路等；控制电路主要由控制芯片，例如 DSP、单片机等和驱动电路组成。复杂的电力电子装置还有辅助电源板，用来产生各芯片的控制电压，还有监控板等。当今广泛应用的各种电力电子装置大都由不同的电力变换电路综合应用而构成。

变频器是一种面向交流电动机的控制装置，其作用是将工频电源变换成各种频率的交流电源，从而实现电机变速运行。在当今工业中广泛应用的通用变频器普遍采用交-直-交结构，电路中既有整流变换电路，也有逆变变换电路。随着电力器件及控制技术的快速发展，可以从电路结构及控制方式的不断优化中，设计出性能更优的变频器。

在计算机网络系统、邮电通信、银行证券、电力系统、工业控制、医疗、交通、航空等领域需要不间断的高质量电力供应，不间断电源(Uninterruptible Power System，UPS)能够在电网用电中断的情况下保证用电设备的正常供电，同时还能提供稳压、稳频和波形失真度极小的正弦波电源。不间断电源也是电力变换电路综合应用的典型实例。

9.1　双 PWM 变频器硬件电路设计

整流器和逆变器均采用 PWM 技术，将两者相结合即构成双 PWM 变频器。它能实现交流电机快速四象限运行，还具有网侧电流为正弦波、网侧功率因数近似为 1、较快的动态响应等诸多优点。其中交-直-交电压型双 PWM 变频器因为其控制方法较为简单，所以在工业中应用比较广泛。在交-直-交电压型双 PWM 变频调速系统中，开关器件都采用全控型器件 IGBT。整流器调节网侧功率因数和保持母线电压的稳定，直流侧电容主要作用是滤波和稳定直流电压的作用。逆变器向负载电机施加可以等效为三相交流电的 PWM 波，实现转速的控制，无需增加任何附加电路就能实现电机四象限运行和能量双向传输。若将负载电机的转子等效为转子绕组电阻、电感和反电动势串联，则这种电路结构是镜像对称的，我们称这种电路结构是"背靠背"系统。其主电路拓扑结构如图 9-1 所示。根据能量流动方向，双 PWM 变频器可分为以下两种运行状态：

(1)能量从电网流向负载电机

若负载电机在拖动状态运行时，能量会从网侧经整流侧整流后流向逆变侧，此时，整流器工作于整流状态，逆变器工作在逆变状态。采用 PWM 控制方式使网侧电压电流保持在同相位，实现单位功率因数运行；逆变侧功率开关器件在 PWM 控制方式下，输出频率和幅值可调的正弦电压信号，实现电机的变频调速。

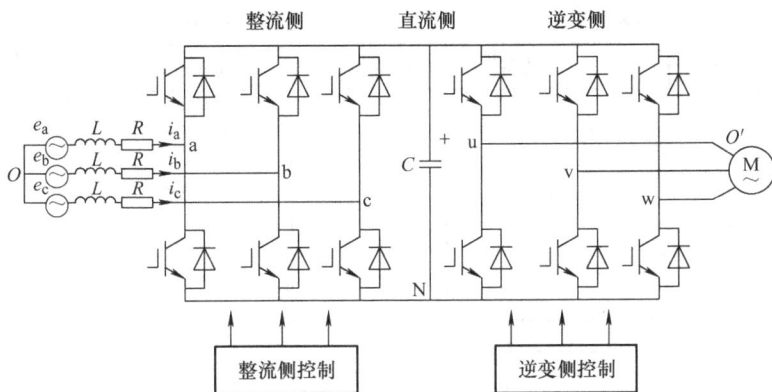

图 9-1 双 PWM 变频主电路结构

(2) 电机再生能量回馈到电网

变频器在工作时，如果电机运行于制动状态，此时由于负载的惯性作用，电机进入发电状态。这时，电机的再生能量向直流侧电容充电，导致电容两端出现泵升电压，并在开关器件的 PWM 控制下，将能量回馈到电网中，实现能量的双向流动。与此同时，由于 PWM 整流器本身的闭环作用，加上使用新型的全控型器件及其开关频率的提高，使回馈到电网的电流为与电压相位相反的正弦电流，系统的功率因数约等于-1，利用了电机再生能量，提高了电能利用率，很大程度上减少了对电网的谐波污染。所以交-直-交电压型双 PWM 变频调速系统本质上是 PWM 整流技术和变频调速技术相结合的产物。

9.1.1 双 PWM 变频器硬件总体结构

图 9-2 给出了双 PWM 变频调速系统硬件结构框图。该系统主要包括主电路、控制电路、驱动电路等。其中功率器件选用 IPM 模块，DSP 选用的是 TI 公司的 TMS320F28335，DSP 主要作用有：A-D 转换、坐标变换、PI 调节和 PWM 波的输出等。

整流器和逆变器分别由 DSP1 和 DSP2 控制，采样电路得到的信号作为控制电路中算法的控制量，经过信号调理电路转换成 DSP 的 A-D 接口能够接受的模拟信号范围，送入 DSP 中进行运算。DSP 通过对算法控制量的运算与编程来实现对 PWM 整流器和 PWM 逆变器的控制，产生控制所需的 PWM 信号。该信号经过光耦隔离电路后，控制功率开关管的导通和关断。同步电路的作用是一方面产生和电网电压同步的方波信号并将其送入 DSP 作为外部中断，代表一个正弦周期的开始；另一方面该信号送入锁相环电路，产生的 ωt 值用于坐标变换的计算。人机界面通过 RS-232 串行接口总线与 DSP1 和 DSP2 进行通信，它控制着系统的启动、停止，负责接收实时数据，显示系统的状态，以下将对各个部分详细介绍。

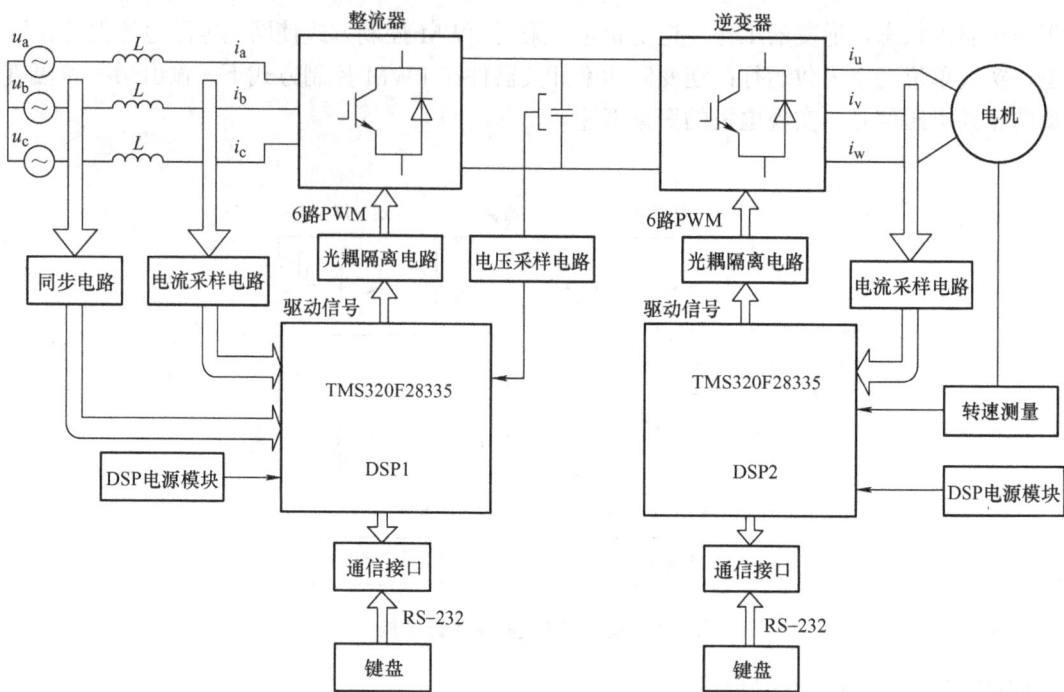

图 9-2　系统硬件结构框图

9.1.2　主电路设计

1. 直流输出电压的确定

在本系统中，直流输出电压 U_{dc} 是一个十分重要的参数。它的大小要符合负载对电压的承受能力，还要能控制网侧输入电流波形，使其快速跟踪电网电压波形，保持同相位或反相位，实现单位功率因数整流。所以在系统设计时，应该把直流母线电压限制在一定范围之内。如果太低就不能满足输入电流控制的要求，容易导致网侧电流波形失真，若过高会给功率开关器件带来过大电压，需要提高器件的额定电压，这会带来成本的上升。为了使整流器交流侧线电压和线电流中不出现与 PWM 开关频率没有关系的低次谐波，直流母线电压必须大于等于整流器输入端线电压基波峰值，即：

$$U_{dc} \geqslant \sqrt{6} U_2$$

其中，U_2 为交流侧相电压有效值。

这里所用的电源线电压为 380V，则直流侧电压为：

$$U_{dc} \geqslant \sqrt{6} U_2 = \sqrt{6} \times 220\text{V} = 538\text{V}$$

取直流电压值为 600V。

2. 功率开关管的选择

设计的双 PWM 变频器中整流侧和逆变侧都需要 6 个 IGBT 开关管，如果使用单独的 IGBT 开关管再加上续流二极管，将会使得变频器的体积变得很大，既加大了设计的复杂性又增加成本，而采用 IPM 智能功率模块可以很好地解决这一问题。

IPM（智能功率模块）一般由三部分组成：高开关速度、低功率损耗的 IGBT 管芯和栅极驱动电路以及快速保护电路。也就是说其内部不仅把全控型功率开关器件 IGBT 和驱动电路集成在一起，而且还具有过电流和过热等故障保护电路。其最大的优点是体积小、结构紧凑。所以这里选取 IPM 作为变频器的功率开关器件。

设计的双 PWM 变频调速系统输出功率为 5500W，电网线电压为 380V，假定使用效率为 95%，可知功率开关管的电流有效值为

$$I_u = \frac{5500W}{220\sqrt{2} \times 3 \times 95\%V} = 6.2A$$

考虑 1.5～3.0 倍左右的安全裕量，则 $I_u = 18A$。

因为功率开关管所承受的最大电压是直流电压，即 538V，当取 2.0～3.0 倍的安全裕量时，额定电压可以取 1200V。

结合以上分析，选用三菱公司的 IPM，型号为 PM25RSB120，其参数为：1200V 额定电压，25A 额定电流，20kHz 最大开关频率。而且其内部集成了 7 路 IGBT 功率器件，其中 6 路是提供直流电压输出的，每个功率器件由一个 IGBT 和续流二极管反并联组成。

3. 交流侧电感设计

在双 PWM 变频调速系统设计中，其交流侧电感的设计至关重要，这是因为整流器交流侧电感的取值会影响到电流环的动、静态响应，输出功率，功率因数以及直流电压。若电感过小，就会给交流电流带来高次谐波分量，从而电流的总谐波畸变率 THD 也变大；如果电感过大，则会使交流电流跟踪指令信号的速度降低，同时也会影响交流电流的谐波畸变率 THD。所以设计电感时要从两个方面考虑：一是满足瞬态电流跟踪要求，二是满足抑制谐波电流。

(1)满足瞬态电流跟踪要求时的电感设计

三相 VSR 拓扑结构中，考虑 a 相电压方程：

$$L\frac{di_a}{dt} + R_s i_a = e_a - \left(u_{dc}s_a - \frac{u_{dc}}{3}\sum_{k=a,b,c} s_k\right)$$

式中，s_a 表示整流测 a 相开关的状态，$s_a=1$ 表示开通，$s_a=0$ 表示关断，同样 s_b 和 s_c 分别表示 b 相和 c 相开关状态。s_k 代表 a、b、c 三相中的某一相。

若忽略 VSR 交流侧电阻 R_s，且令 $u_{sa} = s_a - \frac{1}{3}\sum_{k=a,b,c} s_k$，则上式简化为

$$L\frac{di_a}{dt} \approx e_a - u_{dc}u_{sa}$$

电流过零处($\omega t = 0$)附近，一个 PWM 开关周期 T_s 中的电流跟踪波形如图 9-3 所示。

稳态条件下，当 $0 \leqslant t \leqslant T_1$ 时，$s_a = 0$，$e_a = 0$，且

$$e_a - u_{dc}u_{sa} = \frac{u_{dc}}{3}(s_b + s_c) \approx L\frac{\Delta i_1}{T_1}$$

当 $T_1 \leqslant t \leqslant T_s$ 时，$s_a = 1$，且

$$e_a - u_{dc}u_{sa} = \frac{u_{dc}}{3}(-2 + s_b + s_c) \approx L\frac{\Delta i_2}{T_2}$$

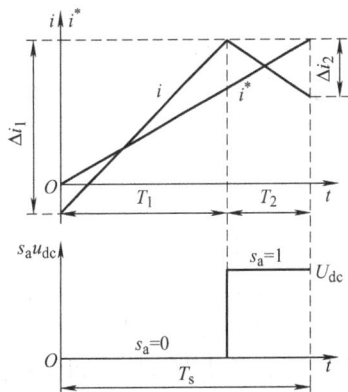

图 9-3 电流过零处附近的电流跟踪波形

如果要实现快速电流跟踪，则必须：

$$\frac{|\Delta i_1|-|\Delta i_2|}{T_s} \geqslant \frac{I_m \sin(\omega T_s)}{T_s} \approx I_m \omega$$

综合上式，并考虑 $s_b = s_c = 0$，则得

$$L \leqslant \frac{2T_1 u_{dc}}{3I_m \omega T_s}$$

当 $T_1 = T_s$ 时，得到最大电流变化率，且

$$L \leqslant \frac{2u_{dc}}{3I_m \omega}$$

上式为电感 L 的上限值，即

$$L_{max} \leqslant \frac{2u_{dc}}{3I_m \omega}$$

(2) 满足抑制谐波电流时的电感设计

电流峰值 ($\omega t = \pi / 2$) 附近，一个 PWM 开关周期 T_s 中的电流跟踪波形如图 9-4 所示。

稳态条件下，当 $0 \leqslant t \leqslant T_1$ 时，$s_a = 0$，且

$$e_a - u_{dc} u_{sa} = E_m + \frac{u_{dc}}{3}(s_b + s_c) \approx L \frac{\Delta i_1}{T_1}$$

当 $T_1 \leqslant t \leqslant T_s$ 时，此时 $s_a = 1$，且

$$e_a - u_{dc} u_{sa} = E_m + \frac{u_{dc}}{3}(-2 + s_b + s_c) \approx L \frac{\Delta i_2}{T_2}$$

电流峰值附近一个开关周期中，有

$$|\Delta i_1| = |\Delta i_2|$$

综合上式，并考虑 $s_b = s_c = 0$，则得

$$L \leqslant \frac{(2u_{dc} - 3E_m)E_m}{2u_{dc}\Delta i_{max}}$$

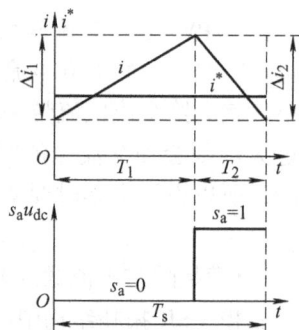

图 9-4　电流峰值处附近的电流跟踪波形

式中，Δi_{max} 为电流脉动的最大峰值，通常取交流相电流基波峰值 20% 左右。

综上所述，三相 VSR 电感取值范围为

$$\frac{(2u_{dc} - 3E_m)E_m}{2u_{dc}\Delta i_{max}} \leqslant L \leqslant \frac{2u_{dc}}{3I_m \omega}$$

在本设计中，输出电压 $u_{dc}=600V$，额定负载为 36Ω，开关频率 $f_{sw}=10kHz$，因此三相输入电流有效值为 15.15A，最大值为 21.42A。电感的选择范围为 0.0017H≤L≤0.0595H。最后确定电感的时候，需要在实验的基础上反复调节，以达到最佳效果。同时，还需要考虑经济与工艺因素，使设备价格和体积在合理的范围以内。此处，经实验验证，选择电感 $L=4mH$。

4. 直流侧电容设计

在主电路参数设计中，直流侧电容参数设计也是重要的环节，这是因为直流侧电容：起着缓冲 VSR 交流侧与直流负载间的能量交换，且稳定直流侧电压的作用，也具有抑制直流侧谐波电压的作用。

一般来说，从满足电压环控制的跟随性指标来看，VSR 直流侧电容应尽可能小；而从满足电压环控制的抗扰性分析，VSR 直流侧电容应尽可能大。以下将分别进行设计。

(1)满足跟随性的电容设计

这里所指的过程是从三相 VSR 交流侧接入电网，但是功率开关管不调制开始，到电容电压上升到 VSR 额定直流电压的整流过程。在功率开关管不调制时，等效为二极管整流电路，可知整流电压平均值 $U_{do}=1.35U_1$。其中，U_1 为三相 VSR 网侧线电压有效值。若 VSR 直流电压指令阶跃给定为额定直流电压指令值时，忽略电压内环的惯性，VSR 直流侧将以最大电流 I_{dm} 对电容及负载充电。考虑直流电压初始值为 U_{do}，则得

$$U_{dc} - U_{do} = (I_{dm}R_{le} - U_{do})(1 - e^{-t/\tau_1})$$

其中，$\tau_1 = R_{le}C$，R_{le} 为额定直流负载。

若要求电压从 U_{do} 到额定直流电压 U_{de} 的上升时间不大于 t_r^*，则

$$R_{le}C\ln\frac{I_{dm}R_{le} - U_{do}}{I_{dm}R_{le} - U_{de}} \leqslant t_r^*$$

一般情况下，工程上常取 $I_{dm} = 1.2U_{de}/R_{le}$ 和 $U_{de} = \sqrt{3}U_1$，则

$$C \leqslant \frac{t_r^*}{0.74R_{le}}$$

(2)满足抗干扰性指标的电容设计

三相 VSR 直流电压由空载到满载扰动时的动态过程，是直流负载电流由零到额定电流的三相 VSR 负载扰动过程。当负载电流的阶跃增大，电压 PI 调节器的输出饱和，内环将跟踪最大幅值电流。由于内环惯性的作用，三相 VSR 直流电流无法突变。为了使分析简化，将用线性关系代替惯性环节的指数关系，即电流经一个内环等效时间常数 T_i 后，上升至 I_{dm}，这时的上升过程描述为

$$i_d(t) \approx \frac{I_{dm}}{T_i}t = kt$$

式中，$k = I_{dm}/T_i$。

若 VSR 直流电压为 U_{de}，则负载扰动过程，直流电压可表示为：

$$U_{dc}(t) = kR_{le}(t - \tau_1) + (U_{dc} + kR_{le}\tau_1)e^{-t/\tau_1}$$

工程上常取 $I_{dm} = 1.2U_{de}/R_{le}$ 和 $\tau_1 = R_{le}C > 10T_i$，则可进一步得到三相 VSR 负载电流阶跃扰动时的直流电压最大扰动 ΔU_{max}：

$$\Delta U_{max} = U_{de} - kR_{le}\tau_1\ln(U_{de}/kR_{le}\tau_1 + 1)$$

将其化为指数形式，并利用泰勒级数展开，再带回原式得到：

$$C \approx \frac{U_{de}^2}{2\Delta U_{max} I_m R_{le}^2}$$

考虑其工程条件得到电容下限值：

$$C > \frac{U_{de}}{2\Delta U_{max} I_m R_{le}}$$

考虑跟随性指标设计电容时，取 $t_r^*=40ms$，$R_{le}=36\Omega$，则 $C < 0.00151F$。考虑抗干扰性指标设计电容时，设直流电压最大动态降落 $\Delta U_{max} = 60V$，则 $C > 0.02F$。以上的结论说明，直流电压跟随性指标和抗干扰性指标存在着矛盾，两者不能同时满足。要根据实际需要综合考虑两种指标进行选取。在本章的设计中，经实验验证，选 $C=2200\mu F$，直流侧电压为 600V。

9.1.3 DSP 开发平台

1. 数字信号处理器

TMS320F28335型数字信号处理器是TI公司的一款TMS320C28X系列浮点DSP控制器。与以往的定点DSP相比，该器件的精度高，成本低，功耗小，性能高，外设集成度高，数据以及程序存储量大，A/D转换更精确快速等。

TMS320F28335 具有 150MHz 的高速处理能力，具备 32 位浮点处理单元，6 个 DMA 通道支持 ADC、McBSP 和 EMIF，有多达 18 路的 PWM 输出，其中有 6 路为 TI 特有的更高精度的 PWM 输出（HRPWM），12 位 16 通道 ADC。得益于其浮点运算单元，用户可快速编写控制算法而无需在处理小数操作上耗费过多的时间和精力。与前代 DSP 相比，平均性能提高 50%，并与定点 C28x 控制器软件兼容，从而简化软件开发，缩短开发周期，降低开发成本。

2. 开发平台

(1) TMS320F28335 的 ADC

TMS320F28335 上有 16 通道、12 位的模数转换器 ADC。可以被配置为两个独立的 8 通道输入模式，也可以通过配置 AdcRegs.ADCTRL1.bit.SEQ_CASC=1，将其设置为一个 16 通道的级联输入模式。输入的方式可以通过配置 AdcRegs.ADCTRL1.bit.ACQ_PS=1，将其设置为顺序采集。即从低通道开始到高通道结束。值得注意的是芯片上ADC的输入电压范围为0～3V，一旦超过 3V，芯片上的 ADC 模块将会被烧掉。

ADC 可以分为 SEQ1 和 SEQ2 两个模块，其中 SEQ1 包括 ADCIN00-ADCIN07；SEQ2 包括 ADCIN08-ADCIN15。SEQ1 模块可以通过软件、PWM、外部中断引脚来起动，而 SEQ2 不可以通过外部中断引脚来起动。

(2) TMS320F28335 的时钟

TMS320F28335 上有一个基于 PLL 电路的片上时钟模块，为 CPU 及外设提供时钟有两种方式：一种是用外部的时钟源，将其连接到 X1 引脚上或者 XCLKIN 引脚上，X2 接地；另一种是使用振荡器产生时钟，用 30MHz 的晶体管和两个 20pF 的电容组成的电路分别连接到 X1 和 X2 引脚上，XCLKIN 引脚接地。我们常用第二种来产生时钟。此时钟将通过一个内部

PLL 锁相环电路进行倍频。由于 TMS320F28335 的最大工作频率是 150MHz，所以倍频值最大是 5。其中倍频值由 PLLCR 的低四位和 PLLSTS 的第 7、8 位来决定，其详细的倍频值可以参照 TMS320F28335 的产品手册（Datasheet）。

3. TMS320F28335 的中断

TMS320F28335 一共有 16 个中断源，其中有 2 个不可屏蔽的中断 RESET 和 NMI，定时器 1 和定时器 2 分别使用中断 13 和 14。这样仍有 12 个中断都直接连接到外设中断扩展模块 PIE 上，即 PIE 通过 12 根线与 28335 核的 12 个中断线相连，而 PIE 的另外一侧有 12×8 根线分别连接到外设，如 AD、SPI、EXINT 等，这样 PIE 共管理 12×8=96 个外部中断。这 12 组大中断由 28335 核的中断寄存器 IER 来控制，即 IER 确定每个中断属于哪一组大中断。接下来再由 PIE 模块中的寄存器 PIEIER 中的低 8 位确定该中断是这一组的第几个中断，这些配置都要输入到 CPU。另外，PIE 模块还有中断标志寄存器 PIEIFR，同样它的低 8 位是来自外部中断的 8 个标志位。同样 CPU 的 IFR 寄存器是中断组的标志寄存器，CPU 的所有中断寄存器控制 12 组中断，PIE 的所有中断寄存器控制每组内的 8 个中断。除此之外，我们用到哪一个外部中断，相应的还有外部中断寄存器，需要注意的就是外部中断的标志要自己通过软件来清零，而 PIE 和 CPU 的中断标志寄存器由硬件来清零。

9.1.4 信号处理电路

该节主要介绍电流信号检测及调理电路，同步信号检测电路，直流母线电压检测及调理电路。

1. 交流信号检测与调理电路

在整个系统中，需要对整流侧和逆变侧的三相电流同时进行检测，将采集到的信号经过调理电路输入到 DSP 板。为此三相电流采样的准确度和快速性显得尤为重要。实际设计中，考虑到三相电流的对称性，只需检测两相电流就可以。

电流量的检测一般有以下三种方法：串联取样电阻法、电流互感器法、霍尔传感器法。为了满足准确度高和速度快的要求，结合本系统参数，本设计采用 LEM（莱姆）公司的 LTS25-NP 霍尔电流传感器，测量范围为 25A，响应时间为 200ns，线性度为 0.1%。

霍尔电流传感器输出的信号是有正反方向的双极性电流信号，又因为 DSP 只采集大于 0V 且小于 3.3V 的单极性电压信号，所以可以先利用电阻将电流信号转换成电压信号，然后通过参考电压将电压信号提升到 3.3V，利用运算放大器 LM324 将电压信号转换成-3.3～+3.3V，再经过正偏移电路及运算放大器 LM324 转换为 DSP 可以接收的 0～3.3V 范围。R_{24} 和 C_6 组成低通滤波器，滤除高频开关纹波和干扰信号。在 DSP 的 AD 端口前加入稳压管限幅，防止输入信号过高或者过低。最后把经过调理的信号送入 ADCIN0、ADCIN1 和 ADCIN2 中，进行 A/D 转换，交流电流调理电路如图 9-5 所示。

2. 同步信号检测电路

同步信号检测电路在系统中的主要作用是测量电网电压的频率和相位，目的是得到跟踪电网电压并与之同频同相的三相交流电流指令信号。所以合理设计同步信号检测电路显得至关重要。

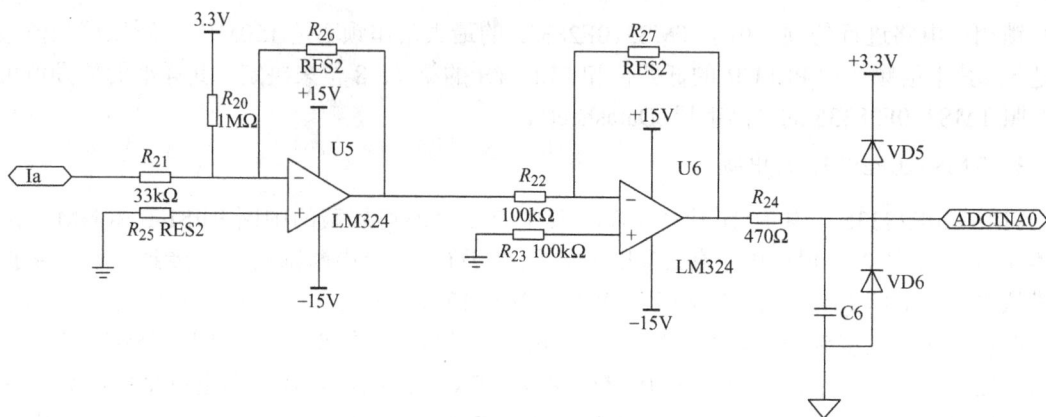

图 9-5　电流调理电路

这里直接同时检测 A、B 和 C 三相电压，经过调理和计算，得到电网电压的同步信号，同步信号检测电路如图 9-6 所示。

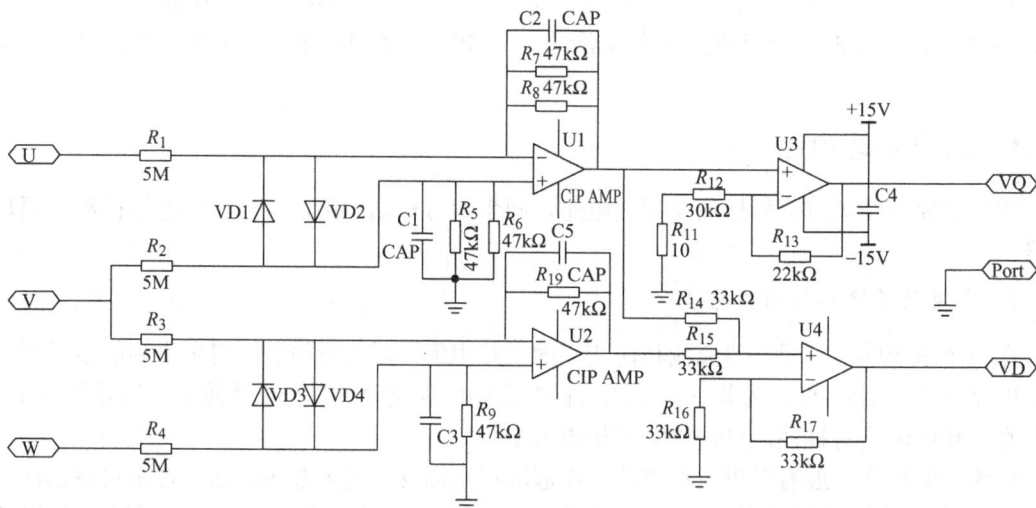

图 9-6　同步信号检测电路

三相输入电压检测采用 LEM 公司的 LV25-1000 霍尔电压传感器。通过该电路中两个差分比例运算器(U1 和 U2)，一个同相比例运算器(U3)和一个同相求和运算器(U4)能将检测到的三相静止坐标系下的三相电压信号变换成两相静止坐标系下的电压信号。经过调理后，调整为 DSP 能采集的 0～3.3V 电压信号，送入到 ADCIN7 和 ADCIN8 中，最后计算得到同步信号，VD1、VD2、VD3 和 VD4 是为了防止差分比例运算器输入端的电压差太大损坏运放电路而加入的输入保护电路。

3. 直流电压检测和调理电路

为了满足实时控制直流侧电压的要求，检测直流侧电压很有必要。这里采用了电压霍尔传感器科海模块 KV50A/P，电压测量范围 1kV、电源电压 15V、精度 1%、绝缘电压 3kV、输出电流 50mA、频率 100kHz，测量回路与主电路隔离。

图 9-7 为传感器连接电路图，该传感器输入端有两个正负极输入，正极输入端 R_1 的选择

240

与被测电压的幅值有关, 信号输出端包括 15V 电源电压输入端和输出信号端。电阻 R_2 的作用是把电流信号转换为电压信号。

图 9-8 为电压调理电路, 传感器的输出最大值为 2.5V, 而 DSP 所能收集的最大电压为 3.3V, 所以增加一个比例电路, R_{28} 为 1.6kΩ, R_{29} 为 5kΩ, 这样 2.5V 对应 DSP 采样最大值 3.3V。为了提高带载能力, 加了一个跟随器。VD7、VD8 构成限幅电路, 将模拟信号输出限制在 0~3.3V 之间, 把经过调理后的信号送入 ADCIN3 中进行 A/D 转换。

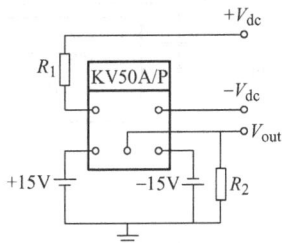

图 9-7 传感器接线图

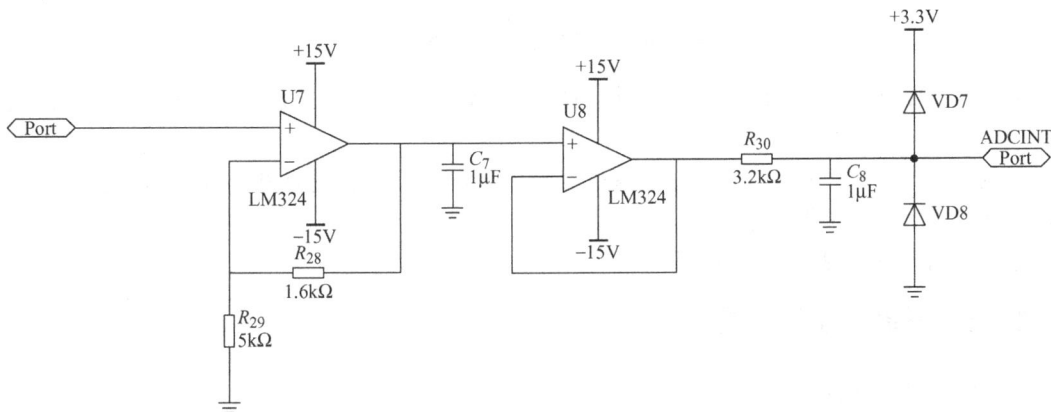

图 9-8 直流电压调理电路

9.2 典型不间断电源实例电路分析

不间断电源(UPS)主要用于对电源稳定性要求较高的设备提供不间断的电力供应。其工作时主要原理是: 当市电输入正常时, UPS 将市电稳压后供给负载使用, 此时的 UPS 就是一台交流稳压器; 当市电中断(事故停电)时, UPS 立即将电池的直流电能, 通过逆变器转换后继续向负载供电, 使负载维持正常工作电压, 并保护负载软、硬件不受损坏。在 UPS 电源中, 输入一般有多路供电(包括交流市电、直流蓄电池电源), 输出有直流或交流, 内部的电力电子电路拓扑较为复杂。本节以一个典型 UPS 电路实例来分析说明其电路原理。

9.2.1 UPS 不间断电源系统组成

本节介绍的 UPS 电源具有两路输入, 分别为 AC380V 和 DC24V(一般来源于蓄电池组), 输出为不间断 AC380V 电压, 系统组成框图如图 9-9 所示。

该 UPS 电源由 4 部分组成, 即 PWM 整流模块、LLC1 模块、LLC2 模块和逆变模块, 各组成部分的作用如下。

1)PWM 整流模块: 该模块的功能是对输入的三相 AC380V 电源进行整流, 将交流电变为直流电。采用 PWM 整流有助于提高输入端的功率因数, 功率因数可以做到 0.98 以上。由于 PWM 整流属于升压式整流, 此处整流输出的电压为 DC700V。

2)LLC1 模块: 该模块的功能是对整流输出的直流电压进行隔离及电压调整。电压调整主要是为后端给出合适的直流母线电压以及稳压功能。

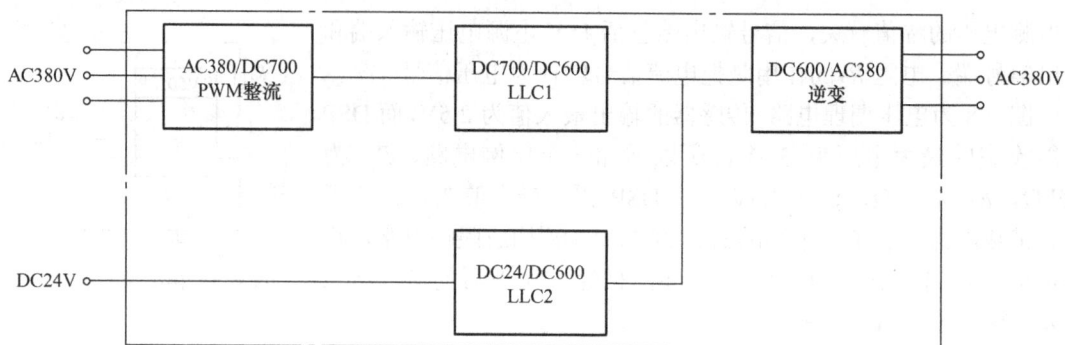

图 9-9　典型 UPS 系统组成框图

3) LLC2 模块：该模块的功能是对输入的 DC24V 电源进行电压调整，包括电压隔离、电压稳压及升压功能。

4) 逆变模块：该模块的功能是对前端两路输入电压调节出的直流母线 DC600V 进行逆变，输出三相 AC380V 不间断电源。

下面对各个子模块进行分析。

9.2.2　各个模块的电路原理

1. PWM 整流模块电路

PWM 整流模块的功能是对输入的三相 AC380V 电源进行整流。PWM 整流的原理图如图 9-10 所示。

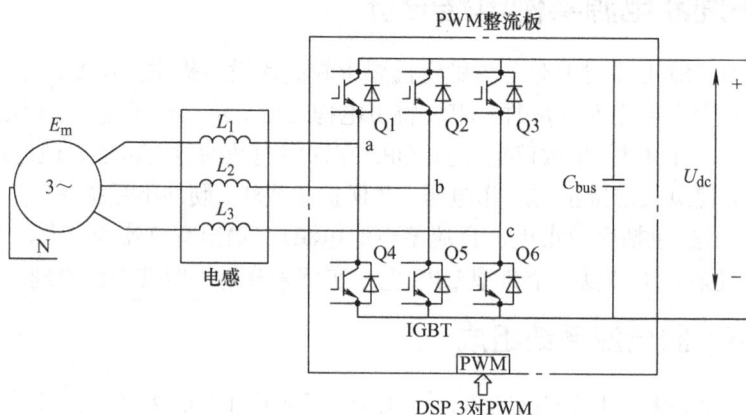

图 9-10　PWM 整流模块电路原理图

PWM 整流核心电路选用三相桥式电路，其由 3 个输入电感、6 个开关管以及直流侧滤波电容组成，开关管采用 IGBT 器件。三相 6 开关 PWM 整流电路的调制采用 SVPWM 反方向调制，调制方法和 SVPWM 一致。该部分电路设计选型时注意以下几点：

(1) IGBT 选型设计

IGBT 选型计算时一般考虑电压、电流两个方面的因素。按照电路给定的输出功率、输入电压及转换效率等数据分别对这两个参数进行计算，选择开关管 IGBT 的额电电压、电流时要在计算结果的基础上考虑 2～3 倍的裕量。

(2)输入电感设计

输入侧电感 L 的主要作用是:

1)隔离电网电动势 E_m 与整流器交流侧电压。通过对交流侧电压幅值与相位的控制,实现整流器的四象限运行。

2)滤除 IGBT 高频开关所产生的高频谐波成分,使网侧电流正弦化,提高整流装置的电网友好性。

3)使 PWM 整流器具有 Boost AC-DC 的特性,提供系统惯性环节,使系统稳定,可靠运行。

对于三相 PWM 整流系统来说,交流侧电感的设计十分重要。电感 L 的选取不仅影响到整个系统的静态和动态响应,而且制约着整个系统的输出功率及电能质量参数。电感 L 的选取,主要考虑以下几点因素:

1)电感上的压降一般不大于电源额定电压的 30%。

2)交流侧谐波失真度一般小于额定电流的 5%。

3)一个开关周期内,叠加在电感两端的电压与时间的乘积(伏秒数)相等。

(3)母线电容设计

整流器主电路参数中,除了交流侧电感 L 的参数外,还有一个重要的参数就是直流侧电容 C_{bus},它的大小也影响着系统的工作特性,过高和过低都是不可取的。从整流器的电压外环跟踪控制快速性上来看,直流侧电容应该尽量小,以带来尽量快速的控制特性;从滤波角度来看,直流侧电容应该尽量大,以取得深度滤除 50Hz 基波的效果,保证直流侧的母线电压纹波率在 2%(一般工程指标)以内。为此设计时要综合考虑以上两点。

2. LLC1 模块

该模块的功能是对整流输出的 DC700V 电压进行隔离及电压调整,由于前端输入的交流电压受到电网波动的影响,可能会有±10%的波动,再加上后端负载电流有较大波动,PWM整流后会出现电压纹波、电压浮动的情况,这里加了一级 LLC 电路以解决前后端电压隔离的问题,通过调节 LLC 的谐振频率也可以做到稳压的功能,LLC 电路原理框图如图 9-11 所示。

本模块电路中,采用两组 LLC 并联的形式,主要是为了增加电路功率。两组 LLC 并联需要考虑均流的问题,因此采用了两组 PWM 移相控制的方法,以保证两组 LLC 后端输出的电流是均等的。

LLC 后端采用全桥整流的方式,把正弦波整流成 DC600V 电压。LLC1 模块中是功率器件采用软开关方式,相对于硬开关而言,可以减小一半以上的发热量,对于设备的散热设计是有很大好处的,同时也大大提高了设备的效率,减轻输入功率的负担。

3. LLC2 模块

该模块的功能是对来源于蓄电池的 DC24V 电压进行隔离及电压调整,由于前端输入的蓄电池电压可能会受到蓄电池本身放电的波动,会有±20%的波动,再加上后端负载电流有较大波动,PWM 整流后的电压会有纹波的情况出现,也会出现电压浮动的情况。这里加了一级 LLC 电路,既解决了前后端电压隔离的问题,通过调节 LLC 的谐振频率也可以做到稳压的功能。该 LLC2 电路原理图与 LLC1 一致。不同之处在于电压比的差别及功率元器件的差别。由于输入电压较低,LLC2 的输入电流相对于 LLC1 要大很多,对于元器件选型是要重新考虑的。

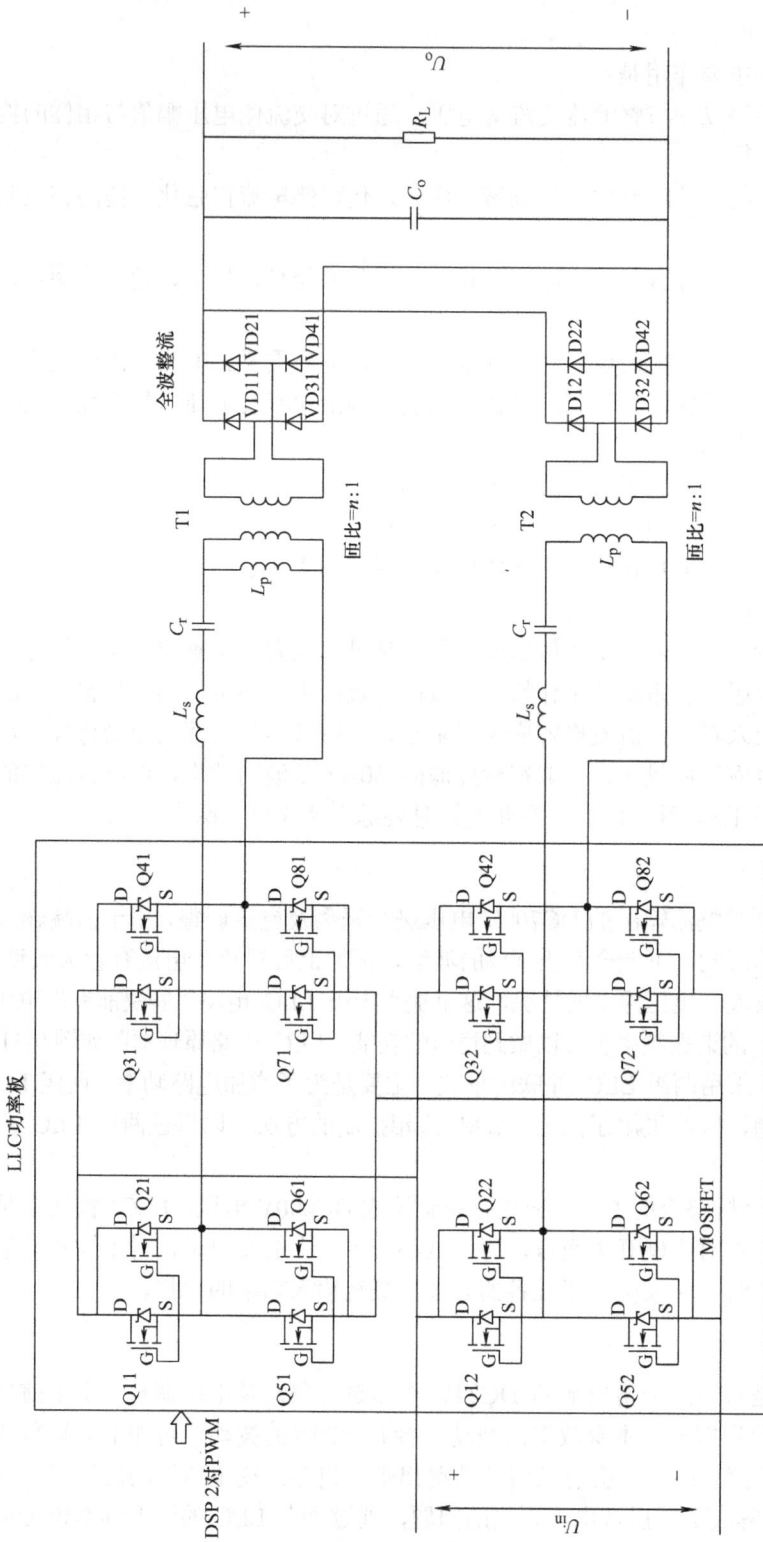

图 9-11　LLC模块电路原理图

4. 逆变模块

该模块的功能是对前级两路不同的 LLC 整流出的 DC600V 电压进行逆变,逆变出适合负载用电的三相 AC380V 电压,逆变电路原理框图如图 9-12 所示。

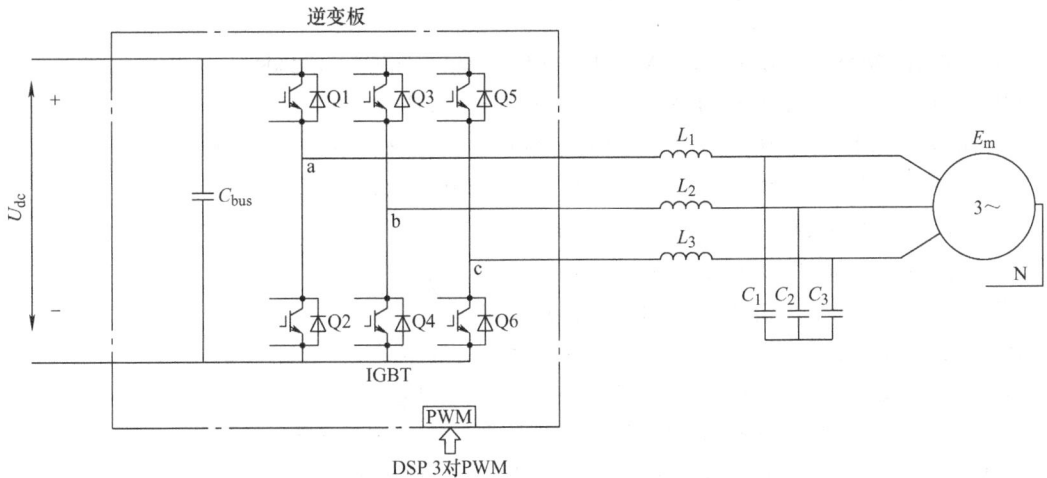

图 9-12 逆变模块电路原理图

在逆变模块中,采用 6 个 IGBT 管,用 SVPWM 的算法来进行逆变控制。后端采用 LC 滤波,有助于输出电压的正弦化。逆变器的 IGBT 选型计算与整流器的 IGBT 选型计算相差不大,主要从电压电流角度考量,但逆变器的 IGBT 选型需要考虑一个比较重要的参数——输出电流纹波率ΔI,工程上一般取ΔI 为 0.15~0.25,此处取 0.2。逆变电感选型计算与 PWM 整流也类似,但由于逆变器输出为正弦波,故要考虑限制逆变器输出的总谐波电流。

本 章 小 结

电力电子技术的应用十分广泛,现已渗透到工业及民用各个领域。作为电气设备、电力装备的电源变换技术,电力电子技术在电力传动系统、高品质交直流电源、电力系统、变频调速、新能源发电等方面的应用,都是基于电能变换电路和控制技术不断发展、相互融合促进的过程。至今电力电子技术已成为现代高科技领域的支撑技术。

参 考 文 献

[1] 王兆安，刘进军. 电力电子技术[M]. 5 版. 北京：机械工业出版社，2009.

[2] 曲永印，白晶. 电力电子技术[M]. 北京：机械工业出版社，2013.

[3] 周渊深，宋永英，吴迪. 电力电子技术[M]. 3 版. 北京：机械工业出版社，2016.

[4] 王云亮. 电力电子技术[M]. 3 版. 北京：电子工业出版社，2013.

[5] 王卓. 电力电子技术[M]. 北京：高等教育出版社，2013.

[6] 郭荣祥，崔桂梅. 电力电子技术[M]. 北京：高等教育出版社，2013.

[7] 周克宁. 电力电子技术[M]. 2 版. 北京：机械工业出版社，2015.

[8] 李先允. 电力电子技术[M]. 北京：中国电力出版社，2006.

[9] 包尔恒. 电力电子技术[M]. 北京：机械工业出版社，2018.

[10] 洪乃刚. 电力电子技术基础[M]. 2 版. 北京：清华大学出版社，2015.

[11] 徐德鸿，马皓，汪槱生. 电力电子技术[M]. 北京：科学出版社，2006.